21世纪能源与动力系列教材

新能源与可再生能源技术

（第2版）

李传统　主编

U0254630

东南大学出版社

·南京·

图书在版编目(CIP)数据

新能源与可再生能源技术/李传统主编. —2 版.
—南京:东南大学出版社,2012.8(2021.8重印)
21 世纪能源与动力系列教材
ISBN 978 - 7 - 5641 - 3657 - 4

Ⅰ.①新… Ⅱ.①李… Ⅲ.①新能源—高等学校—教
材 ②再生能源—高等学校—教材 Ⅳ.TK01

中国版本图书馆 CIP 数据核字(2012)第 158580 号

新能源与可再生能源技术(第 2 版)

出版发行	东南大学出版社	
出 版 人	江建中	
社　　址	南京市四牌楼 2 号	
邮　　编	210096	
经　　销	全国各地新华书店	
印　　刷	江苏兴化印刷有限责任公司	
开　　本	787 mm×1092 mm　1/16	
印　　张	20.75	
字　　数	518 千字	
书　　号	ISBN 978 - 7 - 5641 - 3657 - 4	
版　　次	2005 年 9 月第 1 版　2012 年 8 月第 2 版	
印　　次	2021 年 8 月第 6 次印刷	
印　　数	11501—13000 册	
定　　价	48.00 元	

(本社图书若有印装质量问题,请直接与营销部联系,电话:025—83791830)

内 容 提 要

全书共分为 11 章。第 1 章对新能源的概念、种类、利用的现状和发展趋势进行了简明扼要的介绍;第 2 章对太阳能的资源状况,太阳能供热、制冷和发电的基本原理、常用工艺技术进行了较为详细的介绍;第 3 章对风能的资源状况、风能发电技术和发展趋势进行了介绍和讨论;第 4 章对地热能的资源状况、常见形式、供热、干燥以及发电利用技术和发展趋势进行了介绍;第 5 章对海洋能的资源状况、海洋能的利用方式、常见的海洋能利用技术和工艺进行了介绍;第 6 章介绍了生物质能的分类、资源状况、热解和气化的概念、原理、工艺和设备,对生物质能源利用技术的研究进展和发展趋势进行了较为全面的描述;第 7 章对氢能的资源状况、氢气的制备过程、氢能的利用方式、燃料电池的工作原理、氢能发电的常见工艺进行了系统的论述,并对氢能利用的发展趋势进行了讨论;第 8 章对天然气水合物的赋存形式和资源状况、利用方式和发展前景进行了介绍;第 9 章对洁净煤技术的意义、洁净煤的利用方式与工艺、联合循环的现状与发展方向、洁净煤技术在我国一次能源中的战略意义进行了讨论;第 10 章介绍了核能的特点;核反应堆;核电站的系统组成、现状和发展趋势;核电站的安全运行。第 11 章对新能源与可持续发展的关系、能源利用过程中对环境造成的影响、能源利用过程中控制污染排放的意义等内容进行了论述。

本书较为全面地介绍了新能源与可再生能源的资源状况、利用原理与技术,系统完整。适合从事能源生产、能源管理、环境保护和能源化工等领域的工程技术人员、研究人员参考和使用,也可作为大专院校热能与动力工程、环境工程、建筑环境与设备等专业及相关专业的教材。

ABSTRACT

This book is composed of 11 chapters. In chapter 1, the concepts, classification, utilizing status quo and development trend of new energy are introduced briefly; In chapter 2, the basic principles of solar energy resource status, solar energy assistant heating, refrigeration and electric power generation as well as the commonly used process are introduced in detail; In chapter 3, the resource status quo, power generation technology and development trend of wind energy are introduced and discussed; In chapter 4, the status and common types of geothermal energy as well as geothermal heating, drying and power generation and development trend are introduced; In chapter 5, the status quo and utilization of ocean energy, the commonly used technology and process of ocean energy utilization are introduced; In chapter 6, the classification and resource status, concepts, principles, process and equipment of pyrolysis and gasification of biomass are introduced, in addition, the progress and development trend of the utilizing technology of biomass energy are described comprehensively; In chapter 7, the resource status, preparation and utilization of hydrogen energy are introduced. The working principles of fuel cell and the common process of hydrogen power generation are formulated systematically, and the development of hydrogen energy utilization are discussed; In chapter 8, the deposit and resource status, utilizing methods and prospect are introduced; In chapter 9, the significance of clean coal technology, utilizing methods and process of clean coal and the status quo and development trend of combined cycle as well as the strategic significance of clean coal as primary energy are discussed; In chapter 10, the characteristics of nuclear energy; nuclear reactors; the systems, present and development trend of nuclear power plants; safety precautions of nuclear plants are introduced. In chapter 11, the relation between new energy and sustainable development, the influences on the environment and the meaning of pollutants control in energy utilization are addressed.

In this book, a comprehensive and systematic introduction to the status, utilizing principles and technology of new energy and renewable energy resources was conducted. It is suitable for engineers and researchers in the fields of energy production, management and environmental protection to use as references, and for the use of textbook in the major of heat and power engineering, environment engineering, building environment engineering and facilities and other e relevant engineering.

21 世纪能源与动力系列教材编委会

序

　　热现象是自然界中最普遍的物理现象。工程热力学、传热学是以热现象为研究对象的学科,主要研究热能与机械能或其他形式能量之间的转换与传递规律,研究热能的合理、有效利用技术及方法。热能的转换、传输、控制、优化与利用的各环节都离不开对流体流动规律的认识与利用,离不开燃烧理论与技术的研究与运用。因此,工程流体力学、工程热力学、传热学、燃烧理论与技术等几门课程成为能源与动力类专业的主要技术基础课。

　　古人云:巧心、劳力、成器物者曰工。作为工程技术学科的教材,要体现探求规律,认识规律,运用规律,物化成果的要求。针对应用型工程技术专业的实际需要,南京师范大学等院校开展了对能源与动力学科系列课程的建设与改革,在此基础上组织编写了工程流体力学、工程热力学、传热学、燃烧理论与技术等课程教材,作为能源动力类系列教材推出。几本教材既相互联系,又各具特色。随着教育、教学改革的深入,将陆续出版能源动力类系列教材。

　　工程专业是关于科学知识的开发应用和关于技术的开发应用的,在物质、经济、人力、政治、法律和文化限制内满足社会需要的,一种具有创造力的专业。因此,对于工程应用专业人才,需要他们具备宽广的专业面、全面的工程素质。上述几本教材,还可以作为大多数工程技术专业的公共技术基础课程用书,在培养全面发展的工程技术人才方面发挥作用。

侯小刚

2003 年 10 月于南京师范大学

第 2 版前言

自本书第 1 版面世以来,新能源与可再生能源技术在国内外得到了快速发展,许多新能源与可再生能源技术在几年前还处于工业化试验阶段或研发阶段,现已经进入了大规模商业化推广应用阶段。2008 年世界金融危机以来,实现经济、能源和社会的可持续发展,在全世界受到高度重视。美国政府推出了美国新能源发展规划;欧盟也推出了相应的新能源与可再生能源规划;我国近几年颁布了《中华人民共和国可再生能源法》、《可再生能源中长期发展规划》和《中华人民共和国循环经济法》等有关法规和规划,加快了我国新能源与可再生能源的研发和推广应用。国际上新能源与可再生能源的新技术和新工艺的不断涌现,给本书的再版提供了丰富的资料和积极的动力。本书的第 2 版的第一个目的是传播新能源与可再生能源技术的新知识和新工艺,为我国新能源与可再生能源的推广应用贡献绵薄之力。知识可以传播,但智慧只能启迪。作者的德国朋友 Karl Strauss 教授在他所著的《发电厂技术—化石燃料电厂、可再生能源电厂和核电厂》(Springer 出版社,第 5 版,2006)一书中,采用荀子《天论》中的一段话作为全书的结语,即"天有其时,地有其财,人有其治,夫是谓之能参。舍其所以参,而愿其所参,则惑也。"这说明中国天人合一、和谐发展的哲学思想不仅启迪了中国人,而且也启发了外国人。新能源与可再生能源技术的开发和利用,不仅涉及到与之相关的科学与技术,更重要的是要以能源、经济和社会的可持续和谐发展的哲学思想,指导新能源与可再生能源的开发与商业化应用。这是本书第 2 版的另一重要目的。

本书第 2 版的修订由本书第 1 版的作者李传统和刘荣共同完成。在本书的修订过程中,得到了德国 Technical University of Dortmund 大学的 Bernd Neukichen 教授、Peter Walzel 教授;University of Duisburg-Essen 的 Klaus Schmidt 教授、Jean-Dirk Herbell 教授;Niederrhein University of Applied Sciences 的王适昶教授等人的帮助和支持,他们不仅为本书的改编提供了丰富资料,而且还陪同作者现场参观了欧洲的生物质能、太阳能、风能、洁净煤技术等领域的研究中心、电厂和发电装置,使作者加深了对欧洲新能源与可再生能源技术领域里的感性认识(如需本书课件可与东南大学出版社联系)。

在本书的修订过程中,得到了东南大学出版社朱珉老师的鼓励和技术支持,在此表示衷心的感谢! 感谢上海理工大学刘道平教授认真审阅了本书。

由于编者水平所限,错误和不足之处在所难免,请读者不吝指教。

编　者

2012 年 6 月

前　言

　　能源是人类社会存在和发展的物质基础。自从英国工业革命以来,以煤炭、石油和天然气等化石燃料作为一次能源,极大地推动和促进了世界各国的经济发展。经济发展促进了能源消费的快速增长,在人们物质和精神生活质量不断提高的同时,也看到了大量使用化石燃料带来的严重后果,诸如化石能源资源枯竭、环境不断恶化、为占有能源资源引发冲突和战争等。自从 20 世纪 70 年代发生能源危机以来,人类探寻新的、清洁、安全、可靠的可持续能源系统,世界各国对新能源与可再生能源日益重视,不断加大人力和物力的投入力度,促进了新能源和可再生能源利用技术和装置的研发,加快了新能源和可再生能源的商业化进程。

　　我国经济正在快速发展,但又面临着有限的化石燃料资源和更高的环境保护要求的严峻挑战。坚持节能优先,提高能源利用效率,优化能源结构,以煤为多元化发展,加强环境保护,开展煤清洁化利用,采用综合措施,保障能源安全,依靠科技进步,开发利用新能源和可再生能源等,是我国能源的长期发展战略,也是我国建立可持续能源系统最主要的政策措施。

　　随着人们对新能源和可再生能源的日益关注和重视,人们越来越想了解新能源和可再生能源的知识。为了满足从事能源生产、能源管理、环境保护和能源化工等领域的工程技术人员和大专院校有关专业学生的需要,我们编写了本书。

　　本书由李传统主编。全书共 10 章,第 1 章由李传统编写;第 2 章和第 3 章由余业珍编写;第 4 章和第 5 章由刘荣编写;第 6 章和第 7 章由李传统编写;第 8 章和第 9 章由刘荣和唐博编写;第 10 章由刘荣编写。全书由李传统统稿。

　　上海理工大学刘道平教授对本书进行了全面地审阅,提出了许多宝贵的意见和建议。这些意见和建议已反映在本书中,对刘道平教授的辛勤劳动表示衷心的感谢。

　　在本书的编写过程中,得到了南京师范大学动力工程学院同仁的支持和帮助,东南大学出版社朱珉和戴坚敏两位编辑为本书的出版付出了辛勤的劳动,在此对他们一并表示真诚的感谢。同时,对书中所引用文献的作者表示深深的谢意。

近年来,与新能源和可再生能源相关的基础理论研究和技术应用,成为能源领域研发和投资的热点,各种成果层出不穷,限于编者的水平,对这些新成果的介绍可能挂一漏万,疏漏在所难免,恳请读者批评指正。

本书的编写和出版得到了南京师范大学学科建设经费的资助。

编　者

2005 年 5 月

目　录

Contents

1 绪 论

1.1 能源的基本概念

能源是指能提供能量的自然资源,它可以直接或间接提供人们所需要的电能、热能、机械能、光能、声能等。能源资源是指已探明或估计的自然赋存的富集能源。已探明或估计可经济开采的能源资源称为能源储量。各种可利用的能源资源包括煤炭、石油、天然气、水能、风能、核能、太阳能、地热能、海洋能、生物质能等。

能源按其来源可分为四类:第一类是来自地球以外与太阳能有关的能源;第二类是与地球内部的热能有关的能源;第三类是与核反应有关的能源;第四类是与地球-月球-太阳相互联系有关的能源。按能源的生成方式,一般可分为一次能源和二次能源。一次能源是直接利用的自然界的能源;二次能源是将自然界提供的直接能源加工以后所得到的能源。一次能源中又分为可再生能源和非再生能源。可再生能源是指不需要经过人工方法再生就能够重复取得的能源。非再生能源有两层含义:一层含义是指消耗后短期内不能再生的能源,如煤、石油和天然气等;另一层含义是除非用人工方法再生,否则消耗后就不能再生的能源,如原子能。能源分类见表所示。

表　能源分类表

能源类别		一	二	三	四
一次能源	可再生能源	太阳能 风　能 水　能 生物质能 海洋能	地热能	—	海洋能中的潮汐能
	非再生能源	煤　炭 石　油 天然气 油页岩	—	核　能	—
二次能源		焦炭 煤气 电力 蒸汽 沼气 酒精 汽油 柴油 重油 液化气 氢 其他	—	—	—

由表 1.1 可见,在一次能源的可再生能源中,第一类是太阳能及由太阳能间接形成的可再生能源,第二类是地热能,第三类是核能,第四类是潮汐能。太阳能是地球上可再生能源的主要来源。风能、水能、生物质能和海洋能是太阳能的一种间接形式。地热能是地球内部的热能释放到地表的能量,如地下热水、地下蒸汽、干热岩体、岩浆等。潮汐能是由于地球-月球-太阳的引力相互作用,引起海水做周期性涨落运动所形成的能量。综上所述,在一次能源的可再生能源中,太阳能是最主要的可再生能源。

煤、石油、天然气和油页岩等是在短期内无法产生的非再生能源,是由很久以前的太阳能间接形成的,因此也属于第一类能源。属于第三类的非再生能源是核能,已探明的铀储量约为 4.9×10^6 t,钍储量约为 2.75×10^6 t。聚变核燃料有氘和锂-6,海水中的 1/6 000 为氘,故全世界有氘约 4×10^7 t,锂-6 的储量约为 7.4×10^4 t。这些核聚变材料所能释放的能量比全世界现有总能量还要大千万倍,可以看作是取之不尽的能量。

能源又可分为常规能源和新能源。已经被人类长期广泛利用的能源,称为常规能源,如煤炭、石油、天然气、水能等。常规能源与新能源是相对而言的,现在的常规能源过去也曾是新能源,今天的新能源将来又可成为常规能源。

从使用能源时对环境污染的大小,可把无污染或污染小的能源称为清洁能源,如太阳能、水能、氢能等;对环境污染较大的能源称为非清洁能源,如煤炭、油页岩等。石油的污染比煤炭小,但也产生氧化氮、氧化硫等有害气体,所以清洁能源与非清洁能源的划分也是相对的。

在商品经济时代,按照能源在流通领域的地位分为商品能源和非商品能源,如煤炭、石油、焦炭、电力等均属商品能源。非商品能源是指不通过市场买卖而获得的能源,如农村能源中的秸秆、薪柴、牲口粪便等。

能源是人类社会存在和发展的物质基础。在过去的 200 多年里,建立在煤炭、石油、天然气等化石燃料基础上的能源体系极大地推动了人类社会的发展。以煤炭为燃料的蒸汽机的诞生,大幅度提高了生产率,引起了第一次工业革命,使采用蒸汽机的国家的经济得到了快速发展。随着石油与天然气的开发和利用,使电力、石油化工、汽车等许多行业的产量和生产效率得到了大幅度的提高,促进了世界范围内的经济快速发展,大幅度提高了人们的生活水平。人类在大量使用化石燃料发展经济的同时,带来了严重的环境污染和生态系统破坏,主要表现为大气污染、水污染、土地荒漠化、绿色屏障锐减、臭氧层破坏、温室效应、酸雨侵害、物种濒危、垃圾积留、人口激增等十大环境问题,国际上概括为"3P"和"3E"问题:Population(人口)、Poverty(贫穷)、Pollution(污染)、Energy(能源)、Ecology(生态)、Environment(环境)。经济规模的扩大和经济的快速发展,加快了一次能源的消耗量,使非再生能源化石燃料面临资源枯竭的严峻局面。在全世界以石油为主要一次能源的情况下,石油作为重要的战略物资,与国家的繁荣和安全紧密地联系在一起。由于世界上的石油资源分布存在着严重的不均衡,而且石油是不可再生的资源,数量有限,获得和控制足够的石油资源成为国家能源安全战略的重要目标之一。因此,石油作为一次能源成为许多局地战争的焦点,100 多年来,多次局地武装冲突和战争都与石油问题有关。人类已经进入 21 世纪,解决能源的需求问题显得越来越紧迫。在节约现有一次能源的同时,有必要开发和利用新能源和可再生能源,寻求新的、清洁、安全、可靠的可持续能源系统,走能源、环境、经济和谐发展的道路。

1.2 新能源与可再生能源

新能源和可再生能源的概念是 1981 年联合国在内罗比召开的新能源和可再生能源会议上确定的，它不同于常规能源。新能源和可再生能源是指有别于现有能源技术，且对环境和生态友好、可持续发展、资源丰富的能源。联合国开发计划署（UNDP）将新能源和可再生能源分为三类：① 小型水电；② 新的可再生能源，包括太阳能、风能、现代生物质能、地热能、海洋能；③ 传统的生物质能。在我国，新能源和可再生能源是指除常规化石能源和大中型水力发电之外的太阳能、风能、地热能、海洋能、生物质能、小水电、核能等。现就上述新能源和可再生能源进行简要介绍。

太阳能是地球接受到的太阳辐射能。太阳能的转换和利用方式有光热转换、光电转换和光化学转换。光热转换和光电转换是太阳能热利用的基本方式。

风能是太阳辐射造成地球各部分受热不均匀，引起各地温差和气压不同，导致空气流动而产生的机械能。利用风力机械可将风能转换成电能、机械能和热能等。风能利用的主要形式有风力发电、风力提水、风力致热以及风力助航等。

地热能是指地壳内能够开发出来的岩石中的热量和地热流体中的热量。地热能按其赋存形式可分为水热型（又分为干蒸汽型、湿蒸汽型和热水型）、地压型、干热岩型和岩浆型四类；水热型按其温度高低可分为高温型（＞150℃）、中温型（90～149℃）和低温型（＜89℃）。地热能的利用方式主要有地热发电和地热直接利用两类。不同品位的地热能，可用于不同目的。温度为 200～400℃的地热能，主要用于发电和综合利用；150～200℃的地热能，主要用于发电、工业热加工、干燥和制冷；100～150℃的地热能，主要用于采暖、干燥、双工质循环发电；50～100℃的地热能，主要用于温室、采暖、家用热水、干燥；20～50℃的地热能，主要用于洗浴、养殖、种植和医疗等。

海洋能是指蕴藏在海洋中的能源，它包括潮汐能、波浪能、潮流能、海流能、海水温度差能和海水盐度差能等不同的能源形式。海洋能按其储存的能量形式可分为机械能、热能和化学能。潮汐能、波浪能、海流能、潮流能为机械能；海水温度差能为热能；海水盐度差能为化学能。海洋能可转换成为电能或机械能。

生物质能是蕴藏在生物质中的能量，是绿色植物通过光合作用将太阳能转化为化学能而储存在生物质内的能量。生物质能还包括林业废弃物、农业废弃物、能源作物、油料作物、城市和工业有机废弃物、人畜粪便等。

小水电通常是小型水电站及其相配套的小容量电网的统称。1980 年联合国召开的第二次国际小水电会议规定装机容量为 0.1～12 MW 的水电站为小型水电站。我国的小水电资源技术可开发量为 1.25×10^5 MW。预计到 2020 年，我国小水电的装机容量可以达到 1×10^5 MW。

核能是原子核结构发生变化时释放出来的能量。目前人类利用核能的主要方式有两种-重元素的原子核发生裂变和轻元素的原子核发生聚合反应时释放出来的核能，它们分别称为核裂变能和核聚变能。利用核裂变或核聚变释放的热量加热工质，变成工质的热能后进行发电。核能发电已是成熟应用多年的大规模电力生产方式，具有良好的经济性。2011 年，全世界正在运行的核电机组有 442 座，总装机容量为 $3.876\ 8 \times 10^5$ MW，占世界电力生产的

16%。我国 2011 年装机容量为 10 820 MW,占我国电力生产的 1.85%。在建机组 26 台,装机容量达 29 140 MW。

氢能具有清洁、无污染、高效率、储存及输送性能好等诸多优点,赢得了全世界各国的广泛关注。氢能在 21 世纪将成为占主导地位的新能源,起到战略能源的作用。

我国是以煤炭作为主要一次能源的国家,在未来的 50 年内,煤炭在我国一次能源的构成中所占的比例不会发生根本性变化。因此,加强煤炭的高效、洁净利用技术的推广应用,可以提高煤炭的利用率和减少污染排放。洁净煤技术是保证我国能源可持续发展的重要技术措施之一。

洁净煤技术是指从煤炭开发到利用的全过程中,所采用的减少污染排放与提高利用效率的加工、燃烧、转化及污染控制等新技术的总称。它将经济效益、社会效益与环保效益结为一体,成为能源工业中高新技术的一个主要领域。洁净煤技术按其生产和利用的过程可分为三类:第一类是在煤炭燃烧前的加工和转化技术,包括煤炭的洗选和加工转化技术;第二类是煤炭洁净燃烧技术,主要是洁净煤发电技术;第三类是燃烧后不同种类的烟气净化技术。

天然气水合物是 20 世纪 60 年代以来发现的一种新的能源资源。它具有能量密度高、分布广、规模大等特点,其总能量约为煤、油、气总和的 2～3 倍,被公认为 21 世纪新型洁净高效能源之一。虽然天然气水合物有巨大的能源前景,然而是否能对其进行安全开发,使之不会导致甲烷气体泄漏、产生温室效应、引起全球变暖、诱发海底地质灾害等,这些都是天然气水合物作为新能源在应用过程中需要重视的问题。

我国要大力加强新的洁净能源的开发,加大非矿物燃料,如核能、水能、氢能、太阳能、风能、潮汐能、生物质能、高温地热资源等洁净能源的应用,才能够解决我国经济发展过程中面临的能源安全战略问题。

结合我国新能源和可再生能源的范畴以及我国一次能源结构的实际情况,本书主要包括太阳能、风能、地热能、海洋能、生物质能、氢能、天然气水合物、核能和洁净煤技术等内容。考虑到能源可持续发展在能源系统中起到越来越重要的作用,因此对能源与可持续发展也进行了简要论述。

1.3　新能源与可再生能源的技术现状和发展趋势

在上述新能源和可再生能源中,太阳能、风能、地热能、海洋能、生物质能是对人类的生产和生活发生重要影响的传统能源,只是现在采用新的技术和工艺,使这些传统的能源发挥了更大的作用。自从 20 世纪 70 年代出现能源危机以来,世界各国逐渐认识到能源对人类的重要性,同时也认识到常规能源利用过程中对环境造成的污染和对生态造成的破坏。为了保持经济与环境的和谐可持续发展,人们逐渐重视能源战略的可持续性。因此,加大了新能源与可再生能源的人力和物力的投入,使新能源与可再生能源技术在过去的 30 多年中得到了快速发展,许多新能源与可再生能源应用技术已进入了商业化应用阶段。如风力发电技术、太阳能光伏发电技术、生物质发电技术、燃料电池技术等已经达到了与常规能源进行商业竞争的能力。

许多国家制定了新能源与可再生能源的发展规划,使新能源与可再生能源在全球总能源耗费中的比例由目前的 5%,提高到 2020 年的 15%左右。我国 2007 年颁布的《可再生能源中长期发展规划》中指出,我国 2020 年可再生能源消费总量将达到能源消费总量的 15%。新能源与可再生能源将成为能源可持续战略中的重点之一,也为能源的可持续发展提供了新的增长点和商机,促使各国政府和具有能源战略眼光的大公司投入到新能源与可再生能源的研究中,加快了新能源和可再生能源的推广应用进程。新能源与可再生能源的研究方法主要分为基础理论研究、实用技术研发、工程实用推广等。基础理论研究为新能源与可再生能源实用技术的研发奠定了基础并指明了方向,是其进入商业化应用的基石。世界各国对新能源与可再生能源的基础研究十分重视,我国在国家自然科学基金和"863"计划中都专门将它作为重点资助的领域。新能源与可再生能源的基础理论研究主要集中在高等院校和科研机构,国外少数大公司所属的研究所也从事新能源与可再生能源的基础理论研究,目前已基本解决了相关的基础理论问题。新能源与可再生能源的实用技术研发和工程推广,主要集中在政府部门及相关企业中。而新能源与可再生能源的商业化应用不仅取决于其技术本身,而且取决于其他相关学科技术的发展以及能源政策的扶持和激励作用。目前,材料科学与技术、计算机科学与技术、控制理论与技术、通信技术、环保技术等相关领域的发展和进步都直接影响和制约了新能源与可再生能源的商业化进程,只有上述相关领域的技术取得新的进步,才能降低新能源与可再生能源的生产成本,提高竞争力,最终提高新能源与可再生能源在全球能源总消费中的比例。

图 1.1 和图 1.2 分别显示了世界一次能源消费和亚洲一次能源消费的预测。随着新能源与可再生能源在全球总能源消费中所占比例的不断上升,就会逐渐提高能源供给的可持续性,有望实现保证经济可持续发展的能源战略,最终实现经济、能源、环境和生态的和谐与可持续发展。

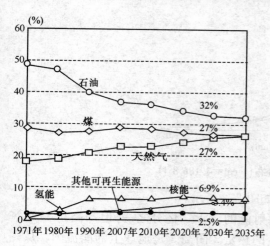

图 1.1 世界一次能源消费预测

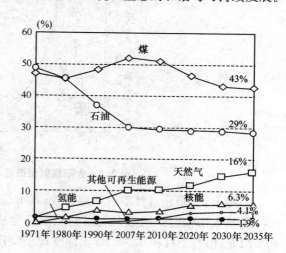

图 1.2 亚洲一次能源消费预测

思 考 题

1.1 什么是能源和能源资源?

1.2 什么是一次能源和二次能源?能源是如何按照来源进行分类的?

1.3 新能源与可再生能源包括哪些能源?它们各自的特点和共同的特点是什么?

1.4 新能源与常规能源有什么区别与联系?

1.5 试述新能源与可再生能源的现状和发展趋势。

2 太阳能

2.1 概述

2.1.1 太阳能的特点

太阳是一个巨大的热辐射源,时刻进行着氢聚变的热核反应,每秒将 5.67×10^8 t 氢聚变成 6.53×10^8 t 氦,质量亏损 4×10^6 t。由此产生的热辐射功率为 3.9×10^{23} kW。太阳是由多层不同波长辐射和吸收的辐射体组成,不是定温黑体。在太阳能利用的领域,通常将太阳看成是温度为 6 000 K,辐射波谱为 $0.3 \sim 3$ μm 的黑体。太阳辐射是连续波谱,包括紫外线、可见光和红外线,其光谱能量分布如图 2.1 所示。

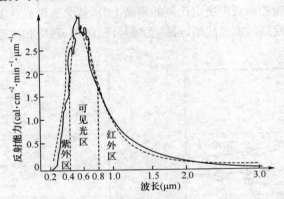

图 2.1 太阳辐射光谱能量分布(1 cal＝4.186 8 J)

实际上,太阳还对外辐射其他射线,其示意图如图 2.2 所示。

虽然太阳辐射到地球大气层的能量仅为总辐射能的二十二亿分之一,但却高达 1.73×10^{11} MW,相当于每秒 5.9×10^9 t 标准煤燃烧产生的热量。图 2.3 是地球上的能流图。从图中可以看出,地球上的风能、水能、海洋温差能、波浪能和生物质能以及部分潮汐能都源于太阳能;地球上的化石燃料本质上也是远古储存的太阳能。

太阳能属于一次能源,它资源丰富,对环境无任何污染。太阳能的主要缺点:一是能流密度低;二是其强度受季节、地点、气候等多种因素的影响,不能维持常量。上述两个缺点限制了太阳能的有效利用。

人类利用太阳能的历史悠久。我国在两千多年前的战国时期就已利用铜制凹面镜聚焦太阳光点火,利用太阳能干燥农副产品。现在,太阳能的利用更加广泛,它包括太阳能的光化学利用、太阳能的光电利用和太阳能的光热利用等。在高科技的带动下,太阳能将成为 21 世纪最主要的新能源之一。

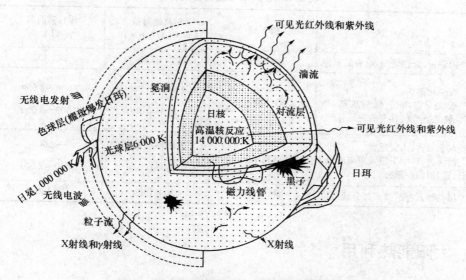

图 2.2 太阳能温度分布和射线分布示意图

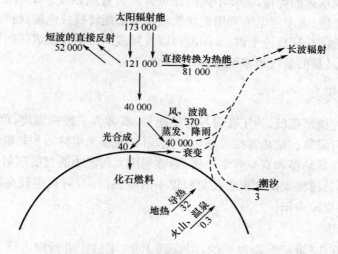

图 2.3 地球上的能流图(单位:×10⁶ MW)

2.1.2 中国的太阳能资源分布

据气象部门的实测资料,中国约有 2/3 以上地区的太阳能资源比较丰富,尤其是西藏和西北地区,太阳能辐射强度大,日照时间长,适合发展太阳能的利用。表 2.1 为中国太阳能资源的分布。

表 2.1　中国太阳能资源的分布

地　区	级　别	年总辐射量 [(kW·h)/(m²·年)]	年日照时数 (h)
内蒙古、新疆塔里木、青藏高原	丰 富 区	>1 740	>3 300
新疆北部 东北三省西部、内蒙东部、华北、陕北、宁夏、甘肃的一部分	较丰富区	1 510～1 740 1 510～1 740	2 800～3 000 2 600～3 000
东北三省、内蒙呼盟 黄河、长江中下游及东南沿海、云、藏、川的一部分	可利用区	1 200～1 500 1 280～1 510	～2 600 2 000～2 500
川、贵、云、湘、赣大部分地区	贫 乏 区	930～1 280	<180

2.2　太阳能热利用

太阳能是一种热辐射能,具有即时性,要即时转换成其他形式的能量才能被利用和储存。将太阳能转换成不同形式的能量,需要不同的能量转换装置或系统。集热器是通过它的吸收面将太阳能转换成热能;太阳能电池利用光伏效应将太阳能转换成电能;植物通过光合作用将太阳能转换成生物质能。从理论上讲,太阳能可以直接或间接地转换成任何形式的能量,但转换次数越多,太阳能转换的最终效率就越低。

2.2.1　太阳能采集

由于太阳能的能流密度低,为了获得足够的能量,或者为了提高温度,就必须采用相应的集热器对太阳能进行采集。集热器按其是否聚光,可分为聚光集热器和非聚光集热器两大类。非聚光集热器如平板集热器和真空管集热器,能够利用太阳能中的直射辐射和散射辐射,集热温度较低;聚光集热器能将太阳光聚集在面积较小的吸热面上,可获得较高的温度,但只能利用直射辐射,且需要跟踪太阳。

1) 平板集热器

平板集热器是在 17 世纪后期发明的,但直到 1960 年后才进行深入研究和规模化应用。为了提高效率,降低成本,或者为了满足特定的使用要求,研发了多种平板集热器:按其所用的集热介质划分,有空气集热器和液体集热器,目前大量使用的是液体集热器;按吸热板芯材料划分,有铁管、全铜、全铝、铜铝复合、不锈钢、塑料及其他非金属集热器等;按结构划分,有管板式、扁盒式、管翅式、热管翅片式、蛇形管式集热器等;按盖板划分,有单层或多层玻璃、玻璃钢或高分子透明材料、透明隔热材料集热器等。国内外目前使用得比较普遍的是全铜集热器和铜铝复合集热器。

平板集热器是非聚光类集热器中最简单且应用得最广泛的集热器。它吸收太阳辐射的面积与采集太阳辐射的面积相等,能够利用太阳的直射和漫射辐射。典型的平板集热器如图 2.4 所示,它由以下四部分组成:

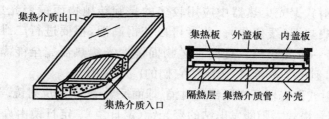

图 2.4 典型平板集热器

（1）集热板。它的作用是吸收太阳能并将其内的集热介质加热。为了提高集热效率，集热板常进行特殊处理或涂有选择性涂层，以提高集热板对太阳光的吸收率，而集热板自身的热辐射率很低，可减少集热板对环境的散热。

（2）透明盖板。布置在集热器的顶部，其作用是减少集热板与环境之间的对流传热和辐射换热，并保护集热板不受雨、雪、灰尘的侵害。透明盖板对太阳光透射率高，自身的吸收率和反射率却很小。为了提高集热器的热效率，可采用两层盖板。

（3）隔热层。布置在集热板的底部和侧面，减少集热器向周围散热。

（4）外壳。外壳是集热器的骨架，应具有一定的机械强度、良好的水密封性能和耐腐蚀性能。

2）真空管集热器

为了减少集热器的热损失，提高集热温度，20 世纪 70 年代研制成功了真空集热管，其吸热体被封闭在高真空的玻璃真空管内，提高了其集热性能。将若干支真空集热管组装在一起，即构成真空管集热器。为了增加太阳光的采集量，在真空集热管的背部还加装了反光板。真空集热管可分为全玻璃真空集热管、玻璃金属热管真空集热管、直通式真空集热管和储热式真空集热管。我国已形成拥有自主知识产权的现代化全玻璃真空集热管的产业，其产品质量达到世界先进水平，产量居世界第一位。

3）聚光集热器

常见的几种聚焦型集热器的聚光示意图如图 2.5 所示。

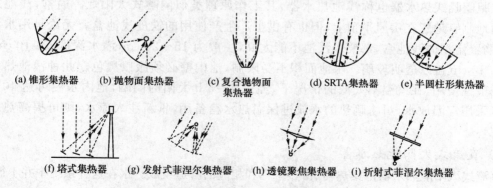

(a) 锥形集热器　(b) 抛物面集热器　(c) 复合抛物面集热器　(d) SRTA集热器　(e) 半圆柱形集热器

(f) 塔式集热器　(g) 发射式菲涅尔集热器　(h) 透镜聚焦集热器　(i) 折射式菲涅尔集热器

图 2.5 常见的几种聚焦型集热器聚光示意图

聚光集热器主要由聚光器、吸收器和光跟踪系统三大部分组成。按照聚光原理划分，聚光集热器可分为反射聚光和折射聚光两类。为了满足太阳能利用的要求，简化光跟踪机构，提高其可靠性和降低成本，虽然研发的聚光集热器品种很多，但推广应用的数量远比平板集热器少。在反射式聚光集热器中应用较多的是旋转抛物面镜聚光集热器(点聚焦)和槽形抛物面镜聚光集热器(线聚焦)。前者可以获得高温,但要进行二维光跟踪;后者可以获得中温,只要进行一维光跟踪。这两种抛物面镜聚光集热器完全能满足各种中温、高温太阳能利用的要求,但由于造价高,限制了它们的广泛应用。

其他型式的反射式聚光器还有圆锥反射镜、球面反射镜、条形反射镜、斗式槽形反射镜等。此外,还有一种应用在塔式太阳能发电站的聚光镜(定日镜)。定日镜由许多平面反射镜或曲面反射镜组成,这些反射镜在计算机控制下将阳光都反射至同一吸收器上,吸收器可以达到1 200℃以上的温度,其热功率可超过2 MW。

2.2.2　太阳能热水器

太阳能热利用是可再生能源技术领域商业化程度最高、推广应用最普遍的技术之一。2011年我国太阳能热水器保有量为 $1.65×10^8$ m²,占全世界的70%左右。2015年可达 $4.0×10^8$ m²。我国太阳能热水器平均每平方米每年可节约100～150 kg标准煤。

太阳能热水器是太阳能热利用最具有代表性的一种装置,用途广泛,最常见的用途是供洗澡用。在工业生产中,以及采暖、干燥、养殖、游泳等许多方面,也需要热水,也都已利用太阳能热水器。太阳能热水器按结构可分为闷晒式、管板式、聚光式、真空管式、热管式等几种;按照流体流动的方式,可分为闷晒式、直流式和循环式。

1) 闷晒式太阳能热水器

在太阳能热水器中,闷晒式结构简单,造价也低。这种热水器分有胆和无胆两类。有胆是指太阳能闷晒盒内装有黑色塑料或金属的盛水胆。当太阳能照射到闷晒盒上时,盒内温度升高,使水胆内的水被加热。当水温达到要求时,把热水放出来使用。目前市场上塑料单筒式或多筒式热水器都属于这种类型,一般都是家庭季节性使用。塑料枕式热水器也是有胆闷晒式热水器,只是简化了闷晒盒,而以透明塑料袋覆盖在盛水塑料水袋之上,上面的塑料袋充气,起着隔热的作用,在太阳能的辐射下,形成温室效应,使下面的黑色塑料袋吸收太阳的辐射热,并直接将热传给袋内的水。此种热水器的热水产量不大,但携带方便,可供旅行时使用。

无胆闷晒式热水器也称浅池热水器,其工作原理类似闷晒式太阳灶。通常,浅池式热水器因地制宜地建在房屋平顶上,但也有供工厂生产使用的铁皮浅池盒。无论是用水泥浇制,或购置定型的浅池盒,都要求浅池不能太高,一般为15～20 cm,灌水深度5～10 cm,距水面约10 cm盖以透明玻璃。水池面积不受限制,池内壁必须涂以黑色。此种浅池热水器只能季节性使用,在气温不太低的情况下,经过4～5 h太阳的闷晒,池内水温可达40℃左右。若采用定温放水,可将晒热的水放进保温热水箱备用,重新注入凉水,则可提高热水的产量。

2) 直流式太阳能热水器

直流式太阳能热水器由集热器、蓄热水箱和相应的管道组成。水在这种系统中并不循环,故称直流式。为使集热器中流出来的水有足够的温度,水的流量通常都比较小。

3) 循环式太阳能热水器

循环式太阳能热水器是应用得最广泛的热水器。按照水循环的动力又可分为自然循环和强迫循环。图2.6就是自然循环式太阳能热水器的示意图。水箱中的冷水从集热器的底部进入,吸收太阳能后温度升高,密度降低,冷热水之间水的密度差构成了循环的动力。当循环水箱顶部的水温达到使用温度的上限时,则由温控器打开电磁阀使热水流入热水箱,补给水箱同时自动补水。当水温低于使用温度的下限时,温控器使电磁阀关闭。这种装置可使用户得到所需温度的热水,使用十分方便。

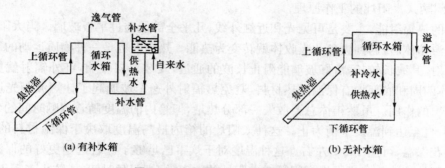

(a) 有补水箱　　　　　　　　　(b) 无补水箱

图 2.6　自然循环式太阳能热水器

对于大型太阳能供热水系统,由于自然循环压头小,通常就需要采用强迫循环,如图 2.7 所示,由泵提供水循环的动力。

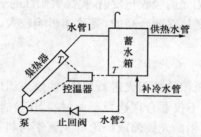

图 2.7　强迫循环太阳能热水器示意图

2.2.3　太阳灶

太阳灶利用太阳的热辐射能,直接把太阳的热辐射能转换成供人们炊事使用的热能。太阳灶种类繁多,按原理结构分类,可分为闷晒式、聚光式和热管式三种。图 2.8 示出了闷晒式和聚光式太阳灶。

1）闷晒式太阳灶

闷晒式太阳灶又称为箱式太阳灶。它的工作方式是将太阳灶置于太阳光下长时间闷晒,缓慢地积蓄热量。箱内温度一般可达 120～150℃,适合于闪蒸食品或为医疗器具消毒。

（1）闷晒式太阳灶的构造

首先制备一个四周和底层保温的箱体,保温材料可选用棉花或其他无异味、不挥发的保温材

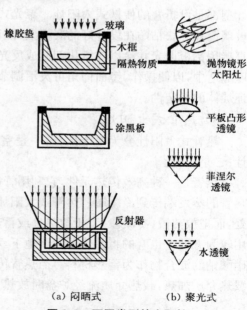

（a）闷晒式　　　（b）聚光式

图 2.8　不同类型的太阳灶

料(对食物不产生毒性)。箱体大小按需要设计,我国农村家庭使用的闷晒式太阳灶一般为
100 cm×70 cm×30 cm。箱体用木板或木框加纸板做成,保温层朝向箱内的表面涂以黑色,以
便吸收太阳的辐射热。箱内还应安装支承食具的铁丝架。箱盖为活动式,密封性能要好,开启
要方便。箱盖装有双层玻璃,玻璃要求平整、透光率高,两层玻璃的间距为 1 cm。

(2)闷晒式太阳灶的工作原理

太阳的热辐射能,主要是可见光和近红外线,几乎全部能透过平板玻璃。当太阳光透过玻
璃进入保温箱体后,遇到黑色的吸收体就转变为热能。热辐射也是一种物质运动的形式,主要
为红外辐射,其波长较长,恰好玻璃能阻止长波的通过,安装双层玻璃,红外辐射就更难透过。
同时,箱体四周和底部均有保温隔热材料,避免热辐射外逸。玻璃起了让短波阳光进、不让长
波红外线出的作用。虽然箱体总要散失一部分热量,但箱内的温度随着闷晒时间的延续,将会
逐渐升温,直至达到温度平衡为止。这种太阳灶的箱内最高温度取决于保温材料的优劣。通
常采用棉花保温,可达 150℃左右。这种温度对于炊事已足够了。若选用更好的保温材料,则
将增加太阳灶的造价。为了提高闷晒式太阳灶的效率,缩短闷晒时间,或防止多云天气时影响
灶温,可在箱侧加装反光镜,增大受光面积;也可在箱底加装油箱,借助油的储热作用,维持太
阳间歇性照射时箱内的温度稳定。在条件允许的情况下,盖面玻璃的表面可以加涂一层光谱选
择性材料如二氧化硅,以改变阳光的吸收与发射,提高太阳灶的热效率。

闷晒式太阳灶的箱内温度是逐渐升高的,受风速影响较大。为减少热损失,使用时要注意
放置在向阳背风的地方。

2)聚光式太阳灶

聚光式太阳灶是将较大面积的太阳光进行聚焦,使焦点温度提高,以满足炊事要求。这种
太阳灶的关键部件是聚光镜,不仅要合理选择镜面材料,还要合理设计几何形状。普通的反光
镜为镀银或镀铝玻璃镜,也有铝抛光镜面或涤纶薄膜镀铝材料等。

聚光式太阳灶除采用旋转抛物面反射镜外,还有将抛物面分割成若干段的反射镜。这类
灶型都是可折叠的便携式太阳灶。聚光式太阳灶的镜面,有用玻璃整体热弯成型,也有用普通
玻璃镜片碎块粘贴在设计好的底板上,或者用高反光率的镀铝涤纶薄膜裱糊在底板上。也可
直接用铝板抛光并涂以防氧化剂制成反光镜。聚光式太阳灶的架体用金属管材弯制,锅架高
度应适中,以便操作,镜面仰角可灵活调节。为了移动方便,也可在架底安装两个小轮,但要保
证灶体的稳定性。

3)热管式太阳灶

热管式太阳灶分为两个部分:一是室外收集太阳能的集热器,即自动跟踪的聚光式太阳
灶;二是热管。

热管是一种高效传热元件,它利用管体的特殊构造和传热介质蒸发与凝结作用,把热量从
热管的蒸发端传到冷凝端。热管式太阳灶是将热管的受热段(蒸发段)置于聚光太阳灶的焦点
处,而把放热段(冷凝段)置于散热处或蓄热器中。于是,太阳光的热量就从户外引入室内,使
用较为方便。也有的将蓄热器置于地下,利用大地作为保温器,其中填以硝酸钠、硝酸钾和亚
硝酸钠的混合物作为蓄热材料。当热管传出的热量融化了这些盐类,盐溶液就把蛇形管内的
载热介质加热,载热介质流经炉盘时放热,炉盘受热即可作炊事用。

2.2.4 太阳能干燥器

当电力和其他常规能源不足时,利用太阳能干燥农副产品比较方便和经济。太阳能干燥器发展速度很快。

太阳能干燥器的干燥过程分为两个阶段:第一个阶段是对空气加热;第二个阶段是热空气把待干燥物料中的水分带走。

加热空气有两种办法:一是直接加热空气,即把待干燥物放在干燥室内,直接受阳光辐射;二是间接加热空气,利用空气集热器把空气的温度提高,并脱除待干燥物料的水分。为使湿物料脱水,必须提供足够的热量使物料中的水分蒸发。例如,在 20℃时,水的汽化潜热为 2 454 kJ/kg。在干燥器中,湿物料吸收太阳的辐射热之后,温度升高致使相应的水蒸气分压力超过周围空气中的分压时,水分就从湿物料表面蒸发。所以,干燥器不仅要满足升温的要求,还要考虑通风排湿,尽量降低干燥器中空气的分压力。对于不同种类的待干燥物料,干燥器的温度应有所不同。温度过高会引起物料的物理变化或化学变化,影响物料的品质。对某些透水、透气性差的物料,应进行慢速干燥,干燥过快时,物料表面容易形成硬壳。

太阳能干燥器按结构可分为高温型和低温型两大类。高温型太阳能干燥器为聚焦型,常采用抛物面聚光器,对太阳进行自动跟踪,待干燥物料多为颗粒状,如粮食等。用螺旋输送机把物料送到线状聚焦面,边行进边干燥,效率较高。这种干燥装置系统比较复杂,造价也高。低温型太阳能干燥器,一般要求温度 40~65℃,常用空气集热器或隧道温室作为干燥器的主体,适合于果品和农副产品干燥。目前国内外应用的太阳能干燥器多属低温型干燥器。低温型太阳能干燥器可以分为以下几种:

1) 集热器型干燥器

利用太阳能空气集热器把空气加热,加热后的空气送入干燥室。干燥室的结构有箱式、隧道式、移动床式和固定床式。隧道式和固定床式较多,它还可以与常规能源的干燥器结合使用,以节约能耗,提高干燥出力。如图 2.9 所示。

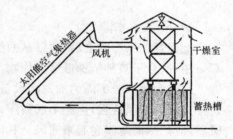

图 2.9 集热器型干燥器

2) 温室型干燥器

温室型干燥器与普通的太阳能温室类似,只是带有排湿口,便于将待干燥物料中的水分排走。这种干燥器较适用于深色物料的干燥或要求干燥强度不大的干燥对象。因为不同色调对阳光的吸收不同,淡色物料易反射阳光。

3) 整体式干燥器

将集热器和温室结合为一体,结构紧凑,干燥效率高,造价相对也低。这种干燥器除用于干燥果品、中药材等外,还适用于制酱、制醋等行业。图 2.10 所示为一种整体式干燥器,其温室顶部为玻璃盖板,待干燥物品放在温室中的料盘上,它既直接接受太

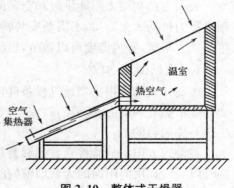

图 2.10 整体式干燥器

阳辐射的加热,又依靠来自空气集热器的热空气干燥物料。

2.2.5　太阳能温室

常见的太阳能温室很多,如蔬菜大棚和花房。随着透明新材料的应用,太阳能温室的建造也越来越多样化,发展成为田园工厂。国内外不仅有大量的塑料大棚用于蔬菜种植方面,而且出现了许多现代化的种植工厂。温室的结构和型式可分为以下几种类型:

1)屋脊形棚

这是一种大型温室,可以单栋或连栋,椽子用木料制作。透光覆盖物采用塑料膜,用压条法将塑料膜固定。天窗和侧窗均用拉绳控制,操作轻便。此种温室抗风雪性能好,适合于我国北方地区采用。

2)拱圆形大棚

这种温室式样很多,结构以钢架为主,也用塑料膜覆盖。因顶部呈圆拱形,所以叫拱圆形大棚。这种结构可以减少风的阻力,防止薄膜吹破,以延长使用年限。一般来说,此种温室比较经济实用,在我国约有 70%的钢结构大棚属于这种类型。为了适应现代温室的技术操作,有的增加了棚檐高度,并用混凝土墩做基础,安装采暖设备和排湿风扇,进行连栋建造,扩展跨度到 4~5 m。

3)大型塑料棚

这种温室棚顶具有一定的缓慢斜坡,中部略带突出拱圆状,两侧外张,受风的阻力作用小。支撑骨架可用木料、竹竿和竹片,透光覆盖物采用软质或硬质聚氯乙烯塑料膜,棚顶可安装通风天窗。

4)管架大棚

把钢管加工弯曲之后,两根从两侧向中央连接使用,覆盖仍用塑料薄膜。大棚组装和拆卸都简便,适合于栽种植株低矮的作物。这本是一种单栋塑料棚,但现已发展为大跨度的连栋大棚。这类大棚一般不需另加采暖设备,也不适用于喜高温的作物,如种植草莓、韭菜、菠菜等。这种大棚的抗风性强,但经不起雪压,因而多雪地区要在棚内增加支柱或及时排雪。当天气转暖后,应把侧面薄膜卷起来通风。我国各地多采用这种塑料大棚。

2.2.6　太阳房

太阳房是利用太阳能供暖和空调的房子。太阳房既可供暖,也能空调。最简单的一种太阳房称为被动式太阳房,不需要安装特殊的动力设备,仅利用太阳能供暖。另一种太阳房称为主动式太阳房,室内温度可以调节,也称为空调式太阳房。

1)被动式太阳房

被动式太阳房根据当地气候条件,把房屋建造成尽量利用太阳的直接辐射能,不需要安装太阳能集热器和动力循环设备,完全依靠建筑结构形成的吸热、保温、通风等特性使房屋达到冬暖夏凉的目的。

被动式太阳房分直接受益式和蓄热墙式两种。直接受益式构造最简单,房屋本身就是集热-蓄热器,利用向阳面的大玻璃窗(在严寒地区常采用双层玻璃)接受日光的直接照射。房屋地板采取符合吸热的措施,如深色水泥地板、铺砖或采用由碎石填充的蓄热槽等。屋顶和墙壁也进行保温处理,如加装泡沫塑料吊顶,以防止热量散失。图 2.11 是直接受益式被动式太阳房。蓄热墙式则不完全靠太阳光直接射入室内,而是通过向阳面的蓄热墙将空气加热,并使热风进入室内采暖。夏季则利用蓄热墙起到的抽风作用,加强室内空气对流,起到降温的效果。

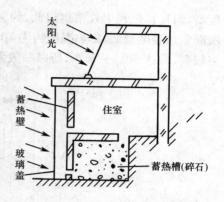

图 2.11　被动式太阳房示意图

2) 主动式太阳房

主动式太阳房一般由集热器、传热流体介质、蓄热器、控制系统及适当的辅助能源系统构成。它需要热交换器、水泵和风机等设备,电源也是不可缺少的,因此这种太阳房的造价较高。由于室温能主动控制,湿度也很适宜。在一些经济发达的国家,已建造了不少各种类型的主动式太阳房。

由于太阳辐射受天气影响很大,为保证主动式太阳房室内能稳定供暖,并在供暖的同时还能供热水,因此对面积较大的主动式太阳房通常还需配备辅助热水锅炉。来自太阳能集热器的热水先送至蓄热槽中,再经三通阀将蓄热槽和锅炉的热水混合,然后送到室内暖风机组给房间供热(见图 2.12)。这种太阳房可全年供热水。除了上述热水集热、热水供暖的主动式太阳房外,还有热水集热、热风供暖太阳房以及热风集热、热风供暖太阳房。前者的特点是热水集热后,再用热水加热空气,然后向各房间送暖风;后者采用的就是太阳能空气集热器加热空气向室内供热风。热风供暖的缺点是送风机噪声大,能耗高。

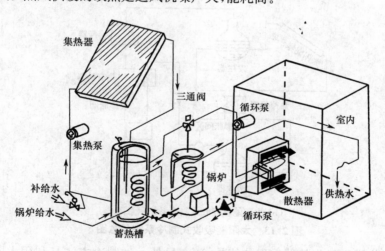

图 2.12　带辅助锅炉的主动式太阳房

2.2.7　太阳能制冷

太阳能制冷原理与一般电力制冷原理相同,只是所耗能源不同,因此带来制冷系统结构上的变化。目前太阳能制冷的方法有多种,如蒸汽压缩式制冷、蒸汽喷射式制冷、吸收式制冷等。蒸汽压缩式制冷要求集热温度高,除采用真空管集热器或聚焦型集热器外,一般太阳能集热方式不易满足集热温度要求,所以蒸汽压缩制冷系统造价较高;蒸汽喷射式制冷不仅要求集热温度高,而且其热利用效率也很低,约为 20%~30%;吸收式制冷系统如图 2.13(a)、(b)所示,所需集热温度较低,集热温度约为 70~90℃,使用平板式集热器就可满足要求,而且热利用效率较高,可达 60%~70%,所以一般采用得较多。

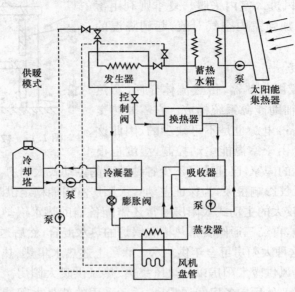

(a)太阳能溴化锂吸收式制冷系统示意图

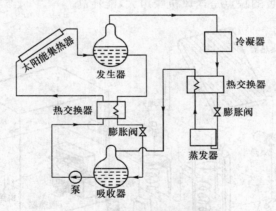

(b)太阳能氨吸收式制冷系统示意图

图 2.13 太阳能吸收式制冷系统示意图

太阳能制冷除借助于集热器取得热能外,还有另外一种制冷方式是利用太阳能电池产生的电能进行电制冷。

2.2.8 太阳池

太阳池是一种收集和储存太阳能并作为热源的水池。太阳池常利用水中稳定的盐浓度吸收太阳的辐射热,并尽量减少底层水的对流热损失。天然海洋和盐湖的水都具有太阳池的储能特性。

1）太阳池的构造

太阳池可以分为非对流型太阳池和薄膜隔层型太阳池两种。非对流型太阳池如图 2.14 所示。池深通常 1 m 左右，面积根据所需要的热量的多少可大到数平方千米。池底涂黑，池中充满一定浓度的盐水。池表层为清水，底层为较浓或饱和盐水溶液。由于盐水溶液的浓度梯度阻止了自然对流发生，因此保持了池水液面的稳定性。太阳辐射到池中后，池底水温升高，形成一层热水层；由于水池和池底周围土壤的热容量很大，所以太阳池的储热量非常可观。

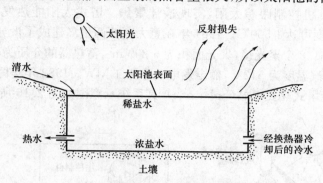

图 2.14　非对流型太阳池

为了进一步改善太阳池的性能，通常可以在池中部设置一透明塑料的隔层，用以减少池中水的自然对流散热；在池顶也加一上隔层，用以防止太阳池表面水分的蒸发和风吹的影响。这种太阳池就成了薄膜隔层太阳池。

2）太阳池的应用

太阳池的储热量很大，因此可以用太阳池来采暖和制冷。许多国家都利用太阳池为游泳池提供热水，或为健身房供暖，或用于大型温室的加热。利用太阳池发电是十分吸引人的，图 2.15 为太阳池发电系统的原理示意图。它的工作过程是：先把池底层的热水抽入低沸点工质蒸发器，使蒸发器中低沸点的有机工质蒸发，产生的蒸汽推动汽轮机做功；排汽再进入冷凝器冷凝。冷凝后的低沸点有机工质通过循环泵送回蒸发器，从而再进行蒸发，进行下一个循环。太阳池上部的冷水则作为冷凝器的冷却水。因此整个系统十分紧凑。

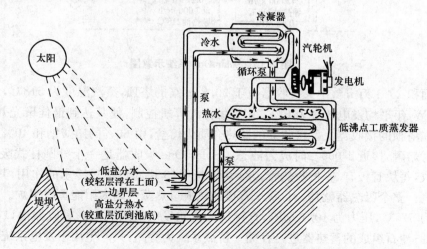

图 2.15　太阳池发电系统原理示意图

2.2.9　太阳能热力发电

目前常见的太阳能热发电系统主要有塔式太阳能热发电系统、槽式太阳能热发电系统、蝶式太阳能热发电系统、烟囱太阳能热发电系统、太阳池热发电系统等,现分别进行简单介绍。

塔式太阳能热发电系统是利用定日镜跟踪太阳,并将太阳能聚焦在中心接收塔的接收器上,在接收器上将聚焦的太阳能转换为工质的热能,使工质变成蒸汽,送入汽轮发电机组进行发电。定日镜由计算机控制跟踪太阳,实现最佳聚焦。塔式太阳能热发电系统聚光比可达300~1 500,运行温度可达1 500℃。1981 年在意大利西西里岛建成了世界上第一座塔式太阳能热发电站,采用了 182 个聚光镜,聚光面积为 6 200 m²,蓄热器的介质为硝酸盐,发电站的热功率为 4.8 MW,蒸汽温度为 512℃,额定发电功率为 1 MW。1982 年美国在加利福尼亚建成了 10 MW 的太阳能塔式热发电站(Solar one),其系统示意图如图 2.16 所示。

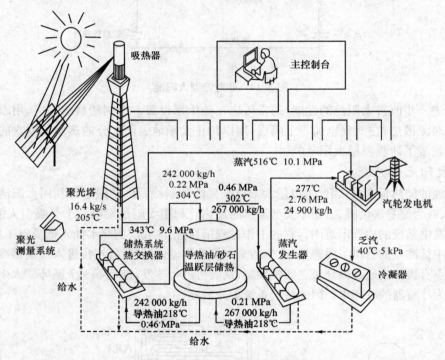

图 2.16　Solar One 系统示意图

占地面积 29.1 万 m²,中央接收器位于 90.8 m 高的塔顶,蒸汽温度为 518℃,最大输出功率 11.7 MW,年平均发电效率为 6%。定日镜由计算机控制,使其达到最佳聚光效果,太阳光发射聚集在塔顶的接收器上。接收器的储热介质为熔盐,由 60% 的硝酸钠和 40% 的硝酸钾组成,700℃时熔融,接近 1 000℃时成为液态。Solar One 吸收器是一个外圆柱式吸热器,由 24 块管板组成,每块管板有 79 根吸热管。24 块管板中,6 块起预热过冷水的作用,其余 18 块产生过热蒸汽。整个吸热器就是一台将水直接加热成过热蒸汽的太阳能蒸汽锅炉。吸热器出口蒸汽参数为 516℃,压力为 10.1 MPa,直接送入汽轮发电机组发电。吸收器出口的蒸汽也可以送入由油-沙石组成的蓄热器进行存储。蓄热系统为旁路,只产生用于发电系统启停和离线运行时保温所需的辅助蒸汽,其运行温度为 220~305℃。

　　槽式聚光热发电系统是采用槽式聚光镜将太阳光聚在一条线上,在这条线上安装有管状集热器,以吸收聚焦后的太阳辐射能。槽式太阳能热发电系统示意图如图 2.17 所示。

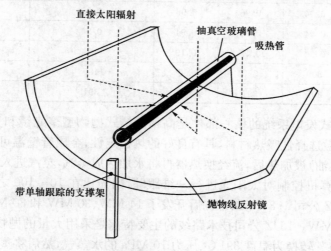

槽式聚光系统结构示意

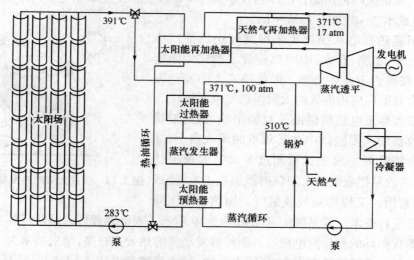

图 2.17　槽式太阳能热发电系统示意图(1 atm＝101.325 kPa)

几种槽式太阳能热发电系统的集热器参数如表 2.2 所示。

表 2.2　槽式太阳能发电系统的集热器参数

集热器型号	LS1(LUZ)	LS2(LUZ)	LS3(LUZ)	ET-100(Euro Trough)	DS-1(Solargenix)
应用年份	1984	1988	1989	2004	2004
面积(m²)	128	235	545	545/817	470
开口宽度(m)	2.5	5.0	5.7	5.7	5.0
接收管直径(m)	0.042	0.070	0.070	0.070	0.070
聚光比	61.1	71.1	82.1	82.1	71.1
光学效率	0.734	0.764	0.800	0.780	0.780

集热器型号	LS1(LUZ)	LS2(LUZ)	LS3(LUZ)	ET - 100(Euro Trough)	DS - 1(Solargenix)
吸收率	0.94	0.96	0.96	0.95	0.95
镜面反射率	0.94	0.94	0.94	0.94	0.94
集热管发射率	0.30	0.19	0.19	0.14	0.14
温度(℃)	300	350	350	400	400
工作温度(℃)	307	391	391	391	391

　　LUZ 太阳能槽式发电系统的核心部件是高精度槽式抛物型聚光镜和真空管集热器。集热器金属管壁面涂敷选择性吸热材料,具有良好的热稳定性,金属管壁温可达 400℃以上。管内的流体(常用导热油)被加热后,流经换热器再将水加热成蒸汽,蒸汽进入汽轮发电机组进行发电。聚光镜由计算机控制对太阳光进行一维跟踪,聚光比在 10~100 之间,跟踪温度可达400℃。美国的 LUZ 公司 1984 年以来先后开发了 14 MW、30 MW 和 80 MW 的多种系统,总装机容量达到 354 MW。LUZ 公司技术路线的主要特点是采用大量的抛物面槽式聚光器,高效收集太阳能,并将其转换为温度 391℃、压力 10 MPa 的水蒸气,然后将蒸汽送入汽轮发电机组进行发电。该系统的再热郎肯循环热效率为 38.4%,最高发电效率为 24%,年平均发电效率 14%,发电成本 7~8 美分/(kW·h)。

　　槽式太阳能热发电系统近年来得到较快的推广应用,美国、西班牙、希腊、日本、中国都建成了槽式太阳能热发电系统,规模也不断在增加。因此槽式太阳能热发电系统是非常有推广应用前景的太阳能热发电系统。

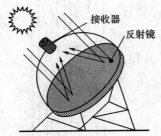

　　蝶式太阳能热发电系统借助于双轴跟踪,抛物型蝶式镜面将接收到的太阳能集中在其焦点的接收器上,如图 2.18 所示,接收器的聚光比可超过 3 000,温度可达800℃以上。接收器把吸收的太阳辐射能加热工质,变成工质的热能,常用的工质为氦气或氢气。加热后的工质

图 2. 18　蝶式太阳能热发电聚焦示意图

送入发电装置进行发电。其系统示意图如图 2. 19 所示。发电装置可以是斯特林发动机、燃气轮机或进行郎肯循环的汽轮发电机组。斯特林发动机的热效率较高,单机功率为 15~50 kW。蝶式太阳能热发电系统的最高发电效率可达 29.4%,虽然发电成本较高,但较高的发电效率还是十分诱人的。

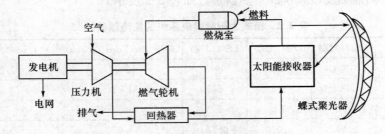

图 2. 19　蝶式太阳能热发电系统示意图

太阳能烟囱发电系统采用了温室效应、烟囱和涡轮机三种技术实现太阳能热发电。该发电技术是先建一个中间向上倾斜的屋顶,材料为透明塑料和玻璃钢。在太阳光的照射下,屋内的空气温度升高,可超过环境温度35℃。利用室内空气和环境温度之间的温差,室内的热空气向屋顶上方流动。在屋顶的中央装上烟囱,热空气通过烟囱迅速上升,气流速度可达15 m/s。在烟囱底部安装风力发电机,从而将热空气的热能转换为电能。室内的土地具有蓄热能力,可减少发电功率的波动。1981年在西班牙马德里南部建成了第一座太阳能烟囱发电系统,发电功率为60 kW。证明了太阳能烟囱发电的技术可行性。后来澳大利亚建成了1座发电功率200 MW的太阳能烟囱发电系统,有关的参数如表2.3所示。

表 2.3 200 MW 太阳能烟囱式发电站主要参数

项　目	数　值	项　目	数　值
烟囱高度(m)	1 000	烟囱直径(m)	130
汽轮发电机数量(台)	32	汽轮发电机功率(kW)	625
集热棚直径(m)	7 000	集热棚面积(m^2)	3.8×10^7
受热面材料	玻璃、聚碳酸酯、塑料膜	占地面积(m^2)	1×10^8
建设费用(澳元)	$(1.5 \sim 2) \times 10^9$	建设周期(月)	34

由于太阳能烟囱发电系统占地面积大,发电成本高,目前尚未进行大规模商业化应用。

太阳池发电系统是利用含盐的水在阳光的照射下因含盐浓度的不同而产生的温差来驱动汽轮机发电。1958年以色列建立了首座太阳池发电系统,太阳池面积为25 m×25 m,产生的热水温度为96℃。1977建成了150 kW的太阳池发电系统。由于太阳池发电系统的热效率低,发电成本高,太阳池发电系统尚未进入大规模商业化应用。

到目前为止,得到广泛推广应用的太阳能热发电系统主要包括槽式太阳能热发电系统、塔式太阳能热发电系统和蝶式太阳能热发电系统,它们的特点如表2.4所示。

表 2.4 几种太阳能热发电系统比较

项　目	槽式系统	蝶式系统	塔式系统
理想电站规模	100 MW 以上	100 kW(单台)	100 MW 以上
目前电站最大规模	80 MW	50 kW(单台)	10 MW
聚光方式	抛物面反射镜	旋转对称抛物面反射镜	平、凹面反射镜
跟踪方式	单轴跟踪	双轴跟踪	双轴跟踪
聚光比	10~30	500~600	500~3 000
接收器	空腔式、真空管式	空腔式	空腔式、外露式
运行温度(℃)	200~400	800~1 000	500~2 000
工　质	油/水、水	油/甲苯、氦气	熔盐/水、水、空气
跟踪方式	单轴	双轴	双轴
可否蓄能	可以	可以	可以
可否有辅助能源	可以	可以	可以
可否全天工作	有限制	可以	有限制
光热转换效率(%)	70	85	60

项　目	槽式系统	蝶式系统	塔式系统
目前最高发电效率(%)	28.0	29.4	28.0
年平均发电效率(%)	11～17	12～25	7～20
单位面积造价(美元/m²)	275～630	320～3 100	200～475
每瓦造价(美元/W)	2.5～4.4	1.4～12.6	2.7～4.0
发电成本(美分/(kW·h))	8	—	—
开发风险	低	中	高
应用前景	并网	独立运行、并网	并网

2.2.10　太阳能热力机

太阳能热力机是一种以太阳辐射热作动力的机械。它的种类很多,用途也可以各不相同,有的直接提供动力,有的用作太阳泵,也有的用作小型发电设备。但是,它们的基本原理不外乎朗肯循环和斯特林发动机。近年来还出现了直接的太阳能气压泵、太阳能隔膜泵和太阳能氢气发动机等。

1) 斯特林发动机

斯特林发动机是一种用外部加热使活塞往复运动的外燃机,1916 年由苏格兰人罗伯特·斯特林(R. Stirling)发明而命名。这种发动机可以利用各种能源,特别是因为它是外燃式,所以使用太阳能很方便。其特点是体积小,效率高(最高可达 40%)。斯特林发动机的循环回路由膨胀腔、压缩腔、动力活塞、配气活塞和回热器组成。这种发动机需充满高压气体,气体可采用空气、氢气、氦气或氮气。膨胀腔在受到聚焦的太阳光辐射后,腔内的工质被加热,引起膨胀,推动配气活塞。因而压缩腔内的工质受到压缩,于是向冷却水放热。配气活塞的质量大于动力活塞,两者之间没有任何机械连接,完全处于自由状态。在太阳能加热和冷却水冷却下,膨胀与压缩交替,活塞就自行运动,动力活塞输出机械能。配气活塞上下运动分配气体工质,使工质在热腔与冷腔之间交替移动。回热器一般用多层金属网做成,它起着储热和放热的双重作用。当工质由热腔通过回热器进入冷腔时,它就起吸热作用;反之,它就向工质放热。动力活塞输出的机械能可以用于发电,也可用于水泵的动力。所以斯特林发动机能构成单独的太阳能发电装置,功率由几百瓦到数十千瓦。

2) 太阳能水泵

最原始的太阳能水泵是利用聚光的太阳能把水烧开,使产生的蒸汽带动蒸汽机和水泵。这样不仅设备庞大,而且效率很低,现在已基本不用。新型的太阳能水泵有太阳气压泵、液体活塞太阳泵和太阳隔膜泵。太阳气压泵结构简单,容易加工。其工作原理是:利用平板太阳能集热器加热低沸点工质,常选用乙醇为工质,乙醇受热产生蒸汽,并沿管道进入气缸;推动活塞向下运动,使水经传输管流到冷凝器,而冷凝器中的水则通过出水阀排出;当活塞移动到气缸底部时,蒸汽经蒸汽管流入冷凝器被冷凝,导致气缸内压力降低;水在大气压力作用下从吸水间流入冷凝器和气缸,活塞上移直至堵住进气管入口。这样便完成了一个工作循环。若该太阳能泵的集热器面积为 25 m²,则日泵水量为 7.5 t,扬程可达 10 m。

2.2.11 太阳能蒸馏—海水淡化

地球上的水资源中含盐的海水占了 97%,随着人口的增加和工业的发展,城市用水日趋紧张。为了解决日益严重的缺水问题,海水淡化越来越受重视。世界上第一座太阳能海水蒸馏器是 1872 年在智利建立的,面积为 44 504 m^2,日产淡水 17.7 t。20 世纪 70 年代全球能源危机以后,太阳能海水淡化得到了更迅速的发展。目前世界上太阳能海水淡化装置中最简单的是池式太阳能蒸馏器(见图 2.20)。它由装满海水的蒸发盘和覆盖在其上的玻璃或透明塑料盖板组成。蒸发盘表面涂黑,底部绝热。盖板成屋顶式,向两侧倾斜。太阳辐射通过透明盖板,被蒸发盘中的水吸收,蒸发成蒸汽。上升的蒸汽与较冷的盖板接触后被凝

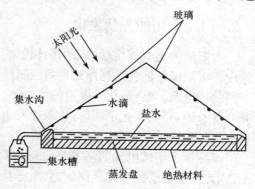

图 2.20 池式太阳能蒸馏器

结成水,顺着倾斜盖板流到集水沟中,再注入集水槽。这种池式太阳能蒸馏器是一种直接蒸馏器,它直接利用太阳能加热海水并使之蒸发。池式太阳能蒸馏器结构简单,但产淡水的效率也低。

另外一类多效太阳能蒸馏器,它是一种间接太阳能蒸馏器,主要由吸收太阳能的集热器和海水蒸发器组成,并利用集热器中的热水将蒸发器中的海水加热蒸发。图 2.21 就是平板型多效太阳能蒸馏器的示意图。这种装置能连续制取淡水。

在干旱的沙漠地带,可将咸水淡化和太阳能温室结合起来,图 2.22 就是这种装置的示意图。这种装置采用特殊的滤光玻璃,只阻挡阳光中的红外线,而让可见光和紫外线透过,以供植物光合作用。白天用盐水喷洒在滤光玻璃板上,吸走由于吸收红外线所产生的热量,然后流回淡水回收池中。夜晚储存的热水重新循环,向温室提供热量。洒在玻璃板上的盐水有一部分蒸发,产生的蒸汽凝结在温室外墙板的反面,然后顺板流入淡水回收池中。从海水中制取的淡水除用来灌溉温室中的植物外,剩余的淡水还可用于其他用途。

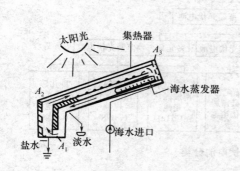

图 2.21 平板型多效太阳能蒸馏器

A_1—进口截面;A_2—受热面截面;A_3—端部截面

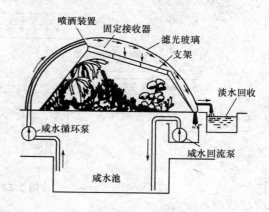

图 2.22 太阳能咸水淡化温室

2.3　太阳能光电转换

2.3.1　太阳能光伏发电

太阳能的光电转换是指太阳的辐射能光子通过半导体物质转变为电能的过程,称为光伏效应。太阳能电池就是利用这种效应制成的一种发电器件,所以也叫光伏电池。实质上它是一种物理电源,与普通化学电源的干电池、蓄电池是完全不同的。太阳能电池理论上的寿命是非常长的,只要有光子照射,它就能发出电来。当然,这种光电转换不同于机械发电,它没有机械部件的转动和磨损。

半导体太阳能电池的基本单元是 PN 结。在 PN 结两侧分别是 N 区和 P 区,如图 2.23 所示,当光伏电池受到太阳光照射时,电子接受光能,向 N 型区移动,使 N 型区带负电,同时空穴向 P 型区移动,使 P 型区带正电。从而在 PN 结两端产生电动势,即光伏效应。

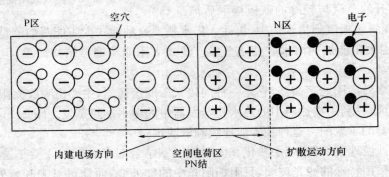

图 2.23　PN 结结构示意图

如果分别在 P 型区和 N 型区接上导线,接通负载,则外电路便有电流通过。如此形成一个电池元件,把它们串联、并联起来,就能产生一定的电压和电流,并输出功率。

目前,可制造光伏电池的有十几种,如图 2.24 所示。

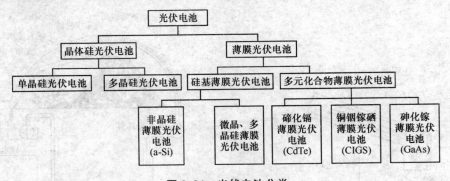

图 2.24　光伏电池分类

但目前制造技术最成熟、最具商业价值的光伏电池是硅光伏电池。以硅光伏电池为例,如图 2.25 所示。其理想的等效电路是一个电流源和一个理想的二极管的并联电路。I_L 为光生电流,其值正比于光伏电池的面积和入射光的强度,I 为光伏电池的输出电流,U 为等效二极管端电压,U 与入射光强度的对数成正比,与环境温度成反比,与电池面积的大小无关,I_D 为暗电流,即光伏电池无光照时,通过 PN 结的总扩散电流。

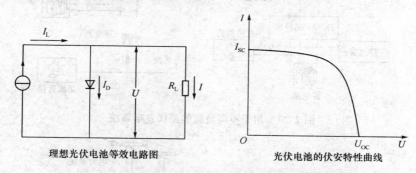

理想光伏电池等效电路图　　　　　　光伏电池的伏安特性曲线

图 2.25　理想光伏电池的等效电路和伏安特性曲线

设 I_D 是二极管的正向电流,根据二极管方程,有

$$I_D = I_0 \left[\exp\left(\frac{qU}{kT}\right) - 1 \right]$$

式中:I_0 为光伏电池等效二极管 PN 结反向饱和电流;q 为电子电量(1.6×10^{-9} C);k 为波尔兹曼常数(0.86×10^{-4} eV/K);T 为温度(K)。于是,输出电流 I 的大小为

$$I = I_L - I_D = I_L - I_0 \left[\exp\left(\frac{qU}{kT}\right) - 1 \right]$$

此即为理想光伏电池的伏安特性,见图 2.25 所示。

在实际的光伏电池中,由于表面效应、势垒区载流子的产生和复合、电阻效应等因素的影响,光伏电池的电压特性与理想特性有很大的差异,这是理想模型不能正确反映实际情况造成的。实际模型采用串联电阻及并联电阻来等效模拟实际器件中的各种非理想效应的影响。实际光伏电池等效电路如图 2.26 所示,由一个电流密度为 I_L 的理想电流源、一个理想的二极管 VD、并联电阻 R_{sh} 组合而成,R_{sh} 为考虑载流子产生与复合以及沿电池边缘的表面漏电流而设计的一个等效并联电阻,R_s 为扩散区的表面电阻、电池体电阻及上下电极之间的欧姆电阻等复合得到的等效串联电阻。光伏电池两端的电压为 U,通过光伏电池单位面积的电流为 I。

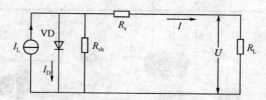

图 2.26　实际光伏电池的等效电路图

光伏发电系统就是光伏电池为基本元件,组合成一定功率的光伏列阵,并与储能、测量、控制等装置配套组成的发电系统。光伏发电系统可供给直流负载、交流负载或进行储存,如图 2.27 所示。此外,光伏发电系统也可以与风电组合成风光互补型发电系统,如图 2.28 所示。

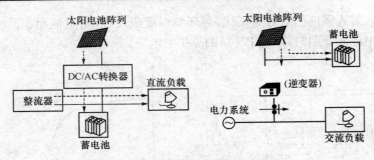

图 2.27　用于不同负载的光伏发电系统

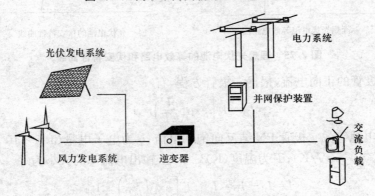

图 2.28　风-光互补型发电系统示意图

光伏发电系统在实际的运行过程中,可以分为离网运行和并网运行两类。离网运行的光伏发电系统构成的示意图如图 2.29 所示。

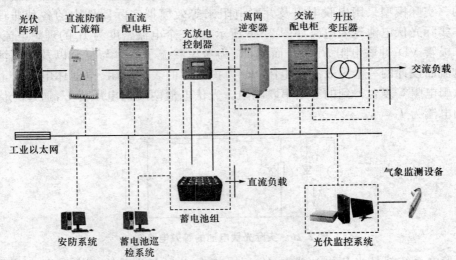

图 2.29　离网型光伏发电系统构成示意图

对于并网运行的光伏发电系统,都要有光伏电站的监控系统,使光伏发电系统与电网保持联接或解列。并网光伏发电系统的监控系统的结构图如图 2.30 所示,该控制系统分为间隔层、网络层和站控层等三个层面,适用于小型和大型光伏发电系统的并网控制。

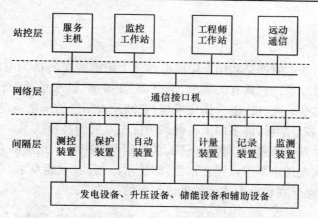

图 2.30 并网光伏发电系统的监控系统结构示意图

对于并网运行的小型的光伏发电系统,其监控系统的物理结构示意图如图 2.31 所示。

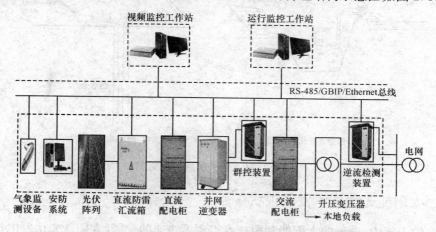

图 2.31 并网运行的小型光伏发电系统的监控系统物理结构示意图

对于并网运行的大型的光伏发电系统,其监控系统的物理结构示意图如图 2.32 所示。

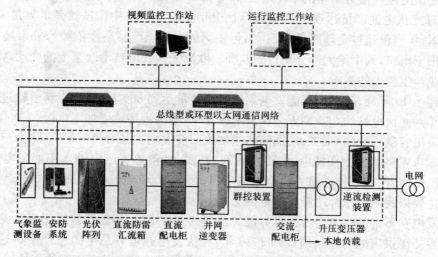

图 2.32 并网运行的小型光伏发电系统的监控系统物理结构示意图

2.3.2　光伏水泵系统

　　光伏水泵系统的基本原理是利用太阳能电池将太阳能直接转换为电能,然后驱动各类电动机带动水泵从水源汲水。它具有无噪声、全自动、高可靠、供水量适配性好等许多优点。光伏水泵系统是一个典型的光、机、电一体化系统,它涉及太阳能的采集、转换及电力电子、电机、水泵、计算机控制等多个学科,许多国家将此列为优先发展的高新技术。

　　光伏水泵系统由光伏阵列、控制器、电机、水泵四部分组成。我国的光伏水泵有漂浮式和潜水式两种。漂浮式光伏水泵可以浮在水面,即使水池很浅,也能泵水,对于庭院花草浇灌十分方便。图 2.33 为漂浮式和潜水式两种光伏水泵的示意图。

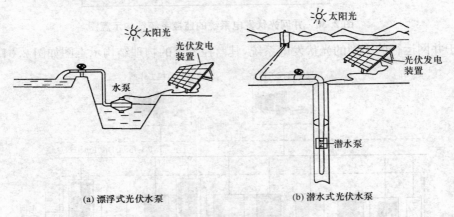

(a) 漂浮式光伏水泵　　　　　　　　(b) 潜水式光伏水泵

图 2.33　光伏水泵示意图

2.3.3　太阳能光伏技术发展现状

　　在过去的十年中,全球的太阳能利用技术得到了快速的发展,太阳能光伏发电技术也有了突破性的进步,使光伏发电的技术得到普及。

　　全球光伏电池产量近十年的平均增长率为 48.5%,近 5 年的年平均增长速度为 55.2%。2009 年全球光伏电池产量达到 10.66 GW,比上年增加 35%。中国虽然是世界最大的太阳能电池制造国,年产量超过全球产量的 50%,但中国的太阳能产品高度依赖海外市场,年产量的95% 以上用于出口,其中绝大部分出口到欧洲。欧洲光伏发电技术政策上的变动,将对我国光伏产品企业产生较大的影响。

　　截止到 2010 年底,我国太阳能发电累计装机容量达到 860 MW,当年新增超过 500 MW,其中大型并网光伏电站约 360 MW。在未来的 5 年,中国将每年增加 1 000～2 000 MW 的太阳能发电装机容量。我国“十二五”期间将增加太阳能发电 1 000×10⁴ kW,将由三部分构成:约 650×10⁴ kW 的大型太阳能电站,将在青海、新疆、甘肃等省区启动太阳能发电基地,在内蒙古、宁夏、山西、西藏等推动重点大型发电项目;大约 300×10⁴ kW 的分布式光伏项目,这部分项目将主要以我国中东部用能集中地区为主。

　　光伏发电在不远的将来会占据世界能源消费的主要地位,不但要替代部分常规能源,而且将成为世界能源供应的主体。预计到 2030 年,光伏发电在世界总电力生产中将达到 10% 以上。到 21 世纪末,光伏发电将占到 60% 以上。这说明光伏发电具有广阔的市场发展空间。

2.4 其他形式的太阳能转换

2.4.1 太阳能-氢能转换

太阳能可以通过分解水或其他途径转换成氢能。用太阳能制氢,其主要方法如下:

1) 太阳能电解水制氢

电解水制氢是目前应用广泛且技术比较成熟的方法,氢气的纯度为 75%～99%,但耗电大,用常规电制氢,从能量利用角度看并不合理。只有当太阳能发电的成本大幅度下降后,才可能实现大规模电解水制氢。

2) 太阳能热分解水制氢

将水或水蒸气加热到 3 000 K 以上,水中的氢和氧便能分解。这种方法制氢效率高,但需要高倍聚光器才能获得如此高的温度,制氢能耗高,一般不采用这种方法制氢。

3) 太阳能热化学循环制氢

为了降低太阳能直接热分解水制氢要求的高温,发展了一种热化学循环制氢方法,即在水中加入一种或几种中间物,然后加热到较高温度,经历不同的反应阶段,最终将水分解成氢和氧,而中间物不消耗,可循环使用。热化学循环分解的温度大致为 900～1 200 K,这是普通旋转抛物面镜聚光器比较容易达到的温度,其分解水的效率在 17.5%～75.5%。存在的主要问题是中间物的还原,即使按 99.9%～99.99% 还原,也还要作 0.01%～0.1% 的补充,这将影响制氢的成本,中间物的排放会造成环境污染。

4) 太阳能光化学分解水制氢

这一制氢过程与上述热化学循环制氢有相似之处,它是在水中添加某种光敏物质作催化剂,增加对太阳光中长波能量的吸收,利用光化学反应制氢。

5) 太阳能光电化学电池分解水制氢

利用 N 型二氧化钛半导体电极作阳极,以铂作阴极,制成太阳能光电化学电池,在太阳光照射下,阴极产生氢气,阳极产生氧气,两电极用导线连接便有电流通过,即光电化学电池在太阳光的照射下同时实现了分解水制氢、制氧和获得电能。光电化学电池制氢效率很低,仅0.4%,只能吸收太阳光中的紫外光和近紫外光,而且电极易受腐蚀,性能不稳定。

6) 太阳光络合催化分解水制氢

1972 年,科学家发现三联吡啶络合物的激发态具有电子转移能力,并可进行络合催化电荷转移反应,利用这一反应过程进行太阳光络合催化分解水制氢。这种络合物是一种催化剂,它的作用是吸收光能,产生电荷分离、转移和集结,并通过一系列耦合过程,最终使水分解为氢和氧。

7) 生物光合作用制氢

绿藻在无氧条件下,经太阳光照射可以放出氢气。蓝绿藻等许多藻类在无氧环境中适应一段时间后在一定条件下都有光合放氢作用。利用蓝绿光合放氢的特性,可以实现生物光合作用制氢。

2.4.2　太阳能-生物质能转换

通过植物的光合作用,太阳能把二氧化碳和水合成有机物(生物质能)并放出氧气。光合作用是地球上最大规模转换太阳能的过程,现代人类所用的化石燃料就是远古和当今光合作用固定的太阳能。

2.4.3　太阳能-机械能转换

如前所述,太阳光是一种电磁辐射,组成光线的光子遇到物体后,能够对物体产生压力,称为光压。当受压面与太阳光垂直时,太阳光产生的光压为 1×10^{-6} Pa,由此产生的加速度为 $0.03 \sim 1.00$ mm/s^2。太阳光的光压就是太阳能辐射能转变为机械能的实例。太阳帆是利用太阳光的光压实现飞行的一种新型航天器。太阳帆依靠面积巨大但质量很轻的太阳帆,反射太阳光获得源源不断的推力,是唯一不依靠反作用力推进而实现飞行的飞行器。太阳帆利用太阳光光压所提供的连续加速度,经过长时间的加速,能以 93 km/s 的速度飞行,该速度比目前火箭推进的最快航天器快 4～6 倍。

目前,太阳帆尚处于研发阶段,距实际应用还有许多技术问题需要解决。

2.5　影响太阳能利用的因素

2.5.1　推广应用太阳能的制约因素

虽然太阳能资源有能力为世界未来能源供应做出巨大贡献,但有许多因素限制了太阳能的推广应用。这些制约因素主要分为技术、法规制度、经济、社会文化及教育等几个方面。在技术方面,太阳能资源受天气影响很大,同时也受天气周期性变化的影响。在高纬度地区,该地区人们对能源的需求量大由于太阳能相对不足。因为在法规制度方面的制约因素中,能源供应工业的不成熟、标准的缺乏以及能源基础设施在接纳分布式能源方面的能力不强等,都是主要的制约因素。经济方面的制约因素可能是最主要的,其中包括:太阳能的成本结构属于资本密集型;为了提高能源供应的可靠性,需要建立储能装置和备用的矿物性燃料能源系统;在某些能源用量大的地区资金短缺等。其他方面的制约因素包括:公众对太阳能的潜力认识不足;为了最大限度地利用太阳能,需要人们改变生活方式等。虽然人们已认识到,在许多情况下太阳能都是最好的能源,但是却不能用于所有需要能源的地方,更不能最大限度地得到利用。

2.5.2　制约因素对太阳能利用的影响

1) 与矿物性燃料的经济竞争力

扩大太阳能利用所面临的主要障碍之一是太阳能系统与成熟的矿物性燃料系统相比较的经济性能问题。进行经济性比较分析时,把电站设备的装机投资成本、运行和维修成本、燃料成本以及其他有关的年平均成本,如废物处置等都考虑了进去,电站装机投资成本转换成年平均值(固定收费率为 10%),并以联网电力的应用为对象。

到 2010 年,中等成本的太阳能热电站可与中间负荷电站竞争;到 2020 年则可同各类条件的常规电站竞争,可以取代基本负荷电站。2010 年时,中等成本的光伏电站开始可与峰值发电竞争;到 2020 年,光伏系统可大范围地与峰值负荷电站竞争。

2)投资与将来运行成本间的风险等同性

决策者要在矿物性燃料设备和太阳能系统之间进行选择时,太阳能系统明显地面临较大的风险,因为它需要预先支付与燃料费用等同的费用。除非能够通过节省运行费用将额外投资在最初几年内收回,否则较为保守的投资者是不会愿意为太阳能电站投资的。其结果是,尽管常规能源燃料成本不断上升而会使太阳能系统的运行期成本与常规能源持平,但未来燃料成本风险的减少和经济决策中的短期行为会使太阳能系统进入市场的步伐减慢。

3)总的投资能力

能否找到未来几十年发展太阳能所需的资金,这是非常重要的问题,这一问题在发展中国家尤为突出。

4)制造生产能力的合理增长

现在世界上太阳能硬件的生产制造能力有限。太阳能技术的每个环节,从生产最基本的平板式集热器和太阳能炉灶到生产非常复杂的聚焦式光伏太阳能电池,都有不同的工艺要求。到 2020 年,制造能力不再成为开发利用太阳能的制约因素。

5)间歇性能源向常规能源系统的扩展

太阳能是一种间歇性能源,既有昼夜之差,又随时受到天气变化的影响,这种影响可以通过储存或远距离输送太阳能产生的能量来加以解决。但是,在常规能源系统努力扩大市场的时候,太阳能的这种缺点会影响它的发展。典型的公用电网有许多分布在不同地区的发电机组,以满足不同负荷的需求。当个别发电机组停机时,可以依靠供电系统中预留的备用余量(装机备用余量)来解决。

如果间歇性能源在供电系统中占的比例超过 10%～15%,供电系统就必须增加可靠的额外备用容量,以便保持供电系统正常运行所需的足够余量。当供电系统容量储备很小时,就需增加很大的额外容量,从而使间歇性资源提供的能源的有效成本大幅度上升,太阳能增加了供电系统的备用容量。在太阳能资源不充裕的地区,这个问题将直接影响太阳能资源的利用,太阳能技术的进步所带来的成本的降低,也会因增加太阳能电站的容量储备所造成的成本的上升所抵消。这种容量储备约为太阳能在电力市场供应中所占比例的 10%～15%,而常规能源系统只靠其正常的运行余量就可以解决这一问题。

6)生活方式和教育方面的改变

为了使太阳能资源为全球能源供应作出更大的贡献,人们必须认清太阳能在供能系统中的作用,并积极倡导和支持太阳能的开发利用。当然,也要设法让太阳能技术与不同地域人们的文化背景相适应,使太阳能成为对每个人来说都是十分重要的能源。教育人们了解能源的一般常识及太阳能的优越性,是一项全球性的重要任务。

思 考 题

2.1　太阳能的特点和太阳能资源的分布是怎样的?

2.2　简述太阳能集热器的原理和各种集热器的特点。

2.3 闷晒式、直流式和循环式三种太阳能热水器的主要特点和区别是什么?

2.4 太阳灶的特点和种类有哪些?

2.5 简述太阳能干燥的特点和太阳能干燥的种类。

2.6 简要说明太阳能温室和太阳房的特点,并说明太阳房和太阳能制冷的基本原理。

2.7 简述太阳能发电的原理和不同太阳能发电技术的特点。

2.8 简述太阳能光电转换的原理、类型、技术现状和发展趋势。

2.9 说明影响太阳能利用的因素和发展太阳能利用的途径。

3 风能

3.1 概述

太阳光照射到地球表面,地球表面各处受热不同,空气产生温差和密度差,形成压力差,从而引起大气的对流运动形成风。据估计,到达地球的太阳能中约 2%转化为风能,全球的风能约为 $2.74×10^9$ MW,其中可利用的风能为 $2×10^7$ MW,比地球上可开发利用的水能总量还要大 10 倍。

人类利用风能的历史可以追溯到公元前。我国是世界上最早利用风能的国家之一。公元前数世纪我国人民就利用风力提水、灌溉、磨面、舂米和用风帆推动船舶前进。宋朝是我国应用风车的全盛时代,当时流行的垂直轴风车一直沿用至今。在国外,公元前 2 世纪,古波斯人就利用垂直轴风车碾米,10 世纪伊斯兰人用风车提水,11 世纪风车在中东已获得广泛的应用。13 世纪风车传至欧洲,14 世纪已成为欧洲不可缺少的动力机械。在荷兰,风车先用于莱茵河三角洲湖地和低湿地的汲水,以后又用于榨油和锯木。蒸汽机出现后,才使欧洲风车应用数量急剧下降。

自 1973 年世界石油危机以来,在常规能源短缺和全球生态环境恶化的双重压力下,风能作为新能源重新有了长足的发展。风能作为一种无污染和可再生的新能源,有着巨大的发展潜力。特别是对沿海岛屿、交通不便的边远山区、地广人稀的草原牧场,以及远离电网和近期内电网还难以到达的农村、边疆,作为解决生产和生活能源的一种可靠途径,有着十分重要的意义。在发达国家,风能作为一种高效清洁的新能源也日益受到重视。美国在 1974 年就开始实行联邦风能计划。其内容主要是:评估国家的风能资源;研究风能开发中的社会和环境问题;改进风力发电机的性能,降低造价;主要研究为农业和其他用户用的小于 0.1 MW 的风力发电机;为电力公司及工业用户设计兆瓦级的风力发电机组。美国已于 20 世纪 80 年代成功地开发了 0.1 MW、0.2 MW、2 MW、2.5 MW、6.2 MW、7.2 MW 的六种风力发电机组。美国最大的风力发电机组在夏威夷岛,其风机叶片直径为 97.5 m,重 144 t,风轮迎风角的调整和机组的运行由计算机控制,年发电量达 $1×10^7$ kW·h。

我国位于亚洲大陆东南,濒临太平洋西岸,季风强盛。季风是我国气候的基本特征,如冬季季风在华北长达 6 个月,在东北长达 7 个月;东南季风则遍及我国的东半部。全国风力资源的总储量为每年 $1.6×10^6$ MW,近期可开发的约为 $1.6×10^5$ MW。内蒙古、青海、黑龙江、甘肃等省风能储量居我国前列,年平均风速大于 3 m/s 的天数在 200 天以上。我国风力发电机的发展,在 20 世纪 50 年代末是各种木结构的布篷式风车,1959 年仅江苏省就有木风车 20 多万台。到 60 年代中期主要是发展风力提水机。70 年代中期以后风能开发利用得到迅速发展。20 世纪 80 年代中期以后,我国先后从丹麦、比利时、瑞典、美国、德国引进一批中、大型风力发电机组。在新疆、内蒙古的风口及山东、浙江、福建、广东的岛屿建立了 8 座示范性风力发电场。目前我国已研制出 100 多种不同型式、不同容量的风力发电机组,形成了风力发电设备产业。

3.2 风况

3.2.1 风的起源

要了解风的形成,须先熟悉包围着地球的大气的运动。大气的流动也像水流一样,从压力高处往压力低处流动。如前所述,风的形成由太阳能转换而来。

地球自转轴与围绕太阳的公转轴之间存在 66.5° 的夹角,地球上不同的地点,太阳光照射的角度是不同的。同一地点一年 365 天中,这个角度也是变化的。地球上某处所接受的太阳辐射能与该地点太阳照射角的正弦成正比。地球南、北极接受太阳辐射能少,所以温度低,气压高;而赤道接受热量多,所以温度高,气压低。另外,地球又绕自转轴每 24 小时旋转 1 圈,温度、气压昼夜发生变化。由于地球表面各处温度和气压的变化,气流就会从压力高的地方向压力低的地方运动,形成不同方向的风,并伴随不同的气象变化。从全球尺度来看,大气中的气流是巨大的能量传输介质,地球的自转进一步促进了大气中环流的形成。图 3.1 表示了地球的大气环流。

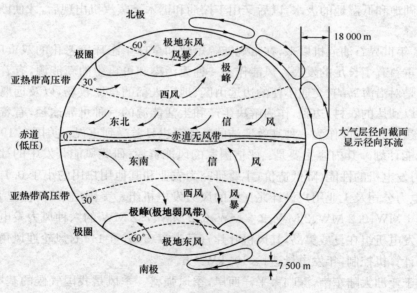

图 3.1　地球的大气环流

地球上各处的地形地貌也会影响风的形成。如海边,由于海水热容量大,接受太阳辐射能后,表面升温慢,陆地热容量小,升温比较快。于是在白天,由于陆地空气温度高,空气上升而形成海面吹向陆地的海陆风;反之,在夜晚,海水降温慢,海面空气温度高,空气上升而形成由陆地吹向海面的陆海风(见图 3.2)。

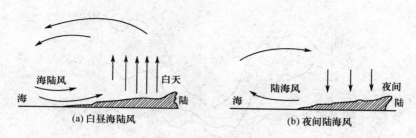

图 3.2 海陆风的形成图

在山区,白天太阳使山上空气温度升高,随着热空气上升,山谷冷空气随之向上运动,形成谷风;相反,到夜间,空气中的热量向高处散发,气体密度增加,空气沿山坡向下流动,又形成所谓山风(见图 3.3)。

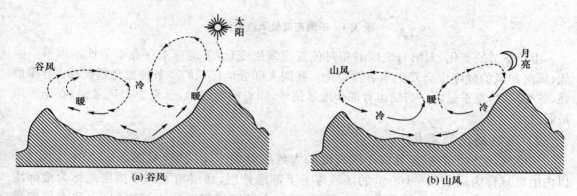

图 3.3 山谷风形成图

3.2.2 风的变化

风向和风速是两个描述风的重要参数。风向是指风吹来的方向,如果风是从北方吹来就称为北风。风速是表示空气流动的速度,即单位时间内空气流动所经过的距离,单位为 m/s。风向和风速这两个参数都是随时间和地点变化的。

1) 风随时间的变化

风随时间的变化,包括每日的变化和季节的变化。通常一昼夜之中,风的强弱在某种程度上可以看做是周期性的。如地面上夜间风弱,白天风强;高空中正相反,是夜里风强,白天风弱。这个逆转的临界高度约为 100～150 m。图 3.4 是一座无线电铁塔上测得的不同高度处一昼夜的风速变化。横坐标起始点为测定风速的起始时间。

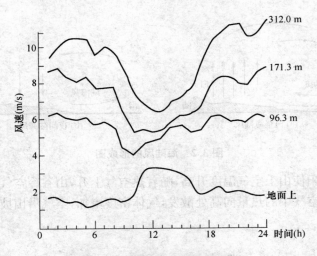

图 3.4　不同高度处风速变化图

　　由于季节的变化,太阳与地球的相对位置也发生变化,使地球上存在季节性的温差。因此,风向和风的强度也会发生季节性变化。我国大部分地区风的季节性变化情况是:春季最强,冬季次之,夏季最弱。当然也有部分地区例外,如有的沿海地区,夏季季风最强,春季季风最弱。

　　2) 风随高度的变化

　　从空气运动的角度,通常将不同高度的大气层分为三个区域(见图 3.5)。离地面 2 m以内的区域称为底层;2～100 m 的区域称为下部摩擦层,底层与下部摩擦层总称为地面境界层;从 100～1 000 m 的区段称为上部摩擦层,上述三区域总称为摩擦层(也称大气境界层)。摩擦层之上是自由大气。

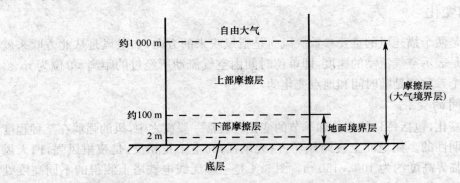

图 3.5　大气层的构成图

　　地面境界层内空气流动受涡流、粘性、地面植物及建筑物等的影响,风向基本不变,但离地面越高处风速越大。各种不同地面情况下,如城市、乡村平地和海岸线地带,其风速随高度的变化如图 3.6 所示。

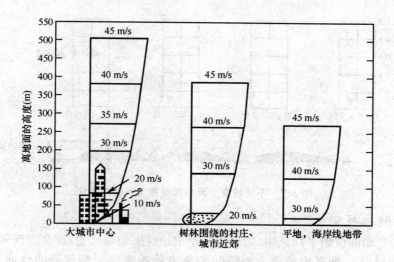

图 3.6 不同地面上风速和高度的关系图

关于风速随高度而变化的经验公式很多,通常采用如下指数公式:

$$c = c_1 \left(\frac{h}{h_1} \right)^n \qquad (3.1)$$

式中:c 为距地面高度为 h 处的风速(m/s);c_1 为参考高度为 h_1 处的风速(m/s);h_1 为参考高度(m);h 为距地面的高度(m);n 为经验指数,它取决于大气稳定度和地面粗糙度,其值约为 $1/8 \sim 1/2$。

对于地面境界层,风速随高度的变化则主要取决于地面粗糙度。不同地面情况的地面粗糙度 α 如表 3.1 所示。此时,计算近地面不同高度的风速时仍采用公式(3.1),只是用 α 代替式中的指数 n。

表 3.1 不同地面情况的地面粗糙度

地 面 情 况	粗糙度 α
光滑地面,硬地面,海洋	0.10
草地	0.14
城市平地,有较高的草地,树木极少	0.16
高的农作物,篱笆,树木少	0.20
树木多,建筑物极少	0.22～0.24
森林,村庄	0.28～0.30
城市有高层建筑	0.40

地面的坡度也会影响离地面不同高度风速的变化,坡度对离地面风速变化的影响如图 3.7 所示。

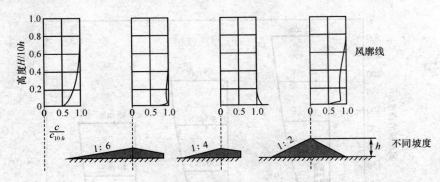

图 3.7　不同坡度下离地面高度上风速的变化

3) 风的随机性变化

风速是指变动部位的平均风速,如果用自动记录仪来记录风速,就会发现风速是不断变化的。通常自然风是一种平均风速 $\bar{c}$ 与瞬间的紊流脉动速度 c' 相重合的风如式(3.2)所示。图 3.8 表示了实际风速 c 和平均风速的关系。

$$c = \bar{c} \pm c' \tag{3.2}$$

式中,$\bar{c}$ 为平均风速(m/s);c' 为瞬时紊流脉动速度(m/s)。

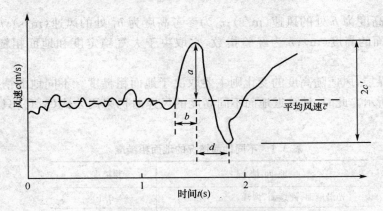

图 3.8　阵风和平均风速图

a—阵风振幅;b—阵风的形成时间;c'—阵风的最大偏移量;d—阵风消失时间

4) 风玫瑰图

风玫瑰图是一个给定地点一段时间内的风向分布图,通过它可以显示当地的主导风向。最常见的风玫瑰图是一个圆,圆上引出 16 条放射线,它们代表 16 个不同的方位,每条直线的长度与这个方向的风的频度成正比。静风的频度放在中间。有些风玫瑰图上还指示出了各风向的风速范围。某地区季风的风玫瑰图如图 3.9 所示。

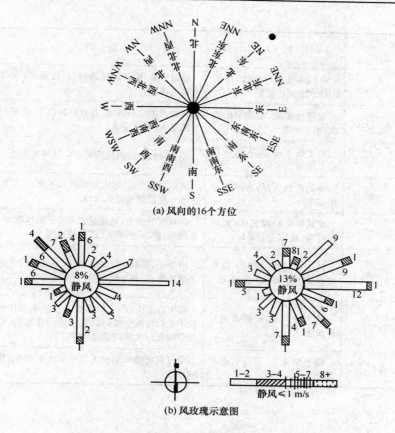

(a) 风向的16个方位

(b) 风玫瑰示意图

图 3.9 风玫瑰图

3.2.3 风力等级

世界气象组织将风力分为 13 个等级,如表 3.2 所示。在没有风速计时,可以根据它来粗略估计风速。

表 3.2 气象风力等级表

级 别	风 速 (m/s)	陆 地	海 洋	浪 高 (m)
0	<0.3	静烟直上	—	—
1	0.3~1.6	烟能表示风向,但风标不能转动	出现鱼鳞似的微波,尚不构成浪	0.1
2	1.6~3.4	人的脸部感到有风,树叶微响,风标能转动	小波浪清晰,出现浪花,尚并不翻滚	0.2
3	3.4~5.5	树叶和细树枝摇动不息,旌旗展开	小波浪增大,浪花开始翻滚,水泡透明像玻璃,并且到处出现白浪	0.6
4	5.5~8.0	沙尘风扬,纸片飘起,小树枝摇动	小波浪增长,白浪增多	1

续表 3.2

级　别	风　速 （m/s）	陆　地	海　洋	浪　高 （m）
5	8.0～10.8	有树叶的灌木摇动，池塘内的水面起小波浪	波浪中等，浪延伸更清楚，白浪更多（有时出现飞沫）	2
6	10.8～13.9	大树枝摇动，电线发出响声，举伞困难	开始产生大的波浪，到处呈现白沫，浪花的范围更大（飞沫更多）	3
7	13.9～17.2	整个树木摇动，人迎风行走不便	浪大，浪翻滚，白沫像带子一样随风飘动	4
8	17.2～20.8	小的树枝折断，迎风行走很困难	波浪加大变长，浪花顶端出现水雾，泡沫像带子一样清楚地随风飘动	5.5
9	20.8～24.5	建筑物有轻微损坏（如烟囱倒塌，瓦片飞出等）	出现大的波浪，泡沫呈粗的带子随风飘动，浪前倾、翻滚、倒卷，飞沫挡住视线	7
10	24.5～28.5	陆上少见，可使树木连根拔起或将建筑物严重损坏	浪变长，形成更大的波浪，大泡沫像白色带子随风飘动，整个海面呈白色，波浪翻滚	9
11	28.5～32.7	陆上很少见，有则必引起严重破坏	浪大高如山（中小船舶有时被波浪挡住而看不见），海面全被随风流动的泡沫覆盖，浪花顶端刮起水雾，视线受到阻挡	11.5
12	32.7 以上	陆上极少见，有则引起严重危害	空气里充满水泡和飞沫变成一片白色，影响视线	14

3.2.4　风况曲线

风况曲线是风能利用的基础资料。它是将全年（8 760 h）风速在 c（m/s）以上的时间作为横坐标，纵坐标则为风速 c。从风况曲线即可知道该地区某种风速以上有多少小时，从而以此为依据制定该地区的风能利用计划。

3.2.5　风能特点和风能密度

1）风能特点

风能就是空气流动所产生的动能。风速 9～10 m/s 的 5 级风，吹到物体表面上的压力，每平方米面积上约有 100 N，即压力为 100 Pa。风速 20 m/s 的 9 级风，吹到物体表面上的压力，每平方米面积可达 500 N 左右，即压力为 500 Pa。台风的风速可达 50～60 m/s，它对每平方米物体表面上的压力，可高达 2.0 kN 以上，即压力大于 2 000 Pa。汹涌澎湃的海浪是被风激起的，它对海岸的冲击力是相当大的，有时可达每平方米 200～300 kN 的压力，最大时甚至可达每平方米 600 kN 的压力，会引起海岸的破坏。

风不仅含有的能量很大，而且它在自然界中所起的作用也是很大的。它可使山岩发生侵蚀，形成沙漠，还可在地面做输送水分的工作，水汽主要是由强大的空气流输送的，从而影响气候，造成雨季和旱季。风中含有的能量，比人类迄今为止所能控制的能量高得多。全世界每年燃烧煤炭得到的能量，还不到风力在同一时间内所提供给人类的能量的 1%。可见，风能是地球上重要的能源之一。

风能与其他能源相比，既有其明显的优点，又有其突出的局限性。风能具有蕴量巨大、可以再生、分布广泛、没有污染四个优点。

风能的三个弱点是：

（1）能量密度低

这是风能的一个重要缺陷。由于风能来源于空气的流动，而空气的密度是很小的，因此风力的能量密度也很小。从表3.3可以看出，在各种能源中，风能的含能量是很低的，给其利用带来一定的困难。

表 3.3 各种能源的能流密度

能源类别	风 能 （风速 3 m/s）	水 能 （流速 3 m/s）	波浪能 （浪高 2 m）	潮汐能 （潮差 10 m）	太 阳 能	
能流密度 （kW/m²）	0.02	20	30	100	晴天平均 1.0	昼夜平均 0.16

（2）不稳定

由于气流瞬息变化，因此风的脉动、日变化、季变化以至年变化都十分明显，波动很大，极不稳定。

（3）地区差异大

由于地形的影响，风力的地区差异非常明显。一个邻近的区域，有利地形下的风力，往往是不利地形下的几倍甚至几十倍。

2）风能密度

常把空气在 1 s 时间里以速度 c 流过单位面积产生的动能称为风能密度。风能密度的一般表达式为

$$E=\frac{1}{2}\rho c^3 \quad (\text{W/m}^2) \tag{3.3}$$

可见，风能密度 E 是空气密度 $\rho(\text{kg/m}^3)$ 和风速 $c(\text{m/s})$ 的函数。空气的 ρ 值的大小随气压、气温和湿度而变化。

仅用风能密度的一般表达式，还不能知道某地点（区）的风能潜力。由于风速时刻在变化，通常用某一段时间内的平均风能密度来说明该地的风能资源潜力。平均风能密度一般采用直接计算。

直接计算法是将某地一年（月）每天 24 h 逐时测到的风速数据按某一间距（比如间隔 1 m/s）分成各等级风速，如 $c_1(3 \text{ m/s})$，$c_2(4 \text{ m/s})$，$c_3(5 \text{ m/s})$，…，$c_i(i+2 \text{ m/s})$，然后将各等级风速在该年（月）出现的累积小时数 n_1，n_2，n_3，…，n_i 分别乘以相应各风速下的风能密度（$n_i \cdot \frac{1}{2}\rho c_i^3$），再将各等级风能密度相加之后除以年（月）总时数 n，即

$$E_{\text{平均}}=(\sum_{i=1}^{m}\frac{1}{2}n_i\rho c_i^3)/n \quad (\text{W/m}^2) \tag{3.4}$$

则可求出某地一年（月）的平均风能密度。

3.3 风能资源

3.3.1 风的全球资源及分布

1）风的全球分布

在北纬 30°和南纬 30°之间,空气在赤道区受热而上升,又不断地被来自北方和南方的较强冷空气所补充,这就形成了所谓的哈德利(Hadley)环流。在地球表面,这意味着冷风刮向赤道;而来自北纬 30°和南纬 30°的空气又非常干燥,并且向东运动,这是因为地球自转的速度在这些纬度比在赤道低得多。在这些纬度上有许多沙漠区,例如撒哈拉沙漠。北纬 30°～70°之间、南纬 30°～70°是西风盛行区。这些风形成波形环流,向南(或北)输送冷空气,向北(或南)输送暖空气。这种类型称作罗斯比(Rossby)环流,如图 3.10。

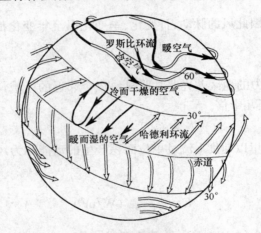

图 3.10 罗斯比环流

2）风的全球资源估评

1981 年,世界气象组织(WMO)主持绘制了一份世界范围的风资源图。该图给出了不同区域的平均风速和平均风能密度。但由于风速会随季节、高度、地形等因素的不同而变化,因此风的资源量只是一个估评依据。

根据世界范围的风能资源图估计,地球陆地表面 1.07×10^8 km² 中 27% 的面积年平均风速高于 5 m/s(距地面 10 m 处)。表 3.4 给出了地面平均风速高于 5 m/s 的陆地面积。这部分面积总共约为 3×10^7 km²。

表 3.4 世界风能资源估评

地 区	陆地面积 （×10³ km²）	风力为 3～7 级所占的比例和面积	
		比例(%)	面积(×10³ km²)
北 美	19 339	41	7 876
拉丁美洲和加勒比海湾	18 482	18	3 310
西 欧	4 742	42	1 968

地 区	陆地面积 ($\times 10^3$ km^2)	风力为 3~7 级所占的比例和面积	
		比例(%)	面积($\times 10^3$ km^2)
东欧和独联体	23 047	29	6 783
中东和北非	8 142	32	2 566
撒哈拉以南非洲	7 255	30	2 209
太平洋地区	21 354	20	4 188
(中 国)	9 597	11	1 056
中亚和南亚	4 299	6	243
总 计	106 660	27	29 143

注：根据地面风力情况将全球分为 8 个区域(中国不算作一个独立区域)，面积单位为 10^3 km^2，比例以百分数表示。3 级代表离地面 10 m 处的年平均风速在 5~5.4 m/s；4 级代表平均风速在 5.6~6.0 m/s；5~7 级代表平均风速在 6.0~8.8 m/s。

3.3.2 中国的风能资源

我国幅员辽阔，海岸线长，风能资源比较丰富。据国家气象局估算，全国风能密度平均为 100 W/m^2，风能资源总储量约 1.6×10^5 MW。特别是东南沿海及附近岛屿、内蒙古和甘肃走廊、东北、西北、华北和青藏高原等地区，每年风速在 3 m/s 以上的时间近 4 000 h，一些地区年平均风速可达 6~7 m/s 以上，具有很大的开发利用价值。我国国家气象局对我国风能采用三级区划指标体系。

第一级区划指标：主要考虑有效风能密度的大小和全年有效累积小时数。将年平均有效风能密度大于 200 W/m^2、3~20 m/s 风速的年累积小时数大于 5 000 h 的划为风能丰富区，用"Ⅰ"表示；将 150~200 W/m^2、3~20 m/s 风速的年累积小时数在 3 000~5 000 h 的划为风能较丰富区，用"Ⅱ"表示；将 50~150 W/m^2、3~20 m/s 风速的年累积小时数在 2 000~3 000 h 的划为风能可利用区，用"Ⅲ"表示；将 50 W/m^2 以下、3~20 m/s 风速的年累积小时数在 2 000 h 以下的划为风能贫乏区，用"Ⅳ"表示。在代表这 4 个区的罗马数字后面的英文字母，表示各个地理区域。

第二级区划指标：主要考虑一年四季中各季风能密度和有效风力出现小时数的分配情况。利用 1961~1970 年间每日 4 次定时观测的风速资料，先将 483 个气象站风速大于、等于 3 m/s 的有效风速小时数绘成年变化曲线。然后，将变化趋势一致的归在一起，作为一个区。再将各季有效风速累积小时数相加，按大小次序排列。这里，春季指 3~5 月，夏季指 6~8 月，秋季指 9~11 月，冬季指 12、1、2 月。分别以 1、2、3、4 表示春、夏、秋、冬四季。如果春季有效风速(包括有效风能)出现小时数最多，冬季次多，则用"14"表示；如果秋季最多，夏季次多，则用"32"表示；其余依此类推。

第三级区划指标：风力机最大设计风速一般取当地最大风速。在此风速下，要求风力机能抵抗垂直于风的平面上所受到的压强，使风机保持稳定与安全，不致产生倾斜或被破坏。由于风力机寿命一般为 20~30 年，为了安全起见，取 30 年一遇的最大风速值作为最大设计风速。根据我国建筑结构规范的规定，以一般空旷平坦地面、离地 10 m 高、30 年一遇、10 min 平均最大风速作为计算的标准，计算了全国 700 多个气象台(站)30 年一遇的最大风速。按照风速,将全国划分为 4 级:风速在 35～40 m/s 以上(瞬时风速为50～60 m/s),为特强最大设计风速,称特强压型;风速 30～35 m/s(瞬时风速为 40～50 m/s),为强设计风速,称强压型;风速25～30 m/s(瞬时风速为 30～40 m/s),为中等最大设计风速,称中压型;风速 25 m/s 以下,为弱最大设计风速,称弱压型。4 个等级分别以字母 a、b、c、d 表示。

根据上述原则,可将全国风能资源划分为 4 个大区、30 个小区。各区的地理位置如下:
- Ⅰ区:风能丰富区
  - ⅠA34a —— 东南沿海及台湾岛屿和南海群岛秋冬特强压型。
  - ⅠA21b —— 海南岛南部夏春强压型。
  - ⅠA14b —— 山东、辽东沿海春冬强压型。
  - ⅠB12b —— 内蒙古北部西端和锡林郭勒盟春夏强压型。
  - ⅠB14b —— 内蒙古阴山到大兴安岭以北春冬强压型。
  - ⅠC13b-c —— 松花江下游春秋强中压型。
- Ⅱ区:风能较丰富区
  - ⅡD34b —— 东南沿海(离海岸 20～50 km)秋冬强压型。
  - ⅡD14a —— 海南岛东部春冬特强压型。
  - ⅡD14b —— 渤海沿海春冬强压型。
  - ⅡD34a —— 台湾东部秋冬特强压型。
  - ⅡE13b —— 东北平原春秋强压型。
  - ⅡE14b —— 内蒙古南部春冬强压型。
  - ⅡE12b —— 河西走廊及其邻近春夏强压型。
  - ⅡE21b —— 新疆北部夏春强压型。
  - ⅡF12b —— 青藏高原春夏强压型。
- Ⅲ区:风能可利用区
  - ⅢG43b —— 福建沿海(离海岸 50～100 km)和广东沿海冬秋强压型。
  - ⅢG14a —— 广西沿海及雷州半岛春冬特强压型。
  - ⅢH13b —— 大小兴安岭山地春秋强压型。
  - ⅢI12c —— 辽河流域和苏北春夏中压型。
  - ⅢI14c —— 黄河、长江中下游春冬中压型。
  - ⅢI31c —— 湖南、湖北和江西秋春中压型。
  - ⅢI12c —— 西北五省的一部分以及青藏的东部和南部春夏中压型。
  - ⅢI14c —— 川西南和云贵的北部春冬中压型。
- Ⅳ:风能欠缺区
  - ⅣJ12d —— 四川、甘南、陕西、鄂西、湘西和贵北春夏弱压型。
  - ⅣJ14d —— 南岭山地以北春冬弱压型。
  - ⅣJ43d —— 南岭山地以南冬秋弱压型。
  - ⅣJ14d —— 云贵南部春冬弱压型。
  - ⅣK14d —— 雅鲁藏布江河谷春冬弱压型。
  - ⅣK12c —— 昌都地区春夏中压型。
  - ⅣL12c —— 塔里木盆地西部春夏中压型。

3.4　风能利用

3.4.1　风能利用概述

在全球范围内，目前风能主要用于以下几方面：

1）风力提水

风力提水从古至今一直得到较普遍的应用。至 20 世纪下半叶，为解决农村、牧场的生活、灌溉和牲畜用水以及为了节约能源，风力提水机有了很大的发展。现代风力提水机根据其用途可以分为两类：一类是高扬程小流量的风力提水机，它与活塞泵相配汲取深井地下水，主要用于草原、牧区，为人畜提供饮水；另一类是低扬程大流量的风力提水机，它与水泵相配，汲取河水、湖水或海水，主要用于农田灌溉、水产养殖或制盐。风力提水机在荷兰最为广泛，在我国十分常见。

2）风力发电

利用风力发电是风能利用的主要形式，受到各国的高度重视，发展速度最快。风力发电通常有三种运行方式：一是独立运行方式，通常是一台小型风力发电机向一户或几户提供电力，它用蓄电池蓄能，以保证无风时的用电；二是风力发电与其他发电方式（如柴油机发电）相结合，向一个单位或一个村庄或一个海岛供电；三是风力发电并入常规电网运行，向大电网提供电力。常常是一处风场安装几十台甚至几百台风力发电机，并网运行是风力发电的主要发展方向。

3）风帆助航

在机动船舶广泛应用的今天，为节约燃油或提高航速，古老的风帆助航也得到了发展。现已在万吨级货船上采用电脑控制的风帆助航，节油率最高可达 15%。

4）风力制热

随着人民生活水平的提高，家庭用能中热能的需要越来越大。特别是在高纬度的欧洲、北美，采暖和供热水耗能很大。为了解决家庭及低品位工业热能的需要，风力制热有了较大的发展。

风力制热是将风能转换成热能。目前有三种转换方法：一是风力机发电，再将电能通过电阻丝变成热能。虽然电能转换成热能的效率是 100%，但风能转换成电能的效率却很低，因此从能量利用的角度看，这种方法是不可取的；二是由风力机将风能转换成空气的机械能，再转换成热能，即由风力机带动一离心压缩机，对空气进行绝热压缩而放出热能；三是由风力机直接将空气的机械能转换成热能。显然第三种方法制热效率最高。风力机直接转换成热能也有多种方法，最简单的是搅拌液体制热，即风力机带动搅拌器转动，从而使液体（水或油）变热（见图 3.11）。此外，还有固定摩擦制热和电涡流制热等方法。

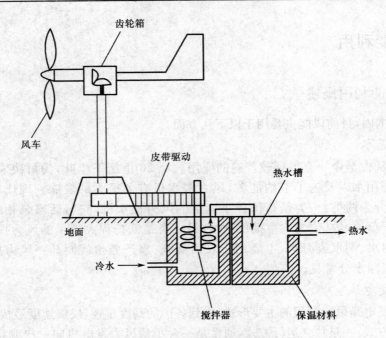

图 3.11　风力热水装置示意图

风力机还有多种用途,表 3.5 给出了风能利用装置的不同用途类型和规模大小。风力机的效率主要取决于风力机叶轮效率、传动效率、储能效率、发电机效率、其他工作机械的效率等。图 3.12 给出了各种不同用途风力机的能量转换和储存效率。

表 3.5　风能利用装置的用途类型和规模大小

用　途	电　力			制　热			机械能(热除外)			其　他		
	大	中	小	大	中	小	大	中	小	大	中	小
山区住房及野外营地电源			○									
路灯、灯塔、航标电源			○									
车 站 电 源			○									
通信中继站电源			○									
高尔夫球场照明电源			○									
蓄电池充电		○	○									
捕 虫 灯			○									
海洋、森林、隧道工程电源		○	○									
农场、牧场灌溉								○	○			
养鱼场、河塘的增氧								○	○			
汲 井 水									○			
谷物和水产品的干燥					○	○						
谷 物 粉 碎								○	○			
温 室 取 暖					○							

用 途	电 力			制 热			机械能（热除外）			其 他		
	大	中	小	大	中	小	大	中	小	大	中	小
畜 舍 取 暖					○							
垃圾、污泥干燥					○							
家庭照明电源												
家 庭 供 暖						○						
教育或旅游电源											○	○
偏僻地区电源											○	○
海水淡化电源											○	○
水的电解（氢）												○
道 路 的 融 雪					○							
港湾内冷冻仓库电源		○										
电力系统电源	○											
汲水系统电源	○											

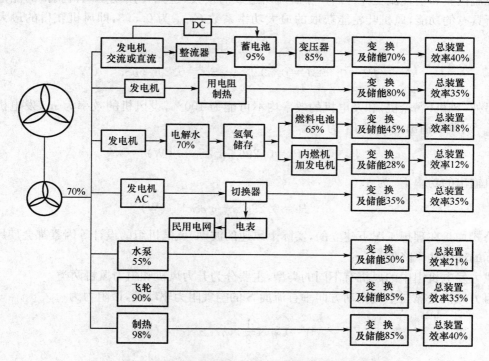

图 3.12　风能利用装置中各主要部分的能量转换和储存

3.4.2　风力发电

1）风力发电机

风力发电是风力发电机组将空气的动能转换为电能对外输出。风力发电的工作过程如图 3.13 所示。

风能 ⟹ 风机叶轮 机械能 ⟹ 传动系统 机械能 ⟹ 风力发电机 电能 ⟹

图 3.13　风力发电工作过程

从图 3.13 可以看出,风力发电机组由三部分组成,第一部分是风力发电机组的叶轮,它把空气的动能转换为风机叶轮的动能;第二部分是传动系统,它把叶轮的机械能传递给发电机,把叶轮的机械能变成发电机转子的机械能;第三部分是发电机,发电机转子旋转切割定子的磁场,发电机转子的机械能转换成电能对外输出。

风力发电的输出功率由风能决定。风能最显著的特点就是风能功率与风速的三次方成正比。设风电机组的螺旋桨旋转面积为 S,风速为 c,空气密度为 ρ,则单位时间通过 S 的空气质量为 $\rho S c$,该质量的空气的动能具有功率 E 为

$$E = \frac{1}{2} \rho \times S \times c^3 \quad \text{(W)} \tag{3.5}$$

实际上,空气具有的动能不可能全部转换为风电机组螺旋桨的动能。Betz 在研究风力发电机时认为,空气在风机叶片前后除了有轴向流动损失外,还有叶片翼型的阻力损失、叶片端部的绕流损失和空气流至叶片后产生旋流所造成的损失,这几种损失使风机获得的能量小于空气所具有的动能,风机叶轮能获取的最大功率系数 $C_{P,max}$ 为 0.593,即风机获得的最大功率 P_m 为

$$P_m = 0.593 E = 0.593 \times \frac{1}{2} \rho S c^3 = 0.296\ 5 \rho S c^3 \quad \text{(W)} \tag{3.6}$$

另外,风机(涡轮机)和发电机的效率均不可能为 100%,设风机的效率为 η_m,发电机的效率为 η_g,则风机输出的功率 P_1 为

$$P_1 = 0.296\ 5 \eta_m \rho S c^3 \quad \text{(W)} \tag{3.7}$$

发电机输出的功率 P_2 为

$$P_2 = 0.296\ 5 \eta_m \eta_g \rho S c^3 \quad \text{(W)} \tag{3.7}$$

上述公式均是在理想工况下建立的,实际上风速的波动、风电机组的设计等因素都会使风电机组实际的输出功率降低。

风力发电机组中的风机有不同的类型,主要分为升力风机和阻力风机两类。

阻力风机是靠与空气流动方向垂直流面 S 的空气阻力驱动的,该阻力为

$$W = C_w \times \frac{1}{2} \times \rho \times S \times c^2 \quad \text{(N)} \tag{3.8}$$

式中,C_w 为阻力系数,其他与前面公式中的符号含义相同。

升力风机是空气流经风机的翼型叶片时,在来流方向上产生阻力的同时,在来流垂直方向上会产生升力 A,即

$$A = C_A \times \frac{1}{2} \times \rho \times S \times c^2 \quad \text{(N)} \tag{3.9}$$

式中,C_A 为升力系数;$S = bt$,b 为风机翼型叶片的宽度(m);t 为风机翼型叶片的弦长(m);其

他符号含义同前。

阻力风机和升力风机的特征如图 3.14 所示。

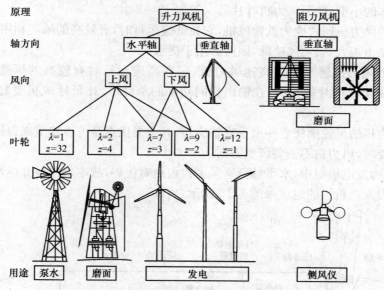

图 3.14　升力风机和阻力风机的特征示意图

注：λ 为 u/v；z 为风机叶片数目

在阻力风机和升力风机中，阻力系数 C_W 和升力系数 C_A 的最大值是不同的，如图 3.15 所示。

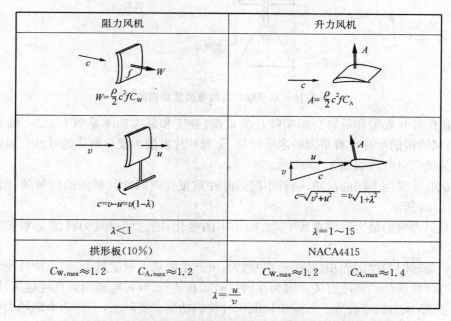

阻力风机		升力风机	
$W=\dfrac{\rho}{2}c^2fC_W$		$A=\dfrac{\rho}{2}c^2fC_A$	
$c=v-u=v(1-\lambda)$		$c=\sqrt{v^2+u^2}=v\sqrt{1+\lambda^2}$	
$\lambda<1$		$\lambda=1\sim15$	
拱形板(10%)		NACA4415	
$C_{W,max}\approx1.2$	$C_{A,max}\approx1.2$	$C_{W,max}\approx1.2$	$C_{A,max}\approx1.4$
$\lambda=\dfrac{u}{v}$			

图 3.15　阻力风机和升力风机最大阻力系数和升力系数的比较

风力机按照风轮和其在气流中的位置，可分为水平轴风机和垂直轴风机两类。

水平轴风机的风轮围绕一根水平轴旋转，工作时，风轮的旋转平面与风向垂直。叶轮上的叶片是径向安置的,垂直于旋转轴,与风轮的旋转平面成一定角度(安装角)。风轮叶片数目的多少根据风机的用途而定,用于发电的大型风力机叶片数一般取 1~4 片(大多为 2 片 3 片),而用于风力提水的小型、微型风力机叶片数一般取 12~24 片。

叶片数多的风力机通常成为低速风机,它在低速运行时,有较高的风能利用系数和较大的转矩。它的启动力矩大,启动风速低,因而适用于提水。

叶片数少的风力机通常称为高速风力机,它在高速运行时有较高的风能利用系数,但启动风速高。由于其叶片数很少,在输出相同功率的条件下,比低速风机要轻得多,故适宜于发电。

垂直轴风力机的风轮围绕着一个垂直轴旋转,其主要优点是可以接受来自任何方向的风。因而当风向改变时,风力机不需要调整方向。

目前,在风力发电机组中,水平轴高速风力机占绝对优势,故本书主要介绍水平轴风力机。水平轴风力发电机组的组成如图 3.16 所示。

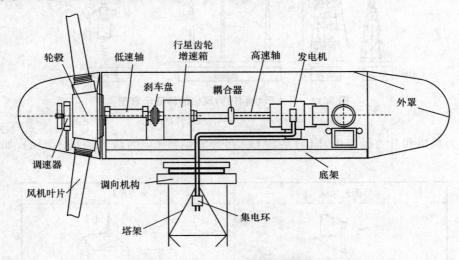

图 3.16　水平轴风力发电装置结构简图

风力机的叶片翼型和材料会影响叶片的重量、强度和最大功率系数 $C_{P,\max}$。随着材料技术的发展,风力机的叶片也有早期的木质叶片、金属叶片发展为复合材质的叶片。目前常见的不同材质的风力机叶片如图 3.17 所示。

风力机叶片采用不同的材质,会有不同的叶片重量。不同叶片材质的质量随叶轮直径的变化如图 3.18 所示。

水平轴风力机的最大功率系数 $C_{P,\max}$ 随功率的变化,通过测量风力机的功率求得的结果如图 3.19 所示。

风力机旋转时扫过的面积(叶轮面积)越大,所产生的功率也就越大,但单位叶轮面积所产生的功率与叶轮所处的高度有关。因为在同一时间和地点,叶轮距地面的高度越高,风速就越大。这就是说,风力机塔高度会影响单位面积叶轮的功率。实际上,不同功率的风力机的单位面积的功率也是不同的。风力机单位面积叶轮标准发电量随额定功率的变化如图 3.20 所示。风力机叶轮直径与额定功率之间的关系如表 3.6 所示。

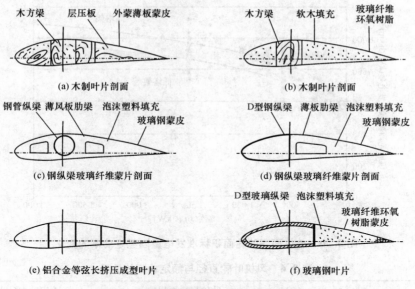

图 3.17　不同材质的风力机叶片示意图

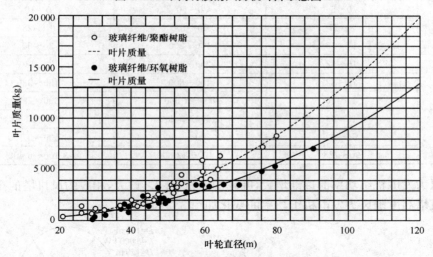

图 3.18　不同材质叶片质量与叶轮直径的关系

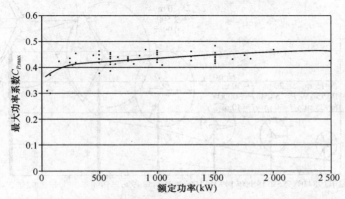

图 3.19　水平轴风力机的最大功率系数 $C_{P,\text{max}}$ 随功率的变化

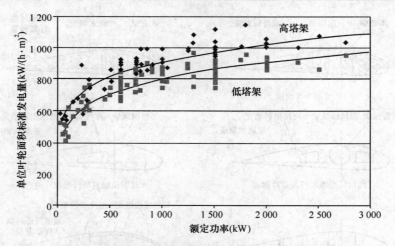

图 3.20　单位面积叶轮面积标准发电量随额定功率的变化

表 3.6　风机叶轮直径与额定功率的关系

风　机	叶轮直径(m)	叶轮扫风面积(m²)	额定功率(kW)
小型	0～8	0～50	0～10
	8～11	50～100	10～25
	11～16	100～200	30～60
中型	16～22	200～400	70～130
	22～32	400～800	150～330
	32～45	800～1 600	300～750
大型	45～64	1 600～3 200	600～1 500
	64～90	3 200～6 400	1 500～3 100
	90～128	6 400～12 800	3 100～6 400

　　随着风力发电机组功率的逐渐增大,叶轮的面积也随之增大,相应的风机塔的高度也不断增加。风机塔高度随风力发电机组功率的变化如图 3.21 所示。

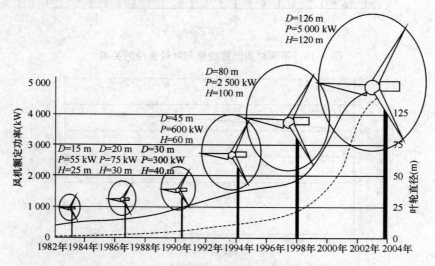

图 3.21　风机塔高度随风力发电机组功率的变化

随着风力发电机组塔高度的增加,为了保证风力发电机组的安全运行,单位塔高所需的材料质量也随之增加。单位塔高质量随塔高的变化如图 3.22 所示。

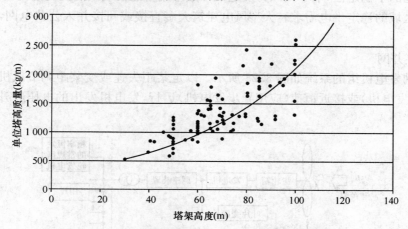

图 3.22 单位塔高质量(kg/m)随塔架高度的变化

为了对大型风电机组的技术参数有基本了解,现将 R 系列大型风电机组的主要参数列于表 3.7。

表 3.7 R 系列大型风电机组的主要技术参数

风电机组系列		48/750	MD70	MD77	MM70	MM82	5M
基本设计参数	额定功率(kW)	750	1 500	1 500	2 000	2 000	5 000
	额定风速(m/s)	14.0	13.5	12.5	13.5	13.0	13.0
	切入风速(m/s)			3.5			
	切出风速(m/s)	20.0	25.0	20.0	25.0	25.0	30.0
风机叶轮	直径(m)	48.4	70.0	77.0	70.0	82.0	126.5
	扫风面积(m²)	1 840	3 850	4 657	3 850	5 281	12 469
	转速(r/min)	22.0	10.6~19	9.6~17.3	10~20	8.5~17.1	6.9~12.1
	叶片长(m)	23.2	34.0	37.3	34.0	40.0	61.5
	材料			GRP			
偏航系统	设计			外齿4点接触轴承			
	齿轮箱		2级驱动		4级驱动电动机		
	稳定性	液压刹车	刹车轮	刹车轮	刹车轮	刹车轮	刹车轮
齿轮箱	设计	行星		行星＋两级直齿			
	速比	68	95	104	90	105.4	97
电气系统	发电机类型	异步电动机		4极双馈异步电动机			6极双异
	设计功率(kW)	750	1 500	1 500	2 000	2 000	5 000
	设计电压(V)			690			
	转速(r/min)	1 521	1 000~1 800	900~1 800	900~1 800	900~1 800	670~1 170
	保护等级			IP54			
控制系统	原理			变桨距角转速控制			
塔架	设计			管钢型			
	轮毂高度(m)	50/65/75	85/98/114.5	96.5/111.5	65/80	59/69/100	

2）风力发电机的供电方式

由于风能的不稳定性,中小型风力发电机一般采用蓄能器或柴油机发电机组等联合发电,以满足离散区域的稳定供电需求。大型风电建筑大多直接或间接并入公共电网,以并网方式运行。

（1）直接并网

直接并网发电机组的系统如图 3.23 所示。以定桨距失速或变桨距调节风机的叶轮以恒速（应用同步发电机）或接近恒速（应用异步发电机）运行,发电机发出的电压经升压后直接与公共电网并联。

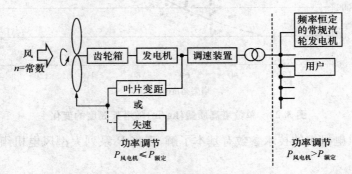

图 3.23　直接并入公共电网的风力发电机系统

（2）间接并网

当电网容量与风电机组额定功率的比值不符合足够大的条件时,为避免风电机组的发电机并网给电网带来冲击,风电机组以间接并网的方式运行。

① 同步发电机间接并网

同步发电机间接并网的构成如图 3.24 所示。同步交流发电机通过整流器-逆变器之后并网,电压经历了交流-直流-交流的变化,同步发电机的工作频率与电网的频率彼此独立,风机和发电机的转速可以变化,不存在同步发电机直接并网时可能出现的失步问题。

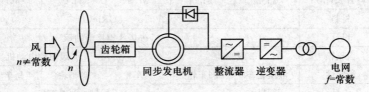

图 3.24　与比变转速风机组合的间接并网发电系统

② 异步发电机间接并网

异步发电机间接并网分为异步发电机的降压并网、异步发电机的软并网、双馈异步发电机并网三种方式。

对于异步电动机的降压并网,就是在异步发电机与电网之间串接电抗或电阻,以减少合闸瞬间冲击电流的幅值与电网电压下降的幅度。由于电抗器、电阻等串联组件要消耗功率,并网后进入稳定运行时,将电抗器、电阻短路,使其退出运行、对于大型风电机组,因所需大功率电阻或电抗器组件的投资较大,这种并网方式仅适用于小容量风电机组。

异步发电机的软并网系统如图 3.25 所示,与电网相连的每一相双向晶闸管的两端与自动并网常开触点相并联。当风机将异步发电机带到同步转速附近时,每一相双向晶闸管的控制角在 180°～0° 之间逐渐同步打开;各相双相晶闸管的导通角也同时在 0°～180° 间逐渐同步增大。通过电流反馈对双向晶闸管导通角的控制,将并网时的冲击电流限制在较低范围内,使发电机得到一个较平滑的并网过程。

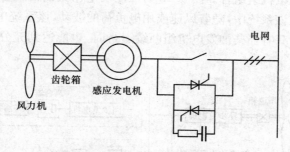

图 3.25 异步发电机的软并网

③ 双馈异步发电机的并网

双馈异步发电机的并网系统如图 3.26 所示。在该系统中,发电机的定子三相绕组直接与电网相联,而转子绕组经交流励磁变频器后联入电网。风电机组的发电机的转速可随风速及负载的变化及时做出相应的调整,使风机总运行在最佳工况下,使其输出尽可能多的电能。

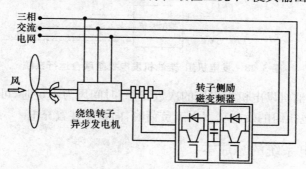

图 3.26 双馈异步发电机系统

3) 离网供电

安装在远离电网地区的中小型风电机组,其用户一般为分散的村落、边远的牧区或孤立的海岛。鉴于风能的不稳定,风电机组需要根据负荷的特点采取相应的措施,满足用户的用电需求。

离网供电分为独立运行的风电系统和风电与其他发电方式组合的系统两种。

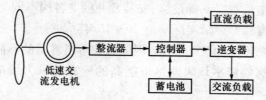

图 3.27 独立运行的风电机组供电方式

对于独立运行的风电系统,如图 3.27 所示,该系统采用低速交流发电机独立向用户供电。由发电机产生的交流电经整流后可直接向直流负载供电,也可以通过逆变器将直流电转换为交流电供给交流负载,并将多余的电力向蓄电池充电,以备风电机组因微风或无风停运时向用户供电。

风电机组可与其他发电方式组合成联合发电系统,常见的方式是风能发电与太阳能发电组合或风电与柴油机发电机组组合。图 3.28 为风能发电与柴油机组合的联合发电机组的离网运行系统示意图。在该系统中,随着风速或用电负荷的波动,该系统中柴油机发电机组可以连续运行或间断运行。只有当柴油发电机组断续运行时,也能达到充分利用风能发电和节油的目的。

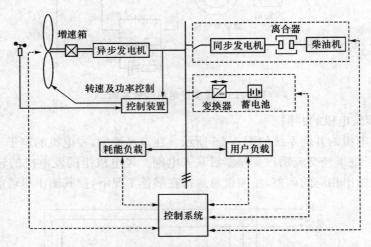

图 3.28　发电机组-柴油机发电机组联合运行系统

为了达到减少柴油机发电机组启停的次数,当短时间风力不足时,可由系统装备的蓄能装置向负荷供电;当风电机组的发电功率大于负荷时,向蓄能装置充电。

3.4.3　风力发电系统的总成本

1) 风电电价

风电是最廉价的再生能源。现在最新的风电场风电价格已经能够与化石燃料电厂和核电厂竞争。各国对风力发电进行政策上的鼓励和经济上的支持,促进了风力发电的快速发展。

2) 风力发电系统的总成本

风力发电系统的总成本主要取决于如下因素:

(1) 总投资成本:制造成本、基础设施、安装及并网费各国不同。

(2) 系统寿命:经济寿命 20 年,实际寿命 10～15 年。

(3) 运行与维修:占总投资的 2%～4%,因国家和单机容量的不同而异。

(4) 风系特征:挑选那些年平均风速尽可能高的地方建风力发电厂,提高风力发电经济效益。

总的来说,风能经济性的关键是选择合适的场址。从风能取得的能量与风速的三次方成正比,即风机装在平均风速 7 m/s 风场的发电量将是在 6 m/s 风场的 1.7 倍。风能资源是决定风能成本的最基本因素。

由于不同的风能资源和不同的建设条件,还有不同的激励政策,使不同国家的风电成本不同,但是趋势是风能越来越便宜。成本下降有许多原因,如随着技术的改进,风机越来越便宜并且高效。风机的单机容量越来越大,这减少了基础设施的费用,同样的装机容量需要更少数目的机组。随着贷款机构对风电技术信心的增强,融资成本也降低了;随着开发商经验越来越丰富,项目开发的成本也降低了。风机可靠性的提升减少了运行维护的平均成本。

另外,开发大的风电项目能减少项目的总投资,从而减少每千瓦·时成本以提高经济效益。风电场规模的大小影响着它的成本,如大规模开发可吸引风机制造商和其他供货商提供折扣,使场址的基础设施的费用均摊到更多风机上以减少单位发电成本。

风能的经济竞争力已经很强。使其在过去的 10 年中得到了快速的发展。风力发电快速发展的现象还将持续多年。

3.5 风能的价值

风能的价值取决于应用风能与其他能源来完成相同任务所要付出的代价比值。从经济效益角度来看,这个比值可被定义为利用风能时所节省下来的燃料费、容量费和排放费。当从社会效益角度来考虑时,这个比值相当于所节省的纯社会费用。下面就风力并网发电的价值进行讨论。

3.5.1 节省燃料

当风力发电并入到某一供电系统中后,由于风力发电提供的电能,供电系统中其他发电装置则可少发一些电,这样就可以节省矿物燃料。节省多少矿物燃料和节省哪一种矿物燃料,现在和将来都将取决于发电系统的构成,也取决于发电装置的性能,特别是发电装置的热耗率。风能的引入将会使燃烧矿物燃料的发电设备在低负荷状态下运行,从而导致热耗较高,甚至有可能导致某些设备在其最低负荷点运行。节省的燃料的多少还取决于风力发电的技术水平。为了计算燃料消耗的节省情况,必须把包括风力发电设备和燃用矿物燃料的发电设备的发电系统当作一个整体来分析。

3.5.2 容量的节省

鉴于风速的多变性,风力发电常被认为是一种无容量价值的能源。但实际上风力发电对整个发电系统容量可靠性的贡献并不是零。以荷兰为例,通过计算表明,1 000 MW 的风力发电能力可以取代 165~186 MW 的常规发电容量,即它的相对容量储备为 16.5%~18.6%。对于其他国家,这个指标介于 11% 和 28% 之间。

3.5.3 减少污染物排放

当风力发电机正常工作时,不会排放废气、废水和固体废物。由于矿物性燃料的燃烧过程要排放大量的废气、废水和固体废物。这意味着利用风机发电所节省下来的矿物性燃料,可减少产生污染排放物。

废物排放量的减少程度取决于当地发电设备的构成和所采取的减少排放物的技术措施。例如,丹麦的风机可使污染排放减少 60%。

3.5.4　节省的燃料、容量、运转、维修和排放费用

根据节省的燃料、容量和排放物的多少,可以计算出利用风能所节省的费用,由此便可给出风能的利用价值指标。一般情况下,往往只分析节省的燃料费和容量费用,但减少的排放物也可以转换成节省的费用。节省的这些费用,可以通过研究因酸雨和温室效应对生态、动植物和人类造成的损害而估算出来,也可以通过评估将燃烧矿物燃料的发电厂的排放量降低到引进风力发电后的排放量所需的技术改造费来计算所节约的排放费。目前,这种计算所获得的结果误差较大,因国家的不同,数值相差也较大。

3.6　世界风电市场

20 世纪 90 年代以来,欧洲风力发电机组向大型化方向发展,陆上风力发电机组的单机容量为 2~3 MW;海上风力发电机组的单机容量为 3.6~6 MW;现在研发的风力发电机组的单机容量为 7~10 MW。风电机组容量的发展过程如表 3.8 所示。

表 3.8　风电机组容量的发展过程

时　间	风机高度(m)	叶轮直径(m)	单机容量(kW)
1980~1990 年	22	18	75
1990~1995 年	30	30	300
1995~2000 年	50	50	750
2000~2005 年	70	70	1 500
2005~2010 年	80	80	1 800
2010~2012 年	100~125	100~125	3 000~5 000
2012~2015 年	150	150	10 000
2015~2020 年	170	170	20 000

2010 年一些国家的风电装机容量和风电企业的装机容量比例如表 3.9 所示。

表 3.9　2010 年一些国家的风电装机容量和风电企业的装机容量比例

排　名	国　家	装机容量(MW)	企　业	占全球装机比例(%)
1	中　国	42 287	Vestas(丹麦)	14.8
2	美　国	40 180	华锐风电(中)	11.1
3	德　国	27 214	GEwind(美)	9.6
4	西班牙	20 676	金属科技(中)	9.5
5	印　度	13 065	Eneroon(德)	7.2
6	法　国	5 660	Suznlon 能源(印度)	6.9
7	英　国	5 204	东方电气(中)	6.7
8	加拿大	4 009	Gamosa(西班牙)	6.6
9	丹　麦	3 752	Siemens(德)	5.9
10	葡萄牙	3 702	国电联动(中)	4.2
11	其　他	28 641	其　他	17.5

全球风电协会对全球风电的发展设计了基准方案、中增长方案和高增长方案等三个方案，三个方案预测的全球风电的不同装机容量如表 3.10 所示。

表 3.10 世界风电装机容量预测

项 目		2007 年	2008 年	2009 年	2010 年	2015 年	2020 年	2030 年
基准方案[②]	装机容量(MW)	93 864	120 297	158 505	185 258	295 783	415 433	572 733
	发电量(TW·h)	206	263	347	406	725	1 019	1 405
中增长方案[③]	装机容量(MW)	93 864	120 297	158 505	198 717	460 364	832 251	1 777 550
	发电量(TW·h)	206	263	347	435	1 129	2 041	4 360
高增长方案[④]	装机容量(MW)	93 864	120 297	158 505	201 657	533 233	1 071 415	2 341 984
	发电量(TW·h)	206	263	347	442	1 308	2 628	5 429

中国的风电近年来得到快速发展，已成为全球风电发展最快和市场潜力最大的国家。中国风电的发展目标是：到 2015 年，风电装机容量将达到 1×10^8 kW，其中海上风电 5 000 MW，到 2020 年，风电装机容量将达到 2×10^8 kW；到 2030 年，风电装机容量将达到 4×10^8 kW；到 2050 年，风电装机容量将达到 10×10^8 kW，约占全国电力消费量的 17%，成为我国的主要可再生能源。以 2010 年我国风电装机容量 $4 473 \times 10^4$ kW 为基础，可以推算我国从 2011 年到 2015 年的年均叶片需求量如表 3.11 所示。

表 3.11 中国 2011~2015 年风电叶片年均需求量

年 份	2011	2012	2013	2014	2015
装机容量($\times 10^4$ kW)	5 578.4	6 683.8	7 789.2	8 894.6	10 000
年均新增装机容量($\times 10^4$ kW)	1 105.4	1 105.4	1 105.4	1 105.4	1 105.4
风电叶片年需求量/套(以单机 1.5 MW 计算)	7 369.3	7 369.3	7 369.3	7 369.3	7 369.3

我国的风电机组也从引进消化吸收到自主生产，其生产能力达到了世界第一。与发达国家风电机组的单机容量和整体技术水平相比，还有一定的差距。有理由相信，在我国新能源与可再生能源政策的鼓励下，中国的发电机组在单机容量和整体技术水平上都会得到快速发展，在近期达到世界领先水平。

3.7 环境方面的问题

本节将介绍大规模开发风能引起的有关环境问题。

3.7.1 污染排放

风力发电机在制造和运行中会直接产生一些污染问题，还会有间接污染物排放问题。不同能源系统在燃料提取、系统建造和运行期间二氧化碳排放量大小不同。表 3.12 给出了每发出 1×10^6 kW·h 电能所排放的二氧化碳吨数。在整个运行期间风力发电所排放的二氧化碳总量却是非常少的，约为燃煤发电厂的 1%。

表 3.12　不同发电技术所排放的 CO_2 量

不同发电技术类型	不同发电阶段所产生的 CO_2 量(t)			
	燃料提取	建　造	运　行	总　计
常规燃煤发电厂	1	1	962	964
循环流化床燃煤发电厂	1	1	961	963
煤整体气化联合循环发电厂	1	1	748	751
燃油发电厂	—	—	726	726
天然气发电厂	—	—	484	484
海洋温差发电		4	300	304
地热蒸汽发电	<1	1	56	57
小　水　电	—	10	—	10
沸水核反应堆发电	—2	1	5	8
风　力　发　电	—	7	—	7
光　伏　发　电		5		5
大　型　水　电　站	—	4		4
太阳能热力发电		3		3
可持续采伐的树木	—1 509	3	1 346	—160

3.7.2　噪音

　　风力发电噪声包括机械噪声和空气动力学噪声,其中空气动力学噪声是风速的函数。转子直径小于 20 m 的风机,产生的噪声主要是机械噪声;转子直径更大一些的风机,产生的噪声主要是空气动力学噪声。图 3.29 举例说明了噪声是转子直径的函数。噪声问题会影响风力发电机安装地区的选择和风力发电机的利用。

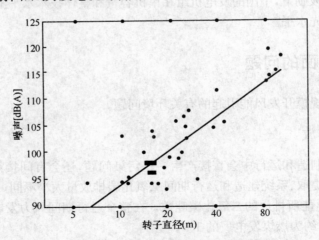

图 3.29　测得的风机的声源功率与转子直径的关系

风力发电场所在地的地面形状也会对噪声的产生有显著的影响。另外,风向的改变、风机的排列方式及独特的风机型号,都会影响风力发电机的噪声,即使转子直径只差几米,都可能会对噪声产生很大的影响。

3.7.3 伤害鸟类

风力发电机在其正常运转时,会对鸟类造成伤害。当鸟撞击到塔架或翼片时会受伤害,风机的运转也妨碍附近鸟类的繁殖和栖居。风力发电机的运行会给鸟类带来负面影响。在某些区域,例如鸟类迁徙飞行路线上的区域,要尽量限制风能发电的利用。

3.7.4 干扰通信

风力发电机会成为妨碍电磁波传播的障碍物。由于风力发电机的影响,电磁波可能被反射、散射和衍射,从而干扰无线电通信。在利用风能发电时,应考虑风力发电机既不应妨碍无线电通信,也不应干扰家庭无线电信号的接收。

3.7.5 安全问题

尽管风力发电机很少发生安全事故,但有时确实会发生安全事故。这些事故大部分发生在技术人员使风力发电机的涡轮机停止运行的时候。此外,风力发电机还发生过翼片脱落飞出的事故。

3.7.6 影响视觉景观

尽管视觉影响不属于重要的问题,但在实际规划风力发电场时,也可能成为一种制约因素,对那些风景秀丽的地区和人口稠密的地区更要十分注意。公众对风机越来越多的风景区感到厌烦。另外,人们视觉上喜欢以直线排列的风力发电机,而不喜欢以矩形网状排列的风力发电机。

视觉影响的一种特殊情况是风力发电机阴影的影响,特别是转子翼片的阴影所带来的影响,这会对靠近风力发电机的工作场所和居民区带来妨碍。通过计算每个月逐时的阴影位置,便可很容易地把这种影响提前预报出来。风机翼片的旋转频率是决定这种影响大小的重要因素,但也有另外一种情况,即人们最初反对在风景区建风力发电场,但后来又逐渐接受了。当涉及在风景优美的高地上或在有重要历史价值的地方建风力发电场时,就会有人反对。风力发电场位置选择不当,会严重地影响风能的开发速度和应用规模。

视觉景观的影响程度也是由风力发电场的位置及风力发电机的大小和数量决定的。选择风力发电场时,只有那些平均风速达到 7 m/s 以上的地点才有实用价值,但这样的地点多半是显眼的地方,通常对风力发电机的大小和数量特别敏感。如果从经济学观点来选择风力发电场位置,将风力发电场建在年平均风速比较低,尤其是地势较平坦并且可以使用小型风力发电机的地方,则可较好地解决这一问题。要想让人们的视觉接受风力发电机,不仅可采用对风力发电机进行整齐排列的办法,而且还可通过采用统一的尺寸和设计来增加美感。

3.8　中国风力发电发展预测

大中型风电机组并网发电已经成为世界风能利用的主要形式。随着并网机组需求持续增长,生产量上升,机组更新换代,单机容量提高,机组性能优化,故障降低,生产成本下降,风电已逐渐具有与常规能源竞争的能力。我国已经建成了一批大型风力发电场。1997～1998 年,我国风电场投产 209 台机组,合计容量 114.2 MW,全部为进口,设备价格高,风电场造价约8 000～9 000 元/kW,其中机组占总投资的 75%～80%,只有逐步实现国产化,才能把风电场造价降下来。目前我国大中型水电站造价为 7 000～8 000 元/kW,燃煤电厂加上脱硫环保设施,造价也要超过 7 000 元/kW。我国风电场年利用小时数一般为 2 700 h,一些地方可达到3 200 h,因而风电成本为 0.45～0.70 元/(kW·h),在现阶段仍需国家给予政策扶持。随着对能源需求的增加和环保执法力度的不断加大,风电技术作为一门不断发展和完善中的高新技术,通过技术创新,提高单机容量,改进结构设计和制造工艺,以及减轻部件重量,降低造价,它的环保优势和经济性必将日益显现出来。

思 考 题

3.1　简述风能的特点和资源状况。

3.2　简述风的形成原因以及风的变化特点。

3.3　已知某森林中,距森林地面 50 m 处的风速为 9.8 m/s,求距地面 380 m 处的风能密度。

3.4　列举风能特点和风能密度的计算。

3.5　简述风的级别和不同级别风的特点。

3.6　简述风能利用的方式和特点。

3.7　简述风力发电系统的总成本、风力发电的现状和发展趋势,以及影响风力发电发展的因素。

3.8　风力发电对环境有何影响?

4 地热能

4.1 概述

人类很早以前就开始利用地热能,例如利用温泉沐浴、医疗;利用地下热水取暖、建造农作物温室、水产养殖及烘干谷物等。但真正认识地热资源并进行大规模的开发利用则始于 20 世纪 20 年代。

地热能是来自地球深处的热能,它源于地球的熔融岩浆和放射性物质的衰变。深部地球水的循环和来自深处的岩浆侵入到地壳后,把热量从地球深处带至近地表层。在有些地方,热能随自然涌出的蒸汽和水而到达地面。严格地说,地热能不是一种可再生的资源,而是像石油一样,是可开采的不可再生的一次能源,最终的可回采量将依赖于开采的技术水平。如果将水重新注回到含水层中,使含水层不枯竭,可以提高地热的再生性。由于地热资源的数量巨大,可近似认为地热为可再生能源。

地热资源是指地壳表层以下 5 000 m 深度内、15℃以上的岩石和热流体所含的总热量。全世界的地热资源达 1.26×10^{27} J,相当于 4.6×10^{16} t 标准煤,即超过世界技术和经济力量可采煤储量含热量的 70 000 倍。地球内部蕴藏的巨大热能,通过大地的导热、火山喷发、地震、深层水循环、温泉等不同途径不断地向地表输出热量,年平均输出热量约 1×10^{21} kJ。但是,由于目前技术上经济的钻探深度仅在 3 000 m 以内,再加上储热空间地质条件的限制,因而只有当热能运移并在地表浅层局部富集时,才能形成可供开发利用的地热资源。

近年来,地热能还被应用于温室、热泵和区域供热。在商业化发电方面,利用地热资源的过热蒸汽或高温水发电已有几十年的历史。利用中等温度(100℃)水通过双工质循环发电,技术现已成熟,并进入商业化应用。地热热泵技术也大规模用于地热供暖。由于这些技术的进展,地热资源的开发利用得到快速发展。研究从干燥的岩石中和从热地压资源及岩浆资源中提取热能的有效方法,可进一步增加地热能的应用潜力。

4.2 地球的内部构造

地球本身就是一座巨大的天然储热库。地热资源就是地球内部蕴藏的热能。有关地球内部的构造,是从地球表面的直接观察、钻井的岩样、火山喷发、地震等资料推断而得到的。普遍认为,地球的构成是:地球是一个巨大的实心椭球体,表面积约为 5.1×10^8 km²,体积约为 $1.083\,3 \times 10^{12}$ km³,赤道半径为 6 378 km,极半径为 6 357 km。地球的构造像是一只半熟的鸡蛋,主要分为三层,在约 2 800 km 厚、温度在 1 000℃的铁—镁硅酸盐地幔上有一厚约 30 km 的铝—硅酸盐地壳,它的厚度各处不一,介于 10~70 km 之间,陆地上平均为 30~40 km,高山底下可达 60~70 km,海底下仅为 10 km 左右;地幔下面是液态铁—镍地核,其内还含有一个固态的内核,温度在 2 000~5 000℃,外核深 2 900~5 100 km,内核由深 5 100 km 以下至地心。

在6~70 km厚的表层地壳和地幔之间有个分界面,通常称之为莫霍不连续面。莫霍界面会反射地震波,它是1909年由南斯拉夫地震学家莫霍洛维奇(Mohorovicic)发现的。从地表到深100~200 km为刚性较大的岩石圈。由于地球内圈和外圈之间存在较大的温度梯度,所以其间有粘性流动性物质不断循环。地球内部各区段情况如表4.1所示。

表4.1　地球内部各区段特性

区　段	状　态	结合带	深度 (km)	温度 (℃)	密度 (kg/m³)	成　分
地　壳	刚性板块	—	0	0~50		—
		—	10~20	—	2 700	钠、钾、铝 硅酸盐
		莫霍面	6~70	500~1 000	3 000	铁、钙、镁、 铝硅酸盐
地　幔	固　态	固相线	100~200	1 200		
	粘性物质				3 600~4 400	铁、镁硅 酸　盐
	固 相 线	—	700	1 900		—
	刚性地幔	固相线	2 800	3 700	4 500~5 500	铁、镁、硅 酸盐和/或 氧化物
地　核	液　态	固相线	5 500	4 300	10 000~12 000	铁、镍
	固　态	中　心	6 340	4 500		铁、镍

4.3　地热能的来源

地球的内部是高温高压的,蕴藏着无比巨大的热能。假定地球的平均温度为2 000℃,地球的质量为$6×10^{24}$ kg,地球内部物质的比热约为1.045 kJ/(kg·℃),整个地球内部所含的热量大约为$1.25×10^{31}$ J。仅地球表层10 km厚这样薄薄的一层,所储存的热量就有$1×10^{25}$ J。地球通过火山爆发、温泉等途径,源源不断地把它内部的热能通过导热、对流和辐射的方式传到地面上来。如果把地球上储存的全部煤炭燃烧时所放出的热量作为100%来计算,地热能的总储量则为煤炭的$1.7×10^{8}$倍。

地壳中的地热主要靠导热传输热量,地壳岩石的平均热流密度低,一般无法开发利用,只有通过某种集热作用才能开发利用。例如盐丘集热,盐比一般沉积岩的导热率大2~3倍。盆地中深埋的含水层,也可大量集热,每当钻探到这种含水层,就会出现大量的高温热水,这是天然集热的常见形式。岩浆侵入地壳浅处,是地壳内最强的导热形式。侵入的岩浆体形成局部高强度热源,为开发地热能提供了有利条件。岩浆侵入后,冷却的时间相当长,冷却过程一般受下列因素影响:

(1) 侵入的岩浆总体积。

(2) 侵入的深度或岩浆体顶面的埋藏深度。

（3）侵入岩浆的性质，酸性岩浆温度较低，约 650～850℃；基性岩浆温度较高，为 1 100℃左右。凝固潜热也有差异，酸性岩浆为 272 kJ/kg，碱性岩浆为 335 kJ/kg。

（4）侵入体的形状。

（5）有无水系统。

据推测，一个埋深为 4 km 的酸性岩浆侵入体，体积为 1 000 km³，初始温度为 850℃，若要使侵入体的中心温度冷却到 300℃，大约需几十万年。由此可见，地热的扩散是非常慢的。若要利用这种热能，则也是比较稳定的。一个天然温泉，长年不息地流出地热水，几百年热水温度变化不大。

在地壳中，地热的分布可分为 3 个带，即可变温度带、常温带和增温带。可变温度带，地球表面由于受太阳热辐射的影响，其温度有着昼夜、年份、世纪，甚至更长的周期性变化，其厚度一般为 15～20 m；常温带，其温度变化幅度几乎等于零，深度一般为 20～30 m；增温带，在常温带以下，温度随深度的增加而升高，其热量的主要来源是地球内部的热能。地球每一层的温度状况是不相同的。在地壳的常温带以下，地温随深度增加而不断升高，越深越热。这种温度的变化，称为地热增温率。各地的地热增温率差别是很大的，平均地热增温率为每加深 100 m，温度升高 8℃。到达一定的温度后，地热增温率由上而下逐渐变小。根据各种资料推断，地壳底部至地幔上部的温度大约为 1 100～1 300℃，地核的温度大约在 2 000～5 000℃。假如按照正常的地热增温率来推算，80℃的地下热水，大致是埋藏在 2 000～2 500 m 左右的地下。

按照地热增温率的差别，把陆地上的不同地区划分为正常地热区和异常地热区。地热增温率接近 3℃的地区，称为正常地热区；远超过 3℃的地区，称为异常地热区。在正常地热区，较高温度的热水或蒸汽埋藏在地壳的较深处；在异常地热区，由于地热增温率较大，较高温度的热水或蒸汽埋藏在地壳的较浅部位，有的甚至露出地表。那些天然露出的地下热水或蒸汽叫做温泉。温泉是在当前技术水平下最容易利用的一种地热资源。在异常地热区，除温泉外，人们也易通过钻井等人工方法把地下热水或蒸汽引导到地面上来加以利用。

要想获得高温地下热水或蒸汽，就得去寻找那些由于某些地质原因，破坏了地壳的正常增温，而使地壳表层的地热增温率大大提高了的异常地热区。异常地热区的形成，一种是产生在近代地壳断裂运动活跃的地区，另一种则是主要形成于现代火山区和近代岩浆活动区。除这两种之外，还有由于其他原因所形成的局部异常地热区。在异常地热区，如果具备良好的地质构造和水文地质条件，就能够形成大量热水或蒸汽。热水田或蒸汽田统称为地热田。在目前世界上已知的一些地热田中，有的在构造上同火山作用有关，另外也有一些则是产生在火山中心地区的断块构造上。

4.4 地热资源

目前，地热资源勘察的深度可达到地表以下 10 000 m，其中 2 000 m 以内为经济型地热资源，2 000～5 000 m 为亚经济型地热资源。全世界资源总量为：可供高温发电的约 5 800 MW 以上，可供中低温直接利用的约 2×10^{11} t 标准煤当量以上。我国总量上是以中低温地热资源为主，地热能占全世界的 7.9%。

4.4.1　地热资源的分类及特性

一般说来,深度每增加 100 m,地球的温度就增加 3℃左右。这意味着地下 2 km 深处的地球温度约 70℃;深度为 3 km 时,温度将增加到 100℃,依此类推。然而在某些地区,地壳构造活动可使热岩或熔岩到达地球表面,从而在技术可以达到的深度上形成许多个温度较高的地热资源区。要提取和应用这些热能,需要有一种载体把这些热能输送到热能提取系统。这种载体就是在渗透性构造内形成热含水层的地热流。这些含水层或储热层称为地热液田。高温地热田位于地质活动带内,常表现为地震、活火山、热泉、喷泉和喷气等现象。地热带的分布与地球大构造板块或地壳板块的边缘有关,主要位于新的火山活动区或地壳变薄的地区。

1) 类型分类

地质学上常把地热资源分为蒸汽型、热水型、地压型、干热岩型和岩浆型五类。还有另一种分类方法,就是把蒸汽型和热水型合在一起统称为热液型。

(1) 蒸汽型

蒸汽型地热田是最理想的地热资源,它是指以温度较高的饱和蒸汽或过热蒸汽形式存在的地热资源。形成这种地热田要有特殊的地质结构,即储热流体上部被大片蒸汽覆盖,而蒸汽又被不透水的岩层封闭包围。这种地热资源最容易开发,可直接送入汽轮机组发电,腐蚀较轻。可惜蒸汽型地热田很少,仅占已探明地热资源的 0.5%,而且地区局限性大,到目前为止,全球只发现两处具有一定规模的高质量饱和蒸汽地热田,一处位于意大利的拉德雷罗,另一处位于美国的盖瑟尔斯。

(2) 热水型

热水型是指以热水形式存在的地热田,通常既包括温度低于当地气压下饱和温度的热水和温度高于当地气压饱和温度的有压力的热水,包括湿蒸汽。这类资源分布广,储量丰富,温度变化范围很大。90℃以下称为低温热水田,90～150℃称为中温热水田,150℃以上称为高温热水田。中、低温热水田分布广,储量大,我国已发现的地热田大多属于中、低温热水田。

(3) 地压型

地压型地热是目前尚未被人们充分认识的一种地热资源。它常以高压高盐分热水的形式储存于地表以下 2～3 km 的深部沉积盆地中,并被不透水的页岩所封闭,可以形成长 1 000 km、宽几百千米的巨大的热水体。地压水除了高压(可达几十兆帕)、高温(温度在 150～260℃范围内)外,还溶有大量的甲烷等碳氢化合物。所以,地压型资源中的能量,实际上是由机械能(高压)、热能(高温)和化学能(天然气)三部分组成。由于沉积物的不断形成和下沉,受到的压力会越来越大。地压型常与石油资源有关。地压水中溶解的甲烷等碳氢化合物,是有价值的地热资源副产品。

(4) 干热岩型

干热岩是指地层深处普遍存在的没有水或蒸汽的热岩石,其温度范围很广,温度在 150～650℃之间。干热岩的储量十分巨大,比蒸汽、热水和地压型资源大得多。目前大多数国家把这种资源作为地热开发的重点研究目标。不过从现阶段技术水平来看,干热岩型资源是专指埋深较浅、温度较高的有经济开发价值的热岩。提取干热岩中的热量需要用特殊的办法,技术难度大、成本高。干热岩体开采的基本方法是形成人造地热田,亦即开凿通入温度高、渗透性低的岩层中的深井(4～5 km),然后利用爆破碎裂法形成一个大的热交换系统。这样,注水井和采水井便通过人造地热田联结成一个循环回路,使水通过该热交换系统进行循环。

(5) 岩浆型

岩浆型是指蕴藏在地层更深处处于动弹性状态或完全熔融状态的高温熔岩,温度高达600~1 500℃。在一些多火山地区,这类资源可以在地表以下较浅的地层中找到,但多数则是深埋在目前钻探还无法到达的地层中。火山喷发时常把这种岩浆带至地面。岩浆型资源约占已探明地热资源的 40% 左右。在各种地热资源中,从岩浆中提取热能是最困难的。岩浆的储藏深度为 3~10 km。

上述 5 类地热资源中,目前应用最广的是热水型和蒸汽型,干热岩型和地压型两大类尚处于商业化应用试验阶段。仅按目前可供开采的地下 3 km 范围内的地热资源来计算,就相当于 2.9×10^{12} t 煤炭燃烧所发出的热量。虽然至今尚难准确计算地热资源的储量,但它仍是地球上能源资源的重要组成部分。据估计,能量最大的为干热岩地热,其次是地压地热和煤炭,再其次为热水型地热,最后才是石油和天然气。可见地热作为能源将会对人类的生活起着重要的作用。随着科学技术的不断发展,地热能的开发深度还会逐渐增加,为人类提供的热量将会更大。表 4.2 为各类地热资源开发技术概况。

表 4.2　各类地热资源开发技术概况

热储类型	蕴藏深度(地表下 9 km)	热储状态	开发技术状况
蒸 汽 型	3	200~240℃干蒸汽 (含少量其他气体)	开发良好(分布区很少)
热 水 型	3	以水为主,高温级>150℃ 中温级 90~150℃ 低温级 50~90℃	开发中(量大,分布广) 是目前重点开发对象
地 压 型	3~10	深层沉积地压水,溶解大量碳氢化合物,可同时得到压力能、热能、化学能(天然气)温度>150℃	热储试验
干热岩型	3~10	干热岩体,150~650℃	商业化应用研究阶段
岩 浆 型	≥10	600~1 500℃	商业化应用研究阶段

我国处于欧亚板块的东南边缘,在东部和南部分别与太平洋板块和印度洋板块连接,是地热资源较丰富的国家之一。两个高温地带和温泉密布地带就分别位于上述两个板块边缘的碰撞带上,而中、低温泉密布带则多集中于板块内的区域构造边界的断层带上。西藏的地热资源最为丰富;云南的地热点最多,已知的就达 706 处。在常规能源比较缺乏的福建省,已探明的地热能达 3.34×10^{20} J,相当于 1.17×10^{10} t 标准煤。

2) 温度分级与规模分类

根据《地热勘察国家标准》(GB11615－89)规定,地热资源按温度分为高温、中温、低温三级,按地热田规模分为大、中、小三类(见表 4.3、表 4.4)。

地热资源的开发潜力主要体现在具体的地热田的规模大小。

表 4.3　地热资源温度分级表

温度分级		温度 t 界限（℃）	主要用途
高　温		$t \geq 150$	发电、干燥
中　温		$90 \leq t < 150$	工业利用、干燥、发电、制冷
低　温	热　水	$60 \leq t < 90$	采暖、工艺流程用热水
	温热水	$40 \leq t < 60$	医疗、洗浴、温室
	温　水	$25 \leq t < 40$	农业灌溉、养殖

表 4.4　地热资源规模分类表

规　模	高温地热田		中、低温地热田	
	发电功率（MW）	能利用的年限（计算年限）	发电功率（MW）	能利用的年限（计算年限）
大　型	>50	30 年	>50	100 年
中　型	10~50	30 年	10~50	100 年
小　型	<10	30 年	<10	100 年

4.4.2　地热资源研究状况

1）热液资源

热液资源的研究主要为储层确定、流体喷注技术、热循环技术、废料排放和处理、渗透性的增强、地热储层工程、地热材料开发、深层钻井、储层模拟器研制等。近年来，地质学、地球物理和地球化学等学科取得了显著的进步，已开发出专门用于测定地热储层的勘探技术。断裂地热储层分析的新方法和开采和回灌的仿真新方法，热液储层的确定技术和开采工程也取得了很大的发展。

2）地压资源

开展地压资源研究的目的，是为了弄清开发这种资源的经济可行性和增进对这种储藏的储量、可用年限的深入了解。

3）干热岩资源

美国洛斯·阿拉莫斯（Los Alamos）国家实验室自 1972 年起在美国新墨西哥州芬顿山进行了长期的干热岩资源的研究工作。研究结果证明，从受水压激励的低渗透性结晶型干热岩区以合理的速度获取热量，在技术上是可行的。在 1986 年地热储层二期工程的 30 天初步热流试验中，生产出 190℃的热水，其热功率约 10 MW。

4.4.3　地热资源评估方法

地热作为一种资源，存在于地壳中，有相当大的资源量。对于地热资源的评价也像其他矿物燃料一样,要在一定的技术、经济和法律的条件下进行评定,而且随着时间的推移,要做一定的修正。目前虽有许多国家做了较多的地热资源评价工作,但尚缺乏世界性的全面精确评价结果。下面简要介绍几种常用的地热资源的评价方法。

1) 天然放热量法

先测量一个地区地表的各种形式的天然放热量总和,再根据已开发地热田的热产量与天然放热量之间的相互关系,以估计出该区域的产热量。这种方法估算的地热储量较接近合理数量,也是地热系统经长期活动而达到的某种平衡现象,其值在相当长的时间内是较稳定的。显然,天然放热量要比热田开采后的热量低,实际地热资源要比它大得多,并且因地而异。当然,这种方法只适用于已有地热开发的地区,对于未开发的地热地是无法估算的。

2) 平面裂隙法

在渗透性极差的岩体中,地下水沿着一个水平的裂隙流动,岩体中的热能靠导热传输到裂隙,再在裂隙表面与流水进行换热,流水受热升温,把不透水岩体中的热能提取出来。在岩性均一的情况下,开采热水的速率如果较慢,则提取出来的某一温度限额以上的热能总量就较大。使用这种方法有许多特定要求,如要求估算出裂隙的面积、裂隙的间距、岩层的初始温度、采出热水的最低要求温度,以及岩石的导热率和热扩散率等。

3) 类比法

类比法是一种较简便、粗略的地热资源评价方法。即根据已经开发的地热系统生产能力,估计出单位面积的生产能力,然后把未开发的地热地区与之类比。这种方法要求地质环境类似,地下温度和渗透性也类似。日本、新西兰等国都采用过类比法评价新的地热开发区,效果较好。采用这种方法,要求必须测出地热田的面积;还要求知道热储的温度,在没有钻孔实测温度的情况下,可用地热温标计算出热储温度。

4) 岩浆热平衡法

岩浆热平衡法主要是针对干热岩地热资源的评价,以年轻的火成岩体为对象。计算方法是先估算出岩浆体初始含有的总热量 Q_t 减去自侵入以来逸出的热量 Q_l,则现在存在岩浆体内的余热 Q_r 为

$$Q_r = Q_t - Q_l \qquad (4.1)$$

5) 体积法

这种方法是石油资源常用的估价方法,现广泛借用到地热评价。它的计算公式为

$$Q = ad[(l - \phi_e)(\rho_r c_r + \rho_w c_w)](T_r - T_{re}) \qquad (4.2)$$

式中:Q 为估算的地热能总量(10^9 kJ);a 为热储面积(km^2);d 为可及深度内的热储厚度(km);ρ_r 为热储岩石的密度(kg/m^3);ρ_w 为热储水的密度,考虑含有矿物质(kg/m^3);c_r 为热储岩石的比热容(kJ/(kg · ℃));l 为深度(m);c_w 为热储水的比热容(kJ/(kg · ℃));ϕ_e 为热储体的有效孔隙率,在 $0 \sim 20\%$ 之间;T_r 为热储体的平均温度(℃);T_{re} 为参比温度,取当地多年平均气温(℃)。

实际影响计算精度的主要是热储面积,因而此式也可简化为

$$Q=ad\rho c(T_r-T_{re})\tag{4.3}$$

式中:ρc 为热储岩石和水一起的比体积热容(kJ/(m³·℃))。

在地热资源评价方法中,体积法较为可取,使用普遍,可适用于任何地质条件。计算所需的参数可以实测或估计出来。地热能若用于发电,可按下式估算:

$$E=Qf\tag{4.4}$$

式中:E 为总发电量(kW·h);Q 为可获得的总地热能资源(kJ);f 为地热能转化为电能的系数,即发电效率(%)。

我国地热资源主要以热水型为主,因此我国地热资源的评价方法以天然放热量法和体积法为主。

4.4.4　地热开采技术

地热资源的开发从勘探开始,先圈划和确定具有经济可开发的温度、储量和可开发性的资源的位置。利用地球科学(地质学、地球物理学和地球化学)来确定地热资源储藏区,对地热资源状况进行特征判别及选择最佳井位等。

地热开发中所用的钻井技术基本上是由石油工业派生出来的。为了适应高温环境下的要求,所使用的材料和设备不仅需要满足高温作业要求,还必须能适应在坚硬、断裂的岩层构造中和多盐的、有化学作用的液体环境中工作。因此,现已在钻探行业中形成了专门从事地热开发的分支,正在努力研究能适应高温、高盐度和有化学作用的地热环境的先进方法和材料,以及能精确预报地热储藏层情况的方法。

大部分已知的地热储藏是根据像温泉那样的地表现象发现的,现在则是越来越依靠技术手段,例如火山学图集、评估岩石密度变化的重力仪、地震仪、化学地热计、次表层测绘、温度测量、热流测量等。虽然重力测量有助于解释那些情况不明区域的地质学结构,但在勘探初期并不常用,主要用于监测地下流体运动情况。电阻率法测量是主要的方法(现在用得越来越多的是磁力普查),其次是化学地热测量法和热流测量法。

在热液资源调查中,使用电阻率法的最大优点是它依靠被寻找的资源(热水本身)的电学性质的变化。其他方法大多是依靠探索地质构造,实际上并非所有的地热储藏都完全与任何地质构造模型相符。勘探钻井和试采是为了探明储藏层的性质。如果确定了适合的储藏层,就进行地热田的开发研究,如模拟储层的几何形状和物理学性质,分析热流和岩层的变化,通过数值模拟预报储藏的长期特性,确定生产井和回灌井的井位(回灌是为了向储热层充水,延长它的供热寿命)。地热水既可以用自流井的方法开采(即凭借环境压差将热流体从深井压至地面),也可用水泵抽到地面。自流井方法中,热流体会迅速变成气液两相,而用泵抽吸时,流体始终保持液相。选用什么样的开采方式,要视热流的特性和热能转换系统的特点而定。地热田一般适合于分阶段开发。在地热田的初期评估阶段,可建适度规模的示范工厂。其规模可以较小,以便根据已掌握的资源情况,能使其运转起来。通过一段时间的运行,可获得更多的储层资料,为下一阶段的规模化开采利用铺平技术道路。

其他型式的地热资源在勘探阶段还有特殊要求。例如,把流体从地热田高压卤水储层中

压到地表的力,与把天然气和石油从油气层中压出的力有很大的区别,要预测地热田高压储层的性能需要专门的技术。勘测岩浆矿床除了地震方法外,还需要有更好的传感测量技术。随着地热环境变得更热、更深及钻井磨削力的加大,对钻井技术要求就越高,钻探成本也随之增加。

4.4.5　地热资源的生成与分布

1) 地热资源的生成

地热资源的生成与地球岩石圈板块的发生、发展、演化及其相伴的地壳热状态有着密切的内在联系,特别是与构造应力场、热动力场有着直接的联系。从全球地质构造来看,大于150℃的高温地热资源带主要出现在地壳表层各大板块的边缘,如板块的碰撞带、板块开裂部位和现代裂谷带;小于150℃的中、低温地热资源则分布于板块内部的活动断裂带、断陷谷和凹陷盆地地区。地热资源赋存在一定的地质构造部位,有明显的矿产资源属性,因而对地热资源要实行开发和保护并重的科学原则。

2) 全球地热资源的分布

在一定地质条件下,地热资源和具有勘探开发价值的地热田都有它的发生、发展和衰亡过程。作为地热资源,它也和其他矿产资源一样,有数量和品位的问题。就全球来说,地热资源的分布是不平衡的。地温梯度每千米深度大于30℃的地热异常区,主要分布在板块生长、开裂—大洋扩张脊和板块碰撞、衰亡—消减带部位。环球性的地热带主要有下列四个:

(1) 环太平洋地热带

它是世界上最大的太平洋板块与美洲、欧亚、印度板块的碰撞边界。世界许多著名的地热田,如美国的盖瑟尔斯、长谷、罗斯福;墨西哥的塞罗、普列托;新西兰的怀腊开;中国的台湾马槽;日本的松川、大岳等均在这一带。

(2) 地中海—喜马拉雅地热带

它是欧亚板块与非洲板块和印度板块的碰撞边界。世界上第一座地热发电站——意大利的拉德瑞罗地热田就位于这个地热带中,中国的西藏羊八井及云南腾冲地热田也在这个地热带中。

(3) 大西洋中脊地热带

这是大西洋海洋板块开裂部位。冰岛的克拉弗拉、纳马菲亚尔和亚速尔群岛等一些地热田就位于这个地热带。

(4) 红海—亚丁湾—东非裂谷地热带

它包括吉布提、埃塞俄比亚、肯尼亚等国的地热田。

除了在板块边界部位形成地壳高热流区而出现高温地热田外,在板块内部靠近板块边界部位,在一定地质条件下也可形成相对的高热流区。如中国东部的胶辽半岛、华北平原及东南沿海等地。

4.4.6　我国地热资源

1) 成因类型

根据地热资源的成因,我国地热资源分为以下几种类型,见表4.5。

表 4.5　中国地热资源成因类型表

成因类型	热储温度范围	代表性地热田
现（近）代火山型	高　温	台湾大屯、云南腾冲
岩　浆　型	高　温	西藏羊八井、羊易
断　裂　型	中　温	广东邓屋、东山湖；福建福州、漳州；湖南灰汤
断陷盆地型	中低温	京、津、冀、鲁西、昆明、西安、临汾、运城
凹陷盆地型	中低温	四川、贵州等省分布的地热田

（1）现（近）代火山型

现（近）代火山型地热资源主要分布在台湾北部大屯火山区和云南西部腾冲火山区。腾冲火山高温地热区是印度板块与欧亚板块碰撞的产物。台湾大屯火山高温地热区属于太平洋岛弧的一环，是欧亚板块与菲律宾小板块碰撞的产物。在台湾已探到 293℃ 高温地热流体，并在靖水建有装机 3 MW 地热试验电站。

（2）岩浆型

在现代大陆板块碰撞边界附近，在地表以下 6～10 km，埋藏隐伏着众多的高温岩浆，成为高温地热资源。如在我国西藏南部高温地热田，均沿雅鲁藏布江即欧亚板块与印度板块的碰撞边界出露，是这种成因模式的较典型的代表。西藏羊八井地热田 ZK4002 孔，在井深 1 500～2 000 m 处，探获 329℃ 的高温水蒸气；在地热田 ZK203 孔，在井深 380 m 处，探获 204℃ 高温湿蒸汽。

（3）断裂型

主要分布在板块内侧基岩隆起区或远离板块边界由断裂形成的断层谷地、山间盆地，如辽宁、山东、山西、陕西以及福建、广东等地区都存在这种地热资源。这类地热资源的成生和分布主要受活动性的断裂构造控制，热田面积一般几平方千米，有的甚至小于 1 km²。地热流体温度以中温为主，个别也有高温。单个地热田热能潜力不大，但点多面广。

（4）断陷、凹陷盆地型

主要分布在板块内部巨型断陷、凹陷盆地之内，如华北盆地、松辽盆地、江汉盆地等。地热资源主要受盆地内部断块凸起或褶皱隆起控制，该类地热源的热储层常常具有多层性、面状分布的特点，单个地热田的面积较大，达几十平方千米，甚至几百平方千米，地热资源潜力大，有很高的开发价值。

2）我国地热资源的分布

中国地热资源中能直接用于发电的高温资源分布在西藏、云南、台湾；其他省区均为中、低温资源，由于温度不高（小于 150℃），适合直接供热。全国已查明水热型资源面积 10 149.5 km²，分布于全国 30 个省区，资源较好的省区有：河北省、天津市、北京市、山东省、福建省、湖南省、湖北省、陕西省、广东省、辽宁省、江西省、安徽省、海南省、青海省等。从分布情况看，中、低温资源由东向西减弱，东部地热田位于经济发展快、人口集中、经济相对发达的地区。

我国地热资源的分布，主要与各种地质构造体系及地震活动、火山活动密切相关。根据现有资料，按照地热的分布特点、成因和控制因素等，可把我国地热资源的分布划分为以下 6 个带：

（1）藏滇地热带

主要包括冈底斯山、唐古拉山以南，特别是沿雅鲁藏布江流域，东至怒江和澜沧江，呈弧形向南转入云南腾冲火山区。这一地带，地热活动强烈，是我国大陆上地热资源潜力最大的地带。这个带共有温泉 1 600 多处，现已发现的高于当地沸点的热水活动区有近百处，是一个高温水汽分布带。据有关部门勘察，西藏是世界上地热储量最多的地区之一，现已查明的地热点达 900 多处，西藏拉萨附近的羊八井地热田，孔深 200 m 以下获得了 172℃ 的湿蒸汽；云南腾冲热海地热田，浅孔测温，10 m 深 135℃，12 m 深 145℃。

（2）台湾地热带

台湾是我国地震最为强烈和频繁的地带，地热资源主要集中在东、西两条强震集中发生区。在 8 个地热田中有 6 个温度在 100℃ 以上。台湾北部大屯复式火山区是一个大的地热田，自 1965 年勘探以来，已发现 13 个气孔和热泉区，地热田面积 50 km² 以上，在 11 口 300～1 500 m 深度不等的地热井中，水蒸气最高温度可达 294℃，流量 350 t/h 以上，一般在井深 500 m 时，可达 200℃ 以上。大屯地热田的发电潜力可达 80～200 MW。

（3）东南沿海地热带

主要包括福建、广东以及浙江、江西和湖南的一部分地区，其地下热水的分布和出露受一系列北东向断裂构造的控制。这个地带所拥有的主要是中、低温热水型的地热资源，福州市区的地热水温度可达 90℃。

（4）山东—安徽庐江断裂地热带

这是一条将整个地壳断开的、至今仍在活动的深断裂带，也是一条地震带。钻孔资料分析表明，该断裂的深部有较高温度的地热水存在，已有低温热泉出现。

（5）川滇南北向地热带

主要分布在从昆明到康定一线的南北向狭长地带，以低温热水型资源为主。

（6）祁吕弧形地热带

包括河北、山西、汾渭谷地、秦岭及祁连山等地，甚至向东北延伸到辽南一带。该区域有的是近代地震活动带，有的是历史性温泉出露地，主要地热资源为低温热水。

4.5　地热能的利用

4.5.1　地热流体的物理化学性质

目前开发地热能的主要方法是钻井，由所钻的地热井中引出地热流体（蒸汽或热水）而加以利用，因此地热流体的物理和化学性质对地热的利用至关重要。

地热流体蒸汽或热水，都含有 CO_2、H_2S 等不凝结气体。在不凝结气体中，其中 CO_2 大约占 90%。表 4.6 为不同国家地热井热流体中放出的不凝结气体的成分和质量浓度。地热流体中还含有数量不等的 $NaCl$、KCl、$CaCl_2$、H_2SiO_3 等物质。地区不同，含盐量差别很大，以质量计算的热水的含盐量为 0.1%～40%。表 4.7 为国家不同国家地热井热流体中含盐物质的种类和最高浓度。

表 4.6　不同国家地热井热流体中放出的不凝结气体的成分和浓度

国　别	地热井名称	气体(质量百分数,%)					
		CO_2	H_2S	CH_4	H_2	N_2、Ar	NH_3
美　国	Geysers	80.1	5.7	6.1	1.6	1.4	5.1
意大利	Larderello	95.9	1.1	0.07	0.03	2.9	—
冰　岛	Hveragerdi	73.7	7.3	0.4	5.7	12.9	—
新西兰	Wairakei	91.7	4.4	0.9	0.8	1.6	0.6
日　本	Otake	94.7	1.5	3.8	—	—	—
新西兰	Broadlands	96.9	1.1	0.8	0.05	0.7	0.45
新西兰	Wairakei	95.6	1.8	0.8	0.1	1.6	0.1
新西兰	Waiotaqu	93.3	6.1	0.2	0.1	0.3	—
新西兰	Kawerau	96.6	2.0	0.74	0.01	0.65	—
美　国	Salton Sea	90.0	10.0	—	—	—	—
墨西哥	Cerro Prieto	81.6	3.7	7.1	0.6	7.1	—
冰　岛	Nedall	42.8	51.6	0.7	1.4	3.5	—
冰　岛	Lakemyvatn	54.1	32.0	1.6	2.6	9.7	—

表 4.7　不同国家地热井热流体中的含盐成分与最高浓度

国　别	地热井名称	成分(质量百分数,%)			
		NaCl	KCl	$CaCl_2$	H_2SiO_3
新西兰	Waitaqu	72.4	9.7	0.9	20.2
新西兰	Kawerau 7A	68.9	8.5	0.28	29.3
日　本	Otake	62.6	0.5	1.5	22.8
新西兰	Broadlands	64.7	10.4	0.05	26.1
新西兰	Wairakei	73.6	10.7	1.0	14.5
日　本	Hatchobaru	66.5	6.8	0.52	33.6
萨尔瓦多	Ahuachpan	81.8	11.1	6.2	4.0
墨西哥	Cerro Prietom—6	91.3	6.6	6.4	2.3
墨西哥	Cerro Prietom—11	77.4	8.5	4.7	4.3
美　国	Eastmesa6—1	72.2	6.8	8.6	1.5
冰　岛	Reyk Janes	72.2	8.1	15.4	2.0
美　国	Salton Sea I. I. D.	49.6	12.9	30.0	0.2
平　　均		71.1	8.4	6.3	—

在地热利用中通常按地热流体的性质将其分为以下几类：

① pH 较大，而不凝结气体含量不太大的干蒸汽或干度很高的湿蒸汽。② 不凝结气体含量大的湿蒸汽。③ pH 较大，以热水为主要成分的汽液两相流体。④ pH 较小，以热水为主要成分的汽液两相流体。

在地热利用中，必须充分考虑地热流体物理化学性质的影响，对于热利用设备，由于大量不凝结气体的存在，就需要对冷凝器进行特别的设计；由于含盐浓度高，就需要考虑管道的结垢和腐蚀；如含有 H_2S，就要考虑其对环境的污染；如含有某些微量元素，就应充分利用其医疗效应等。

4.5.2　地热能的利用概况

地热能的利用可分为地热发电和直接利用两大类，而对于不同温度的地热流体，可能利用的范围如下：

（1）200～400℃，直接发电及综合利用。

（2）150～200℃，双工质循环发电、制冷、干燥、工业中的加热。

（3）100～150℃，双工质循环发电、供暖、制冷、干燥、脱水、回收盐类、罐头食品。

（4）50～100℃，供暖、温室、干燥、家庭用热水。

（5）20～50℃，洗浴、水产养殖、饲养牲畜、土壤加温、脱水。

为了提高地热利用率，常采用梯级开发和综合利用的办法，如热电联产、热电冷三联产、先供暖后养殖等。

近年来，国外十分重视地热能的直接利用。因为进行地热发电，热效率低，对地热流体温度要求高。所谓热效率低，是指地热发电的效率一般只有 6.4%～18.6%。所谓对地热流体温度要求高，是指利用地热能发电，对地下热水或蒸汽的温度要求一般在 150℃ 以上；否则，将严重地影响地热发电的经济性。而地热能的直接利用，不但地热的热损失要小得多，并且对地下热水的温度要求也低得多，15～180℃ 的温度范围均可利用。在全部地热资源中，这类中、低温地热资源十分丰富，远比高温地热资源大得多。但是，地热能的直接利用也有其局限性，由于受载热介质（热水）输送距离的制约，输送半径一般不超过 5 km。

目前地热能的直接利用发展十分迅速，已广泛地应用于工业加热、民用采暖和空调、洗浴、医疗、农业温室、土壤加温、水产养殖、畜禽饲养等方面，收到了良好的经济效益，节约了化石燃料。地热能的直接利用，技术要求相对较低，所需设备也较为简易。在直接利用地热的系统中，尽管有时因地热流中的盐和泥沙的含量很低而可以对地热加以直接利用，但通常都是用泵将地热流抽上来，通过热交换器变成高温气体和高温液体后再加以热利用。

地热能直接利用中所用的热水温度大部分在 40℃ 以上。如果利用热泵技术，温度 20℃ 或低于 20℃ 的热水也可以当作一种热源来使用。热泵的工作原理与家用电冰箱相同，只不过电冰箱实际上是单向输热，而地热热泵则可双向输热。冬季，它从地球提取热量，然后提供给住宅热量（供热模式）；夏季，它从住宅或大楼提取热量，然后又把热量放给地球蓄存起来（空调模式）。不管是哪一种循环方式，水都是加热并蓄存起来，发挥了一个独立热水加热器的全部或部分功能。因此地热泵可以提供比自身消耗的能量高 3～4 倍的热量，它可以在很宽的地球温度范围内使用。美国到 2030 年地热泵可为供暖、散热和水加热提供高达 6.8×10^7 t 油当量的能量。

对于地热发电来说,如果地热资源中水蒸气或热水的温度足够高,利用它的最好方式就是发电。发出的电既可供给公用电网,也可供给本地用户。正常情况下,地热发电常用于电网基本负荷的发电,只在特殊情况下才用于峰值负荷发电。其理由,一是对峰值负荷的控制比较困难;二是换热器的结垢和腐蚀问题,因为一旦换热器的液体未充满或空气进入,就会出现结垢和腐蚀问题。

综上所述,地热能利用在以下四方面发挥重要作用。

1) 地热发电

地热发电是地热利用的最重要方式。高温地热流体宜首先应用于发电。地热发电和火力发电的原理是一样的,都是利用蒸汽的热能在汽轮机中转变为汽轮机转子的机械能,然后带动发电机发电。所不同的是,地热发电不像火力发电那样要备有锅炉,也不需要消耗燃料,它所用的能源就是地热能。地热发电的过程,就是把地下热能首先转变为机械能,然后再把机械能转变为电能的过程。要利用地热能,首先需要有载热体把地下的热能带到地面上来。目前能够被地热电站利用的载热体,主要是地下的水蒸气和热水。按照载热体状态、温度、压力和其他特性的不同,把地热发电的方式划分为蒸汽型地热发电和热水型地热发电两类。

（1）蒸汽型地热发电

蒸汽型地热发电是把地热田中的蒸汽直接引入汽轮发电机组发电。但在引入发电机组前,应把蒸汽中所含的岩屑和水滴分离出去。这种发电方式最简单,但蒸汽地热资源十分有限,且多存于较深的地层,开采难度大,故受到限制。蒸汽型发电系统中采用的汽轮机主要有背压式和凝汽式两种汽轮机。

（2）热水型地热发电

热水型地热发电是地热发电的主要方式。目前热水型地热电站有两种地热发电系统:

① 闪蒸地热发电系统。地热扩容闪蒸发电系统如图 4.1 所示。当高压热水从地热水井中抽到地面,压力降低,部分热水闪蒸成蒸汽,蒸汽送至汽轮发电机组发电;而分离后的热水再回注入地层。

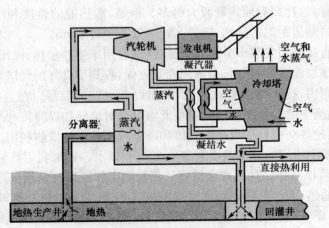

图 4.1　地热扩容蒸汽电站发电系统示意图

② 双工质地热发电系统。地热双工质发电系统的流程如图 4.2 所示。地热水首先流进热交换器,将地热能传给另一种低沸点的工质,使之沸腾而产生蒸汽。蒸汽进入汽轮机做功后

进入凝汽器冷却,然后再通过热交换器加热成蒸汽而完成下一个热力循环。地热水则从热交换器回注入地层。这种系统特别适合于含盐量大、腐蚀性强和不凝结气体含量高的地热发电系统。发展双工质发电系统的关键技术是开发高效的热交换器和选择合适的低沸点工质。

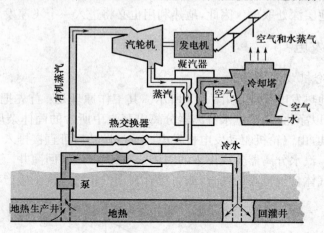

图 4.2　地热双工质电站发电系统示意图

2）地热供暖

热能直接用于采暖、供热和供热水,是仅次于地热发电的地热利用方式。因为这种地热利用方式简单、经济性好,因此备受各国重视。特别是位于高寒地区的西方国家,其中冰岛开发利用得最好。冰岛早在 1928 年就在首都雷克雅未克建成了世界上第一个地热供热系统,如今这一供热系统已发展得非常完善,每小时可从地下抽取 7 740 t、80℃的热水,供全市 11 万居民使用。冰岛首都雷克雅未克因地热的广泛利用被誉为世界上最清洁的城市。此外,利用地热给工厂供热,如用作干燥谷物和食品的热源,用作建材、造纸、制革、纺织、酿酒、制糖等生产过程的热源也十分广泛。目前世界上最大的两家地热应用工厂是冰岛的硅藻土厂和新西兰的纸浆加工厂。我国利用地热供暖和供热水的发展也非常迅速,在京津地区已成为地热利用中最普遍的方式。

3）地热务农

地热在农业中的应用范围十分广阔。如利用温度适宜的地热水灌溉农田,可使农作物早熟增产;可利用地热水养鱼,在 28℃水温下可加速鱼的育肥,提高鱼的出产率;可利用地热建造温室,育秧、种菜和养花;也可以利用地热给沼气池加温,提高沼气的产量等。将地热能直接用于农业在我国日益广泛,北京、天津、西藏和云南等地都建有面积大小不等的地热温室。各地还利用地热大力发展养殖业,如培养菌种,养殖非洲鲫鱼、鳗鱼、罗非鱼、罗氏沼虾等。

4）地热行医

地热在医疗领域的应用有诱人的前景,目前地热矿泉水就被视为一种宝贵的资源,世界各国都很珍惜。由于地热水从很深的地下提取到地面,除温度较高外,常含有一些特殊的化学元素,从而使它具有一定的医疗效果。如含碳酸的矿泉水可供饮用,可调节胃酸、平衡人体酸碱度;含铁矿泉水饮用后,可治疗缺铁贫血症;含氢泉水、含硫氢泉水洗浴可治疗神经衰弱、关节炎、皮肤病等。由于温泉的医疗作用及伴随温泉出现的特殊的地质、地貌状况,使温泉常常成为旅游胜地,吸引大批疗养者和旅游者。日本有 1 500 多个温泉疗养院,每年吸引 1 亿人次到这些疗养院休养。我国利用地热治疗疾病历史悠久,含有各种矿物元素的温泉众多,因此充分发挥地热的行医作用,发展温泉疗养行业是大有前途的。

　　未来随着与地热利用相关的高新技术的发展,人们能更精确地查明更多的地热资源;钻更深的钻井将地热从地层深处取出。因此,地热利用也必将进入一个飞速发展的阶段。

4.5.3　地热能发电

1) 背压式汽轮机发电系统

　　背压式汽轮机地热发电系统,如图4.3所示。其工作原理是:首先把饱和或过热蒸汽从蒸汽井中引出,再加以净化,经过汽水分离器分离出蒸汽中所含的固体杂质,然后就可把纯净蒸汽送入汽轮机做功,由汽轮机驱动发电机发电。蒸汽做功后可直接排入大气,也可用于工业生产中的加热过程。汽水分离器分离出来的固体杂质和水,送入回灌井。这种系统,大多用于地热蒸汽中不凝结气体含量很高的场合,或者综合利用汽轮机排汽于生产和生活场合。

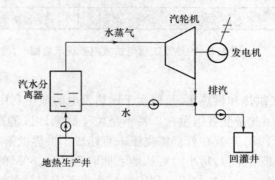

图4.3　背压式地热发电系统示意图

2) 闪蒸地热发电系统

　　此种发电系统的示意图如图4.1所示,不论地热资源是湿蒸汽还是热水,都是直接利用地下湿蒸汽或热水所产生的蒸汽来推动汽轮机做功的。在101.325 kPa下,水在100℃沸腾。如果气压降低,水的沸点也相应的降低。50.663 kPa时,水的沸点降到81℃;20.265 kPa时,水的沸点为60℃;而在3.04 kPa时,水在24℃就沸腾。根据水的沸点和压力之间的这种关系,就可以把100℃以下的地下热水送入一个密闭的容器中抽气降压,使地下热水因气压降低而沸腾,变成低压蒸汽。由于热水降压蒸发的速度很快,是一种快速闪蒸发过程,同时热水蒸发产生蒸汽时它的体积要迅速扩大,所以这个容器就叫做闪蒸器(或扩容器)。用这种方法来产生蒸汽的发电系统,叫做闪蒸法地热发电系统,或者叫做扩容法地热发电系统。它又可以分为单级闪蒸法发电系统、两级闪蒸法发电系统。

　　两级闪蒸法发电系统,可比单级闪蒸法发电系统增加发电能力15%~20%。采用闪蒸法的地热电站,基本上是沿用火力发电厂的技术,即将地下热水送入减压设备扩容器中,产生低压水蒸气,再进入汽轮机做功。在热水温度低于100℃时,全热力系统处于负压状态。这种电站设备简单,易于制造,可以采用混合式热交换器;缺点是设备尺寸大,容易腐蚀结垢,热效率较低。由于直接以地下水蒸气为工质,因而对于地下热水的温度、矿化度以及不凝气体含量等有较高的要求。

3）凝汽式汽轮机发电系统

为提高地热电站的机组出力和发电效率，通常采用凝汽式汽轮机发电系统，如图 4.4 所示。在该系统中，由于蒸汽在汽轮机中能膨胀到很低的压力，如汽轮机的排汽压力常低于 0.005 MPa，因而能做更多的功。做功后的蒸汽排入凝汽器，并在其中被循环冷却水冷却后，凝结成水。在凝汽器中，为保持很低的冷凝压力，即真空状态，因此设有两台射汽抽气器来抽气，把由地热蒸汽带来的各种不凝结气体和外界漏入系统中的空气从凝汽器中抽走。

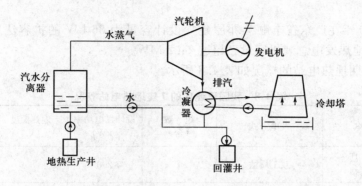

图 4.4　凝汽式地热发电系统示意图

4）双工质地热发电

双工质地热发电是 20 世纪 60 年代以来，在国际上兴起的一种地热发电技术。这种发电方式不是直接利用地下热水所产生的蒸汽进入汽轮机做功，而是通过热交换器利用地下热水来加热某种低沸点的工质，使之变为蒸汽，然后以此蒸汽去推动汽轮机并带动发电机发电，如图 4.2 所示。因此，在这种发电系统中，采用两种流体：一种是采用地热流体作热源；另一种是采用低沸点流体作为工质来完成热能转变为机械能。

常用的低沸点工质有氯乙烷、正丁烷、异丁烷、氟利昂-11、氟利昂-12 等。在常压下，水的沸点为 100℃，而低沸点的工质在常压下的沸点要比水的沸点低得多。例如，氯乙烷在常压下的沸点为 12.4℃，正丁烷为 −0.5℃，异丁烷为 −11.7℃，氟利昂- 11 为 24℃，氟利昂- 12为 − 29.8℃。这些低沸点工质的沸点与压力之间存在着一一对应的关系。例如，异丁烷在 425.565 kPa 时沸点为 32℃，在 911.925 kPa 时为 60.9℃；氯乙烷在 101.25 kPa 时为 12.4℃，162.12 kPa 时为 25℃，354.638 kPa 时为 50℃，445.83 kPa 时为 60℃。根据低沸点工质的这种特点，就可以用 100℃以下的地下热水加热低沸点工质，使它产生具有较高压力的蒸汽来推动汽轮机做功。这些蒸汽在冷凝器中凝结后，用泵把低沸点工质重新送回热交换器加热，以循环使用。这种发电系统的优点是：利用低温度热能的热效率较高，设备紧凑，汽轮机的尺寸小，易于适应化学成分比较复杂的地下热水。缺点是：不像闪蒸法那样可以方便地使用混合式蒸发器和冷凝器；大部分低沸点工质传热性都比水差，采用此方式需要较大的换热面积；低沸点工质价格较高，有些低沸点工质还有易燃、易爆、有毒、不稳定、对金属有腐蚀等特性。此种系统又可分为单级双工质地热发电系统、两级双工质地热发电系统和闪蒸与双工质两级串联的发电系统等。

单级双工质发电系统发电后的排水还有很高的温度，可达 50～60℃。两级双工质地热发电系统,是利用第一级发电系统排水中的热量再次发电的系统。采用两级发电方案,各级蒸发器中的蒸发压力要综合考虑,选择最佳数值。如果这些数值选择合理,那么在地下热水的水量和温度一定的情况下,双级比单级一般可提高发电量20%左右。双级系统的优点是能更充分地利用地下热水的热量,降低电的热水消耗率;缺点是增加了设备的投资和运行的复杂性。

4.5.4　我国地热电站介绍

1) 概况

我国自1970年在广东省丰顺县邓屋建立设计容量为86 kW的扩容法地热发电系统以来,2011年我国地热发电总装机容量已超过24.2 MW。

我国7座早期地热电站的概况如表4.8所示。

表 4.8　我国已建成的 7 座地热电站概况

电站地址及名称	发电方式	组 数 (台)	设计发电功率 (kW)	地热温度 (℃)	建成时间
河北怀来县 怀来地热试验电站	双工质法	1	200	85	1971 年
广东丰顺县 邓屋地热电站	双工质法	1	200	91	1977 年
	扩容法	1	86	91	1976 年
	扩容法	1	300	61	1982 年
江西宜春市 温汤地热电站	双工质法	1	50	66	1972 年
	双工质法	1	50	66	1974 年
辽宁盖县 熊岳地热电站	双工质法	1	100	75～84	1977 年
	双工质法	1	100	75～84	1982 年
湖南宁乡市 灰汤地热电站	扩容法	1	300	92	1975 年
山东招远县 招远地热电站	扩容法	1	200	90～92	1981 年
西藏拉萨 羊八井地热电站	扩容法	1	1 000	140～160	1977 年
	扩容法	1	3 000	140～160	1981 年
	扩容法	1	3 000	140～160	1982 年
	扩容法	1	3 000	140～160	1985 年

目前国外发展地热发电所选用的地热流体温度均较高,一般在150℃以上,最高可达280℃。而我国地热资源的特点之一,却是除西藏、云南、台湾外,多为100℃以下的中低温地下热水。我国相继建立的七座地热电站,运行中取得了许多宝贵的数据,为我国发展地热发电提供了技术经济论证的依据。在这七座电站中,有六座是利用100℃以下的地下热水发电站。实际证明,利用100℃以下的地下热水发电,效率低,经济性较差,不宜大规模发展。但已建的这些电站,对满足当地工农业生产和人民生活对于能源的需要起了良好的作用。

（1）怀来地热电站

自 1978 年 11 月至 1979 年 4 月，除发电外，实行综合利用，共计向温室提供 75℃ 和 52℃ 的地下热水约 1.125×10^5 t，利用温度按 30℃ 计，约为 1.413×10^7 kJ 热能，相当于当地供暖锅炉用煤 1.126×10^3 t 发出的热量。

（2）温汤地热电站

发电后排出的热水，为两座农业温室供暖，为 100 多个床位的疗养院供热，供乡卫生院作理疗，给 24 亩室外热带鱼池和 9 个室内高密度温水放养鱼池供水，还为多个浴池提供热水。所在乡的大部分单位都安上了热水管，为居民提供热水。由于水质好，排出的水还可灌溉农田。温度只有 67℃，井深仅为 70 m 的一口生产井和一口勘探井，流量为 70～90 t/h，进行逐级利用、分段取热，地热资源的节能效果和经济效益很可观。

（3）熊岳地热电站

除发电以外，还通过综合利用系统对发电后排出的热水进行综合利用，收到了显著效益。冬季发电后，排出的 60℃ 左右的热水首先用其一部分采暖，而后用于养鱼。地热采暖面积 3 600 m²，温室 5 亩，总计采暖面积约 7 000 m²。养鱼面积 4 亩，养殖非洲鲫鱼。夏季，热水首先用于养鱼和鱼苗繁育，而后用于农田灌溉。在养鱼的同时，还利用热排水在冬季保存细绿萍以及常年繁殖细绿萍。

（4）邓屋地热电站

邓屋地热电站是于 1970 年建成的我国第一座地热电站，第一台发电机组的装机容量为 86 kW。它的建成，证明用 90℃ 左右的地下热水作为发电的热源是可能的。而后，随着技术的提高和采用大口径钻机打出了流量大的热水井，又相继安装了 200 kW 和 300 kW 两台发电机组。第一台机组完成试验任务后已停止运行；第二台机组则由于质量不过关而在运行 1 000 h 取得必要数据后也已停止运行；第三台机组运转情况良好，出力正常，运行五个半月的净输出电力为 6.95×10^5 kW·h，每年可净输出电力达 1×10^6 kW·h 左右。

（5）灰汤地热电站

灰汤地热电站于 1972 年 5 月开始筹建，1975 年 9 月底建成。采用闪蒸法发电系统，设计功率 300 kW。由一口 560 m 深的地热井供热水，水温 91℃。1975 年 10 月中旬开始投入运行试验，经过部分改进和完善后，于 1979 年初达到稳定安全满负荷运行的要求，最高达 330 kW，每天运行两班计 16 h，并网向附近地区供电。1979 年全年运行 4 744 h，发电 1.16×10^6 kW·h。到 1982 年 6 月底止，机组累计运行 12 397 h，发电 2.92×10^6 kW·h，除自用外，输送给电网 1.72×10^6 kW·h。从经济效益看，该电站也是好的。按照火电厂发电成本的计算方法，使机组在额定功率下每日三班连续发电，每年运行 6 000 h，则全年可输给电网 1.29×10^6 kW·h 电能，核算其成本为 0.036 元/(kW·h)。电站按 0.055 元/(kW·h)收费，这样，仅电费一项收入，扣除折旧、检修、管理、工资等运行开支，还略有节余。如果加上排水供热进行综合利用的收入，其经济效益是很明显的。该电站排出的水，温度为 68℃，日排出量为 100 t 左右。排出的水一部分送往 0.5 亩农业温室，使良种培育换代大大加快，每年大约节省煤炭 1 400 t；另一部分送往规模较大的某个疗养院使用，同时还向澡堂、卫生院、商店及附近居民供应热水。从投资情况来看，该电站不包括钻井费和试验研究费在内，全部投资为 1 460 元/kW。

（6）西藏羊八井地热电站

羊八井位于西藏拉萨市西北 91.8 km 的当雄县境内。地热田地势平坦，海拔 4 300 m，南北两侧的山峰均在海拔 5 500～6 000 m,山峰存有现代冰川,藏布曲河流经地热田,河水年平均温度为 5℃,当地年平均气温 2.5℃,大气压力年平均为 0.06 MPa。附近一带经济以牧业为主,兼有少量农业。青藏、中尼两条公路干线分别从热田的东部和北部通过,交通很方便。

经勘探证实,浅层地下 400～500 m 深,地下热水的最高温度为 172℃。平均井口热水温度超过 145℃。1977 年 10 月羊八井地热田建起了第一台 1 000 kW 的地热发电试验机组。经过几年的运行试验,不断改进,又于 1981 年和 1982 年建起了两台 3 000 kW 的发电机组,1985年 7 月再投入第四台 3 000 kW 的机组,电站总装机容量已达 10 MW。

羊八井地热发电是采用二级闪蒸发电系统。热水进口温度为 145℃。羊八井地热田在我国算是高温型,但在世界地热发电中,其压力和温度都相对较低,而且热水中含有大量的碳酸钙和其他矿物质,结垢和防腐问题比较严重。地热发电设备的腐蚀与结垢的规律如表 4.9所示。

表 4.9　地热发电设备的腐蚀与结垢

项　目	干蒸汽	一次闪蒸	二次闪蒸	双工质
汽轮机	腐蚀,结垢	腐蚀,结垢	腐蚀,结垢	
井口阀门	结垢,腐蚀	结垢,腐蚀	结垢,腐蚀	结垢,腐蚀
汽水分离器	结垢,腐蚀	结垢,腐蚀	结垢,腐蚀	—
闪蒸器	—	结垢,腐蚀	结垢,腐蚀	—
凝汽器	腐蚀	腐蚀	腐蚀	
抽气器	腐蚀	腐蚀	腐蚀	
冷却塔	腐蚀	腐蚀	腐蚀	—
循环泵	结垢,腐蚀	结垢,腐蚀	结垢,腐蚀	
换热器	—	—	—	结垢,腐蚀

因此实现经济发电具有一定的技术难度。通过试验,解决了以下几个主要问题:

① 单相汽、水分别输送,用两条母管把各地热井汇集的热水和蒸汽输送到电站,充分利用了热田蒸汽,比单用热水发电提高发电能力 1/3。

② 汽、水二相输送,用一条管道输送汽、水混合物,不在井口设置扩容器。减少压降,节约能量。

③ 克服结垢,采用机械通井与井内注入阻垢剂相结合的办法。利用空心通井器,可以通井不停机。选用合适的阻垢剂,阻垢效率达 90%,费用比进口阻垢剂大为降低。

④ 进行了热排水回灌试验。羊八井的地热水中含有硫、汞、砷、氟等多种有害元素,地热发电后大量的热排水直接排入藏布曲河是不允许的。经过 238 h 的回灌试验,热排水向地下回灌能力达每小时 100～124 t。

该电站自发电以来,供应了拉萨地区用电量的 50% 左右,对缓和拉萨地区供电紧张的状况起了很大的作用,尤其是二、三季度水量丰富时靠水力发电,一、四季度靠地热发电,能源互补效果良好。以拉萨现有水电与地热电站对比,1990 年地热电价为 0.12 元/(kW·h)。由于高寒气候,水电年运行不超过 3 000 h。因此,地热电在藏南地区具有较强的竞争能力。

目前,羊八井地热电站装机容量 24.18 MW,亚洲排名第 4 位,世界排名第 18 位。

4.6　地热能利用的制约因素

4.6.1　环境影响

在地热能开发的早期,蒸汽直接排放到大气中,热水直接排入江河,因此产生了一些环境污染问题。蒸汽中经常含有硫化氢,也含有二氧化碳,热水会被溶解的矿物质饱和。现在的固体、液体和气体三废处理系统和回灌技术已有效地减少了地热利用过程中对环境的影响。图 4.5 描述了不同燃料的相对二氧化碳排放量。

利用地热能还有利于环境保护,因为地热电站的占地面积少于其他能源的电站。表 4.10 是不同能源每年每发出 $1 \times 10^6 \, kW \cdot h$ 电所占用的土地面积(m^2)对比:

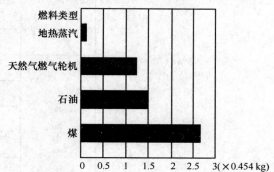

图 4.5　每千瓦·时所排放的二氧化碳质量

表 4.10　不同能源占用土地面积

技　　术	占地面积(m^2)
煤炭(包括采煤)	3 642
太阳热能	3 561
光　电　能	3 237
风能(包括风力发电机和道路)	1 335
地　热　能	404

4.6.2　地热能的成本结构

典型的地热能利用项目一般包括如下四个主要成本:
(1)资源分析-发现和确定某一地热能资源。
(2)热流体生产-生产地热流体并维持它的产量。
(3)能量转换-将地热流体中的热量转换成其他形式的能量。
(4)其他-任何其他的资源应用成本因素。
表 4.11 所示的成本组成,它可应用于任何地热资源形式、任何转换系统或任何最终的应用方式(发电或直接使用)。

表 4.11　地热能成本构成

地热能计划	资源分析	勘探(包括勘探钻井)
		资源确定
		储层评价
		井田设计
		储层监测
		开发井测试
	热流生产	钻井和完成生产井
		地热资源汲取
		回注
		生产井的维护
		卤水处理
		热流体输送
	能量转换	热交换和热力循环
		汽轮发电机组
		热水回注
		热流体控制和排放
		非热能产品
		发电设备维护
	其他	场地或设备租赁
		流体传输
		生产环境和设备安全性
		系统优化
		财务

4.6.3　常见制约因素

在目前的市场情况下,只要存在可靠的地热源,地热能发电或热利用就有商业竞争力。这也正是地热资源的开发利用得到快速发展的原因之一。

地热发电市场的发展水平和发展速度在很大程度上取决于以下四个因素:

(1) 与地热资源相竞争的燃料的价格,特别是石油和天然气的价格

燃料价格会对地热能资源的商业应用产生相当大的影响,其影响波及许多方面,从用户对电力的购买率到私人投资的积极性以及政府对地热开发利用的支持力度。

（2）对环境代价的考虑

与常规能源技术有关的许多环境代价都未计算在发电成本之内，也就是说它们并没有完全计入常规能源技术的电力市场价格中。可再生能源技术在空气污染影响、有害废物产生、水的利用和污染、二氧化碳的排放等方面，具有常规发电技术不可比拟的明显优点。地热田所在地域通常比较偏远，它们中有的自然风光秀丽，也有的位于沙漠中。但无论哪种情况，几乎都有人反对在地热田建设新的地热发电站。

（3）技术发展的影响

随着新技术的推广应用，将降低常规能源的成本，而且也可能降低地热开发和应用的积极性，从而降低地热开发应用的商业竞争力，制约地热能的快速发展。

（4）行政支持力度

地热能的优点之一是建设周期短，投产快（因为像双工质循环系统这样的发电装置可以实现模块化装配和预制）。加大行政支持力度，有助于地热的开发和利用。

4.7 我国地热能发展现状和发展趋势

4.7.1 地热能利用现状

全球范围内，地热发电量所占的比例都很小。2010 年全球 24 个主要地热发电和热能直接利用国家的装机容量和产能如表 4.12 所示。

表 4.12　24 个国家地热发电和热能利用状况

国 别	地热发电		地热直接利用	
	装机容量(MW)	产能(GW·h)	设备能力(MW)	产能((GW·h)/年)
美 国	3 093	16 603	12 611.46	15 711.1
菲律宾	1 904	10 311	3.3	11.0
印度尼西亚	1 197	9 600	2.3	11.8
墨西哥	958	7 047	155.82	1 117.5
意大利	843	5 520	867	2 761.6
新西兰	628	4 055	393.22	5 653.5
冰岛	575	4 597	1 826	6 767.5
日本	536	3 064	2 099.53	7 138.9
萨尔瓦多	204	1 422	2	11.1
肯尼亚	167	1 420	16	35.2
哥斯达黎加	166	1 131	1	5.8
尼加拉瓜	88	310		
俄罗斯	82	441	308.2	1 706.7
土耳其	82	490	2 084	10 246.9
巴布亚新几内亚	56	450	0.1	1

国　别	地热发电		地热直接利用	
	装机容量(MW)	产能(GW·h)	设备能力(MW)	产能((GW·h)/年)
危地马拉	52	289	2.31	15.7
葡萄牙	29	175	28.1	107.3
中国	24	150	8 898	20 931.8
法国	16	95	1 345	3 591.7
埃塞俄比亚	7.3	10	2.2	11.6
德国	6.6	50	2 485.4	3 546
奥地利	1.4	3.8	662.85	1 035.6
澳大利亚	1.1	0.5	33.33	65.3
泰国	0.3	2.0	2.54	22.0
24 国合计	10 715	67 246	31 954.06	77 506.6
全世界合计	10 715	67 246	50 583(63 国)	121 696

1) 技术现状

我国已建立了一套比较完整的地热勘探技术方法和评价方法；地热开发利用工程勘探、设计、施工都有专业的资质实体来完成；国产化设备基本配套，已有专业制造厂家；国产化监测仪器基本完备。

2) 产业化现状

概括全国地热开发利用规模和技术现状是：

(1) 地热发电产业已有较好的基础。国内可以独立建造 30 MW 以上规模的地热电站，单机可以达到 10 MW。地热电站可以进行商业运行。

(2) 地热供热产业。全国已实现地热供热 $8 \times 10^6 \, m^2$，在天津地区单个地热供暖小区面积已达$(8 \sim 10) \times 10^5 \, m^2$。

(3) 地热钻井产业。目前已具备施工 5 000 m 深度地热钻探工程的技术水平，具备了大规模开发地热的能力。

(4) 地热监测体系、生产与回灌体系正逐步完善和建立，降低地热开采和利用对环境的影响。

(5) 地热法规和标准尚需完善，特别是地下、地面工程设施的施工，需尽快完善和建立技术规程和技术标准。培育专业化施工(从地下到地上) 企业，建立企业标准和行业标准。

3) 市场需求现状

市场预测情况是到 2015 年的地热发电装机容量为 50 MW 以上，累积装机容量 100 MW 以上；地热采暖累积超过 $3 \times 10^7 \, m^2$。

4.7.2　地热能发展预测

我国地热资源的开发和利用，相对于其他可再生能源如太阳能、风能和生物质能而言，发展速度较慢，到 2011 年底，我国的地热发电站装机容量不超过 30 MW，地热供暖面积超过 $2.4 \times 10^7 \, m^2$。

地热开发和利用存在的主要障碍表现为:

(1) 地热管理体制和开发利用工程、项目适合市场经济的运行机制还不够完善,影响地热产业快速健康发展。

(2) 地热资源的勘探、开发是具有高投入、高风险和知识密集的新兴产业,分担风险的机制和社会保障制度尚未建立起来,影响投资者、开发者的信心,影响了地热产业的发展。

(3) 系统的技术规程、规范和技术标准尚不健全和完善。

因此,要使我国地热能的开发和利用实现可持续发展,国家在政策和经济支持力度上,都要投入更多的人力和财力。

思 考 题

4.1 简述地热能的来源和特点。

4.2 简述地热能的资源状况和地热能的分类。如何对地热资源进行评价?

4.3 简述不同地热能资源的利用方法。

4.4 简述常见的地热能发电方式和各自的特点。

4.5 影响地热能利用的因素有哪些? 简述地热能利用的现状和发展趋势。

5 海洋能

5.1 海洋

海洋占地球表面积的 70.8%，面积为 361.057×10⁶ km²。平均水深约 3 800 m，拥有海水 1.370 32×10⁹ km³。从地球上海陆分布状况来看，北半球陆地占 39.3%，海洋占 60.7%；而南半球陆地仅占 19.1%，海洋占 80.9%。显示出南北两半球海洋面积是非对称的。世界海洋上最深处是太平洋的马里亚纳海沟，其深度达 11 034 m。典型海域的基本数据见表 5.1。

表 5.1 典型海域的海深、面积、体积

地 区	面 积 (×10⁶ km²)	体 积 (×10⁶ km³)	平均水深 (m)
日本海	1.008	1.361	1 350
白令海	2.268	3.259	1 470
鄂霍次克海	1.528	1.279	838
东海	1.249	0.235	188
太平洋(包括缘海)	179.679	723.699	4 028
大西洋(包括缘海)	106.463	354.679	3 332
印度洋(包括缘海)	74.917	291.945	3 897

海水的储量非常巨大，海水占地球表层存水量的 97.4%，而淡水仅占地球表面存水量的 2.6%。

海水中含有以氯化钠(NaCl)为主的多种盐类，1 L 海水中溶有盐类 30～35 g，海水盐类浓度的平均值为 3.0%～3.5%，这是它与淡水的根本区别。在水温相同的条件下，不同海区或不同深度的部位，盐类浓度也不一样。例如，地中海东部、红海、苏伊士湾、波斯湾等处盐类的浓度为 3.8%～4.0%，死海的盐类浓度高达 23%～25%。

溶有各种盐类的海水由于离子化作用，使海水成为无机电解液，具有导电性能。海水的导电性能也随水温及盐的浓度而变化。利用海水电解液特性，可以制作浓差电池，这已引起人们的广泛重视。把电极分别插入由离子交换膜分隔开的海水和淡水内，就能在电极之间产生与浓差相应的电位差。

5.2 海洋能

海洋能是海洋所具有的能量，即是衡量海水各种运动形态的大小尺度。它既不同于海底下储存的煤、石油、天然气、热液矿床等海底能源资源，也不同于溶存于海水中的铀、锂、重水、氘、氚等化学能源资源,它主要是以波浪、海流、潮汐、温度差、盐度差等方式存在,以动能、位能、热能、物理化学能的形态。海洋能是波浪能、潮汐能、海水温差能、海(潮)流能和盐度差能的统称。

各类海洋能的特点如表 5.2 所示。

表 5.2　各类海洋能的特性

种　类	成　因	富集区域	能量大小	时间变化
潮汐能	由于作用在地球表面海水上的月球和太阳的引潮力产生	45～55°N 大陆沿岸	与潮差的平方以及港湾面积成正比	潮差和流速、流向以半日、半月为主周期变化,规律性很强
潮流能			与流速的平方以及流量成正比	
波浪能	由于海面上风的作用产生	北半球两大洋东侧	与波高的平方以及波动水面面积成正比	随机性的周期性变化,周期范围 10^0～10^1 s
海流能	由于海水温度、盐度分布不均引起的密度、压力梯度或海面上风的作用产生	北半球两大洋西侧	与流速的平方以及流量成正比	比较稳定
温差能	由于海洋表层和深层吸收的太阳辐射热量不同和大洋环流经向热量输送而产生	低纬度大洋	与具有足够温差海区的暖水量以及温差成正比	相当稳定
盐差能	由于淡水向海水渗透形成的渗透压产生	大江河入海口附近	与渗透压和入海淡水量成正比	随入海水量的季节和年际变化而变化

5.2.1　海洋能的分类

1) 波浪能

波浪能是由风引起的海水沿水平方向周期性运动所产生的能量(机械能)。大浪对 1 km 长的海岸线所做的功,每年约为 100 MW。全球海洋的波浪能达 7×10^7 MW,可供开发利用的波浪能为 $(2\sim3)\times10^6$ MW,每年发电量可达 9×10^{13} kW·h。其中我国波浪能约有 7×10^4 MW。

2) 潮汐能

潮汐能是海水在月球和太阳等天体引力作用下,所进行的有规律的升降运动产生的能量(机械能)。全世界海洋的潮汐能约有 1×10^{10} MW。若全部用来发电,年发电量可达 1.2×10^{16} kW·h。我国潮汐能蕴藏量丰富,约 1.1×10^5 MW,若全部利用,年发电量近 9×10^{10} kW·h。

3) 海水温差能

海水温差能又称海洋热能。在热带和亚热带海区,由于太阳照射强烈,使海水表面大量吸热,温度升高,而在海面以下 40 m 以内,90% 的太阳能被吸收,所以 40 m 水深以下的海水温度基本不变。热带海区的表层水温高达 25～30℃,而深层海水的温度只有 5℃左右,表层海水和深层海水之间存在的温差,蕴藏着丰富的热能资源。世界海洋的温差能达 5×10^7 MW,而可能转换为电能的海洋温差能仅为 $2×10^6$ MW。我国南海地处热带、亚热带,可利用的海洋温差能有 $1.5×10^5$ MW。

4)海(潮)流能

海流遍布世界各大洋,世界上可利用的海流能约 $6×10^5$ MW。我国沿海的海(潮)流能丰富,蕴藏量约为 $3×10^4$ MW。

5)盐度差能

在江河入海口,含盐量高的海水与江河流的淡水之间存在着盐度差能。世界海洋可利用的盐度差能约为 $2.6×10^6$ MW。我国盐度差能的蕴藏量约为 $1.1×10^5$ MW。

5.2.2 海洋能的特点

蕴藏于海水中的海洋能不仅十分巨大,而且具有其他能源不具备的特点:

(1)可再生性。海洋能来源于太阳辐射能与天体间的万有引力,只要太阳、月球等天体与地球共存,海水的潮汐、海(潮)流和波浪等运动就周而复始;海水受太阳照射总要产生温差能;江河入海口处永远会形成盐度差能。

(2)能流分布不均、能流密度低。尽管在海洋总水体中,海洋能的蕴藏量丰富,但单位体积海水、单位面积海面、单位长度海面拥有的能量较小。

(3)能量不稳定。海水温差能、盐差能及海流能变化缓慢;潮汐能和海(潮)流能变化有一定的规律,而波浪能有明显的随机性。

(4)海洋能开发对环境无污染,属于洁净能源。

5.2.3 海洋能的开发

人类开发利用海洋能的历史与水能利用的历史差不多。在 11 世纪就有了潮汐磨坊,当时在欧洲一些国家兴建的潮汐磨坊功率可达几十千瓦,有的一直使用到 20 世纪初。后来随水力发电技术的发展,潮汐发电也同时问世。

海洋温差发电从 20 世纪 30 年代法国人开始试验,到 20 世纪 70 年代美国人在夏威夷建立海洋热能转换试验基地,至今仍未实现大规模商业化应用。

首先,因为海洋能可再生,可作为新能源进行开发,保证人类长期稳定的能源供应。其次,因为海洋能开发对环境无污染,能满足保护大气、防止气候和生态环境恶化以及社会发展对能源的要求。最后,海洋能开发作为未来的海洋产业,将给海洋经济的发展带来新的活力。如潮汐能发电,可与海水养殖业、滨海旅游业相结合;波浪能发电和海洋温差能发电,都可与海水淡化、深海采矿业相结合。目前海洋能开发尽管存在着投资大、经济性差等问题,但随着科学技术的发展,这些问题必将迎刃而解,海洋能发电将会实现规模化商业应用,将成为 21 世纪实用的新能源之一。

5.3 海洋能利用技术

5.3.1 波浪发电

水在风和重力的作用下发生起伏运动称为波浪。江、河、湖、海都有波浪现象。因为海洋的水面广阔,水量巨大,更容易产生波浪,故海洋中的波浪起伏最大。

波浪能是海洋能源的一个主要种类。它主要是由海面上风吹动以及大气压力变化而引起的海水有规则的周期性运动。根据波浪理论,波浪能量与波高的平方成比例。波浪功率不仅与波浪中的能量有关,而且与波浪达到某一给定位置的速度有关。按照 Kinsman 1965 年提出的公式,一个严格简单正弦波单位波峰宽度的波浪功率 P_w 为

$$P_w = \rho g^2 h^2 T/(32\pi) \tag{5.1}$$

式中:ρ 为海水密度(kg/m^3);g 为重力加速度($g=9.8\text{m/s}^2$);h 为波高(m);T 为周期(s);P_w 为功率(W)。

习惯上把海浪分为风浪、涌浪和近岸浪三种。风浪是在风直接作用下生成的海水波动现象,风越大,浪就越高,波浪的高度基本与风速成正比,风浪瞬息万变,波面粗糙,周期较短。涌浪是在风停以后或风速风向突然变化,在原来的海区内剩余的波浪,还有从深海区传来的海浪。涌浪的外形圆滑规则,排列整齐,周期比较长。风浪和涌浪传到海岸边的浅水地区变成近岸浪。在水深是波长的一半时,海浪的波谷展宽变平,波峰发生倒卷破碎。为了表示海浪的大小,按照海浪特征和波高把海浪分成 10 级,如表 5.3 所示。

表 5.3 海浪波级

波 级	波高范围 h(m)	波浪名称
0	0	无 浪
1	$0.1 > h$	微 浪
2	$0.5 > h \geq 0.1$	小 浪
3	$1.5 > h \geq 0.5$	轻 浪
4	$3.0 > h \geq 1.5$	中 浪
5	$5.0 > h \geq 3.0$	大 浪
6	$7.5 > h \geq 5.0$	巨 浪
7	$11.5 > h \geq 7.5$	狂 浪
8	$18 > h \geq 11.5$	狂 浪
9	$h \geq 18$	怒 浪

利用波浪能发电,对发电系统技术方面的主要要求是:一是能有效进行波浪能的转换;二是具有可靠性高、寿命长、造价和维护费用低廉的特点。

1) 波浪能转换的基本原理

波浪能转换利用主要有三个转换环节,即第一级转换、中间转换和最终转换,如图 5.1 所示。

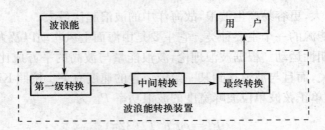

图 5.1　波能转换的基本形式示意图

（1）第一级转换

第一级转换是指将波能转换为某一实体具有的能量。因此，要有一对实体，一般由受能体和固定体组成。受能体与具有能量的海浪相接触，直接接受从海浪传来的能量，将海浪能转换为本身的机械运动；固定体是相对固定，它与受能体形成相对运动。

受能体有多种形式，如浮子式、鸭式、筏式、推板式、浪轮式等，它们均可作为第一级转换的受能体。图 5.2 是几种常见的受能体示意图。此外，还有蚌式、气袋式等受能体，是由柔性材料构成的。水体本身也可直接作为受能体，而设置库室或流道容纳这些受能水体，例如波浪越过堤坝进入水库，然后以位能形式蓄存能量。但是常见的波浪能利用，大多靠空腔内水柱振荡运动作为第一级转换。

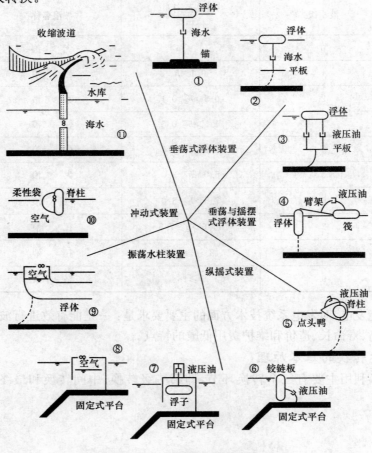

图 5.2　几种常见的受能体

按照第一级转换的原理不同,波能的利用形式可分为活动型、振荡水柱型、水流型、压力型四类。其中活动型最早是以鸭式为代表,因为其形状和运动特点像鸭子点头,故也称点头鸭式。这种装置在波浪的作用下绕轴线摇动,把波浪的动能和位能转换为迴转机械能,转换效率高达90%。但这种机构复杂,在完成模型试验后未能获得广泛实际应用。振荡水柱型采用空气做介质,利用吸气排气压缩空气,使发电机旋转做功,实际应用较广。水流型是利用波能的位差。压力型主要是利用波浪的压力使气袋压缩和膨胀,然后通过压力管道做功。常见的几种波能转换型式如表5.4所示。

表 5.4　几种常见的波能转换型式

类　型	一级转换	研制国家	原 理 及 特 征
活动型	鸭式	英国	浮体似鸭,液压传动,转换效率90%,用于发电
	筏式	英国	铰接三面筏,随波摆动,液压传动,用于发电
	蚌式	英国	软袋浮体,压缩空气驱动发电机发电
	浮子式	英国	浮筒起伏运动,带动油泵,用于发电
振荡水柱型	鲸鱼式	日本	浮体似鲸鱼,振荡水柱驱动空气发电机发电
	海明号	日本	波力发电船,12个气室,长80 m,宽12 m
	浮标灯	日本、英国、中国	浮标中心管水柱振荡,涡轮机发电
	岸坡式	挪威	多共振荡水柱,涡轮机发电
水流型	收缩水道	挪威	采用收缩水道将波浪引入水库,水轮机发电
	推板式	日本	波浪推动摇板,液压传动,用于发电
	环礁式	美国	波浪折射引入环礁中心,水轮机发电
压力型	柔性袋	美国	海床上固定气袋,压缩空气,涡轮机发电

从波浪发电的过程看,第一级提取波浪能的形式是先从漂浮式开始,要想获得更大的发电功率,用岸坡固定提取波浪能更为有利,并设法用收缩水道的办法提高提取波浪能的能力。所以大型波力发电站的第一级转换多为坚固的水工建筑物,如集波堤、集波岩洞等。

在第一级波浪能转换中,固定体和浮体都很重要。由于海面上波高浪涌,第一级转换的结构体必须非常坚固,要求能经受最强的浪击和耐久性。浮体的锚泊也十分重要。

固定体通常采用两种类型:固定在近岸海床或岸边;在海上的锚泊结构。前者也称固定式波浪能转换;后者则称为漂浮式波浪能转换。

为了适应不同的波浪特性,如波浪方向、频率、波长、波速、波高等,以便最大限度地利用波浪能,第一级转换装置的类型和外形结构都要充分考虑。其中最重要的是频率因素,无论是浮子式还是空腔式,若浮子、振荡水柱的设计频率能与海浪的频率共振,则能收到聚能的效果,使较小的装置能获得较大的能量。波能装置的波向性也非常敏感,有全向型和半向型之分。全向型较适用于波向不定的大洋之中。而半向型,较适用于离岸不远、波向较固定的海域。

（2）中间转换

中间转换是将第一级转换与最终转换相连接。由于波浪能的水头低，速度也不高，经过第一级转换后，往往还达不到最终转换的动力机械的要求。中间转换过程，将起到稳向、稳速和增速的作用。此外，第一级转换是在海洋中进行的，它与动力机械之间还有一段距离，中间转换能起到传输能量的作用。中间转换的种类有机械式、液动式、气动式等。早期多采用机械式，即利用齿轮、杠杆和离合器等机械部件。液动式（见图5.3）波浪能发电主要是采用鸭式、筏式、浮子式等，将波浪能均匀地转换为液压能，然后通过液压马达发电。这种液动式的波浪能发电装置，在能量转换、传输、控制及储能等方面比气动式使用方便，但是其机器部件较复杂，材料要求高，机体易被海水腐蚀。气动式（见图5.4）转换过程是通过空气泵，先将机械能转换为空气压力能，再经整流气阀和输气道传给涡轮机，即以空气为传输能量的工质，这样对机械部件的腐蚀较用海水作工质大为减少。目前多为气动式，因为空气泵是借用水体作活塞，只需构筑空腔，结构简单。同时，空气密度小，限流速度高，可使涡轮机转速高，机组的尺寸也较小，输出功率可调节。在空气的压缩过程中，实际上是起到阻尼的作用，使波浪的冲击力减弱，可以稳定机组的波动。近年来采用无阀式涡轮机，如对称翼形转子、S形转子和双盘式转子等，在结构上得到了进一步优化。

图5.3　液动式波浪能发电示意图

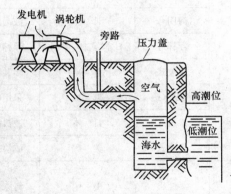

图5.4　气动式波浪能发电示意图

（3）最终转换

为适应用户的需要，最终转换多把机械能转换为电能，即实现波浪能发电。这种转换实际上是用常规的发电技术。但是，作为波浪能用的发电机，首先要适应功率有较大幅度变化的工况。一般小功率的波浪能发电都采用整流后输入蓄电池的办法进行蓄存，较大功率的波力发电站一般并入陆地电网。

最终转换若不以发电为目的，也可直接产生机械能，如波力抽水或波力搅拌等。也有波力增压用于海水淡化的实例。

2）波浪能发电装置

（1）航标用波力发电装置

海上航标用量很大，其中包括浮标灯和岸标灯塔。波浪发电的航标灯具有市场竞争力。因为需要航标灯的地方，往往波浪也较大，一般航标工人也难到达，所以航运部门对设置波浪发电航标较感兴趣。目前波浪航标价格已低于太阳能电池航标，很有发展前景。

波浪发电浮标灯是利用灯标的浮桶作为第一级转换吸能装置,固定体就是中心管内的水柱。由于中心管伸入水下 4～5 m,水下波动较小,中心管内的水位相对海面近乎于静止。当灯标浮桶随浪漂浮时产生上下升降,中心管内的空气就受到挤压,气流则推动涡轮机旋转,并带动发电机发电。发出的电不断输入蓄电池,蓄电池与浮桶上部的航标灯接通,并用光电开关控制航标灯的关启,以实现完全自动化,航标工人只需适当巡回检查,使用非常简便。图 5.5 为波能发电浮标灯示意图。

目前,世界上生产波浪发电装置的国家还不多,其中以日本的产品规格多,已有系列化商品向世界各国输出和自用,如表 5.5 所示;表 5.6 列出了我国部分产品的主要参数。

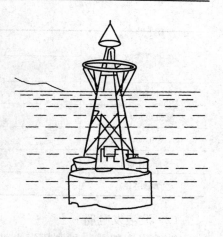

图 5.5 波能发电浮标灯示意图

表 5.5 日本波力发电装置主要参数

主要参数	型　号			
	TG-1	TG-2	TG-101	TG-103
吸能过程	吸气和排气时		排气时	
功率(W)	大于 30			大于 15
涡轮机	冲动式涡轮机,截面积 19cm²,30 个铝合金叶片			
发电机	三相交流永磁电机,12V,60W,5 000 r/min			
整流器	硅二极管,三相全波整流			
阀	玻璃钢 4 阀		氯丁橡胶单阀	
控制器	过充电保护 13.3V 断开,过电压保护 18V 断开			
整机重量(kg)	149	73	53	20
尺寸(mm)	710×350×1 112	535×535×725	ϕ 300×700	ϕ 310×800
蓄电池	低放电型,12V,500A·h			

表 5.6 国产波力发电装置主要参数

主要参数	型　号	
	BD101 型	BD102 型
吸能过程	吸气和排气时	
涡轮机	对称翼形涡轮机,10 个叶片	
发电机	三相交流永磁电机,12V,60W,4 000 r/min	
整流器	三相桥硅整流器	
阀	无阀	

续表 5.6

主要参数	型　　　号	
	BD101 型	BD102 型
控制器	过充电保护 15.6V 断开,过电压保护 18V 断开	
整机重量(kg)	26	16.5
尺寸(mm)	ϕ 342×574	ϕ 342×500
蓄电池	镉镍碱性蓄电池,12.5V,100A·h	
航标灯	20W,12V,日平均耗电量 3.85A·h	

（2）波浪发电船

波浪发电船是一种利用海上波浪发电的大型装置,实际上是漂浮在海上的发电厂,它可以用海底电缆将发出的电输送到陆地并网,也可以直接为海上加工厂提供电力。日本建造的海明号波浪发电船,船体长 80 m,宽 12 m,高 5.5 m,大致上相当于一艘 2 000 t 级的货轮。该发电船的底部设有 22 个空气室,作为吸能固定体的空腔。每个空气室占水面面积 25 m²,室内的水柱受船外海浪作用而升降,使室内空气受压缩或抽吸。每 2 个空气室安装 1 个阀箱和 1 台空气汽轮机和发电机。共装 8 台 125 kW 的发电机组,总计 1 000 kW,年发电量 $1.9×10^5$ kW·h。日本又在此基础上研究出冲浪式浮体波浪发电装置,如图 5.6 所示。这种浮体波力发电装置可以并列几个,形成一排波浪发电装置,以减轻强大波浪的冲击,因此也是一种消浪设施。

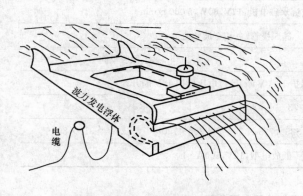

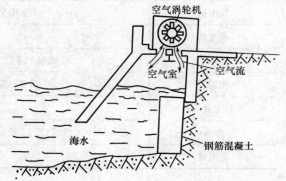

图 5.6　冲浪式浮体波浪发电装置　　　　　　图 5.7　岸式波浪发电站

（3）岸式波浪发电站

为避免采用海底电缆输电和减轻锚泊设施,一些国家正在研究岸式波力发电站。岸式波浪发电站,采用空腔振荡水柱气动方式,如图 5.7 所示。发电站的整个气室设置在天然岩基上,宽 8 m,纵深 7 m,高 5 m,用钢筋混凝土制成。空气涡轮机和发电机装在一个钢制箱内,置于气室的顶部。涡轮机为对称翼形转子,机组为卧式串联布置,发电机居中,左右各一台涡轮机,借以消除轴向推力。机组额定功率为 40 kW,在有效波高 0.8 m 时开始发电,有效波高为 4 m 时,出力可达 44 kW。为使发电机组发电功率稳定,采用飞轮进行蓄能。

英国建成一座大型波浪发电站,设计容量为 5 000 kW,年发电量 $1.646×10^7$ kW·h。我国已建成 1 座装机容量为 20 kW 的岸式波浪能发电站。

5.3.2　潮汐发电

潮汐是海水受太阳、月球和地球引力相互作用后所发生的周期性涨落现象。如图 5.8 所示。海水上涨的过程称为涨潮,涨到最高位置称高潮。在高潮时会出现既不上涨也不下落的平稳现象,称为平潮。平潮时间的长短各地不同,有的地方为几分钟,有的地方可达几个小时,通常取平潮中间时刻为高潮时,平潮时的高度称为高潮高。海水下落的过程称为落潮,落到最低点位置时称低潮。在低潮时也出现像高潮时的情况,海水不上涨也不下落,称为停潮。取停潮的中间时刻为低潮时间,停潮的高度称为低潮高度。从低潮时到高潮时的时间间隔称为涨潮时,由高潮时到低潮时的时间间隔称为落潮时。相邻高潮与低潮的潮位高度差称潮差。从高潮到相邻的低潮的潮差称落潮差,由低潮到相邻的高潮的潮差称涨潮差。高潮和低潮的潮高和潮时是一个地点潮汐的主要标志,它们是随时间变化的,根据它们的变化规律,可以绘出当地的潮汐现象。

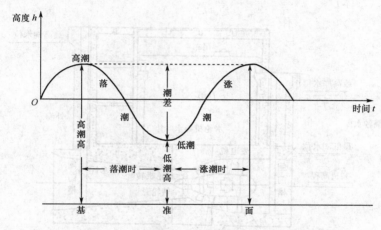

图 5.8　潮汐过程线

根据潮汐涨落周期和相邻潮差的不同,可以把潮汐现象分为以下三种类型:

(1) 正规半日潮

一个地点在 24 小时 50 分内(天文学上称一个太阴日),发生两次高潮和两次低潮,两次高潮和低潮的潮高近似相等,涨潮时和落潮时也近似相等,这种类型的潮汐称正规半日潮。

(2) 混合潮

一般可分为不正规半日潮和不正规日潮两种情况。不正规半日潮是在一个太阴日内也有两次高潮和两次低潮,但两次高潮和低潮的潮高均不相等,涨潮时和落潮时也不相等;不正规日潮是在半个月内,大多数天数为不正规半日潮,少数天数在一个太阴日内会出现一次高潮和一次低潮的日潮现象,但日潮的天数不超过七天。

(3) 全日潮

在半个月内,有连续 1/2 以上天数,在一个太阴日内出现一次高潮和一次低潮,而少数天数为半日潮,这种类型的潮汐,称为全日潮。

以半日潮为例,潮汐能的功率(P)可由式(5.2)计算:

$$P = 9.81VH / (12.4 \times 3\ 600) \quad (\text{kW}) \tag{5.2}$$

式中:H 为平均潮差(m);V 为高潮和低潮之间潮汐水库内的蓄水容积(m^3)。

如果潮汐水库内储水的面积为 $A(\text{km}^2)$,则潮汐的功率可表示为

$$P = 220H^2 A \quad (\text{kW}) \tag{5.3}$$

大海的潮汐能极为丰富,涨潮和落潮的水位差越大,所具有的能量就越大。可利用潮水涨落产生的水位差所具有的势能进行发电,这种发电技术称为潮汐发电。

潮汐能发电技术通常包括:接收能量的设施-潮汐水库,用以接收、储蓄潮汐能;传输能量的技术-灯泡贯流式水轮机组或全贯流式水轮机组;把能量转换成电能的技术-发电机。如图 5.9 所示。当海水上涨时,闸门外的海面升高,打开闸门,海水向库内流动,水库蓄水;当海水下降时,把先前的闸门关掉,把另外的闸门打开,海水从库内向外流动,推动水轮机带动发电机发电。

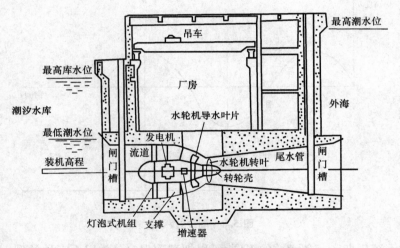

图 5.9　潮汐电站厂房及机组剖面示意图

1) 潮汐电站的分类

潮汐发电站的类型一般分为单库单向型、单库双向型、双库单向型三种类型。

(1) 单库单向型潮汐电站

这种潮汐电站一般只有一个水库,水轮机采用单向式。在水库大坝上分别建一个进水闸门和一个排水闸门,发电站的厂房建在排水闸门处。当涨潮时,打开进水闸门,关闭排水闸门,这样就可以在水库内蓄积容纳大量海水。当落潮时,打开排水闸门,关闭进水闸门,使水库内外形成一定的水位差,水从排水闸门流出时,冲动水轮机转动,由水轮机带动发电机发电。由于落潮时水库容量和水位差较大,因此通常选择在落潮时发电。如图 5.10、图 5.11 所示。在整个潮汐周期内,电站运行按以下四个工况进行:

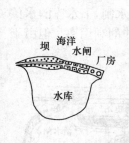

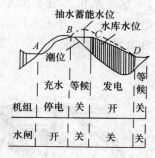

图 5.10　单库单向潮汐电站运行工况　　　　图 5.11　单库单向潮汐电站

充水工况：电站停止发电,开启水闸,潮水经水闸进入水库,至库内外水位齐平时为止。

等候工况：关闭水闸,保持水库水位不变,海洋侧则因落潮而水位下降,直至库内外水位差达到水轮机组的启动水头。

发电工况：开动水轮发电机组进行发电。水库的水位逐渐下降,直至库内外水位差小于机组发电所需的最小水头为止。

等候工况：机组停止运行。保持水库水位不变,海洋侧水位因涨潮而逐步上升,直至库内外水位齐平,转入下一个周期。

这类电站,只要求水轮发电机组满足单方向的水流发电,所以机组结构和水工建筑物较简单,投资较少。由于只能在落潮时发电,每天有两次潮汐涨落的时候,一般发电仅有10～20 h,所以潮汐能未被充分利用,电站效率低,只有 22%。

（2）单库双向型潮汐电站

这种潮汐电站采用一个单库和双向水轮机,涨潮和落潮都可进行发电,其特点是水轮机和发电机组的结构较复杂,能满足正、反双向运转的要求。一般每天可发电 16～20 h。单库双向型潮汐电站有等待-涨潮发电-充水-等待-落潮发电-泄水六个工况。如图5.12、图5.13 所示。

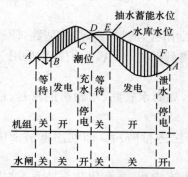

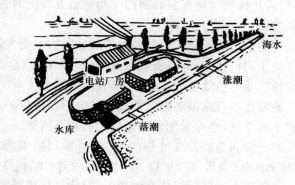

图 5.12　单库双向潮汐电站运行工况　　　　图 5.13　单库双向潮汐电站

（3）双库单向型潮汐电站

为了提高潮汐能的利用率,可建立双库单向型潮汐电站(见图5.14、图5.15)。电站需要建立两个相邻的水库,一个水库仅在涨潮时进水,称上水库或称高位水库;另一个只在退潮时放水,称下水库或称低位水库。潮汐电站建在两水库之间。涨潮时,打开上水库的进水闸,关闭下水库的排水闸,上水库的水位不断增高,超过下水库水位形成水位差,水从上水库通过电站流向下水库时,水流冲动水轮机带动发电机发电;落潮时,打开下水库的水闸,下水库的水位不断降低,与上水库仍保持水位差。水轮发电机可全日发电,提高了潮汐能的利用率。但由于需建造两个水库,初投资较大,有时经济上并不一定合算。

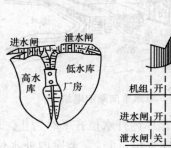

图 5.14　双库潮汐电站运行工况

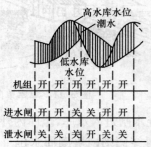

图 5.15　双库潮汐电站

（4）抽水蓄能潮汐电站

利用双向可逆式水轮机组,在潮汐电站平潮后的等候工况中,从电网获取一部分电能,将水轮机作水泵抽水用,以增加发电时的有效水头,即以蓄能方式增加电站发电的经济效益。因为平潮后抽水,水坝两侧的水位差很小,抽水时所耗电功率不大,但是增添的水头到机组发电时却能获得更大的发电量。

2）潮汐电站的特殊技术

（1）防腐防浊

潮汐电站在海洋环境中与一般内河水电站不同,由于海水盐浓度高,金属材料很容易被海水腐蚀,又有海生物附着在结构物上。为此,常采用防腐涂料和阴极保护措施,并选用耐腐蚀材料,有时还要采取人工清污。

实践证明,环氧沥青防腐涂料比较经济实用;以氧化亚铜为主的防污漆可避免海洋生物附着;用氯化橡胶涂覆在金属物构件和钢筋混凝土的表面,可使水轮机的灯泡体、流道和喇叭口减轻污损。

外加电流阴极保护是在被保护的金属物上安装若干辅助阳极,通过海水组成回路,使被保护体处于阴极状态,当阴极电位达到 $-0.8\ \mathrm{V}$ 时,金属物即得到保护。阴极保护特别适用于涂料容易脱落的活动部分,如闸门、闸槽等。

通常在不易涂覆防腐涂料或外加电流阴极保护的地方,如海水管路、水轮机的密封、钢闸门和闸槽等处,也可采用辅助阳极法的防腐措施。

对于涂料易磨损或冲刷的地方,可采用电解海水的办法进行防污。即利用电解液中的 Cl_2 和 NaClO 杀灭海洋生物,使其不能附着在结构件上。

当采用上述防污措施有困难时,只能进行机械清污或人工清污,并配以化学防污,这主要适用于钢筋混凝土闸门槽和某些结构件的死角处。

（2）防淤排淤

潮汐电站往往由于泥沙淤积在水库或尾水区而影响运行。目前防淤的方法主要有:加设防淤海堤或沉沙池。对于已经形成的淤积现象,排淤的办法是集中水头冲刷,设置冲沙闸或高低闸门。也有用机械耙沙的办法,在落潮时耙起库底的淤沙,使它随潮水排出水库。对于特别严重的淤积现象,则只有采用挖沙的办法清淤,同时采用防淤的补救措施。

（3）潮汐电站与综合利用

潮汐电站与其他形式的发电站的区别之一,就是综合利用条件较好。一些潮汐能丰富的国家,都在进行潮汐能发电的研发工作,使潮汐电站的开发技术趋于成熟,建设投资有所降低。现已建成的国内外具有现代化水平的潮汐电站,大都采用单库双向型。

我国已建成八座小型潮汐电站。目前江厦潮汐电站是我国最大的潮汐电站,装五台机组,总装机容量 3 200 kW,是单库双向型电站。该电站位于浙江省乐清湾,这里的最大潮差为 8.39 m,电站水库面积约 5 km²,坝长 670 m,坝高 15.5 m。水闸为五个孔,每孔净宽 3 m,共 15 m。采用计算机控制运行,保证了发电站的稳定运行,提高了经济效益。该电站年发电量超过 1×10^7 kW·h,加上围垦耕种和海水养殖等综合利用,年净收入可达 240 万元。

表 5.7 和表 5.8 是列举的国内外典型潮汐发电站的现状。

表 5.7 国外几座大型潮汐电站

相关参数	国 家 及 电 站 名 称				
	朗 斯（法国）	基 斯 洛（俄罗斯）	安纳波利斯（加拿大）	坎 伯 兰（加拿大）	塞 汶（英国）
装机容量（MW）	240	2	20	4 080	4 000
单机容量（MW）	10	0.4	20	40	25
机组台数	24	5	1	106	160
年发电量（kW·h）	5.6×10^8	7.20×10^6	5.0×10^7	1.17×10^{10}	1.7×10^{10}
机组型式	灯泡转桨	灯泡增速	全贯流	全贯流	未 定
运行方式	双 向	双 向	单 向	单 向	未 定
设计水头（m）	5.6	1.35	5.5	5.5	4.8
建成时间	1967 年	1968 年	1983 年	建设中	建设中

表 5.8 我国运行的几座潮汐电站

相关参数	地 点 及 站 名						
	沙 山（浙江温岭）	岳 浦（浙江象山）	海 山（浙江玉环）	刘 河（江苏太仓）	白沙口（山东乳山）	江 厦（浙江温岭）	幸福洋（福建平潭）
装机容量（kW）	40	300	150	150	960	3 200	1 280
单机容量（kW）	40	75	75	75	160	500～700	320
机组台数	1	4	2	2	6	5	4
机组型式	轴流式	贯流式	轴流式	贯流式	贯流式	灯泡式	贯流式
运行方式	单 向	单 向	单 向	单 向	单 向	双 向	单 向
设计水头（m）	2.5	3.5	3.4	1.25	1.2	2.5	3.2
投产时间	1961 年	1971 年	1975 年	1977 年	1978 年	1980 年	1990 年

5.3.3　海洋温差发电

海洋吸收并储存了大量的太阳能,海洋总是处于热量不平衡中,海水中存在温差。在地球赤道附近,表层的海水温度为 23~29℃,而在 900~1 000 m 深处的水温则为 4~6℃。

1)海洋热力发电原理

海洋热力发电是将海洋吸收的太阳能转换为机械能,再把机械能转换为电能。它借助于海底冷水与表层水的温差,构成一种动力循环。目前主要采用朗肯(Rankine cycle)循环。

(1)朗肯循环

朗肯循环是一个典型的热力循环,在海水热能转换中,是利用流体在饱和湿蒸汽区实现等温加热和等温放热的特点来实现朗肯循环。图 5.16 为海水温差的朗肯循环温熵图及循环原理示意图。循环由液体工质等熵压缩过程 1-2、液体定压吸热过程 2-3、等温吸热过程 3-4、等熵膨胀过程 4-5、等温放热过程 5-1 组成。这样的循环对于常见的海水温差,其热效率为 3% 左右,相应海水温差电站的净热效率为 2% 左右。根据朗肯循环所用的工质和工艺流程的不同,朗肯循环又分为闭式循环、开式循环和混合式循环三种。

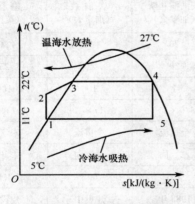

图 5.16　朗肯循环温熵图

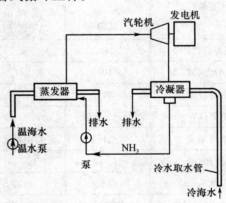

图 5.17　闭式循环系统示意图

① 闭式循环

闭式循环系统示意图如图 5.17 所示,由蒸发器、汽轮发电机、冷凝器和给水泵组成。工质为氨、氟利昂等低沸点物质。在蒸发器里通入海洋表层热水,在冷凝器里通入海洋深层冷水,当泵把液态氨(或其他工质)从冷凝器泵入蒸发器时,液态氨因受热而变成高压低温的氨蒸汽,驱动汽轮机带动发电机发电。而从汽轮机出来的低压气态氨回到冷凝器放热,又重新冷凝成液态氨,再用泵把液态氨泵入蒸发器中吸热蒸发,变成高压低温的蒸汽,继续做功,进行下一个循环。这样构成一个完整的闭路循环系统。

② 开式循环

在朗肯循环中,开式循环也称闪蒸扩容法循环。开路循环系统示意图如图 5.18 所示,把表层热海水引入低压或真空的闪蒸器中,由于海水压力大幅度下降,对应的沸点温度也下降,海水沸腾变为蒸汽,从而驱动汽轮机带动发电机发电;做功后的低压蒸汽再进入冷凝器中冷却,再进行利用或排入海洋。这种开式循环系统以海水为工质,它不仅能发电,而且能得到大量的淡水及副产品。

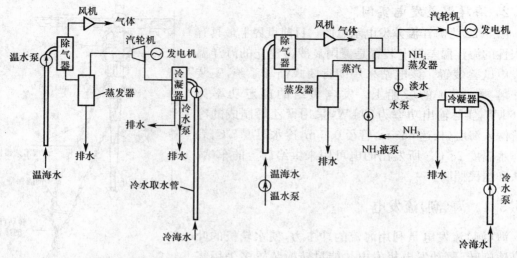

图 5.18 开式循环系统示意图　　图 5.19 混合式循环系统示意图

③ 混合式循环

混合式循环系统(见图5.19),具有开路循环和闭路循环的特点,即保留工质整个循环的回路。所不同的是在蒸发器中工质不是用海水直接加热,而是用热海水扩容变成的蒸汽来加热。同时,这样可以避免蒸发器受到海生物的玷污,同时蒸发器高温侧也由原来的液体对流换热变为冷凝放热,相变传换使传热系数提高。因增加了闪蒸环节,整个循环效率并不高。

(2) 全流热力循环

全流热力循环是近年来在利用低温水热能时提出的一种新循环概念。其循环的温熵图如图5.20所示。循环由热海水直接在水轮机中膨胀做功的过程 1-2、水轮机排出的汽水混合物的冷凝过程 2-3、冷凝水的升压过程 3-4 以及加热过程 4-1 组成。在海水温差发电中,只有 1-2-3-4 这三个过程,4-1 过程是在自然界中自然完成的。这种循环的好处是能充分利用热水中的热量。

为了实现全流循环提出了多种方法,雾滴提升循环(见图5.20)和如泡沫提水循环(见图5.21)等。这些方法都将以水轮机代替汽轮机,使发电系统设备简化。

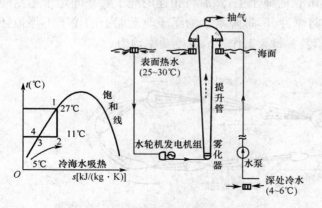

图 5.20 全流循环温熵图及雾滴提升法示意图

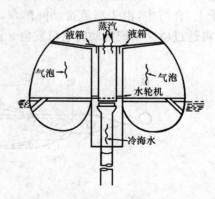

图 5.21 泡沫型海洋温差发电示意图

2）海洋温差发电实例

图 5.22 为海洋温差发电示意图。目前世界上最具有代表性的海洋温差发电装置是美国夏威夷建立的海洋温差发电试验装置。该电站采用朗肯闭式循环系统，安装在一艘重 268 t 的驳船上。发电机组的额定功率为 53.6 kW，实际输出功率为 50 kW，采用聚乙烯制成的冷水管深入海底，长达 663 m，管径 0.6 m，冷水温度 7℃，表层海水温度 28℃。所发出的电可用来供给岛上的车站、码头和居民照明。

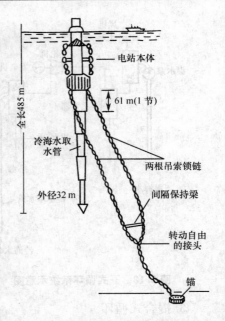

图 5.22　海洋温差发电示意图

5.3.4　海（潮）流发电

海（潮）流发电是利用海流的冲击力，使水轮机的叶轮高速旋转，驱动发电机发电。能量转换装置多采用将海水动能转换为旋转能的方式，发出的电可采用海底电缆输送给电用户。

海流能的特点是：在流速变动的同时，流向随时间也有很大变动，因此对能量转换系统来说，是如何适应和如何对海流能加以有效的转换。选择能够保持某一恒定的海水流速，也就是能够保持长时间流速恒定的海域安装海流能发电设备，是利用海流能的关键因素。

海流能功率 P 可表示为

$$P = \frac{1}{2}\rho Q v^2 \tag{5.4}$$

式中：ρ 为海水密度（kg/m³）；Q 为海水流量（m³/s）；v 为海流流速（m/s）。

目前，有研究者已提出了各种各样的海流能发电系统方案，如降落伞式、科里欧利斯式（Coriolis）以及贯流式方案等。

降落伞式海流发电装置，也可把它称为低流速能变换器，如图 5.23。这种装置是用 50 只直径为 0.6 m 的降落伞串缚在一根 150 m 长的绳子上，然后将相连的绳子套在固定于船尾的轮子上，在海中，由于海流带动降落伞，将伞冲开，带降落伞的绳子驱动船上的轮子不停地转动，再通过增速系统带动发电机发电。该装置每天工作 4 h，发电功率约为 500 W。

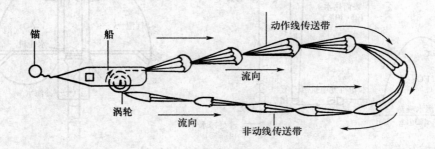

图 5.23　降落伞式海流发电装置

科里欧利斯式发电装置是拥有一套外径 171 m、长 110 m、重 6×10^3 t 的大型管道的大规模海流发电系统,外形如图 5.24 所示。该系统的设计能力是在海流流速为 2.3 m/s 的条件下输出功率为 83 MW。其原理是在一个大型轮缘罩中装有若干个发电装置,中心大型叶片的轮缘,在海流能的作用下缓慢转动,其轮缘通过摩擦力带动发电机驱动部分运动,经过增速传动装置后,驱动发电机旋转,以此将大型叶片的转动能变换成电能。

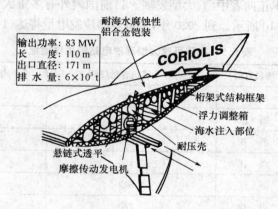

图 5.24　大规模海流发电"Coriolis-1"示意图

贯流式海流发电装置是放在海面以下,海流的进口流道都呈喇叭形,用以提高水轮机的效率。发电机是密封的,发出的电通过海底电缆输送到陆上的变电站。

潮流发电与海流发电的原理类似,即利用潮流的冲力,使水轮机高速旋转而带动发电机发电。

5.3.5　海洋盐差能发电

在江河淡水与海洋咸水交汇处,产生一种物理化学能,可将其转换成渗透压、浓差电池、蒸汽压差和机械转动等形式,然后再转换为电能。海水盐差能的输出功率 P 可表示为

$$P = \Delta p Q \quad (\text{W}) \tag{5.5}$$

式中:Δp 为渗透压力差(Pa);Q 为渗透流量(m^3/s)。

如图 5.25 所示,在渗透压的作用下,水塔中的水位逐渐升高,一直升到两边压力相等为止。如果在水塔顶端安装一根水平导管,海水就会从导管中喷射出来,冲动水轮机叶片转动,进而带动发电机发电。以色列建立了一座 150 kW 的盐差能发电试验装置。

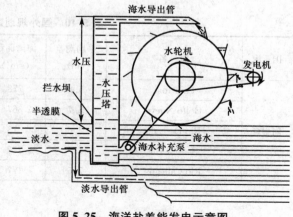

图 5.25　海洋盐差能发电示意图

5.4　海洋能发电的趋势

5.4.1　潮汐能发电

潮汐能发电工程技术正向着中型、大型发展。目前国内外有多重大型潮汐电站在建造和规划之中,如表 5.9 和表 5.10 所示。到 2020 年,全世界潮汐发电量将达 $(1\sim3)\times10^{11}\,\text{kW}\cdot\text{h}$。

表 5.9　我国可建大型潮汐电站的优良地址

站　址	所属省份	可开发装机容量(MW)	平均年发电量($\times10^4\,\text{kW}\cdot\text{h}$)
杭州湾乍浦	浙　江	4 720	130
三门湾牛山—南田	浙　江	1 940	53.4
象山港西泽	浙　江	604	16.6
破坝港白帝门	浙　江	156	4.3
乐清湾江岩山	浙　江	642	17.6
兴化湾	福　建	4 780	112.0
福清湾	福　建	1 560	37.6
白马港	福　建	1 590	38.3
湄州湾	福　建	1 380	32.4
三都澳	福　建	726	17.45
罗源湾	福　建	982	23.7
东山港	福　建	745	17.85
沙埕港	福　建	390	9.4
长江北支庙港	上海—江苏	800	26.4
胶州湾	山　东	600	15.0
鸭绿江口	辽　宁	300	
丹东大东港			

表 5.10　国外规划建设的潮汐电站

国　家	地　名	平均潮差(m)	海湾面积(km^2)	装机容量(MW)	机　组台　数	年发电量(GW·h)	年负荷系　数
阿根廷	Sam Jose	5.8	778	5 040		9 400	21
	Golfo Nuevo	3.7	2 367	6 570		16 800	29
	Rio Deseado	3.6	73	180		450	28
	Santa Cruz	7.5	222	2 420		6 100	29
	Rio Callegos	7.5	177	1 900		4 800	29

国 家	地 名	平均潮差 (m)	海湾面积 (km²)	装机容量 (MW)	机组台数	年发电量 (GW·h)	年负荷系数
澳大利亚	Secure Bay(Derby)	7.0	140	1 480		2 900	22
	Wacott Inlet	7.0	260	2 800		5 400	22
加拿大	Cobequial	12.4	240	5 338	106	14 000	30
	Cumberland	10.9	90	1 400	37	3 400	28
	Shepody	10.0	115	1 800		4 800	30
印 度	Gulf of Kutch	5.0	170	900	43	1 600	22
	Gulf of Khambut	7.0	1 970	7 000		15 000	24
韩 国	江华(Kanghwa)			832	32		
	Cheonsn	4.0		660		1 200	
墨西哥	Rio Colomdo	6~7				5.4	
英 国	Sevem 斯	7.0	520	8 640	230	17 000	23
	特兰湾	3.1		210	30	53	
	Mers	6.5	61	700	28	1 400	23
	Dudden	5.6	20	100		212	22
	Wyre	6.0	5.8	64		131	24
	Lonws	5.2	5.5	33		60	21
美 国	Pasunagles	5.5					
	Knik Are	7.5		2 900	80	7 400	29
	Turnagain Are	7.5		6 500		16 600	29
俄罗斯	Lumlex	5.2	92	67			
	Meaen	6.2	2 640	15 000	800	45 000	34
	Togn	6.8	1 080	7 800		16 200	24
	Baelark	11.4	20 530	87 400		190 000	25
巴 西	巴冈加	4.1		30	2	55	
爱尔兰	香农河口	5.5		318	30	718	

5.4.2 波浪能发电

波浪能发电技术日趋成熟,已向着实用化、商品化发展。波浪能发电装置适用于岛屿、航标灯浮标、航标灯船,因此具有广阔的应用前景。但实际运行的大型波浪能发电装置数量不多,主要是发电成本高。

5.4.3 海洋温差发电

到 2010 年,全世界已有 1 030 个海洋温差发电站,其中 10％的发电功率达 100 MW 以上,

50％的发电功率在 10 MW 以下。由于海洋温差发电系统的热效率低,目前还难以大规模商业化推广应用。

5.4.4　海(潮)流发电

海流发电目前尚未大规模商业化应用,其制约原因是发电成本高,不具备商业化应用的价格优势。

5.4.5　海洋盐差发电

海洋盐差发电尚处于研发阶段,尚不具备商业应用价值。

海洋能开发技术发展的总趋势为:

1) 规模大型化

海洋能作为可再生新能源,在未来的社会发展中,愈来愈引起人们的关注,目标是用海洋能发电解决海岛居民的生活及工农业用电问题。其关键是电站的发电功率要提高,这就要求电站的规模大型化,对发电技术的要求也相应提高。从潮汐能、波浪能、海洋温差能等发电技术看,电站向着大规模发展的趋势是不可避免的。

2) 产品商用化

世界上一些发达国家业已注意到海洋能发电技术的潜在市场。因为常规能源使用寿命是有限的,为了今后的经济和环境的可持续发展,必须开发新能源。沿海发展中国家的海洋能资源较丰富,是一个强大的海洋能开发和应用的市场。

3) 用途综合化

海洋能发电在经济上与常规能源比较,成本还是较高的。为了提高竞争力,必须降低发电成本。这不仅要求发电技术必须进一步改进,而且要走综合开发利用之路,如潮汐发电与海水养殖和旅游业相结合;海洋温差发电与淡水生产、海水养殖和深海采矿相结合;波能发电与建造防波堤相结合。走海洋能的综合化利用道路,是今后发展的重要方向。

5.5　我国潮汐电站实例——大官坂潮汐电站

大官坂潮汐电站位于福建省中部的罗源湾南隅,距连江县城 28 km,距福州市 83 km,利用 1983 年已建成的大官坂围垦工程,改建为潮汐电站,以发电为主,兼有水产养殖和加工等综合利用。电站附近潮型为半日潮,平均潮差 3.16 m,最大潮差 5.02 m,平均涨潮历时为 6 小时 14 分,平均落潮历时 6 小时 11 分。盐度值 1.9％～3.0％,含沙量 0.036～0.103 kg/m³。大官坂垦区面积共 2 735 km²,其东、西、南三面环山,北面临海,由总长 5 676 m 的 15 条堤段和两座净宽 65 m 的水闸将海中的 13 个小岛连接起来,使垦区成为一座人工湖。垦区内有一条长 4 950 m 的内隔堤将垦区分为东、西两部分。其中东区面积为 1 900 km²,西区面积为 853 km²。当蓄水位 3.5 m(频率为 5％的大潮位)时,东区库容为 5 921×10⁴ m³,西区库容为 3 635×10⁴ m³。

内隔堤的建成,不仅可以组成多种开发方案,同时也为此潮汐电站的分期开发创造了条件。选择的四种基本开发方案如下：

（1）东、西库单向发电：在东、西库区各建 1 座单向退潮发电电站，增建水闸的总净宽 300 m，电站总装机容量 80 MW，平均年发电量为 2.185×10^8 kW·h。平均年发电小时数为 3 690～3 900 h。

（2）东、西库双向不连续发电：东库、西库区各建 1 座双向发电站，增设水闸总净宽 670 m，电站总装机容量为 80 MW，平均年发电量 2.185×10^8 kW·h，平均年发电小时数 6 950～7 000 h。

（3）东、西库双向连续发电：该方案的电站规模、枢纽布置、机电设置等与方案（2）相同。两者的差别是：东库（大库）电站仍按照常规发电，而西库（小库）电站在东库电站接近最小发电水头时才开机发电，以弥补东库电站发电的间歇性。平均年发电量为 1.654×10^8 kW·h，年平均发电小时数为 8 640 h。

（4）高、低库单向连续发电：西库作为高库，东库作为低库，电站厂房置于东、西库区之间。为了实现昼夜连续发电，运行中需控制高、低库之间的水位差，满足不小于机组的最小发电水头，因而需严格调节高库水量，控制开机台数。共需增建水闸总净宽 300 m，电站总装机 2×25.6 MW，平均年发电量 8.26×10^7 kW·h，平均年发电小时数为 8 400 h。

上述四种方案出力随时间的变化规律如图 5.26 所示。对上述四种方案进行分析比较后，方案（1）作为推荐方案，其理由如下：

（1）方案（3）和方案（4）虽然基本达到昼夜连续发电的目的，但最大出力与最小出力相差悬殊，且运行管理也较复杂，不利于电网调度，方案（4）不能充分利用潮汐能资源。方案（3）的单位电能投资在四种方案中最高，比方案（1）高出 90%。方案（4）处于次高，比方案（1）高 64%。

（2）方案（2）虽然年发电量最多，年发电小时数较长，出力也规律，但总投资和单位电能投资均比方案（1）增加较多，且多工况的灯泡贯流式机组效率相对较低，维护和运行管理也较复杂。

（3）方案（1）投资最省，经济指标最好。其发电量虽比方案（2）少 9%，但其总投资仅为方案（2）的 63%。单向发电平均出力大，潮汐能资源可得到有效利用。可分期开发，有利于项目资金的筹措。经过技术方案论证，决定采用方案（1）进行分期开发。第一期工程的装机容量为 14 MW，年发电量 4.5×10^7 kW·h，出力过程线如图 5.27 所示。电站厂房设在内隔堤的北端，厂房长 46.2 m、宽 19.8 m，两台 7 MW 机组的中心距为 15.6 m。拟采用的单向全贯流式机组、单向灯泡贯流式机组和双向变频灯泡贯流式机组的有关技术参数如表 5.11 所示。双向变频灯泡贯流式机组在正（反）向发电水头小于预定值时，能使机组的转速由 60 r/min 变为 30 r/min，通过变频使电压和频率分别保持在 6 300 V 和 50 Hz，使水轮机保持在高效率区运行。

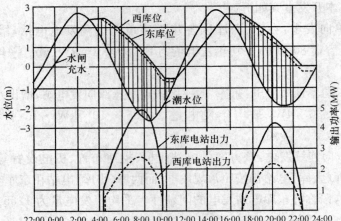

(a) 东、西单向发电(中潮)

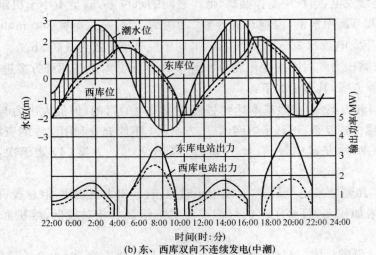

(b) 东、西库双向不连续发电(中潮)

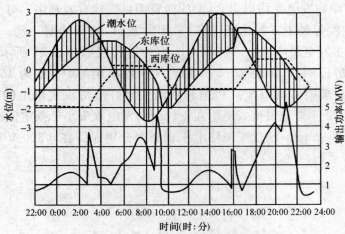

(c) 东、西库双向连续发电(中潮)

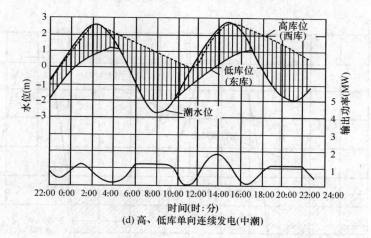

(d) 高、低库单向连续发电(中潮)

图5.26 大官坂潮汐电站各开发方案潮位、库位、出力过程线

在设计工况点,水轮机效率双向比单向的低18%(正向发电时)~31%(反向发电时)。双向机组发电时间虽比单向机组延长较多,但发电总量仅增加约10%。机组双向运行的要求使机组结构复杂,单位装机容量的机组重量增加35%。双向机组的能量指标较低,使机组、流道和厂房等部分尺寸相应加大,使主厂房土建费增加30%,故选择单向发电机组。在单向发电的两种机组中,虽然单向全贯流式机组比单向灯泡贯流式机组少发电3.3%,但全贯流式机组结构紧凑,机组重量相对较轻,装机台数少,水工建筑物尺寸相对较小,使总投资减少约31%,经过比较后选择单向全贯流式机组两台作为大官坂潮汐电站第一期开发的发电机组。第一期电站设在西库区,西库区将因发电使库区内水位涨落幅度加大,内外海水交换量增加,这不仅使库区具有与库外相近的水质和环境条件,并且不断地从外海向库区输入营养盐和饵料生物,为海产品养殖提供了良好的条件,利用库区的优越条件发展海产品养殖和加工等产业,可以提高该潮汐电站的综合经济效益。

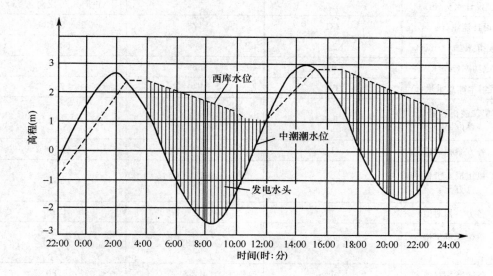

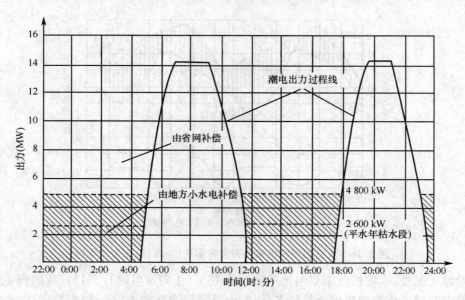

图 5.27　大官坂潮汐电站近期工程潮位、库位、出力过程线

表 5.11　拟选用机组的性能

相关参数	方案（1）	方案（2）	方案（3）
	单向全贯流式	单向灯泡贯流式	双向变频灯泡贯流式
发电方式	单向	单向	双向
调节方式	定桨	双调	双调
转子直径(m)	5.8	5.5	6.3
机组容量(MW)	6.5	5.0	5.0
功率因数(滞后)	0.80	0.95	0.95
设计水头(m)	3.5	3.5	正向 3.0/反向 4.25
设计流量(m³/s)	231	173	235.8/186.1
额定转速(r/min)	62.5	60	60/30
比功率(m·kW)	1 078	886	1 075
机组本体总重量(t)	370	540	730
单位装机容量重 （kg/kW）	56.9	108	146
各方案相对值	1	1.898	2.566
机组成套价格 （万元）	550	550	950
各方案相对值	1	1	1.73
单位重量价格 （元/t）	14 865	10 185	13 014
各方案相对值	1	0.68	0.80

相关参数	方案(1)	方案(2)	方案(3)
	单向全贯流式	单向灯泡贯流式	双向变频灯泡贯流式
单位装机容量价格（元/kW）	846.2	1 100	1 900
各方案相对值	1	1.299	2.247
有无变频装置	无	无	有

思 考 题

5.1　什么是海洋能？开发海洋能具有哪些重要意义？

5.2　海洋能具有什么特点？

5.3　海洋能可分为哪些种类？各类海洋能开发的技术现状和发展趋势是怎样的？

5.4　海洋能中的波浪能、潮汐能、海流能和盐差能如何进行计算？

5.5　常见的波浪能发电装置有哪些类型，分别有何特点？

5.6　潮汐能电站有哪些种类，它们有何运行特点？

6 生物质能

6.1 概述

生物质是指由光合作用而产生的各种有机体,包括动植物和微生物。光合作用是绿色植物通过叶绿体,利用太阳能把二氧化碳和水合成为储存能量的有机体,并释放出氧气的过程。绿色植物的光合作用过程如式(6.1)所示:

$$6CO_2 + 12H_2O \rightarrow C_6H_{12}O_6 + 6H_2O + 6O_2 \tag{6.1}$$

生物质能是太阳能以化学能形式储存在生物中的能量,以生物质为载体,它直接或间接地源于植物的光合作用。在各种可再生能源中,生物质能是独特的,它是储存的太阳能,为一种可再生的碳源,可转化成常规的固态、液态和气态燃料。生物质所含能量的多少与品种、生长周期、繁殖与种植方法、收获方法、抗病灾性能、日照时间与强度、环境温度与湿度、雨量、土壤条件等因素有密切的关系。光合作用效率通常是最低的,太阳能的转化率约为 $0.5\% \sim 5\%$。温带地区植物光合作用的转化率按全年平均约为太阳全部辐射能的 $0.5\% \sim 2.5\%$,整个生物圈的平均转化率可达 $3\% \sim 5\%$。生物质能潜力很大,在提供理想的环境与条件下,光合作用的最高效率可达 $8\% \sim 15\%$。

地球上每年植物光合作用的固定碳达 2×10^{11} t,含能量达 3×10^{21} J。每年通过光合作用储存在植物的枝、茎、叶中的太阳能,相当于目前全世界每年耗能量的 10 倍。生物质遍布世界各地,每年地球上的植物生产量就相当于全球消耗矿物能的 20 倍,或相当于世界现有人口食物能量的 160 倍。世界上生物质资源数量大、形式多,按照来源的不同,把可以作为能源利用的生物质分为农业生物质资源、林业生物质资源、城市固体废物、生活污水和工业有机废水、畜禽粪便等五个类别。

(1) 农业生物质资源

农业生物质资源是指包括能源植物在内的农业作物;农业生产过程中产生的如农作物收获时残留在农田内的农作物秸秆等废弃物;农业加工业产生的如稻壳等废弃物。能源植物泛指各种能提供能源的植物,通常包括草本能源作物、油料作物、制取碳氢化合物的植物和水生植物等。

(2) 林业生物质资源

林业生物质资源是指森林生长和林业生产过程中提供的生物质能源,包括薪炭林、育林和间伐过程中产生的零散木材,残留的树枝、树叶和木屑等;木材采运和加工过程中产生的枝丫、锯末、木屑、梢头、板皮和截头等;林业副产品的废弃物,如果壳和果核等。

(3) 城市固体废物

城市固体废物主要由城镇居民生活垃圾、商业和服务业垃圾、少量建筑垃圾等固体废物组成,其成分十分复杂,受当地居民的平均生活水平、能源消费结构、城镇建设、自然条件、传统习惯以及季节变化等因素的影响。

（4）生活污水和工业有机污水

生活污水主要由城镇居民生活、商业和服务业的各种排水组成,如冷却水、洗浴排水、盥洗排水、洗衣排水、厨房排水、粪便排水等。工业有机废水主要有酒精、酿酒、制糖、食品、制药、造纸及屠宰等行业生产过程中排出的废水等,这些废水中富含有机物。

（5）畜禽粪便

畜禽粪便是畜禽排泄物的总称,它是其他生物质(主要是粮食、农作物秸秆和牧草等)的转化产物,包括畜禽排出的粪便及其与垫草的混合物。我国主要的畜禽包括鸡、猪、羊和牛等,其资源量与畜牧业的发展水平有关。

与风能、水能、太阳能相比,生物质能是以实物的形式存在的一种可储存和运输的可再生能源。生物质能转化利用途径主要包括燃烧、热化学法、生化法、化学法和物理法等,如图6.1所示。经过上述工艺,生物质能可转化为二次能源热量或电力、固体燃料(木炭或成型燃料)、液体燃料(生物柴油、生物油、甲醇、乙醇和植物油等)和气体燃料(氢气、生物质燃气和沼气等)等。

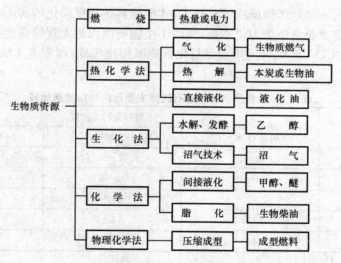

图6.1 生物质能转化利用途径

生物质燃烧技术是人类最早的能源利用方式,燃烧产生的热能用于炊事、民用采暖、生产工艺、区域供热、发电或热电联产。生物质作为能源,在人类历史上曾起过巨大的作用,在现实生产和生活中,特别是在农村地区,它在一次性能源中仍然占有重要的地位。大多数发展中国家的生物质能消费量占全国能源消费总量的40%以上。在少数经济欠发达国家,生物质能所占的比例更高,如尼泊尔占总能量的95%,肯尼亚为75%,印度为50%。生物质能在中国占全国能源消耗量的14%,占农村地区能源消耗量的34%,占农村生活用能的59%。生物质能在一些发达国家的能耗结构中也占有相当大的比重,如芬兰为15%,瑞典为9%,美国为4%。就经济发达国家整体来说,生物质在一次能源中所占的比例不超过3%。

热化学法包括气化、热解和直接液化。气化是以氧气(空气、富氧或纯氧)、水蒸气或氢气等作为气化剂,在高温条件下通过热化学反应将生物质中的固体或液体可燃组分转化为主要成分为CO、H_2和CH_4等可燃气体的热化学反应。高质量的可燃气体可以并入供气管网,也可作为燃料进行供热或发电,还可作为合成气进行间接液化生产甲醇、二甲醚等液体燃料或化工产品。液化是把固态的生物质经过一系列化学反应过程,使其转化为液体燃料,生成的液体燃料主要指汽油、柴油、液化石油气等液体烃类产品,有时也包括甲醇、乙醇等醇类燃料。热解是指在无氧条件下,利用热能把生物质的大分子转变为小分子的热化学反应。热解的产物包括醋酸、甲醇、木焦油、木馏油和木炭等。

生化法包括水解、发酵和沼气化技术。它们是依靠微生物或酶的作用,对生物质能进行生物转化,将有机质降解生产出如乙醇、氢气、甲烷等液体或气体燃料。

化学法包括间接液化和脂化。间接液化是指将由生物质气化得到的合成气($CO+H_2$)经过催化合成为液体燃料甲醇或二甲醚等。脂化是指将植物油与甲醇或乙醇在温度 $230\sim250℃$ 下采用催化剂进行脂化反应,生成生物柴油,并获得副产品甘油。

物理化学法主要为压缩成型。压缩成型是利用木质素作为粘合剂把农业和林业生产的废弃物压缩为成型燃料,提高其能量密度。成型燃料的低位发热量相当于中等热值的烟煤,可明显地改善生物质的燃烧特性。

生物质分布十分分散,形态各异,能量密度较低,给收集、运输、存储和利用带来了一定的困难,必须采取一定的预处理措施或转化技术,才能使其达到规模化的实用程度。与化石能源相比,生物质能目前商业竞争能力仍不足,制约了生物质能源的大规模商业推广应用。生物质在整个生命周期中 CO_2、SO_2、NO_x 排放量与化石能源相比很低,如表 6.1 所示,这说明生物质能是一种洁净能源。

表 6.1　生物质能源与化石能源主要污染物排放量比较

能源类型	主要污染物排放量		
	$CO_2[g/(kW \cdot h)]$	$SO_2[g/(kW \cdot h)]$	$NO_x[g/(kW \cdot h)]$
能源作物(现在)	$12\sim27$	$0.07\sim0.16$	$1.1\sim2.5$
能源作物(未来)	$15\sim18$	$0.06\sim0.08$	$0.35\sim0.51$
煤　炭	955	11.8	4.3
石　油	818	14.2	4.0
天然气	430	—	0.5

在生物质能领域,我国近期发展的领域主要包括生物质气化供气、生物质气化发电、大型沼气工程和生物质直接燃烧供热。中长期发展的领域主要包括生物质高度气化发电、生物质制氢、生物质热解液化制油。

许多生物质能技术在国外已达到商业化应用程度,实现了规模化产业经营。以美国、瑞典和奥地利三国为例,生物质转化为高品位能源分别占国家一次能源消耗量的 4%、16% 和10%。美国生物质能发电的总装机容量已超过 10 000 MW,单机容量达 $10\sim25$ MW;巴西是乙醇燃料开发应用最有特色的国家,目前乙醇燃料已占该国汽车燃料消费量的 50% 以上。我国十分重视生物质能源的开发和利用。到 2010 年底,推广省柴节煤炉灶 1.8 亿户,每年减少了数千万吨标准煤的消耗;全国已建农村户用沼气池 2000 多万个,年产沼气 4.5×10^9 m³;兴建大中型沼气工程近 2000 处,使近百万户居民用上了优质气体燃料;建成薪炭林 8.0×10^6 hm²,年产薪柴约 6×10^7 t。我国生物质能资源相当丰富,仅各类农业废弃物的资源量每年即有 3.08×10^8 t 标准煤,薪柴资源量为 1.5×10^8 t 标准煤,加上禽畜粪便、城市垃圾等,资源总

量估计可达 $6.5×10^8$ t 标准煤以上,约相当于 2010 年全国能源消费总量的 21%。人类目前面临着经济增长和环境保护的双重压力,因而改变能源的生产方式和消费方式,用现代技术开发利用生物质能,对于建立持续发展的能源系统,促进社会经济的发展和生态环境的改善具有重大意义。

6.2 我国的生物质资源

6.2.1 农作物秸秆

我国的农业生产废弃物资源量大面广,造肥还田及其收集损失约占 15%,剩余农作物秸秆除了作为饲料、工业原料之外,其余大部分作为农户炊事、取暖燃料。目前农作物秸秆大多直接在柴灶上燃烧,其热效率仅为 10%～20%。随着农村经济的发展,煤、液化石油气等已成为其主要的炊事用能。被弃于地头田间就地焚烧的秸秆量逐年增大,许多地区废弃秸秆量已占总秸秆量的 60% 以上。

2001 年我国水稻、玉米、小麦、薯类、油料、豆类、棉花、甘蔗等农作物秸秆总量为 $5.964\ 81×10^8$ t,折算成 $3.004\ 7×10^8$ t 标准煤。农作物收获后在加工时也会产生废弃物,如稻壳、甘蔗渣、花生壳、玉米芯和棉籽壳等。2001 年,我国稻谷产量为 $1.775\ 8×10^8$ t,加工后产生的稻壳量约为 $3.551\ 6×10^7$ t,其低热值为 12.56～14.65 MJ/kg;甘蔗产量 $7.655×10^7$ t,剩余的甘蔗渣约 $3.783×10^7$ t,其低热值为 8.04 MJ/kg;花生产量 $1.442×10^7$ t,剩余的花生壳约 $5.05×10^6$ t,其低热值为 19.20 MJ/kg;玉米产量 $1.140\ 9×10^8$ t,玉米芯剩余量约 $2.85×10^7$ t,其低热值为 14.40 MJ/kg。

6.2.2 畜禽粪便

我国主要的畜禽是牛、猪和鸡。随着经济的发展和人民生活水平的提高,我国的禽畜饲养业向着规模化、集约化方向发展。根据畜禽品种和体重等因素以及畜禽平均一昼夜的排粪量,可以估算出全国畜禽粪便可获得资源的实物量。研究表明,一头 50 kg 以上的猪,每天排放的粪便可以产生 0.2 m^3 的沼气;一头牛每天的粪便可以产生 1 m^3 的沼气;每百只鸡粪每天可产 0.8 m^3 的沼气。1997 年全年粪便及粪水总量超过 $1×10^9$ t,折合 $9.223×10^7$ t 标准煤。畜禽粪便经过厌氧发酵后不仅可以提供高效、清洁的气体燃料,而且它比城市人工煤气的热值还高。大中型沼气工程是一个有效处理畜禽粪便、提供清洁燃料的环保与能源工程,同时也是一个实现废弃物资源化、生物质多层次利用、促进农业生态良性循环的综合工程,促进了农业可持续发展。2000 年底,全国农村户用沼气池累计已达到 750 万户,年总产气量将达 $2×10^9$ m^3。

6.2.3 林业及其加工废弃物

我国的森林覆盖率已由新中国成立初期的 8.6% 提高到目前的 16.55%,森林面积达到 $1.586×10^8$ hm^2。我国林木的消费主要由商品材(约占消费总量的 44.2%)、自用材(约占总量的 23.5%)、直接燃烧的木材(约占总量的 28.8%)三部分组成,其他用途的耗材约占 3.50%(其中盗伐约占 2.70%)。林业生物质在我国农村能源中占有重要的地位,2002 年我国农村消耗林业生物质能资源约 $1.66×10^8$ t 标准煤(1 kg 标准煤的低位发热量为29.27 MJ),

占农村能源总消费量的 21.2%。

林产品加工业废弃物根据木材加工场所、加工工艺和木材加工产品的不同,可分为林木伐区剩余物(立木→原木)和木材加工区剩余物(原木→成品)两大类。

1) 林木伐区剩余物

林木伐区剩余物包括经过采伐、集材后遗留在地上的枝杈、梢头、灌木、枯倒木、被砸伤的树木、不够木材标准的遗弃材等。每采伐 100 m³ 的木材,剩余物约占 30%,其中约有15 m³ 的枝杈和梢头,8 m³ 的木截头,还有部分小枝等。1995 年我国年生产原木 6.7669×10^7 m³,可产生 2.0301×10^7 m³ 的剩余物。

2) 木材加工区剩余物

我国的木材加工厂的生产线几乎都是跑车带锯制材。带锯机锯条稳定性差,带锯制材锯切精度低,使锯材合格率仅为 50%,造成了严重的木材浪费。

按照我国目前的水平,综合出材率(由立木到原木的利用率)为 65%,木材利用率(从原木到成品的利用率)为 60% 左右。根据上述数据,2001 年我国产生的林业及其加工废弃物为 3.93875×10^7 m³。

薪炭林也是主要的生物质资源。世界上目前较好的薪炭树种有加拿大杨、意大利杨、美国梧桐、蓝桉、松、刺槐、冷杉、麻栎、柞树、大叶相思等。我国近年来也发展了一些适合作为薪炭的树种,如银合欢、紫穗槐、沙枣、旱柳、杞柳、泡桐等。薪炭林三五年就见效,平均每亩薪炭林可产干柴 1 t 左右。表 6.2 介绍了几种薪炭林树种。

表 6.2　几种薪炭林树种

树　种	热　值 (MJ/kg)	薪柴产量 (t/hm²)	分布区域
马尾松	20.188	9.375~11.25	秦岭、淮河以南
黑　松	17.500	22.50	华北、东北
麻　栎	19.887	30.00	全国各地
柞　树	18.966	5.25	华北、东北
米　锥	17.446	15.00~112.50	南方各省
黑荆树	19.469	15.00	华南、华东
大叶相思	20.097	30.00	广东、热带
银合欢	17.166	21.00	热带、亚热带
大麻黄	17.231	15.00~30.00	广东、福建
刺　槐	20.683	13.50	全国各地
蓝　桉	20.097	21.00	四川、云南

6.2.4　城市生活垃圾

随着经济的快速发展,近年来中国城市化水平提高很快,城市数量和城市规模都在不断扩大。到 2004 年,我国城市总数已达 668 个,其中小于 20 万人口的城市占有最大比例,占 58.3%,

20 万~50 万人口的城市占 30%,而大于 200 万人口以上的仅占 1.6%。近年来中国生活垃圾的产出量年增长率约为 10%。近三十年来,我国城市生活垃圾产生量随居民生活的不断提高而大幅度增加。自 1979 年以来,我国的城市生活垃圾年平均增长率为 8.98%,少数城市如北京的增长率为 15%~20%。2004 年我国城市生活垃圾产生量超过 2.2×10^8 t,年清运量超过 1.5×10^8 t。按清运量的数量大小排序为:北京、上海、哈尔滨、天津、武汉、广州等,垃圾年清运量均已超过 1×10^6 t。一般而言,城市规模越大,城市化水平越高,其人均 GDP 越高,同时燃气化率水平也提高,而人均垃圾量降低。这与工业化国家中城市垃圾量随生活水平的提高而增加的情况恰恰相反。造成这种现象的主要原因在于中国目前居民生活方式与发达国家存在差别。中国的中小城市,尤其是一些县级小城市,经济发展水平低,还有相当一部分居民的炊事及冬季取暖以直接燃煤为主,造成垃圾中炉灰等无机物含量增多,也使垃圾清运总量增加。随着经济的发展和居民生活方式的改善,在经济发展快、城市化水平高的地区(如北京、上海、广州、深圳等),垃圾构成和理化特性也发生了很大的变化。垃圾构成的变化趋势为:有机物增加,可燃成分增加,可回收利用物增多,可利用价值增大。城市生活垃圾的管理和资源化处理,成为综合性强、科技含量较高、涉及工程技术各个学科的交叉学科。填埋气体的回收利用技术,高性能、高参数的垃圾焚烧发电成套技术设备,垃圾有机生物肥技术及填埋防渗层技术等综合技术,成为影响中国城市环境卫生事业发展和环境卫生产业发展的关键技术。

6.2.5 生活污水与工业有机污水

2002 年,我国工业和城镇生活污水排放总量为 4.395×10^{10} t,其中工业污水排放量 2.072×10^{10} t,城镇生活污水排放量 2.323×10^{10} t。污水中的 COD 排放总量 $1.366\ 9 \times 10^7$ t,其中工业污水中 COD 排放量 5.84×10^6 t,城镇生活污水中 COD 排放量 7.829×10^6 t。

6.3 生物质能利用技术

生物质能资源的利用技术包括沼气技术、生物燃料技术、生物质燃烧技术、生物质气化技术、生物质热解技术、生物质直接液化技术等,通常将生物质燃烧技术、生物质气化技术、生物质热解技术、生物质直接液化技术统称为生物质热化学转化技术。生物质热化学转化技术与产物的关系如图 6.2 所示。其中,生物质热解、气化和直接液化技术都是以获得高品质的气体燃料或液体燃料以及化工产品为目的。本章分别对生物质的热化学技术、沼气技术和生物燃料技术进行介绍。

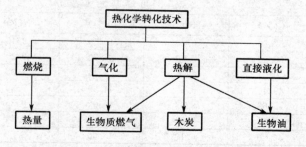

图 6.2 热化学转化技术与产物的相互关系示意图

6.3.1　直接燃烧技术

生物质燃烧技术是人类最早的能源利用技术,在我国燧人氏和伏羲氏时代,就已经知道使用钻木取火的方法,燃烧生物质获取能量。

1) 生物质成分与特性

(1) 元素分析成分

生物质固体燃料是由多种可燃质、不可燃的无机矿物质及水分混合而成的。其中,可燃质是多种复杂的高分子有机化合物的混合物,主要由 C、H、O、N 和 S 等元素组成,而 C、H 和 O 是生物质的主要成分。现对生物质的主要成分进行简单介绍。

碳(C)是生物质的主要可燃元素,它的含量多少基本决定了生物质热值的高低,1 kg 的 C 完全燃烧时,可以释放出 32 866 kJ 的热量。生物质中的部分 C 与 H、O 等化合为各种可燃的有机物,还有一部分 C 以结晶状态存在。

氢(H)是生物质中的另一可燃元素,1 kg 氢完全燃烧时,可以释放出 120 370 kJ 的热量。生物质中所含氢的一部分与 C,S 等化合为可燃的有机化合物,这部分氢称为自由氢;另一部分 H 与 O 化合成结晶水,这部分 H 称为化合氢。化合氢不能参与氧化反应,即不能释放出热量。

氧(O)和氮(N)都是不可燃元素,氧在高温下释放出来,以满足燃烧过程中对氧的部分需求,燃烧所需的其余的氧气由供给的空气来提供。在一般情况下,氮不会发生氧化反应,而是以自由状态排入大气。但在高温条件下,部分氮会与氧反应生成 NO_x。

硫(S)是一种有害可燃元素,在燃烧过程中 S 会生成 SO_2 和 SO_3 气体,SO_2 和 SO_3 会与水形成硫酸,低温时会凝结,污染环境和腐蚀燃烧设备的低温金属受热面。与化石燃料相比,生物质的含硫量极低,用生物质取代化石燃料,可以减少 SO_2 和 SO_3 对环境的污染。

灰分是生物质中的不可燃矿物质,它在燃烧后会形成固体灰渣。生物质的灰分含量增加,将减少生物质的热值。

水分(H_2O)是生物质中的不可燃成分。水分分为外在水分和内在水分。外在水分是指吸附在生物质表面的水分,可用干燥的方法将其除去。外在水分的含量和运输与存储条件有关。内在水分是指吸附在燃料内部的水分,比较稳定。生物质的水分含量变化较大。水分的含量增加使生物质的热值下降,导致生物质着火困难。

几种生物质的元素分析如表 6.3 所示。

表 6.3　几种生物质的干燥无灰基元素分析

种　类	可燃基元素成分				
	C(%)	H(%)	O(%)	N(%)	S(%)
杉　木	52.80	6.30	40.50	0.40	—
杉树皮	56.20	5.90	37.70	0.20	—
麦　秸	49.04	6.16	43.41	1.05	0.34
玉米芯	49.40	5.50	44.60	0.30	—
高粱秸	49.63	6.08	44.92	0.36	0.01
稻　草	48.87	5.84	44.38	0.74	0.17
稻　壳	46.20	6.10	45.00	2.58	0.12

注: 干燥无灰基是指除去固体燃料中所含全部水分和灰分以后计算的燃料部分。当外界因素造成的水分和灰分变动时,干燥无灰成分不受影响,能够合理反映固体燃料的特性。

（2）工业分析成分

在无氧条件下对生物质进行加热，随着生物质温度的升高，生物质中的水分首先蒸发，然后是所含的有机物（称为挥发分）开始热分解并逐渐析出成为气态产物，主要含有 H_2、CH_4 等可燃气体和少量的 O_2、N_2、CO_2 等不可燃气体。生物质的挥发分含量一般在 76%～86%，因此生物质的挥发分的热解和燃烧过程是生物质燃烧的主要过程。剩余的固体残余物为木炭，主要由非挥发性碳（固定碳）与灰分所组成。固定碳并不是纯碳，它由碳和少量残留的 H、O、N、S 等成分组成。

用挥发分、固定碳、灰分和水分表示的燃料成分称为燃料的工业分析成分。几种生物质的工业分析成分如表 6.4 所示。

表 6.4　几种生物质的工业分析成分

种　类	工业分析成分				
	水分(%)	挥发分(%)	固定碳(%)	灰分(%)	低位热值(MJ/kg)
杂　草	5.43	68.71	16.40	9.46	16.192
豆　秸	5.10	74.65	17.12	3.13	16.146
稻　草	4.97	65.11	16.06	13.86	13.970
麦　秸	4.39	67.36	19.35	8.90	15.363
玉米秸	4.87	71.45	17.75	5.93	15.539
玉米芯	15.00	76.60	7.00	1.40	14.395
棉　秸	6.78	68.54	20.71	3.97	15.991

生物质的热值是衡量生物质可燃性的一个重要指标，它是指在一定的温度下，单位质量（气体燃料为单位体积）完全燃烧所释放的热量。热值分为高位热值和低位热值。高位热值包括燃烧产物中所含水蒸气凝结成水放出的汽化潜热，而低位热值是燃烧产物中的水蒸气仍为气态，工程实际中能够得到的热值一般为低位热值。高位热值与低位热值间的换算关系为

$$Q_{ar,net} = Q_{ar,gr} - 25(9H_{ar} + W_{ar}) \tag{6.2}$$

式中：$Q_{ar,net}$ 为生物质的高位热值（MJ/kg）；$Q_{ar,gr}$ 为生物质的低位热值（MJ/kg）；H_{ar}、W_{ar} 为燃料中氢和水的收到用基元素分析质量含量（%）；ar 为收到用基。

生物质的种类多种多样，生物质的自然形状、尺寸、堆积密度和灰熔点等物理特性有较大的差别，而这些物理特性会对生物质的收集、运输、存储、预处理和燃烧过程产生较大的影响，其中堆积密度和灰熔点的作用最为明显，现分别介绍如下。

堆积密度是生物质自然堆放具有的密度，单位为"kg/m^3"。根据生物质的堆积密度可将生物质分为两类：一类为硬木、软木、玉米芯及棉秸等木质燃料，它们的堆积密度在 200～350 kg/m^3；另一类为玉米秸秆、稻草和麦秸等农作物秸秆，它们的堆积密度低于木质燃料，如切碎的农作物秸秆的自然堆积密度为 60～140 kg/m^3。较低的堆积密度不利于收集和运输，也使堆放场地增大。

灰熔点是指灰开始融化时的温度,单位为"℃"。在高温时,灰分将变成熔融状态,形成含有多种组分(气体、液体和固体形态)的灰,会沉积在燃烧设备的受热面上,形成结渣或积灰。生物质的灰熔点用角锥法测定:把灰粉末制成角锥在保持半还原气氛的电炉中进行加热,角锥尖开始变圆或弯曲时的温度称为变形温度 t_1,角锥尖端弯曲到与底盘接触或呈半圆形时的温度称为软化温度 t_2,角锥熔融到底盘上开始融流或平铺在底盘上显著熔融时的温度称为流动温度 t_3。生物质中的 Ca 和 Mg 元素会提高灰熔点,K 和 Na 元素会降低灰熔点,Si 元素在燃烧过程中与 K 和 Na 元素形成低熔点的化合物,易引起受热面结渣或积灰,影响了燃烧设备的经济性和安全性。

2) 燃烧的基本过程

燃烧是指燃料中所含的 C、H 等可燃元素与氧气发生剧烈的氧化反应释放热量的过程。固体燃料的燃烧按照燃烧特征可分为表面燃烧、蒸发燃烧和分解燃烧。表面燃烧是指燃烧反应在燃料表面进行,通常发生在挥发分很小的燃料中,如木炭的燃烧就是典型的表面燃烧。蒸发燃烧主要发生在灰熔点较低的固体燃料,燃料在燃烧前先熔融为液态(相当于液体燃料),然后再进行蒸发和燃烧。分解燃烧是指当燃料的热解温度较低时,热解产生的挥发分析出后,与氧气进行气相燃烧反应。

生物质的燃烧属于分解燃烧,其燃烧过程可分为预热和干燥、干馏、挥发分燃烧和固定碳燃烧等四个阶段。当生物质温度达到 100℃时,生物质进入干燥阶段,水分开始蒸发。水分蒸发需要吸收燃烧过程中释放的热量。当已经干燥的生物质继续受热时,挥发分开始析出,进入干馏阶段。当挥发分析出完毕后,剩下的就是木炭。试验表明,挥发分在较低的温度就开始析出,如木屑和咖啡果壳在 160~200℃时开始析出,200℃时析出的速率最快,超过 500℃后重量基本不变,挥发分已完全析出,干馏过程结束。在上述两个阶段,燃料处于吸热状态,为后续的燃烧做好准备,称为燃烧前准备阶段。随着燃料温度的不断增加,生物质高温析出的挥发分开始燃烧。挥发分燃烧释放的热量占燃烧全过程总释放热量的 70%左右。挥发分燃烧阶段消耗大量的氧气,减少了扩散到炭表面的氧含量,抑制了固定碳的燃烧;挥发分的燃烧在炭粒周围形成的火焰又为炭燃烧提供了热量,加速了炭粒的升温。随着挥发分的燃尽,固定碳开始燃烧,并逐渐燃尽。生物质中固定碳含量低,固定碳燃烧在整个燃烧过程中起次要作用。应该指出,虽然上述四个阶段是依次进行的,但也会相互重叠。各阶段所经历的时间与燃料种类、燃烧产物成分和燃烧方式等因素有关。要使燃料充分进行燃烧,必须具备三个条件,即合适的温度(Temperature)、空气与燃料充分混合的湍流度(Turbulence)、足够的燃烧反应时间(Time),也就是通常所指的燃烧"3T"条件。合适的温度是良好燃烧的首要条件,温度的高低直接影响生物质的干燥、挥发分的析出和着火燃烧。温度高,水分干燥和挥发分析出更顺利,达到着火的时间缩短。不同种类木材的着火点和自燃温度如表 6.5 所示。空气与燃料充分地混合是保证燃烧完全的重要条件,供给实际燃烧过程的空气量总是超过理论燃烧空气量,实际空气量与理论空气量的比值称为过量空气系数。在一定的过量空气系数下,影响燃烧的主要因素是燃料与空气的良好混合,一般由空气流速所决定。但是,过量空气系数过大,会降低燃烧温度,而且会使排烟损失增加。

表 6.5 不同种类木材的着火点和自燃温度

种 类	着火点 (℃)	空气中自燃温度 (℃)	320℃下着火时间 (s)
云杉	300	430	140
杨	290	450	138
樱	250	490	144
松	260	490	187
枥	270	470	151
榆	280	440	164
桦	260	500	179
青冈	290	540	272

碳（C）、氢（H）、硫（S）等元素完全燃烧时所需的理论空气量和理论烟气量如表 6.6 所示。足够的燃烧反应时间就是保证燃烧反应完全充分的条件，如果燃料在燃烧室内的滞留时间太短，使得燃料还没有充分燃烧就进入低温区，从而使气体和固体的机械不完全燃烧损失增加，在延长燃料滞留时间的同时，加强气流扰动的湍流度，可使燃料得以充分燃烧。

表 6.6 1 kg 可燃元素完全燃烧时理论空气量和烟气量

可燃元素	氧气量 (m³)	理论空气量 (m³)	理论烟气量 (m³)
C	1.87	8.89	1.87
H	5.55	26.43	11.10
S	0.70	3.33	0.70

3）影响燃烧速度的因素

燃烧过程是一个复杂的物理化学过程，燃烧速度由化学反应速度和气流扩散速度决定。影响化学反应速度的因素为温度、浓度和压力等。影响气流扩散速度的因素为空气与燃料的相对速度、气流扩散速度和传热速率等。在上述诸因素中，温度和气流扩散速度起主要作用。温度是通过对化学反应速度的影响而起作用的，温度越高，反应速度就越快。实验结果表明，反应物温度每增加 100℃，化学反应速度可增加 1～2 倍。气流扩散速度会影响气流与燃料表面的氧浓度差，氧浓度差会直接影响燃料的燃烧速度。根据温度和气流速度对燃烧影响的程度不同，可将燃烧分为动力燃烧区、扩散燃烧区和过渡燃烧区。在动力燃烧区，燃烧温度较低，化学反应速度缓慢，气流扩散速度不起关键作用，燃烧速度由温度决定，提高温度是强化燃烧的唯一方式；在扩散燃烧区，燃烧的温度较高，化学反应迅速，扩散到燃烧表面的氧气浓度趋于零，气流的扩散远小于燃烧反应所需的氧气，燃烧速度取决于氧气的扩散速度，增加气流的扩散速度，可以达到强化燃烧的目的；在过渡燃烧区，燃烧速度既与温度有关，又与气流扩散速度有关，是处在动力燃烧和扩散燃烧之间的区域，提高温度和增加气流扩散速度都可以强化燃烧。

4）生物质的预处理技术

为了在生物质的收集和运输过程中减少体积和采用自动化设备，需要对生物质进行预处理,以满足不同燃烧系统的具体要求,并增加生物质的能量密度,减少收集、运输和存储的成本。生物质作为燃料时,常用的预处理方法包括打捆处理(农作物秸秆)、干燥、粉碎和输送等技术。对农作物秸秆进行打捆处理,可以减少农作物秸秆的体积,提高体积能量密度。草捆的形状和尺寸可以分为圆捆、方捆和密实型草捆。圆捆和方捆分别由圆捆机和方捆机来完成,不同种类的草捆的技术参数见表 6.7。

表 6.7　不同种类草捆的技术参数

参　数	方捆(小)	方捆(大)	圆　捆	密实型草捆
消耗功率(kW)	>25	>60	>30	>70
产量(t/h)	8~20	15~20	15~20	14
形　状	长方体	长方体	圆柱体	圆柱体
密度(kg/m³)	120	150	110	300
堆积密度(kg/m³)	120	150	85	270
外形尺寸(cm)	40×50×(50~120)	120×130×(120~170)	φ(120~200)×(120~170)	φ(20~50)×任意长度
质　量(kg)	8~25	500~600	300~500	—

　　生物质的水分变化范围较大,影响因素包括燃料的种类、当地的气候状况、收割的时间和预处理方式等。生物质的干燥根据是否使用热源可分为自然干燥和人工干燥两种。自然干燥是指在仅利用空气通风或太阳能对生物质干燥的方法。自然干燥的特点是能耗低、干燥时间长和受自然气候条件的制约。人工干燥是利用相应的干燥设备和热源对生物质进行加热干燥的方法。干燥设备可采用带式干燥机、转鼓式干燥机、隧道式干燥机或流化床等,热源采用热烟气或空气等。与自然干燥相比,人工干燥不受气候条件的限制,干燥时间短,能耗高,一般用于高附加值生物质的干燥过程。

　　生物质的形态各异,如农作物秸秆的自然长度一般为 0.6~0.9 m。有时为了保证连续供料机的正常运行,需要对生物质进行适当的粉碎处理。

　　5) 现代化燃烧技术

　　当生物质的燃烧系统功率大于 100 kW 时,一般采用锅炉进行燃烧,以适应生物质的大规模利用。主要目的是实现工业供热、区域采暖供热、发电或热电联产等。生物质现代化燃烧技术,根据锅炉的燃烧方式,可分为层燃、流化床和悬浮燃烧三种形式。

　　(1) 层燃技术

　　在层燃方式中,生物质平铺在炉排上形成一定厚度的燃料层,先后经历干燥、干馏、燃烧及还原过程,完成生物质的燃烧。作为一次风的空气从炉排下部送入,穿透燃料层为生物质的燃烧提供氧气,生物质挥发出的可燃气体与从炉排上部送入的二次风(空气)在炉排上方的空间进行充分混合燃烧。层燃过程的示意图见图 6.3。

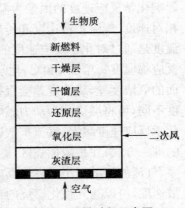

图 6.3　层燃过程示意图

　　空气作为一次风从炉排底部进入灰渣层被预热,空气中的氧气与炽热的木炭相遇后发生剧烈的氧化反应(燃烧反应):

$$C+O_2 \rightarrow CO_2 \tag{6.3}$$

$$2C+O_2 \rightarrow 2CO \tag{6.4}$$

$$CO+\frac{1}{2}O_2 \rightarrow CO_2$$

氧气被迅速消耗,产生的 CO_2 和 CO 温度逐渐达到最大值,该区域称为氧化层。在氧化层的上部氧气基本耗完,生成的 CO_2 与木炭进行如下的还原反应:

$$CO_2+C \rightarrow CO \tag{6.5}$$

还原反应使 CO_2 不断减少,CO 不断增加。还原反应是吸热反应,温度逐渐下降,该区域称为还原层。在还原层上部,温度逐渐降低,使还原反应逐渐停止。还原层上方依次为干馏层、干燥层和新燃料层。生物质不断进入锅炉,在炉排上形成新燃料层。新燃料被加热,先后经历干燥和干馏,析出挥发分后形成木炭。根据燃料层的运动方向与烟气流动的方向不同,可将层燃技术分为顺流、逆流和叉流三类。

顺流是指燃料层的运动方向与烟气流动的方向相同,适合于较干燥的燃料以及带有空气预热器的燃烧系统。顺流方式增加了未燃尽气体在炉内的滞留时间,同时也增加了烟气与燃料层的接触面。

逆流是指燃料层的运动方向与烟气流动的方向相反,适合于含水量较多的燃料。热烟气与进入燃烧室的新鲜燃料相接触,把热量传给新鲜燃料,使燃料中的水分得以快速蒸发。

叉流是指燃料层的运动方向与烟气流动方向交叉,即烟气从炉膛中间流出。叉流具有顺流和逆流的优点。

层燃技术的种类较多,其中包括固定床、往复炉排、振动炉排、旋转炉排等,适合于含水量高、颗粒尺寸变化大、灰分含量高的生物质燃烧,具有操作简单、初投资和运行成本低的优点,但额定功率较小,一般低于 20 MW。

(2) 流化床技术

自 1921 年德国 Fritz Winkler 建立第一台流化床试验装置以来,流化床技术在能源、化工、建材、制药和食品行业得到了广泛的推广应用。在能源领域,流化床燃烧技术以燃料种类适应性好、低温燃烧和污染排放低等独特的优点在近三十年中得到了广泛的商业化应用,并且由早期的鼓泡流化床发展为现在不同形式的循环流化床,如图 6.4 所示。流化床燃烧技术适合于燃烧含水率较高的生物质燃料。现对流化床流化过程的特性进行简单介绍。

当流化介质(空气)从风室通过布风板进入流化床时,随着风速的不断增加,流化床内的燃料先后出现固定床、流化床和气流输送三种情况。当空气的流速(按整个风室截面积计算的空截面气流速度为基准)较低时,燃料颗粒的重力大于气流的向上浮力,使燃料颗粒处于静止状态,燃料层在布风板上保持静止不动,称为固定床,此时与层燃方式相同。在这种状态下,只存在空气与燃料颗粒间的相对运动,燃料颗粒间相对静止,燃料层高度基本不变,空气通过燃料层的阻力(压差 Δp)与速度的平方成正比,如图 6.4 AB 段所示。逐渐增加气流速度,当气流速度超过某一临界值 u_{mf} 时,气流产生的浮力等于燃料颗粒的重力。燃料颗粒由气流托起上下翻腾,呈现不规则运动。燃料颗粒间的空隙度增加,整个燃料层发生膨胀,体积增加,处于松散的沸腾状态,燃料层表现出流体特性,称为流化床,此种燃烧方式称为流化床燃烧。燃料层开始膨胀时,称为临界流化点如图 6.4 中 B 点所示,此时的气流速度 u_{mf} 为临界流化速度。试验结果表明,临界流化速度与燃料颗粒的大小、粒度分布、颗粒密度和气流物理性质有关。如果气流速度继续提高,燃料颗粒间的空隙随之增加,此时通过燃料层的实际风速趋于常数,故气流通过燃料层的阻力也基本维持定值,如图 6.4 BC 段所示。当气流速度进一步增加,超过携带速度 u_t 时,燃料颗粒将被气流携带离开燃烧室,燃料颗粒的流化状态遭到破坏,如图 6.4 中 C 点所示。此种状态称为气流输送。此时,燃料层已不存在,气流阻力下降,携带燃料颗粒离开流化床床体的空截面速度称为携带速度 u_t,它在数值上等于燃料颗粒在气流中的沉降速度。因此,要保证燃料颗粒处于正常的流化状态,就要使流化床内的气流速度大于临界流化速度 u_{mf},小于携带速度 u_t。

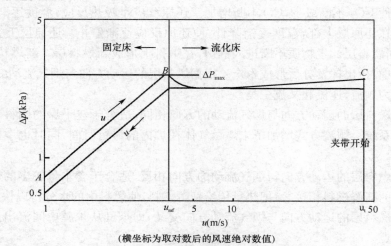

图 6.4　流化床特性曲线

为了保证流化床内稳定地燃烧,流化床内常加入大量的石英砂(SiO_2)作为床料来蓄存热量,占燃料混合物的 $90\%\sim98\%$。炽热的床料具有很大的热容量,仅占床料5%的新鲜燃料进入流化床后,燃料颗粒与气流的强烈混合,不仅使燃料颗粒迅速升温和着火燃烧,而且可以在较低的过量空气系数($\alpha=1.1$)下保证燃料充分燃烧。流化床燃烧过程中,燃料层的温度一般控制在 $800\sim900\,℃$,属于低温燃烧,可显著减少 NO_x 的排放。流化床还便于在燃烧过程中直接加入脱硫剂,如石灰石($CaCO_3$)和白云石($CaCO_3 \cdot MgCO_3$),实现燃烧过程中的脱硫。受热分解产生的 CaO 与烟气中的 SO_2 反应生成 $CaSO_4$,主要反应过程如下:

$$\text{燃烧反应}\qquad S+O_2 \rightarrow SO_2 \tag{6.6}$$

$$\text{煅烧反应}\qquad CaCO_3 \rightarrow CaO+CO_2 \tag{6.7}$$

$$\text{固硫反应}\qquad CaO+SO_2+\frac{1}{2}O_2 \rightarrow CaSO_4 \tag{6.8}$$

其中,固硫反应是吸热反应,反应速度较慢,脱硫反应的速度取决于 CaO 的生成速度。脱硫效果通常用烟气中 SO_2 被石灰石吸收的百分比表示,称为脱硫率。影响脱硫率的主要因素是 Ca/S 摩尔比、脱硫剂特性、温度、流化速度等。当农作物秸秆采用流化床燃烧时,秸秆灰中的 Na_2CO_3 或 K_2CO_3 可与床料中的石英砂(熔点为 $1\,450\,℃$)发生如下反应:

$$2SiO_2+Na_2CO_3 \rightarrow Na_2O \cdot 2SiO_2+CO_2 \tag{6.9}$$

$$4SiO_2+K_2CO_3 \rightarrow K_2O \cdot 4SiO_2+CO_2 \tag{6.10}$$

上述反应生成了熔点为874℃和764℃的低温共熔混合物，并与床料相互粘结，导致流化床温度和压力波动，影响了流化床的安全性和经济性，可用长石、白云石、氧化铝等取代石英砂作为床料，以缓解上述情况的发生。

（3）悬浮燃烧技术

在悬浮燃烧系统中，首先要对生物质进行粉碎，颗粒尺寸要小于2 mm，含水率要低于15%。经过粉碎的生物质与空气混合后喷入燃烧室，呈悬浮燃烧状态。通过精确控制燃烧温度，可使悬浮燃烧系统在较低的过量空气系数下充分燃烧，采用分段送风和燃料颗粒与空气的良好混合，可以降低燃烧过程中NO_x的排放。

6）生物质燃烧的污染排放与控制

生物质燃烧污染物排放的种类和数量受燃料的特性、燃烧技术、燃烧过程和燃烧控制措施等因素的影响，污染物主要包括烟尘、CO、NO_x、HCl、SO_x和重金属等，上述污染物对环境的影响如表6.8所示。

表6.8 生物质燃烧主要污染物及其对环境的影响

污染物	来源	影响
烟尘	未完全燃烧的炭颗粒、飞灰、盐分等	影响人的呼吸系统，致癌
CO_2	燃烧主要产物	温室效应（对生物质认为近似零排放）
CO	未完全燃烧产物	与O_3间接形成温室效应
$NO_x(NO,NO_2)$	生物质中的N和空气中的N	与O_3间接形成温室效应、酸雨，影响人的呼吸系统
$SO_x(SO_2,SO_3)$	生物质中的S	酸雨，影响人的呼吸系统，导致哮喘
HCl	生物质中的Cl	酸雨，影响人的呼吸系统
重金属	生物质中的重金属	在食物链中积累，有毒，可致癌

烟尘除了炭颗粒外，还含有硫、氢、苯、酚和重金属等有毒有害物质和强致癌物质。当烟尘浓度超过$100 \mu g/m^3$时，长期接触可能对人体健康产生有害的影响；当烟尘浓度大于$250 \mu g/m^3$时，会使呼吸道患者的病情恶化。烟尘不仅污染大气环境，而且还会随降雨、降雪、大雾回到水体和土壤中，危害农作物、植物及水生物。烟尘按照来源可分为气相析出型烟尘和粉尘两种。析出型烟尘是指生物质挥发分在缺氧的条件下，由热分解形成的炭颗粒（也称炭黑），呈絮状，长度一般在$0.02\sim0.05 \mu m$。层燃产生的粉尘颗粒直径为$10\sim200 \mu m$，悬浮燃烧产生的粉尘直径为$3\sim100 \mu m$。虽然通过对燃烧过程的优化控制、提高燃烧温度、延长燃料在燃烧中的滞留时间、提高燃烧效率可以减少烟尘的排放，但无法完全消除烟尘，必须采用除尘器进行烟气除尘。除尘器的种类很多，按照除尘的机理，可将除尘器分为机械除尘器、湿式除尘器、过滤式除尘器、电除尘器等，现分别说明如下。

（1）机械除尘器

该类除尘器是利用重力、惯性力和离心力的作用将烟尘从烟气中分离出来的装置，分为重力沉降室、惯性除尘器和旋风除尘器，其类型和性能如表6.9所示。

表 6.9　　机械除尘器的类型和性能

相关参数	设 备			
	重力沉降室	惯性除尘器	旋风除尘器	高效旋风除尘器
作 用 力	重 力	惯性力	离心力	离心力
除尘效率(%)	<50	50~70	60~85	80~90
最小捕捉粒径(μm)	50~100	20~50	20~40	5~10
压 降(Pa)	50~130	300~800	400~800	1 000~1 500
烟气流速(m/s)	0.3~2	10	15~25	15~25

（2）湿式除尘器

该类除尘器主要是利用气体与液滴或液膜密切接触，依靠惯性、截留、扩散和凝聚效应等除尘机理，将烟尘从烟气中分离出来。湿式除尘器可分为湿式离心除尘器、喷淋塔、泡沫除尘器和文丘里管除尘器等，其类型和性能见表 6.10。湿式除尘器结构简单，除尘效率高，投资少。

表 6.10　　湿式除尘器的类型和性能

相关参数	设 备			
	湿式离心除尘器	喷 淋 塔	泡沫除尘器	文丘里管除尘器
特 点	离心分离结合湿式除尘	雾化的细小液滴与气流逆流	气体穿过筛板进入液体，形成泡沫接触除尘	文丘里管把液体雾化成细小液滴
除尘效率(%)	80~90	70~85	80~95	90~98
最小捕捉粒径(μm)	2~5	10	2	<0.1
压 降(Pa)	500~1 000	25~250	800~3 000	5 000~20 000

（3）过滤式除尘器

过滤式除尘器是使含尘气流通过织物或多孔的填料层进行过滤分离的装置，主要分为布袋式除尘器和颗粒层除尘器。过滤式除尘器的除尘效率可超过 98%，是一种高效除尘器。布袋式除尘器对粒径为 1 μm 的尘粒的除尘效率可达 99%，压降为 1 000~1 500 Pa，一般用于末级分离。过滤式除尘器具有结构简单和工作稳定的优点，其缺点是工作温度低，运行成本高。

（4）电除尘器

电除尘器是利用高压电场使尘粒带上电荷，在静电力的作用下使粉尘与气流降分离，它分为湿式和干式两种。电除尘器对粒径 1~2 μm 的细尘粒的除尘效率可达 99%，压降为 200~300 Pa。电除尘器具有初期投资高、占地面积大的缺点。

对生物质燃烧过程中产生的 SO_x、NO_x 和 HCl 等有毒、有害气体，要投入脱硫、脱氮设备和洗气设备进行脱除，以达到气体污染物排放的有关技术要求。

湿式除尘器、过滤式除尘器、电除尘器的详细介绍可参见第 9 章相关内容。

6.3.2 生物质燃烧发电技术

生物质燃烧发电技术在发达国家已经占到再生能源(不含水电)发电量的70%左右,如美国的装机容量已超过7 000 MW,上网电价为6.5~8美分/(kW·h),达到商业化运行的技术水平。我国的生物质发电也发展很快,到2011底,生物质总装机容量已超过8100 MW。生物质燃烧发电与化石燃料发电厂相比,所不同的仅是锅炉燃烧系统。在锅炉燃烧系统中把生物质的能量转化为水蒸气的热能后,水蒸气的热能转化为旋转机械的机械能和进一步由机械能转变为电能的技术和设备,都与化石燃料的发电厂相同。生物质燃烧发电根据不同的技术路线可分为汽轮机、燃气轮机、斯特林(Stirling)发动机等。各种生物质发电技术性能如表6.11所示。

表6.11 生物质燃烧发电技术比较

工作介质	发电技术	装机容量(MW)	发展状况
水蒸气	汽轮机	5~500	成熟技术
气体	燃气轮机	1~50	成熟技术
气体(无相变)	斯特林发动机	0.02~0.5	开始商业化应用

6.3.3 生物质热解与液化技术

1) 热解与直接液化技术

热解压力一般为0.1~0.5 MPa,热解的产物主要包括固体、液体和气体,产物的具体组成和性质与热解的方法和反应参数有关。根据热解条件和产物的不同,生物质热解工艺主要可分为炭化、干馏和快速热解三种。炭化是将木材放置在炉窑中通入少量空气进行热分解制取木炭的方法。干馏是将木材原料放在釜中隔绝空气进行加热,以制取醋酸、甲醇、木焦油、木馏油和木炭等产品的方法。根据干馏温度的高低,干馏可分为低温干馏(温度为500~580℃)、中温干馏(温度为660~750℃)和高温干馏(温度为900~1 100℃)。快速热解是将林业废料如木屑、树皮及农业副产品如甘蔗渣、秸秆等在无氧条件下快速加热后,再进行快速冷却制取液态生物原油的方法。

直接液化的反应过程中需要催化剂,反应的压力一般为5~20 MPa,主要产物为液化油。与热解相比,直接液化可以产生物理性能和化学稳定性都更好的碳氢化合物液体产品,可作为燃料或化工原料。

2) 热解原理

生物质热解是复杂的热化学反应过程,包括分子键断裂、异构化和小分子聚合等反应。木材、林业废弃物和农作物废弃物的主要组分是纤维素、半纤维素和木质素。实验结果表明,纤维素在52℃时开始热分解。随着温度的升高,热解反应速度加快,到350~370℃时,分解为低分子气态产物,其热解过程为

$$(C_6H_{10}O_5)_n \rightarrow nC_6H_{10}O_5 \tag{6.11}$$

$$C_6H_{10}O_5 \rightarrow H_2O + 2(CH_3-CO-CHO) \tag{6.12}$$

$$CH_3-CO-CHO + H_2 \rightarrow CH_3-CO-CH_2OH \tag{6.13}$$

$$CH_3 — CO — CH_2OH + H_2 \rightarrow CH_3 — CHOH — CH_2 + H_2O \tag{6.14}$$

半纤维素结构上带有支链,是木材中最不稳定的组分,在225～325℃分解,比纤维素更易热分解,其热解机理与纤维素相似。

根据热解过程的温度变化和生成产物的特点,生物质热解可以分为干燥阶段、预炭化阶段、炭化阶段和煅烧阶段。在干燥阶段(温度为120～150℃),生物质中的水分进行蒸发。在预炭化阶段(温度为150～275℃),生物质中的不稳定组分如半纤维素分解成二氧化碳、一氧化碳和少量醋酸等物质。上述两个阶段均为吸热反应阶段。在炭化阶段(温度为275～475℃),生物质进行急剧热解,产生大量的热解产物,该阶段为放热阶段。在煅烧阶段(温度为450～500℃),使木炭中的挥发物质减少,固定碳含量增加,为放热阶段。实际上,上述四个阶段的界限难以明确划分,各阶段的反应过程会相互交叉进行。在生物质的热解过程中,影响热解过程的因素主要有热解的最终温度、升温速率、热解压力、生物质含水率、热解反应的气氛和生物质的形态等因素。生物质热解的最终温度对热解的产物产量、组成有显著的影响。研究结果表明,床料高度在热解过程中随着最终热解温度的升高而逐渐降低,在270～400℃的范围内降低较快,而在400～470℃范围内则降低较慢。随着最终热解温度的升高,木醋酸的组成也在不断地发生变化,在270～400℃的范围内组成变化较大,而当温度高于400℃时组分变化不显著。因此,如果以制取醋酸和甲醇为目的,热解的最终温度应限制在380～400℃。加热速率也会影响热解各阶段的反应过程。当加热速率增加时,焦油的产量将显著增加,而木炭产量则显著减少。如果以最大限度增加木炭产量为目的,应采用低温、长滞留时间的慢速热解过程;如果以最大限度增加生物原油产量,则应采用快速热解过程,生物原油的产率可达到80%。热解压力对生物质的热解过程影响较大。对热解产物,当压力升高时,将会增大木炭的产量,从而降低焦油的产量。生物质水分含量将直接影响热解时间和所需热量。生物质含水率较高时,热解所需的时间较长,而热解反应所需的热量也随之增加。生物质的形态对热解过程也会产生影响,例如木材,沿纤维方向的热导率比沿纤维垂直方向的热导率高,此外树皮也会影响热传导,故锯断、劈开和剥皮都可以加快木材的干燥和热解过程。

3)生物质炭化技术

生物质炭化和干馏的主要原料为薪炭林、森林采伐剩余物如枝丫和伐根、木材加工业的剩余物(如木屑、树皮和板皮)、农林副产品如果壳和果核、稻壳以及生物质压缩成型的燃料等。木炭作为生物质炭化的产物,具有广泛的用途。在冶金行业,木炭可用来冶炼铁矿石,熔炼的生铁具有细粒结构、铸件紧密、无裂纹等特点;也适于生产优质钢材;在有色金属生产中,木炭常用作表面阻熔剂;大量的木炭也用于二硫化碳和活性炭的生产;木炭还可以用于制造渗碳剂、黑火药、固体润滑剂、电极等产品。

4)生物质快速热解技术

生物质快速热解是指在无氧的条件下,在0.5～1 s的很短时间内加热到500～540℃,然后将其产物迅速冷凝的热解过程。快速热解的主要产物是液态生物原油(Bio—Oil)。生物原油是由复杂的有机化合物的混合物所组成,这些混合物分子量大且含氧量高,主要包括醚、酯、醛、酮、酚、醇和有机酸等。通常采用外观、掺混适应性、相对密度、粘度、热稳定性来描述生物原油的特性。

(1) 外观

典型生物原油是咖啡色的液体。因热解原料和热解工艺的不同,生物原油的颜色有全黑、棕红色到深绿色等不同颜色。用蒸汽过滤炭后,则呈现半透明的棕红色;含氮率高时,则表现出深绿色。

(2) 掺混适应性

掺混适应性是表示不同的液体燃料掺混时产生分层和沉淀倾向的指标,生物原油不能与石油衍生物相混合。

(3) 相对密度

液体燃料的密度常表示为相对值,为液体燃料在20℃下的密度与纯水在4℃时的密度之比。生物原油的相对密度大约为1.20,柴油的相对密度大约为0.85。

(4) 粘度

液体的粘度随温度的升高而降低,它是影响液体燃料雾化质量的主要因素之一。随含水率的不同,生物原油的粘度变化较大,这对生物原油的运输、存储和应用均产生较大的影响。

(5) 热稳定性

热稳定性是表示液体燃料在某一温度下发生分解并产生沉淀物倾向的指标。热稳定性差的燃油易产生析炭和胶状沉淀物,引起油过滤器和油喷嘴的堵塞。将生物原油加热到100℃以上时,会析出大约占生物原油质量50%的木炭,因此在加热状态下生物原油并不稳定。在室温条件下,生物原油的热稳定性相对较好。

木材热解生物原油的物理化学特性如表6.12所示。

表 6.12　木材热解生物原油的物理化学特性

物理化学特性		数　值	物理化学特性	数　值
空干基质量元素分数分析(%)	C	56.4	含水率(%)	15～30
	H	6.2	pH	2.5
	O	37.3	相对密度	1.2
	N	0.1	高热值(MJ/kg)	16～19
			40℃,含水率25%时的粘度(mPa·s)	40～100
	灰分	0.1	固体物含量(%)	0.2

生产生物原油的生物质流化床快速热解工艺流程如图6.5所示。生物质首先要进行干燥,将含水率降低到10%以下;然后进行粉碎,尺寸小于2 mm,以增大表面积,提高热解反应速率。把粉碎后的生物质输送到流化床热解反应器,反应温度一般控制在500℃以内,滞留时间小于2 s。从该反应器出来的热解产物包括不凝结的气体、水蒸气、生物原油和木炭。木炭经过除尘器时被分离出来,可作为燃料向干燥和热解过程供给所需的热量。从除尘器顶部流出的气体在冷凝器中被冷却水快速冷却,生物原油在冷凝器中冷凝为液体,剩余的不凝结气体包括可燃气体和惰性气体,可作为流化介质和对外输出作为燃料。快速热解技术可将80%的生物质转化为生物原油,其副产品木炭和可燃气体可作为热解反应器的热源,使得热解过程中不需要外热源。生物原油是一种有实用价值的替代燃料,可以作为锅炉或燃气轮机的燃料进行发电和供热,也可以作为内燃机的替代燃料。生物原油化学稳定性较差,含水量和含氧量都

较高,影响了作为燃料的推广应用。另外,大规模的快速热解设备的初投资较高,生物质原油较高的生产成本,在没有政府进行经济补贴的情况下,还无法与化石燃料进行商业竞争。

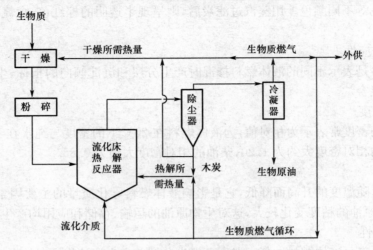

图 6.5　生物质流化床快速热解工艺流程

5）生物质直接液化技术

生物质直接液化是在较高的压力、温度和有溶剂存在的条件下的热化学反应过程,反应物的停留时间通常需要几十分钟,主要产物为碳氢化合物(即液化油)。直接液化与快速热解相似,也可把生物质中的碳氢化合物转化为液体燃料,其不同点是液化技术可生产出物理稳定性和化学稳定性都更好的液体燃料产品。自 1974 年美国科学家成功地将木屑和有机废弃物转化为液化油以来,生物质直接液化进入了商业化应用示范阶段。

生物质直接液化工艺流程如图 6.6 所示。

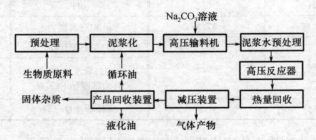

图 6.6　生物质直接液化工艺流程

木材原料中的水分较高,一般含水率可达 50%。为了减少液化的反应时间,需将木材的含水率降到 4% 左右。将木屑干燥和粉碎后,与油混合成浆状物料,由高压输料机输送到反应器。加入 20% 的 Na_2CO_3 溶液作为催化剂。液化反应的产物包括油、水、未反应的木屑和其他杂质,利用产品回收装置将固体杂质与液体分开,得到的液体产物一部分作为循环油使用,其余的液化油作为产品输出。液化油是高粘度、高沸点的酸性液体,其特征见表 6.13。不同催化剂和反应温度时,生物质液化的产物是不同的。

表 6.13　生物质液化油的典型特性

物理化学特性		液 化 油	物理化学特性	液 化 油
空干基元素分析　质量分数	C(%)	72.6	密度(kg/m³)	1 150
	H(%)	8.0	含水率(%)	5.1
	O(%)	16.3	高热值(MJ/kg)	35.0
	S(×10⁻⁶)	<45	61℃粘度(mPa·s)	15 000

　　实际上,生物质液化油与石油原油在结构、组成和性质上有很大的差异。生物质液化油的主体是高分子的聚合物;而石油原油是一种分子量由几十到几百分布很广的烃类物质的液体混合物,其中主要有烷烃、环烷烃和少量芳烃,主体是低分子化合物。从生物质液化油和石油原油的元素组成来看,石油原油的炭氢原子比在 1.6～2.0,而木材的炭氢比接近于 0.75,说明生物质液化油中氢元素小于石油原油的含量。而生物质液化油中含氧量远高于石油原油的氧含量。此外,生物质中有较多的杂质,它们在生物质转化或燃烧后以灰渣的形式残留下来,只能作为固体废物进行处理。

6.3.4　生物质气化技术

　　生物质气化是以生物质为原料,在过量空气系数小于1的条件下,以氧气(空气、富氧或纯氧)、水蒸气或氢气作为气化介质,在高温条件下通过热化学反应将生物质中的可燃部分转化为可燃气体的过程。生物质气化时产生的气体,其有效成分称为生物燃气,主要包括 CO、H_2 和 CH_4 等。气化过程与燃烧过程有密切的联系,气化是部分燃烧或缺氧燃烧。生物质中炭的燃烧为气化过程提供了热能。

　　1833 年首次出现生物质气化技术商业化应用,是以木炭为原料生产可燃气体驱动内燃机,用于早期的汽车和农业灌溉机械。第二次世界大战期间,生物质气化技术的应用曾达到高峰,当时大约有 100 万辆以木材或木炭为原料提供能源的车辆遍布世界各地。我国在 20 世纪 50 年代也曾因缺乏石油而采用气化的方法为汽车提供气体燃料。20 世纪 70 年代出现的能源危机,再次促进了气化技术研究的发展,重点以各种农业废弃物、林业废弃物为原料,生产的可燃气体可作为热源,用于发电或生产化工产品等不同用途。

　　1) 气化基本原理

　　以生物质下吸式炉中的气化过程为例说明生物质气化的基本原理。如图 6.7 所示,生物质从下吸式气化炉的顶部加入,依靠自重逐渐由炉顶部下降到底部,沿途进行气化,气化后形成的灰渣从炉底部清除。空气作为气化介质从炉中部的氧化区加入,可燃气体从炉下部被抽出。根据生物质在气化炉中进行的不同的热化学反应,可将气化炉从上至下分为干燥层、热解层、氧化层和还原层四个区域。干燥层在气化炉最上部,生物质加入该层后被加热到 200～300℃,所含水分进行蒸发,干燥层的产物为生物质干原料和蒸发的水蒸气;来自干燥层的生物质干物料向下移动进入热解层,在该层大量析出挥发分,热解过程在 500～600℃时基本完成,剩下的残余物为木炭。挥发分的主要成分包括水蒸气、氢气、一氧化碳、二氧化碳、甲烷、焦油和其他碳氢化合物;剩余的木炭在氧化层与加入的空气进行燃烧,温度可以达到 1 000～1 200℃,释放出大量的热量供给其他各区域热量,以保证各区域反应的正常进行。氧化层的高度较高,反应速率很快。

挥发分在氧化层参与燃烧后进一步降解,主要化学反应为气化炉内主要产物。

图 6.7　生物质气化原理

$$C+O_2 \rightarrow CO_2 \tag{6.15}$$

$$2C+O_2 \rightarrow CO \tag{6.16}$$

$$2CO+O_2 \rightarrow 2CO_2 \tag{6.17}$$

$$2H_2+O_2 \rightarrow 2H_2O \tag{6.18}$$

上述反应已经耗尽供给的氧气,使气化炉的还原区不存在氧气,使氧化层中的燃烧产物及水蒸气与还原层中的木炭发生还原反应,生成氢气和一氧化碳等可燃气体。还原反应是吸热反应,使还原层的温度降低到 $700 \sim 900\ ℃$,所需的热量由氧化层供给。还原反应的反应速率较慢,为了保证反应充分进行,设计的气化炉还原层高度要超过氧化层的高度。还原层的主要化学反应为

$$C+H_2O \rightarrow CO+H_2 \tag{6.19}$$

$$C+CO_2 \rightarrow 2CO \tag{6.20}$$

$$C+2H_2 \rightarrow CH_4 \tag{6.21}$$

生物质气化的主要反应发生在氧化层和还原层,所以常把氧化层和还原层称为气化区。在气化炉的实际运行过程中,很难分开干燥层、热解层、氧化层和还原层的界限,它们之间是相互渗透和交错的。生物质在气化炉中经历上述四个区域,就完成了气化物料向可燃气体的全部转化过程。气化过程的优劣,常用气体产率、气化强度、气化效率、热效率和可燃气体热值五个指标进行综合评价。这五个指标的具体含义是指:

(1) 气体产率

单位质量生物质气化所得的可燃气体的体积称为气体产率(m^3/kg)。

(2) 气化强度

气化强度是指气化炉中每单位横截面积每小时气化生物质质量($kg/(m^2 \cdot h)$),或气化炉中每单位容积每小时气化的生物质质量($kg/(m^3 \cdot h)$)。

(3) 气化效率

气化效率是指单位质量生物质气化所得到的可燃气体在完全燃烧时放出的热量与气化原料生物质热值之比,是衡量气化过程的主要指标。

$$气化效率(\%) = \frac{燃气热值(kJ/m^3)}{生物质热值(kJ/kg)} \times 气体产率(m^3/kg) \times 100 \qquad (6.22)$$

（4）热效率

热效率表示所有直接加入到气化过程中的热量的利用程度。实际上，还应该考虑气化过程中气化剂带入的热量。当气化过程中的焦油被利用时，焦油的热量也应该作为被利用的热量。热效率为产物的总能量与消耗的总能量之比。

（5）可燃气体热值

可燃气体热值是由多种可燃气体和不可燃气体混合而成的。可燃气体的热值由可燃气体组分的热值加权而得，可表示为

$$Q_{net} = \sum r_i Q_{net,i} \qquad (6.23)$$

式中：r_i 为可燃气体组分 i 的体积浓度（%）；$Q_{net,i}$ 为可燃气体组分 i 的低热值（MJ/kg 或 MJ/m³），常见可燃气体组分的低热值如表 6.14 所示。

表 6.14　常见可燃气体组分的低热值

种　类	低 热 值 Q_{net}		种　类	低 热 值 Q_{net}	
	（MJ/kg）	（MJ/m³）		（MJ/kg）	（MJ/m³）
氢　　气	120.559	10.760	丙　　烷	46.395	93.575
一氧化碳	10.123	12.644	乙　　烯	47.623	59.955
甲　　烷	44.494	35.797	丙　　烯	46.127	88.216
乙　　烷	47.524	64.351	乙　　炔	48.669	56.940

生物质气化过程有多种形式，根据制取的可燃气体的热值不同，可分为低热值燃气方法（燃气的低热值小于 8.374 MJ/m³）、中热值燃气方法（燃气低热值为 16.747～33.494 MJ/m³）和高热值燃气方法（燃气的低热值大于 33.494 MJ/m³）；按照气化炉的运行方式的不同，可分为固定床、流化床；按照有无气化剂进行分类，可分为无气化剂（干馏气化）和有气化剂（空气气化、氧气气化、水蒸气气化、水蒸气—空气气化、氢气气化）气化两种。现对干馏气化、空气气化、氧气气化、水蒸气气化、水蒸气—空气气化、氢气气化分别简单介绍。

（1）干馏气化

干馏气化是热解的一种特例，是指生物质在少量供氧的条件下进行干馏的过程，主要产物为醋酸、甲醇、木焦油、木馏油、木炭和可燃气体。可燃气体的主要成分为一氧化碳、甲烷、乙烯、氢气和二氧化碳等，其产量和组成与热解温度和加热速率有关。可燃气体的低热值约为 17 MJ/m³，为中热值燃气方法。

（2）空气气化

空气气化是以空气为气化剂的气化过程。空气中 21% 的氧气与生物质中的可燃组分发生氧化反应，提供气化过程中其他反应所需的热量，使气化过程不再需要额外输入热量。空气中 79% 的氮气不参与化学反应，并会吸收部分反应热，降低反应温度，阻碍氧气的扩散，从而降低反应速度。氮气的存在还会稀释可燃气体中可燃组分的浓度，降低可燃气体的热值。可燃气体的低热值一般为 5 MJ/m³ 左右，属于低热值燃气方法。

（3）氧气气化

氧气气化是以纯氧为气化剂的气化过程。在此反应过程中，合理控制供氧量，可以保证气化反应不需额外供给热量的同时，避免氧化反应生成过量的二氧化碳。与空气气化相比，由于没有氮气的参与，提高了反应的温度和反应速度，提高了热效率，还可使可燃气体的低热值提高到 15 MJ/m^3 左右，属于中热值燃气方法。制取纯氧需要消耗大量的能量，故氧气气化方法不适合在小型气化系统中应用。

（4）水蒸气气化

水蒸气气化是以水蒸气作为气化剂的气化过程。在气化过程中，水蒸气与炭发生还原反应，生成一氧化碳和氢气。同时一氧化碳与水蒸气发生变换反应和甲烷化反应，使生成的可燃气体中的氢气和甲烷的含量较高，其低热值可以达到 $17\sim21$ MJ/m^3，属中热值燃气方法。水蒸气气化的主要反应是吸热反应，气化过程中需要额外的热源，但反应温度不能太高。水蒸气气化技术比较复杂，过程不容易控制和操作。

（5）水蒸气—空气气化

水蒸气—空气气化从理论上可以克服空气气化的缺点，因为减少了空气的供给量，并可生成更多的氢气和碳氢化合物，提高了可燃气体的热值，可燃气体的低热值约为 11.5 MJ/m^3。此外，空气与生物质的氧化反应可提供其他反应所需的热量，使气化过程不再需要外热源。

（6）氢气气化

氢气气化是以氢气为气化剂的气化过程。主要气化反应是氢气与固定碳及水蒸气生成甲烷的过程。气化过程产生的可燃气体的低热值为 $22.3\sim26$ MJ/m^3，属中热值燃气技术。氢气气化反应的条件极为严格，反应需要在高温高压下进行，使氢气气化技术难以广泛应用。

2）生物质气化设备

气化炉是气化反应的主要设备。针对气化炉运行方式的不同，可将气化炉分为固定床气化炉和流化床气化炉，而固定床气化炉和流化床气化炉又分别具有不同的形式。固定床气化炉分为下吸式气化炉、上吸式气化炉和横吸式气化炉；流化床气化炉可分为鼓泡床气化炉、循环流化床气化炉、双床气化炉和携带流化床气化炉。现对不同形式的气化炉作简单介绍。

（1）固定床气化炉

固定床气化炉中的气化反应一般发生在相对固定的床层内，生物质依次完成干燥、热解、氧化和还原反应。根据气化产物从气化炉上部、下部和侧面排出，将气化炉分为上吸式、下吸式和横吸式。

上吸式固定床气化炉如图 6.8(a)所示，生物质（含水率为 15％～45％）从炉体上部加入炉内，然后依靠自身的重力下落，由向上流动的热气流烘干、析出挥发分，反应后残余的灰渣从气化炉下部排出。气化剂由气化炉下部的送风口进入，通过炉排的缝隙均匀进入灰渣层，被灰渣层预热后与原料层接触并发生气化反应，产生的生物质燃气从气化炉上部排出。上吸式气化炉的主要特征是气体的流动方向与物料运动的方向是逆向的，故上吸式气化炉又称逆流式气化炉。在上吸式气化炉中，原料干燥层和热解层可以充分利用还原气体的余热，使可燃气体的出口温度低于 300℃，从而使上吸式气化炉的热效率高于其他形式的气化炉。为了提高可燃气体中氢气的含量，可在气化过程中加入一定的水蒸气。上吸式气化炉产生的可燃气体中的焦油含量较高，还需要进行净化处理。

下吸式气化炉如图 6.8(a)所示，其特征是气体的流动方向和生物质的运动方向相同，故又称顺流式气化炉。下吸式气化炉一般设置高温喉管区,气化剂通过高温喉管区中部偏上的位置喷入,生物质在喉管区发生生气化反应,可燃气体从气化炉下部排出。下吸式气化炉的热解产物必须通过炽热的氧化层,挥发分中的焦油得到充分分解,从而使可燃气体中的焦油比上吸式气化炉低得多。下吸式气化炉适用于相对干燥的块状物料(含水率小于30%)、低灰分块状物料(灰分小于1%)以及含有少量粗糙颗粒的混合物料。下吸式气化炉具有结构简单和运行可靠的优点,且气化产生的可燃气体的焦油含量低,使下吸式气化炉在生物质气化小型发电系统中得到应用,单台气化炉的容量上限约为500 kg/h或500 kW。下吸式气化炉的示意图如图6.8(b)所示。

横吸式气化炉的特征是空气由气化炉侧面供入,气化生成的可燃气体从气化炉另一侧面排出,可燃气体横向通过气化区,如图6.8(c)。横吸式气化炉一般适合于木材和含灰量较低物料的气化。

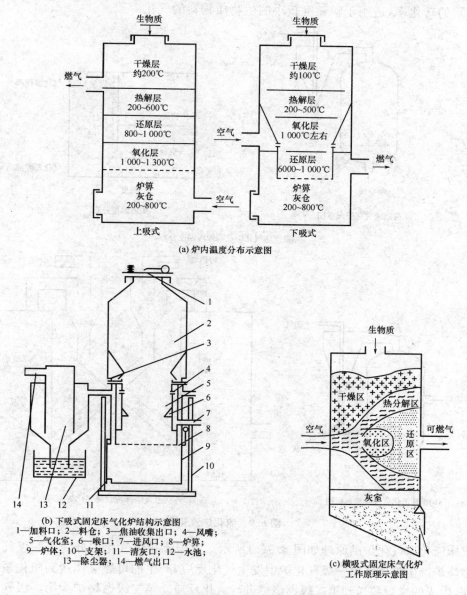

(a) 炉内温度分布示意图

(b) 下吸式固定床气化炉结构示意图
1—加料口;2—料仓;3—焦油收集出口;4—风嘴;
5—气化室;6—喉口;7—进风口;8—炉箅;
9—支架;10—炉体;11—清灰口;12—水池;
13—除尘器;14—燃气出口

(c) 横吸式固定床气化炉
工作原理示意图

图6.8 固定床气化炉

（2）流化床气化炉

流化床气化炉常选用惰性材料（如石英砂）作为流化介质，采用辅助燃料（如燃油和天然气）先把床料加热，生物质进入流化床后与气化剂进行气化反应，产生的焦油也可以在流化床内分解。流化床原料的颗粒度较小，以便气固两相充分接触反应，反应速度快，气化效率高。

鼓泡流化床是最简单的流化床气化炉，只有一个反应器，如图 6.9(a)所示。气化产生的可燃气体直接进入净化系统。鼓泡流化床气化炉的流化速度较低，适用于大颗粒物料（<10 mm）的气化。缺点是飞灰和炭颗粒夹带问题严重，不适合小型气化系统。循环流化床气化炉如图 6.9(b)所示。循环流化床气化炉内的流化速度较高，气化过程中产生的可燃气体携带大量的固体颗粒经分离器分离以后重新返回流化床，再进行气化反应，提高了生物质中炭的转化率，适用于颗粒度较小的生物质物料的气化。

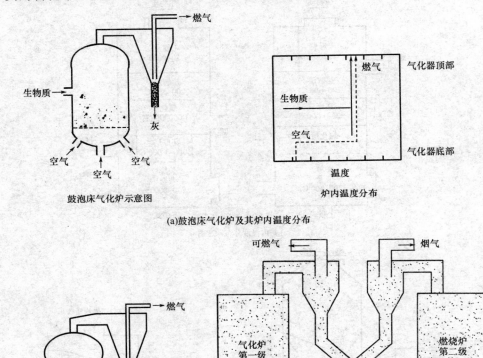

(a)鼓泡床气化炉及其炉内温度分布

(b)循环流化床气化炉示意图   (c)双床流化床气化炉原理

图 6.9　流化床汽化床

双床流化床气化炉的原理如图 6.9(c)所示。双床流化体气化炉分为第一级气化炉和第二级燃烧炉。生物质在第一级气化炉中发生气化反应，产生的可燃气体送到净化系统进行净化处理，生成的炭颗粒送到第二级燃烧炉进行氧化反应。第二级燃烧炉为第一级气化炉提供已经加热的床料。双床流化床气化炉的炭转化率很高,其运行方式与循环流化床类似,所不同的是第一级气化炉的流化介质由第二级燃烧炉加热。

携带流化床气化炉是流化床气化炉的一种特例,它不用惰性材料作为流化介质,而是由气化剂直接吹浮生物质,属气力输送。该气化炉要求原料破碎成细小颗粒,气化炉的运行温度为1 100~1 300℃,产出的可燃气体中的焦油成分和冷凝物含量都很低,炭转化率几乎可达100%。其缺点是高温运行会导致炉内结渣,影响气化炉运行的安全性和可靠性。

3) 生物质燃气

生物质可燃气体是由多种可燃气体组分(CO、H_2、CH_4、C_mH_n 和 H_2S 等)、不可燃成分(CO_2、N_2 和 O_2 等)以及水蒸气组成的混合气体。与固体生物质相比,生物质燃气易于运输和存储,提高了燃料的品质和可用性。可燃气体的特性取决于生物质原料性质、气化剂种类、气化炉形式及运行方式等因素,其低热值一般为 5~15 MJ/m³。不同气化技术可燃气体热值的区别见表 6.15,空气气化下吸式气化炉产生的可燃气体成分见表 6.16。

表 6.15 不同气化技术可燃气体热值的区别

气化剂	下吸式固定床	上吸式固定床	横吸式固定床	鼓泡床	流化循环床	双床流化床	携带流化床
空 气	低热值	低热值	低热值	低热值	—	中热值	—
氧 气	中热值	中热值	中热值	中热值	中热值	—	中热值
水蒸气	—	—	—	中热值	—	中热值	—

表 6.16 空气气化下吸式气化炉产生的可燃气体成分

原 料	可燃气体体积浓度(%)							Q_{net} 低热值(MJ/m³)
	CO_2	O_2	CO	H_2	CH_4	C_mH_n	N_2	
玉米芯	12.5	1.4	22.5	12.3	2.32	0.2	48.78	5.120
玉米秸	13.0	1.6	21.4	12.2	1.87	0.2	49.68	4.809
棉 柴	11.6	1.5	22.7	11.5	1.92	0.2	50.58	4.916
稻 草	13.5	1.7	15.0	12.0	2.10	0.1	55.60	4.002
麦 秸	14.0	1.7	17.6	8.5	1.36	0.1	56.74	3.664

生物质可燃气体是由多种气体组成的混合物,其分子量可用下式进行计算:

$$m = \sum x_i m_i / 100 \tag{6.24}$$

式中: x_i 为可燃气体中各组分气体的体积浓度(%); m_i 为可燃气体中各组成气体的分子量,见表 6.17。

表 6.17 可燃气体中各组成气体的分子量

气体种类	分子量	气体种类	分子量
氢 气	2.016	氮 气	28.013
氧 气	31.999	一氧化碳	28.019
二氧化碳	44.010	甲 烷	16.043
乙 烯	28.054	水蒸气	18.015

可燃气体的密度是指单位体积可燃气体的质量,一般指温度为 0℃、压力为101 325 Pa标准状态下的密度,可按下式进行计算:

$$\rho_o = \sum x_i \rho_{oi} / 100 \tag{6.25}$$

式中:ρ_o 为可燃气体在标准状态下的密度(kg/m^3);x_i 为可燃气体中各组成气体的体积浓度(%);ρ_{oi} 为可燃气体中各组成气体在标准状态下的密度(kg/m^3)。

常见的可燃气体组分的密度如表 6.18 所示。

表 6.18　常见的可燃气体组分在标准状态下的密度

气体种类	密度 (kg/m^3)	气体种类	密度 (kg/m^3)
氢　气	0.090	氮　气	1.250
氧　气	1.429	一氧化碳	1.251
二氧化碳	1.977	甲　烷	0.717
乙　烯	1.261	水蒸气	1.293

与固体燃料不同,可燃气体的理论空气量常用单位标准体积表示。单位为 m^3/m^3。对已知组分的混合可燃气体,可按下式计算:

$$V_o = 0.047\ 6\left[\frac{1}{2}CO + \frac{1}{2}H_2 + \sum\left(n + \frac{1}{4}m\right)C_m H_n + \frac{3}{2}H_2 S - O_2\right] \tag{6.26}$$

式中:CO、H_2、$C_m H_n$、$H_2 S$ 和 O_2 分别为可燃气体中各成分的体积浓度(%)。

可燃气体中某些气体成分与空气达到一定的混合比例时,会达到爆炸极限范围。表 6.19 给出了一些气体与空气混合后的爆炸体积浓度范围。

表 6.19　一些气体与空气混合后的爆炸浓度范围

气体种类	爆炸浓度范围(%)	气体种类	爆炸浓度范围(%)
甲　烷	2.5~15	一氧化碳	12.5~80
乙　烷	2.5~15	乙　烯	2.75~35
氢　气	4~80	硫化氢	4.2~45.5

可燃气体中可能含有 $H_2 S$、HCN、CO、SO_2、NH_3 和 $C_6 H_6$ 等有毒气体成分,当其超过毒性极限值时可能会致人死亡。表 6.20 给出了一些气体的毒性极限值。

表 6.20　一些气体的毒性极限

气体种类	短时间内致死的极限浓度(%)	30~60 min 有危险的浓度(%)	60 min 内无严重危险的浓度(%)	8 h 以上时间允许的最高浓度(%)
硫化氢	0.1~0.2	0.05~0.07	0.02~0.3	0.01~0.015
氢氰酸	0.3	0.012~0.015	0.000 5~0.006	0.000 2~0.003 4
二氧化硫	0.3	0.04~0.05	0.005~0.02	0.001
一氧化碳	0.5~1.0	0.2~0.3	0.05~0.10	0.04

从气化炉中排出的可燃气体称为粗燃气,粗燃气中含有一些杂质,如果不进行进一步的处理就直接利用,会影响用气设备的正常运转,故要对粗燃气进行净化处理,使之符合有关的燃气标准。粗燃气中杂质是复杂和多样的,一般分为固体杂质和液体杂质两大类。固体杂质中包括灰分和细小的炭颗粒,液体杂质中包括焦油和水分。粗燃气中各种杂质的特性见表 6.21。

表 6.21 粗燃气中各种杂质的特性

杂质种类	典型成分	来源	可能引起的问题
固体颗粒	灰分、炭颗粒	未燃尽的炭颗粒、飞灰	设备磨损、堵塞
焦油	苯的衍生物及多环芳香烃	生物质热解的产物	堵塞输气管道及阀门,腐蚀金属
碱金属	钠和钾等化合物	农作物秸秆	腐蚀、结渣
氮化物	NH_3 和 HCN	生物质中的氮	形成 NO_x
硫和氯	HCl 和 H_2S	生物质中的硫和氯	腐蚀设备及污染环境
水分	H_2O	生物质干燥及反应产物	降低热值,影响燃气的利用

针对生物质气化产物可燃气体中多种杂质,需要采用多种设备组成一个完整的净化系统,分别进行冷却、清除灰分、炭颗粒、水分和焦油等杂质。可燃气体中的除尘与生物质燃烧过程中的除尘技术相同,不同点是气化产物可燃气体在较高的温度下进行净化,应考虑和解决高温下除尘器材料的寿命问题,如采用陶瓷材料作为除尘器的内表面等技术措施。在生物质的气化过程中,难免要产生焦油。焦油的成分十分复杂,主要为苯的衍生物和多环芳香烃,含量大于 5% 的成分为苯、萘、甲苯、二甲苯、苯乙烯、酚等,它们在高温下呈气态,在温度低于 200℃ 时凝结为液体。焦油的存在影响了可燃气体的品质,焦油所含的能量约占可燃气体总能量的 5%,在低温下难以与可燃气体一起燃烧,而且焦油容易与水、灰分和炭颗粒等杂质结合在一起,堵塞输气管道和阀门,腐蚀金属设备,影响系统的正常运行。脱除生物质可燃气体中焦油的方法主要有水洗、过滤、静电除焦和催化裂解等技术。

水洗是在喷淋塔中水与生物质气化产出的可燃气体相接触,将其中的焦油去除。此种方法在技术上比较成熟,且集除尘、除焦油和冷却三种功能于一体,是中小型气化系统采用较多的一项技术。主要缺点是产生含有焦油的废水,造成了能量浪费和二次污染。

过滤是将生物质产出的可燃气体通过装有吸附性强的材料(如活性炭、滤纸和陶瓷芯)的过滤器将焦油过滤出来,具有除尘和除焦油两项功能,且过滤的效率较高。主要缺点是需要经常更换过滤材料。为了防止产生固体废物,可以选择生物质作为过滤材料,如粉碎的玉米芯等。

静电除焦是首先在高压静电下将生物质产生的可燃气体电离,使小焦油液滴带上电荷。小液滴聚合在一起形成大液滴,并在重力的作用下从燃气中分离出来。其脱除效率较高,一般可超过 90%。

催化裂解是利用催化剂的作用,使焦油在 800～900℃ 发生裂解,效率可达 99% 以上。裂解的产物为可燃气体,可直接利用。催化剂常采用木炭、白云石和镍基催化剂,它们的主要性能见表 6.22。催化裂解的技术相当复杂,多用于大中型生物质气化系统。

表 6.22　几种催化剂的主要性能

名　称	反应温度（℃）	接触时间（s）	焦油转化效率（%）	特　　点
镍基催化剂	750	约 1.0	97	反应温度低,转化效率高,成本高
木　炭	800 900	约 0.5 约 0.5	91 99.5	随反应进行木炭减少,成本低
白云石	800 900	约 0.5 约 0.5	95 99.8	转化效率高,催化剂成本较低

生物质气化产生的可燃气体的主要用途是提供热量、集中供气、气化发电和作为化工原料等。根据气化产物可燃气体的不同用途,应选择不同的气化炉、工艺流程和净化设备,以确保气化系统运行的安全性、可靠性和经济性。

4）秸秆气化集中供气系统举例

不同生物质燃料的气化特性如表 6.23 所示。

表 6.23　不同生物质燃料的气化特性

燃料种类	燃料特性			气化强度 [kg/(m² · h)]	燃气产量（m³/kg）	燃气低热值 Q_{net}（kJ/m³）
	湿度（%）	灰分（%）	尺寸（mm）			
风干薪柴	25	1.0	80～100	200～250	2.2	4 272.9
木材加工废料	23	1.0	锯末碎片	260	2.3	4 359.7
麦秸稻草	10	3.5	碎　料	180～220	2.3	4 690.3
牛　粪	16	6.0	50×50	200～230	2.2	3 907.9
树　叶	10	5.0	自然形状	200～230	2.0	3 694.5

我国较早开始了生物质热解气化的研究,并于 20 世纪 90 年代得到区域性推广应用。我国生物质气化技术应用情况见表 6.24。

表 6.24　我国生物质气化技术应用情况

类　型	气化炉直径（mm）	气化强度 [kg/(m² · h)]	功率（kW）	用　途	研制单位
固定床上吸式	1 100	240	805	生产供热	中科院广州能源所
	1 000	180	440	锅炉供热	林业院南京林化所
固定床下吸式	400	200	84	茶叶烘干	中国农机院
	600	200	183	木材烘干	中国农机院
	900	200	414	锅炉供气	中国农机院
	900	200	278	集中供气	山东科学院能源所
	1 400	—	556	集中供气	山东科学院能源所
层式下吸式	2 000	150	160	发　电	商业部
	1 200	150	60	发　电	江苏省粮食局
	200	398	2～5	发　电	中科院广州能源所
循环流化床	400	2 000	1 160	锅炉供气	中科院广州能源所

下面以山东省科学院研发的秸秆生物质气化集中供气技术为例进行简单介绍。

气化秸秆原料可以是玉米秸、高粱秸、棉柴、豆秸等，木质废料可以是树枝、木片、刨花、树皮等，采用固定床下吸式气化炉，气化温度大于 1 000℃，气化效率为 72%～75%，两种不同型号气化炉的产气量分别为 200 m³/h 和 500 m³/h，气体热值为 4.0～5.2 MJ/m³。气化工艺采用下吸式固定床气化器将秸秆转换为低热值可燃气体后，除去燃气中的灰粒和焦油，再通过以自然村为单元的集中供气系统输送到农户用作炊事等燃料。目前这种气化装置已有数十套在运行，供气规模为 100～200 户。其主要技术经济指标如表 6.25 所示。

表 6.25 生物质气化装置的主要技术经济指标

指 标	1	2	3	4
建成时间	1994 年 10 月	1996 年 4 月	1996 年 5 月	1996 年
规模（户）	98	200	216	186
原料种类	玉米秸	玉米秸	玉米秸	玉米秸
气化设备型号	XFF-1000	XFF-1000	XFF-2000	XFF-2000
日供气量（m³/d）	600	1 200	1 300	1 100
燃气低热值（kJ/m³）	5 000	5 000	5 000	5 000
气箱体积（m³）	80	250	250	250
最远供气距离（m）	230	350	520	640
管线总长度（m）	2 200		4 250	3 800
管网供气压力（Pa）	2 250	2 800	2 800	2 800
工程总投资（万元）	15.64	37.96	37.96	35.09
总运行费用（万元/年）	2.14	4.38	4.75	—

气化系统工艺流程图如图 6.10 所示。系统的工作原理为：铡成小段的秸秆放入气化炉中经过气化反应转换成为可燃气体，在净化器中除去燃气中含有的灰尘和焦油等杂质，由鼓风机送入气柜中，气化炉、燃气净化器和风机组成了生物质气化系统。气柜储存一定量的燃气以平衡系统燃气负荷的波动，并提供一个始终恒定的压力以保证燃气在用户处的稳定燃烧。当气化系统停止运行时，气柜入口的水封器可防止气柜中的可燃气体倒流到气化系统，气柜出口的阻火器是一个重要的安全装置。离开气柜的燃气通过敷设在地下的塑料管网分配到供气系统中的每一用户，管网中装有若干集水器用来收集可燃气体中的凝结水。

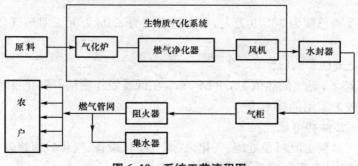

图 6.10 系统工艺流程图

这种生物质气化工艺的特征是：气化装置为固定床下吸式气化炉，风机布置在气化炉的下游，气化炉在负压下运行，气化炉上部与大气相通。其基本特征见表 6.26。

表 6.26　生物质气化装置基本特征

气化设备型号	XFF-1000	XFF-2000
产气量(m³/h)	200	500
气化温度(℃)	大于 1 000	
气化效率(%)	72～75	
燃气低热值(MJ/m³)	4.0～5.2	
燃气成分(%) N₂	49～56	
燃气成分(%) CO₂	12～14	
燃气成分(%) CO	18～23	
燃气成分(%) H₂	15 左右	
燃气成分(%) CH₄	2 左右	
生物质原料	玉米秸、高粱秸、棉柴、豆秸、树枝、树皮等	

XFF-2000 型秸秆气化集中供气系统主要技术指标如表 6.27 所示。

表 6.27　XFF-2000 型秸秆气化集中供气系统主要技术指标

指　标	数　值	指　标	数　值
供气户数(户)	216	CO	21.4
秸秆消耗量(t/年)	200	H₂	12.2
气柜体积(m³)	260	CH₄	1.9
日供气量(m³/d)	1 300	CO₂	13.0
管网供气压力(Pa)	2 800	O₂	1.6
用户灶前压力(Pa)	800	N₂	50.0
最远供气距离(m)	520	气化效率(%)	73
燃气低热值(MJ/m³)	5.2	总能源效率(%)	34

该供气工程投资总额为 38.79 万元，年运行费用为 2.03 万元。对该气化供气系统进行如下技术经济评价：

（1）系统的先进性和适应性

气化效率为 75%，燃气低热值为 $5.2\ MJ/m^3$，在低质农作物秸秆气化技术和低热值燃气集中供应方面属于较为实用的技术。

（2）系统的完整性和可靠性

整个气化供气系统由原料预处理、气化炉、燃气净化设备、气化残留物处理、燃气输配系统和相应的炉灶组成，具有较高的系统完整性和可靠性。

（3）环境效益

减少了因就地焚烧秸秆而造成的污染,避免了秸秆随意堆积而容易引起的火灾,改善了用户家庭生活卫生条件。

如果单纯用煤炭作生活能源,每户每年约需 2 t 标准煤。使用秸秆燃气,每年可节约标准煤约 300 t。每年 CO_2 减排量为 220 t,SO_2 减排量为 3 t。

生物质气化集中供气系统在运行中应注意以下问题:

（1）防止一氧化碳中毒

一氧化碳 CO 无色、无味、无臭且无刺激性,从感观上难以鉴别,燃烧时呈蓝色火焰。当燃气发生泄漏时,会引起 CO 中毒。轻者会出现头晕、头痛、恶心、呕吐、心悸、乏力、嗜睡等症状;重者会有生命危险。气化集中供气用户以农民为主,对此应给予足够重视。

（2）减少二次污染

粗燃气中含有焦油等有害杂质,采用水洗法净化工艺会产生大量含有焦油的废水,如何处理废水,避免造成土壤和地下水的污染,是秸秆气化集中供气应解决的问题。

（3）减少可燃气体系统中的焦油含量

因系统规模小,对生物质可燃气体中焦油的净化并不彻底,净化处理后的可燃气体仍含有一定量的焦油,应尽量减少净化后可燃气体中的焦油含量,保证系统长期可靠地运行。

5）生物质气化发电举例

生物质气化发电系统按其规模大小可以分为小规模、中等规模和大规模三种,见表6.28。小规模生物质气化发电系统适合于生物质的分散利用,具有系统简单、初投资小的特点。中等规模的流化床气化发电系统的主要技术经济指标如表 6.29 所示。大规模生物质气化发电系统适合于生物质的大规模利用,发电效率高,是将来生物质气化发电的主要发展方向。生物质气化发电技术按照可燃气体发电方式可分为内燃机发电系统、燃气轮机发电系统及燃气—蒸汽联合循环发电系统。气化发电系统主要由进料机构、气化炉、燃气净化装置、发电机组和废水处理设备等组成。

表 6.28　不同规模生物质气化发电系统

性能参数	小规模	中等规模	大规模
装机容量(kW)	<200	500~3 000	>5 000
气化技术	固定床、常压流化床	常压流化床	常压流化床、增压流化床、双床流化床
发电技术	内燃机、微型燃气轮机	内燃机	燃气轮机、整体气化联合循环
系统发电效率(%)	11~14	15~20	35~45
主要用途	适用于生物质丰富的缺电地区	适用于山区、农场、林场的照明或小型工业用电	发电厂、热电联产

表 6.29 中等规模循环流化床气化发电系统的主要技术经济指标

技 术 指 标		经 济 指 标	
规模(kW)	1 500	总投资(万元)	280
系统效率(%)	17.0	其中：气化及净化投资(万元)	100
开工率(%)	70.0	设备折旧(万元/年)	38.3
年发电量(×10⁴kW·h)	907	人工费用(万元/年)	9.0
系统运行寿命(年)	10	运输费用+其他费用(万元/年)	40.62
燃料用量(t/年)	15 309	上网电价[元/(kW·h)]	0.35
燃料低热值(kJ/kg)	12 546	项目年收益(万元/年)	317.45
燃料单价(元/t)	110	贴现率(%)	10

在内燃机发电机组中，可燃气体作为内燃机的燃料与空气混合后在内燃机的气缸里燃烧，燃烧释放出热量并推动活塞做功，再通过曲柄连杆机构或其他机构输出机械能，进一步通过发电机把机械能转变成电能对外输出。内燃机发电系统可单独使用低热值可燃气体，也可燃气、燃油两种燃料切换利用。内燃机发电系统具有系统简单、技术成熟可靠、功率和转速范围宽、配套方便、机动性好、初投资小等特点，获得了广泛的应用。但内燃机对可燃气体的质量要求高，可燃气体在进入内燃机之前要进行净化和冷却处理，除去可燃气体中的有害杂质，以保证内燃机运行的可靠性。目前内燃机的单机最大额定功率为 1800 kW，功率大于 2000 kW 的气化发电机组常由多台内燃机并联。

在燃气轮机发电机组中，生物质气化产生的可燃气体喷入燃气轮机燃烧室，与经压气机压缩的空气混合后进行燃烧，释放出热量，产生的高温烟气进入燃气轮机中膨胀做功，推动燃气轮机叶轮带动压气机叶轮一起旋转输出机械能。机械能除了供给压气机外，剩余的机械能带动发电机旋转进行发电，产生的电能对外输出。生物质气化产生的可燃气体属于低热值燃气，燃烧温度和发电效率偏低；而且由于燃气的体积偏大，压缩困难，降低了系统的发电效率，因此需要采用燃气增压技术。另外，生物质燃气中杂质较多，有可能腐蚀叶轮。目前国内外尚没有生物质气化可燃气体专用的燃气轮机定型产品，实用中采用的燃气轮机，都是根据系统的要求进行专门设计或改造的，成本很高，现在还未大规模进行商业化应用。

燃气轮机发电系统中，燃气轮机排气温度为 500～600℃。从能量利用的角度看，燃气轮机的排气仍然携带大量的热能，应该加以回收利用。所以，在燃气轮机发电的基础上，增加余热锅炉产生过热蒸汽，再利用蒸汽循环进行发电，以提高发电效率，使其超过 40%。这种燃气轮机循环与蒸汽循环组成的联合循环称为生物质整体气化联合循环（B/IGCC），是大规模利用生物质进行气化发电的方向。整体气化联合循环由空气分离制氧、气化炉、燃气净化、燃气轮机、余热锅炉、汽轮机等主要设备组成，其工艺流程示意图如图 6.11 所示。

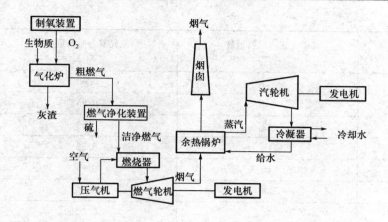

图 6.11 生物质整体气化联合循环工艺流程示意图

6.3.5 沼气技术

沼气是一种无色、有臭味、有毒的混合气体。沼气的主要成分为甲烷(CH_4,约占总体积的 50%～70%)、二氧化碳(约占总体积的 25%～40%),其余的硫化氢、氮、氢和一氧化碳等气体约占总体积的 5%。甲烷可作为气体燃料,它燃烧时火焰呈蓝色,最高燃烧温度可达 1 400℃左右。甲烷的低热值为 35.797 MJ/m³。甲烷完全燃烧时生成二氧化碳和水,并释放出热能,是一种清洁燃料。由于沼气中甲烷含量的不同,沼气的低热值约为 20.930～25.120 MJ/m³。沼气的用途很广,1 m³ 的沼气可用于:供 60W 电灯照明 7 h;煮三顿 4 个人的饭;发电 1.25 kW·h;容积为 300 L 的冰箱运行 3 h。

有机物质在厌氧条件下经过多种细菌的发酵作用可生成沼气。沼气发酵过程经历水解、液化、酸化和气化四个阶段。各种有机的生物质,如秸秆、杂草、人畜粪便、垃圾、生活污水、工业有机废物等都可以作为生产沼气的原料。沼气池中为保证细菌的厌氧消化过程,就要使厌氧细菌能够旺盛地生长、发育、繁殖和代谢。细菌的生长越旺盛,产生的沼气就越多。因此形成良好的厌氧分解条件,为厌氧细菌的生命活动创造适宜的环境是多产沼气的关键。常采取以下措施:

(1) 分解有机质并产生沼气的细菌都是厌氧的,在有氧气存在的环境中它们根本无法进行正常的生命活动,因此生产沼气的沼气池应具备严格的厌氧环境。

(2) 由于沼气发酵原料成分十分复杂,因此发酵过程需要有足够的菌种,以保证正常产气。

(3) 生产沼气的原料也是厌氧菌生长、繁殖的营养物质。这些营养物质中最重要的是碳元素和氮元素,要保持合适的碳氮比,最佳的碳氮比为 20:1～30:1。表 6.30 给出了常用沼气发酵原料的碳氮比,配料时可根据表中的数值和最佳碳氮比来确定各种原料的数量。

表 6.30 常用沼气发酵原料的碳氮比

原 料	碳元素占原料重量 (%)	氮元素占原料重量 (%)	碳氮比
鲜牛粪	7.3	0.29	25
鲜马粪	16	0.42	24
鲜羊粪	16	0.55	29

原　料	碳元素占原料重量 （%）	氮元素占原料重量 （%）	碳氮比
鲜猪粪	7.8	0.60	13
鲜人粪	2.5	0.85	2.9
干稻草	42	0.63	67
干麦草	46	0.52	87
玉米秆	40	0.75	53
香蕉叶	36	3.00	12
地瓜藤叶	36	5.30	6.8
花生藤叶	38	2.10	18.1
落　叶	41	1.00	41
野　草	14	0.54	27

（4）适宜的发酵液浓度，固体物料质量浓度一般为 8%～30%。

（5）pH 一般保持在 6.5～7.5。

（6）合适的温度，发酵温度在 5～60℃范围内均能正常产沼气。在一定的温度范围内，随着发酵液温度的升高，沼气产量可大幅度增加。根据采用发酵温度的高低，可以分为常温发酵、中温发酵和高温发酵。常温发酵的温度为 10～30℃，其优点是沼气池不需升温设备和外加能源，建设费用低。但常温发酵原料分解缓慢，产气少，特别是在冬季，许多沼气池不能正常产气。中温发酵的温度为 38℃左右，这是沼气发酵的最适宜温度，其产气量比常温发酵高出多倍。在酒厂、屠宰场、纺织厂、糖厂附近应优先采用中温发酵。高温发酵温度为 55℃左右，这种发酵的特点是原料分解快，产气量高，但沼气中的甲烷含量略低于中温和常温发酵，为保持发酵原料处在高温状态，发酵原料需消耗热量。

生物质通过厌氧发酵可获得沼气，不仅适合于小型农村沼气池的发展，更适合于大型畜牧场和某些工厂排泄物的无害化处理。建立工业沼气装置，既可减轻环境污染，又能回收能源。

沼气池是产生沼气的关键设备。沼气池的种类很多，有池—气并容式沼气池、池—气分离式沼气池；有固定式沼气池及浮动储气罐式沼气池。用来建造沼气池的材料也多种多样，有砖、混凝土、钢、塑料等。最常用的为池—气并容固定式的沼气池。通常沼气池都修建成圆形或近似圆形，主要是圆形池节约材料、受力均匀且密封性好。大型沼气发生装置的形式很多，有单级或多级发酵池式，还有连续进出料发酵罐式。目前我国建造的一些大型沼气发酵装置，多半是中、高温发酵型。大、中型工业沼气装置的发酵工艺比较复杂，因为原料不同，所含化学耗氧量（COD）和生化耗氧量（BOD）不同，设备要求也不同。现对常见的不同小型沼气池进行简单介绍。

1）水压式沼气池

水压式沼气池的型式较多。按池的几何形状可分为圆柱形、长方形、球形、椭球形等。各种池形有其适应的条件和各自的优缺点。

沼气池由发酵间和储气间两部分组成。以发酵原料液液面为界，上部为储气间，下部为发酵间。随着发酵间不断产生沼气，储气间的沼气浓度相应增大，使气压上升，同时把发酵料液挤向水压箱,使发酵间与水压箱的原料液面出现液位差,这个液位差就是储气间的沼气压力,两者处于动平衡状态,这种过程叫做气压水。当使用沼气时,沼气输出池外,池内气压减小,水压箱的原料液又流回发酵间,使液位差维持新的平衡,此过程就叫水压气。如此不断地产气、用气,沼气池内外的液位差不断变化,这就是水压式沼气池的工作原理。

水压式沼气池池体体积一般为 $6\sim10$ m³,设计气压为 $4\sim8$ kPa,投料量为池体净空容积的 $80\%\sim90\%$。

沼气发酵原料液的浓度很重要,一般采用含固浓度 $6\%\sim10\%$ 的发酵料液浓度较适宜。水压式沼气池除一次性大量投料外,一般还可以连续投料和出料。

2) 浮罩式沼气池

浮罩式沼气池是发酵池与储气浮罩一体化。池底基础用混凝土浇制,两侧为进、出料管,池体呈圆柱状。浮罩大多数用钢材制成,或采用薄壳水泥构件。发酵池产生沼气后,慢慢将浮罩顶起,依靠浮罩的自身重力,使储气室产生一定的压力,以便沼气输出。这种沼气池可以一次性投料,也可半连续投料,其特点是所产沼气压力比较均匀。近年来,我国推广干式发酵方法(含固浓度大于 15%),并在水压式沼气池的基础上建造起分离式浮罩沼气池,其发酵间与水压式沼气池相仿,但尽可能缩小储气室体积,然后另做一个浮罩储气室,用管道把两部分连接起来。这种结构特别适合大型沼气池,可避免储气室漏气,并获得稳定压力的沼气,对多用户集体供气十分有利。

3) 塑料沼气池

我国农村建造家用沼气池,通常使用水泥、石灰、石料和砖块,生产这些材料耗能较大。我国研制了一种红泥塑料用于沼气池。红泥塑料实质上是一种改性聚氯乙烯塑料,在生产过程中添加了铝厂废渣红泥和适量的抗老化剂等,使塑料的强度和寿命大为增加,且成本又较低。

我国将沼气工程的规模分为三类,其规模的确定见表 6.31。

表 6.31 沼气工程的分类

规　　模	单池体积 (m³)	总池体积 (m³)	产气量 (m³/d)
大　　型	> 500	>1 000	>1 000
中　　型	50～500	50～1 000	50～1 000
小　　型	<50	<50	<50

表 6.32 列示了目前畜禽场沼气工程中几种常用的发酵装置的技术特征。

表 6.32 几种常用发酵装置的特点

原理及参数	普通消化器	升流式反应器	厌氧过滤器	厌氧接触反应器
基本工作原理				

续表 6.32

原理及参数	普通消化器	升流式反应器	厌氧过滤器	厌氧接触反应器
最大负荷 [COD kg/(m³·d)]	2～3	10～20	5～15	4～12
最大负荷下 COD 去除 [COD kg/(m³·d)]	70～90	90	90	80～90
进水最低浓度 （COD mg/L）	5 000	1 000～1 500	1 000	3 000
池容产气率[m³/(m³·d)] 常　温 中　温	>0.3 0.6～0.8	0.6～0.8 1.0～2.0	— —	>0.3 0.7 左右
动力消耗	一般	小	小	小
运行操作与控制	较容易	较难	易	较容易
管道堵塞现象	无	无	有可能	无
占用土地	较多	较少	较少	较多
对冲击负荷的承受能力	较低	较高	一般	高

由表 6.33 可以看出，这些装置的技术性能相对于普通发酵装置而言，具有许多优势：处理能力大 2～10 倍,产气率提高 1～3 倍,COD 去除率提高 10%～20%,具有占用土地较少、适应能力强等优点。发酵工艺及装置是沼气工程的核心。这些装置的出现与成功应用,标志着我国沼气工程技术水平的提高,也为畜禽场沼气工程进一步推广应用和商业化奠定了技术的基础。

4）工艺流程举例

沼气发酵工程包括对发酵原料的预处理,发酵工艺参数的优选,沉渣和沉液的后处理及沼气的净化、计量、储存及应用。沼气工程发酵工艺的示意流程如图 6.12 所示。这一流程与我国早期发酵工艺流程相比具有以下改进：

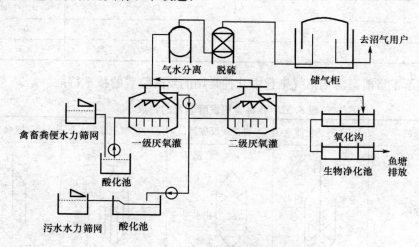

图 6.12　沼气工程发酵工艺流程图

（1）针对不同的发酵原理进行不同的预处理。它的优点是可以防止管道堵塞，有利于提高原料利用率和产气率。

（2）增设发酵液回流装置和气、固、液三相分离器。这有利于发酵菌种的回流，为长期正常和高效稳定产气提供了保证。

（3）有的沼气工程还采取了厌氧—好氧相结合的工艺，不仅有利于提高排放标准，使之达到排放标准，而且可获得一定数量的沼气。

（4）增加了发酵、原料沉渣和沉液综合利用的设施。有的工程采取发酵前对原料进行固液分离，有的则采用发酵后进行固液分离，尽管这两种工艺用途不尽相同，前者较适合于以治理污染、改善环境为主要目的的工程，后者较适用于以获取能源为主要目标的工程，但这两种措施对于改善沼气工程的经济性的重大作用则是共同的，发酵原料的基本特性如表 6.33 所示。

表 6.33　发酵原料的基本特性

指标		养猪场	养鸡场	养牛场
物理化学特性	温度(℃)	与冲洗水相同	与冲洗水相同	与冲洗水相同
	pH	7	6.5～7.5	7.0～8.2
	COD(mg/L)	10 000～15 000	25 000～80 000	25 000～80 000
	BOD(mg/L)	6 000～9 000	—	—
	SS(mg/L)	8 000～12 000	—	—
	TVS(%)	—	—	14.4～22.0
	VS(%)	—	2～8	78.0～82.0
	NH-N(mg/L)	130～330	60～80	—
	TN(mg/L)	400～600	1 500～6 000	—
理论产气率 [m³/kg(干料)]	干料=20%	0.3	0.3	0.3
	干料=25%	0.4	0.4	0.4
	干料=28%	0.45	0.45	0.45

注：SS—悬浮固体物；TVS—总挥发性固体；VS—挥发性固体。

（5）增设了料液加热和保温的措施。

我国中型沼气工程技术从商业化的角度来看还存在以下差距和问题：

（1）一些关键设备，如固液分离设备、搅拌系统、控制系统和脱硫系统与国外同类产品相比还存在一定差距。

（2）技术保障体系需要进一步完备。

（3）稳定达标排放问题还未完全解决。

（4）自动化程度有待进一步提高。

现举例说明中型沼气工程的技术经济性。

某农场共饲养 2 000 头牛，每年提供给市场鲜奶 6×10^3 t。该养殖场年产牛粪 3.1×10^4 t 左右，为处理奶牛场排放的牛粪，农场兴建了一座中型沼气工程，该工程的工艺流程示意图如图 6.13 所示。粪便经前处理系统（含除草、酸化和搅拌子系统组成）后，被泵入厌氧发酵罐，厌氧发酵后产生沼气、沼渣和沼液;沼气经脱硫子系统后进入储气柜,然后分配到各沼气用户;沼渣和沼液经后处理系统综合利用生产有机肥料。

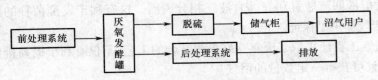

图 6.13　星火农场工艺流程示意图

该系统的主要技术参数如下:该工程建有 450 m³ 厌发氧酵罐六座,共计 2 700 m³,储气罐1 400 m³,年处理牛粪 3.1×10⁴ t,鸡粪 4.38×10³ t,有机废渣 3×10³ t。它能够为职工及部分公用事业单位提供集中供气服务,详见表 6.34。

表 6.34　沼气工程的主要技术经济参数

沼气池体积(m³)	2 700
沼气年产量(m³)	739 200
初始投资(万元,2000 年)	312
建设周期	1
年运行费用(万元,2000 年)	71
达到设计出力时间	开始建设的当年
沼气售价(元/m³,2002 年)	民用 1.35 元/m³;公用事业单位 2.2 元/m³

该沼气工程占地 22.6 亩,工程总投资为 932 万元。该工程的土建费用为 451 万元,管网和设备 540 万元。初始投资分配见表 6.35。

表 6.35　沼气工程投资(万元,2000 年)

投 资 项 目	财务分析	经济分析
土 建 工 程	451	540
管 网 和 设 备	368	584
管　理　费	36	16
土 地 费 用	21	51
综合利用投资	56	56
可行性研究等	0	125
总　投　资	932	1 372

该沼气工程的运行费用包括原料、燃料、动力、人工工时、脱硫剂以及维修费用等。运行费用为 76.7 万元/年,见表 6.36。

表 6.36 典型大中型沼气工程运行成本表(万元,2000 年)

项 目	财务分析	经济分析
原 料	20.2	20.2
能源和水	18.4	21.0
人 力	17.8	18.8
维 修 费	6.2	6.2
其 他	10.4	10.4
总运行费用	73.0	76.6

该沼气工程的效益表现为以沼气、有机肥料、复合饲料的产品效益和环境效益见表 6.37。

表 6.37 典型大中型沼气工程效益表——经济分析(万元)

项 目	经济分析
沼 气	144.1
颗粒有机肥料	6.7
复合饲料	26.9
避免的环境危害	96.7
合 计	274.4

沼气工程的年效益为 274.4 万元,其中沼气效益 144.1 万元,颗粒有机肥料 6.7 万元,复合饲料 26.9 万元,避免的环境危害 96.7 万元。

2011 年我国已在养殖户、养殖小区、企业化养殖场,建设各种类型的沼气工程 5.6 万多处,使用沼气的人口数量超过 1.5 亿,沼气年产量已超过 $130×10^8$ m³,生产有机沼肥近 4 亿 t,相当于 470 万 t 硫酸氨,370 万 t 过磷酸钙和 260 万 t 的氯化钾。为农民增收节支 400 多亿元。在环境效益方面,相当于减排二氧化碳 5 000 多万 t。

6.3.6 城市生活垃圾处理技术

1) 城市生活垃圾的基本特性

城市生活垃圾主要是由居民生活垃圾,商业、服务业垃圾等废弃物所构成的混合物,成分比较复杂,其组分构成主要受居民生活水平、能源结构、城市建设、绿化面积和季节变化的影响。表 6.38 列出了我国几个主要大城市的生活垃圾质量成分。

表 6.38 中国几个大城市生活垃圾质量(%)

城 市	厨余	纸品	塑料	纤维草木等	炉灰	玻璃	金属	有机物合计	无机物合计
北 京	27	3	2.5	0.5	63	2	2	33	67
天 津	23	4	4	—	61	4	4	31	69
杭 州	25	3	3	—	5	2	2	31	69
重 庆	20	—	—	—	80	—	—	20	80
哈尔滨	6	2	1.5	0.5	76	2	2	20	80
深 圳	27.5	14	15.5	8.5	14	5	5.5	65.5	34.5
上 海	71.6	8.6	8.8	3.9	1.8	4.5	0.6	92.9	7.1

　　从表 6.38 中可以看出,我国大城市的垃圾构成已向现代化城市过渡,它具有以下特点:垃圾中有机物含量接近 1/3 甚至更高;食品类废弃物是有机物的主要组成部分;易降解有机物(食品、纸品类)含量高。

　　城市气化率较高的城市,垃圾中无机物的含量将会明显下降,这在北方城市中尤为明显,在使用煤气和暖气的居民产生的垃圾中,有机含量高于无机含量。一些发达国家城市垃圾组成与上海、深圳、台湾垃圾组成比较如表 6.39 所示。

表 6.39　一些国家城市垃圾组成与上海、深圳、台湾垃圾质量成分比较(%)

垃圾类型	国家和地区							
	美国	日本	德国	英国	法国	上海	深圳	台湾
厨余	17.0	18.6	16	18	15	79.1	60	26.5
塑料、橡胶、皮革	6	12.7	4	1.5	4	5.69	14	13.6
纸类、竹木	44	46.2	31	33	34	7.57	11	26
织物	2	16.4	2	3.5	3	1.65	3.6	12.6
玻璃、金属	20	16.4	18	15	13	4.34	5	21.6
灰渣、碎石、砖瓦	11	6.1	22	19	22	1.51	6.4	21.6
可燃物占百分比	52	60	37	38	41	—	28	52
有机物含量	68	65	53	56	66		88	78.4

　　表 6.40 给出了各类国家城市生活垃圾的性质。

表 6.40　各类国家城市生活垃圾收到基的性质

国家类别	密度 (kg/m³)	含水率 (%)	厨余 (%)	灰土 (%)	低热值 Q_{net} (MJ/kg)
发达国家	100～150	20～40	6～30	0～10	6.3～10.0
较发达国家	200～400	40～60	20～60	1～30	4.0～6.5
发展中国家	250～500	40～80	40～85	1～40	1.5～5.0

　　垃圾含水率为混合垃圾中水分占垃圾总量的质量百分数。表 6.41 为各种垃圾含水率。混合垃圾的含水率为 10%～30%。城市化率较高的城市,垃圾中有机物含量高,垃圾的含水量也随之下降。

表 6.41　垃圾组分的含水率(%)

垃圾类型	含水率	垃圾类型	含水率
厨　余	70	木　头	60
纸　品	6	玻璃盒	2
塑　料	5	罐头盒	3
纺织品	2	金　属	2
橡　胶	10	灰　尘	7
皮　革	2	庭院垃圾	15

城市生活垃圾的成分十分复杂,所含的化学元素很多,元素分析结果表明,主要以碳、氢、氧、氮为主,此外还有部分硫和氯等,如表 6.42 所示。

表 6.42 各种垃圾的元素分析成分(%)

垃圾类型	元素分析成分					
	C	H	O	N	S	Cl
厨余	43.52	6.22	34.50	2.79	<0.3	0.21
纸品	40.37	5.96	39.01	20.3	<0.3	<0.3
塑料	82.90	13.20	0.96	<0.3	<0.3	<0.3
纺织品	48.36	5.85	39.59	<0.3	<0.3	<0.3
木头、玻璃	40.54	5.85	33.34	1.66	<0.3	<0.3

生活水平和城市设施条件不同,垃圾成分有明显的差异,可燃物含量也大不相同。可燃物主要为有机物中的塑料、橡胶、皮革、纸类、织物、草木等。一般而言,城市居民生活水平高的城市,垃圾中无机物含量相对较低,有机物中厨余含量较低,可燃物含量相对高一些。对于同一城市,垃圾的来源不同,可燃物含量亦有很大差别。以北京为例,饭店和商业区垃圾中塑料和纸含量比例高,医院垃圾中纸包装含量高,事业区以纸张、草木多,这类垃圾热值均较高;而使用煤气和暖气的居民的生活垃圾含水率高,平房区和垃圾场炉灰量高,因此这类垃圾可燃物含量热值就低一些。我国某城市不同区域城市生活垃圾的物理组成如表 6.43 所示。目前我国城镇垃圾热值一般为 4～6 MJ/kg 左右。北京市城市生活垃圾的热值如表 6.44 所示。

表 6.43 我国某城市不同区域城市生活垃圾组成(%)

采样点	金属	玻璃	塑料	纸类	布匹(纤维)	植物	厨余	灰分	水分
商场	2.4	5.6	16.2	34.4	1.8	0.4	11.7	0.02	7.5
饭店	3.6	17.4	20.9	24.4	2.7	1.3	5.2	1.8	22.7
车站	2.0	9.4	13.8	9.3	1.6	2.8	13.4	0.8	46.9
双气区	0.7	4.8	10.4	7.5	2.2	2.0	19.0	1.6	51.8
事业单位	2.1	10.9	10.0	9.4	1.7	4.0	13.1	0.0	48.8
平房区	0.5	4.2	5.0	7.8	0.6	3.8	9.6	27.5	41.0
转运站	4.9	7.6	12.5	20.2	3.4	1.8	11.4	3.0	35.2
街道清扫区	2.2	5.3	10.0	9.9	0.2	8.6	8.1	30.8	24.9

表 6.44　北京市不同来源垃圾热值(MJ/kg)

来　源	热　值	来　源	热　值
双气楼房	4.534	商业区	8.173
高档住宅	0.904	平　房	2.847
事业单位	9.910	垃圾场	2.872
医　院	7.557	大饭店	10.869

城市生活垃圾主要成分的工业分析和元素分析见表 6.45。

表 6.45　城市生活垃圾主要成分的工业分析和元素分析

组　分	元素分析(空干基)(%)					工业分析(空干基)(%)				Q_{net} (MJ/kg)
	C	H	O	N	S	水分	挥发分	固定碳	灰分	
脂肪	73.0	11.5	14.8	0.4	0.1	2.0	95.3	2.5	0.2	38.296
水果	48.5	6.2	39.5	1.3	0.2	78.7	16.6	4.0	0.7	18.638
肉类	59.6	9.4	24.7	1.2	0.2	38.8	56.4	1.8	3.1	28.970
纸板	43.0	5.0	44.8	0.3	0.2	5.2	77.5	12.3	5.0	17.278
杂志	32.9	5.0	38.6	0.1	0.2	4.1	66.4	7.6	22.5	12.742
报纸	49.1	6.1	43.0	<0.1	0.2	6.0	81.1	11.5	1.3	19.734
浸蜡纸箱	59.2	9.3	30.1	0.1	0.2	3.4	90.9	4.5	1.2	27.272
聚乙烯	85.2	14.2	—	<0.1	<0.1	0.2	98.5	<0.1	1.2	43.552
聚苯乙烯	87.1	8.4	4.0	0.2	0.2	0.2	98.7	0.7	0.5	38.260
聚氨酯	63.3	6.3	17.6	6.0	<0.1	0.2	87.1	8.3	4.4	26.112
聚乙烯氯化物	45.2	5.6	1.6	0.2	0.2	0.2	86.9	10.8	2.1	22.735
花园修剪物	46.0	6.0	38.0	3.4	0.3	60.0	30.0	9.5	0.5	15.125
旧木材	50.1	6.4	42.3	0.1	0.15	0.04	2.3	7.3	0.4	9.770
硬木	49.6	6.1	43.2	0.1	<0.1	12.0	75.1	12.4	0.5	19.432
玻璃和矿石	0.5	0.1	0.4	<0.1		2.0	—	—	96~99	0.200
混合金属	4.5	0.6	4.3	<0.1		2.0	—	—	96~99	—
旧皮革	60.0	8.0	11.6	10.0	0.4	10.0	68.5	12.5	9.0	20.572
废橡胶	69.7	8.7	—		1.6	1.2	83.9	4.9	9.9	25.638
旧衣物	48.0	6.4	40.0	2.2	0.2	10.0	66.0	17.5	6.5	19.383

　　城市生活垃圾的处理是一个系统工程,包括垃圾的收集、运输、转运、处理及资源利用等环节。我国大多数城市采用混合收集方法进行垃圾收集(医院垃圾除外)。垃圾收集方式和设备主要有以下几种:固定式垃圾箱、活动式垃圾箱、垃圾桶收集、塑料袋收集、密封集装箱收集及地面垃圾站收集等。绝大部分城市都能做到垃圾收集及时,保持居民区的环境清洁。我国城

市垃圾机械化收运率低,环卫职工劳动强度大,每年约有数千万吨城镇垃圾不能及时运往处理场地。

我国采用的垃圾处理场与资源化技术,主要为卫生填埋、堆肥、焚烧等。大部分城市垃圾采用堆放、简易填埋处理,卫生填埋、机械化堆肥、焚烧处理相对较少。2010 年我国有卫生填埋物 498 个,堆肥厂 11 座和焚烧厂 104 座在运行,它们的处理能力如表 6.46 所示,在中国城市生活垃圾处理方式中,以卫生填埋为主。

表 6.46 中国城市生活垃圾处理方式(2010 年)

处理方式	处 理 量(t/d)	所占比例(%)
清运量	387 607	100
卫生填埋	289 957	74.80
高温堆肥	5 480	1.39
焚 烧	84 940	2.19

长期以来,我国大部分城市都是采用露天堆放和简易填埋等方式处理,只能达到一般性厌氧处理。我国已有近 500 个城市根据本市实际情况已建立了较为完善的卫生填埋场。卫生填埋方式仍为我国最主要的城镇填埋垃圾无害化处理方式。

近年来,我国垃圾堆肥发展较快,大型堆肥厂以好氧堆肥工艺为主。由于采取了强制密封,好氧发酵,缩短了发酵周期,容易实现大型产业化。

我国垃圾焚烧起步于 20 世纪 80 年代中期,焚烧技术是垃圾无害化、减量化、资源化处理最有效的方式。我国已有近 200 个大中城市已兴建和正在规划设计较大规模的垃圾焚烧厂。

垃圾各种处理方式的优缺点见表 6.47。

表 6.47 各种垃圾处理方法比较

项 目	填 埋	焚 烧	高温堆肥
技术可靠性	可靠	可靠	可靠,国内已有经验
操作安全性	较好,注意防火防爆	好	好
选 址	较困难,要考虑地理条件,防止水体污染,一般远离市区,运输距离大于 20 km	较易,可靠近市区建设,运输距离可小于 10 km	较易,需避开住宅密集区,有气味影响
占地面积	大	小	中等
适用条件	分类无严格要求	低热值大于 4 000 kJ/kg	有机物含量大于 40%
最终处置	无	残渣需做处置,占初始量的 10%~20%	堆肥残余物需做处理,占初始量的 15%~35%

项　目	填　埋	焚　烧	高温堆肥
产品市场	有沼气回收的填埋场,沼气可作发电等用途	热能或电能易利用	落实堆肥市场有一定困难,需采用多种措施
能源化意义	部分有	部分有	无
资源利用	恢复土地利用或再生土地资源	垃圾分选可回收部分物质	作农肥和回收部分物质
地面水污染	有可能,需要采取措施防止污染	残渣填埋时有可能,但程度小	非堆肥物填埋时有可能,但程度小
地下水污染	有可能,需要采取防渗保护,但仍有可能渗漏	残渣填埋时有可能,但程度小	堆肥残余物填埋时有可能,但程度小
大气污染	可用集气、覆盖、收集回用等措施控制	烟气处理不当时有一定气体污染	有轻微气味
土壤污染	主要限于填埋场区域	无	需控制堆肥中有害物含量
管理水平	一般	较高	较高
单位投资(万元/t)	2～4	35～45	7～10
处理成本(元/t)	10～20	40～60	20～30

2) 城市生活垃圾能量化利用技术

(1) 填埋场气体发电

卫生填埋的特点是事先对填埋场地进行防渗透处理,以阻止产生的渗滤液对地下水和地表水的污染,并铺设安装排气管道,防止垃圾发酵过程中产生的易燃易爆气体,同时进行回收利用,或发电,或作为化工原料。垃圾运到选定的场地后,按照预定的程序在限定范围内铺成30～50 cm 的薄层,然后压实,再覆盖一层土,厚度为 20～30 cm。垃圾层和土壤层共同构成一个填埋单元。每天的垃圾,当天压实覆土后即是一个填埋单元。具有同样高度的一系列相互衔接的填埋单元构成一个填埋层。完整的填埋场是由多个填埋层组成的。当填埋厚度达到最终的设计高度之后,再在该填埋层上覆盖一层 90～120 cm 的土壤,压实后就形成一个封闭的垃圾填埋场。目前,世界上建成的垃圾填埋场有 4 817 座,其中美国已建成 2 247 座,欧共体建成 175 座。每年可回收填埋场沼气 5.142×10⁹ m³,约相当于 2.4×10⁶ t 石油的能量。我国现有约 500 座无害化垃圾填场。为了防止填埋物的二次污染问题和节约用地,可采用如下技术措施:

① 提高垃圾填埋场的填埋高度。这样不仅有利于减少占用土地,也有利于垃圾分解产气。

② 采用新材料、新工艺加强填埋场底部处理,并设置污水处理系统,以解决填埋物渗滤液对水源的污染。

③ 在垃圾填埋之前铺设垃圾渗滤液回收管道和填埋场气体抽取管道,提高填埋场沼气的抽取效率,并加强对填埋场气体的利用。其利用的形成主要有:一是作为供热锅炉的燃料,为周围地区供热;二是沼气净化后,并入城市煤气管网;三是用于发电。美国 80% 的填埋场气

体、欧洲50%的填埋场气体均用于发电。我国对新建的大型垃圾填埋厂均要求安装填埋物气体发电装量。

④ 压实垃圾填埋层,阻止空气进入垃圾,防止好氧反应的发生。已解决了一系列技术问题,如填埋场气体产气量预测技术、阻止空气进入填埋场技术、防渗漏及污水处理技术、竖井钻井技术及其设备的生产、水平抽气管的铺设和冷凝水处理技术、沼气的抽取和加压技术、填埋场气体发电技术及相应设备的生产、发电设备排放烟尘的防治技术,以及填埋场气体中 H_2S 等气体对发动机的腐蚀防治技术等。

填埋场气体发电是有效利用填埋场气体的途径。城市生活垃圾在填埋以后,经过一段时间后会产生填埋场气体,填埋场气体的成分如表6.48所示。

表 6.48　填埋场气体的体积成分

名　称	成　分	特　性
CH_4	54%	能量成分,温室气体
CO_2	40%	温室气体
O_2	1%	助燃和引起爆炸
N_2	4%	降低填埋物气体热值
H_2O	1%	引起凝结
H_2S	100 mg/m^3	引起腐蚀
$C_2 \sim C_n$	200 mg/m^3	有　毒
卤族碳氢化合物	100 mg/m^3	燃烧易生成二恶英

填埋场气体各成分的析出随时间而发生变化,其变化规律如图6.14所示。

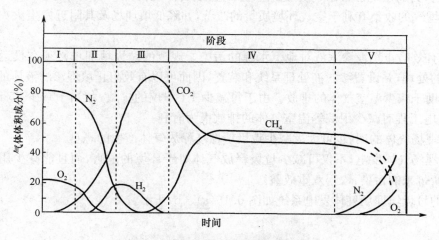

图 6.14　填埋场气体随时间的变化规律

填埋场气体的发电设备主要有内燃机发电机组和燃气轮机发电机组。在内燃机发电机组中,Otto循环发动机和Diese循环发动机是最常使用的发动机。这两种发动机在用填埋场释放气之前必须进行改装,都需要增设气化器,为燃烧室提供合适的可燃混合气体。填埋场气体净化处理系统的流程图如图6.15所示。

图 6.15　填埋气体处理系统流程图

　　Otto 循环发动机所使用的燃料比填埋气体的辛烷值低，为了使发动机达到额定的功率，应减小其燃烧室的体积；但对于 Diesel 循环发动机，由于它所用的燃料比填埋气体辛烷值高，所以应加大燃烧室的体积并增设自动点火装置，这样发动机才能高效运行。燃气轮机也用填埋场气体发电，燃气轮机的优点是单位重量的功率大，为 $70\sim140$ kW/t，而内燃机为 $27\sim80$ kW/t。美国有 61 个填埋场使用内燃机发电，24 个使用燃气轮机发电，总发电功率达 344 MW；欧洲有 50 个填埋场使用内燃机发电，大的单机发电功率在 $0.4\sim2$ MW 之间，小的内燃发动机被装在一集装箱内，可以从一个填埋场运到另一个填埋场使用。内燃发动机和燃气轮机的选择主要由填埋场沼气的产量决定。一般情况下，装机容量在 $1\sim3$ MW 时，选用内燃发动机较合适。而大于 3 MW 的填埋场，选用燃气轮机更经济，效率更高。目前，填埋物气体的发电能力为 $1.68\sim2$ (kW·h)/m³。垃圾填埋发电工程的经济性，必须综合考察垃圾填埋产生气体的全过程。垃圾填埋场本身的规模决定了气体的产量、产气效率和气体抽取率。一般认为，垃圾填埋量 1×10^6 t 以上、填埋高度 10 m 以上的沼气发电工程具有较好的投资回报率。同时，垃圾产生的填埋场气体回收和渗滤液回收系统的设计也非常重要。如果一个填埋场在一开始就考虑沼气的利用并铺设水平抽气管及渗滤液回收系统，则垃圾的产气率和气体抽取率都很高，可达 75% 以上。电价也是重要的影响因素，如果国家在税收、贷款方面给予优惠，将大大改善填埋场气体发电的经济性。

　　填埋场气体发电工程本身不存在对环境的二次污染问题，它的运行解决了垃圾填埋带来的环境问题，为周围地区带来了明显的环境效益，主要体现在：

　　① 填埋气的收集有利于空气环境质量的改善，并降低填埋场及其附近发生火灾和气体爆炸的几率。

　　② 可有效防止垃圾渗滤液对地下水源的污染。规范的垃圾填埋场必须在投运前对场地进行严密的处理，并设置渗滤液处理系统和装置，因而可以有效阻止填埋渗滤液体的外泄。

　　③ 有助于减少温室气体的排放。由于每减少 1 t 甲烷的排放，相当于减少 25 t CO_2 的排放，因此发电工程对减少甲烷等温室气体的排放极为有利。

　　④ 填埋场气体的回收，可大大减少垃圾填埋场释放气体产生的恶臭。

　　⑤ 填埋场气体发电，不仅可减少垃圾释放气体对于环境的危害，而且能减少用煤或油发同样电力所带来的污染，取得双重效益。

　　常见的垃圾填埋场气体发电系统如图 6.16(a)、(b)所示。

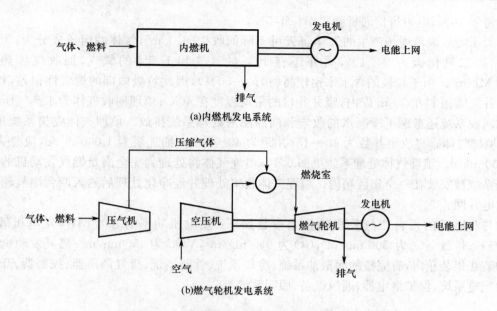

(a)内燃机发电系统

(b)燃气轮机发电系统

图 6.16　垃圾填埋场气体发电系统示意图

现以杭州天子岭垃圾填埋场为例说明垃圾填埋场气体发电技术。1995 年,杭州市区生活垃圾的日清运量为 1 781 t,年清运总量达 $6.5×10^5$ t。杭州天子岭垃圾填埋场要处理杭州市区的生活垃圾,在杭州市清运的混合生活垃圾中,其成分如表 6.49 所示。

表 6.49　杭州市生活垃圾组成成分(%)

垃圾成分	厨余	纸类	塑料	纤维、草木	有机物计	炉灰、土	玻璃	金属	无机物计
含　量	25	3	1.5	1.5	31	65	2	2	69

杭州天子岭垃圾填埋场位于杭州市北郊,垃圾填埋场呈峡谷形,总占地面积 $1.6×10^5$ m²。垃圾填埋场于 1991 年投入运行,起始作业面标高 54 m,现在的填埋作业面是 90 m²,填埋作业持续到 2004 年,总作业面标高 165 m,总填埋能力为 $6×10^6$ m³,最深处达 50 m 左右。天子岭填埋场的填埋物设计能力为日处理垃圾 $1.288×10^3$ t,每年处理 $4.7×10^5$ t,而实际填埋量为设计的 70%。到 1995 年已填埋垃圾 $1.4×10^6$ t。由于运输回收等多种原因,天子岭的填埋物组分与杭州市混合生活垃圾相比略有不同,有机物的比例比无机物略高,如表 6.50 所示。

表 6.50　天子岭垃圾填埋物组成成分(%)

垃圾成分	食品	纸类	塑料	动物	纺织品	有机物计	炉灰、土	玻璃	金属	砖瓦瓷器	无机物总量
含　量	46.11	1.51	1.54	1.98	1.18	52.32	45.49	1.4	0.9	0.89	48.68

在收集填埋气体之前,填埋作业已进行约六年,产气量基本稳定并达到发电利用的要求。

填埋场发电项目的设计值如下:填埋气体流量 20 000 m³/d,低热值 17.67 MJ/m³,高热值 19.65 MJ/m³,硫化氢 25 mg/m³,挥发性有机物 950 mg/m³,含水量饱和,装机总容量为 1.52 MW,电力输出净值 1.4 MW,年发电量 $1.27×10^7$ kW·h,工程总投资 2 000 万元。其他边界条件如下:发电机组经济寿命 15 年;运行管理费的通货膨胀率每年 5%;劳动力的通货膨胀率每年 10%；电力售价通货膨胀率每年 5%。

天子岭垃圾填埋场产生的气体每天可实际回收 19 131 m³，气体的组成成分为：甲烷占 54.4%，二氧化碳占 34.1%，另外还有 10% 的氮气和 1.3% 的氧气，回收气体热值为 19.5 MJ/m³。由于垃圾的含水率比较高（40%～50%），因此垃圾内部的透气性很差，打的竖井的井距需限制在 50 m 以内，竖井井口的平均温度在 40℃；填埋回收气体为水蒸气所饱和，因此回收系统还考虑了冷凝水的收集和向渗滤液处理系统排放。填埋气体收集系统参数如下：填埋气体垂直收集井数为 10～15，井距为 40～50 m，抽气泵为 1 000 m³/d，应急火炬为 20 000 m³/d。填埋气体处理系统见图 6.17，填埋气体将处理到完全满足燃气发动机的要求，处理系统被安装在一个集装箱内。填埋气体收集处理并经净化处理后送入两台燃气轮机，就地发电并网。

并联运行的每台燃气轮机的技术参数如下：发电机功率为 1.4 MW，发电机效率为 39.05%；排放 NO_x 为 500 mg/m³，CO 为 955 mg/m³，VOC 为 150 mg/m³；燃气发动机、发电机均装在集装箱内，有完整的润滑油系统、冷却系统、管路系统、排气消声器、控制器、开关柜、用电配电系统、保护继电器、通风设备、照明系统等。

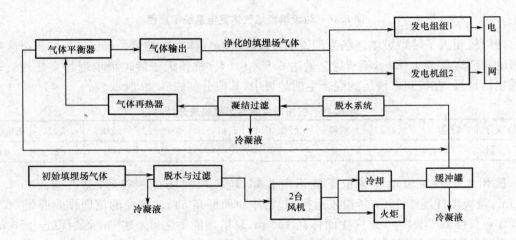

图 6.17　填埋气体处理系统流程图

工程实际总投资 2 075 万元，其中包括 1 660 万元的设施建设和 415 万元的技术投入；工程占地 1 250 m²。初始投资见表 6.51。

表 6.51　天子岭垃圾填埋气体利用工程投资表（万元，1995 年）

项 目 名 称	财 务 预 算	实 际 支 出
征地及平整费用	7.5	15
工程设计	45	45
火炬	5.8	5.8
发电机组及风机	931	931
自控系统及测量仪器	120	120
零部件、配件及工具	257	257
安 装	105	105

续表 6.51

项 目 名 称	财 务 预 算	实 际 支 出
办公设备、交通工具	30.7	30.7
技术投入	415	415
其 他	158	158
合 计	2 075	2 082.5

工程运行费用包括人力、动力、设备维修检测等。项目运行费用见表 6.52。

表 6.52　天子岭垃圾填埋气体利用项目运行费用表(万元,1995 年)

项 目 名 称	财 务 预 算	实 际 支 出
动力、水费等	65	130
维护及维修费	105	105
工资、奖金	30	30
管理费及其他	10	10
合 计	210	275

填埋场气体发的电直接上网,上网电价分为峰谷电价。峰谷电价如下:14 h 峰值电价为 0.63 元/(kW·h),10 h 非峰值电价为 0.17 元/(kW·h),平均电价为 0.438 元/(kW·h),年电力销售收入为(税前)510.69 万元,项目经济分析电价(长期预测价格)为 0.80 元/(kW·h)。该工程的年投资回报率达 14.8%。

近年来,随着我国大型城市生活垃圾填埋场数量的迅速增加,到 2010 年已达到 489 个,日处理能力 288 957 t,从而为填埋发电技术提供了广阔的市场。

(2)垃圾焚烧发电技术

城市生活垃圾的焚烧是在焚烧炉内完成的,焚烧炉根据其燃烧方式可分为链条炉、转炉和流化床。国内外应用最多的是链条炉和转炉。垃圾焚烧发电技术是利用垃圾焚烧产生的热能经过汽水系统变成蒸汽的热能,然后使蒸汽推动汽轮机,再由汽轮机带动发电机进行发电。转炉和链条炉的焚烧发电系统示意图如图 6.18 和图 6.19 所示。

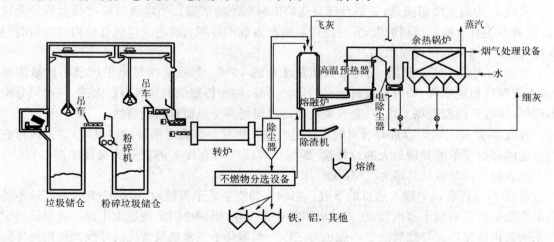

图 6.18　转炉垃圾焚烧发电系统示意图

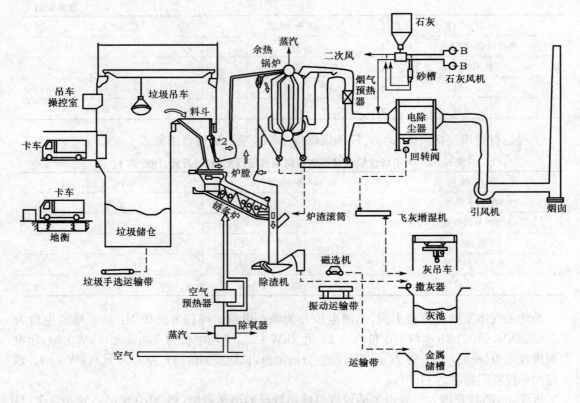

图 6.19 链条炉垃圾焚烧发电系统示意图

在垃圾焚烧炉的设计过程中,要考虑垃圾焚烧炉的运行特点。垃圾焚烧炉在实际运行过程中,其焚烧能力受多种运行参数的影响。在图 6.20 中,横坐标为垃圾质量流量,纵坐标为垃圾的释热量。当垃圾的热值一定时,垃圾的释热量和垃圾的质量流量呈线性关系。不同的垃圾低热值对应不同的直线,形成一个直线簇。焚烧炉的实际运行工况如图 6.20 中直线围成的区间。围成该区间的不同直线代表的含义如下:

直线 1,为最大质量流量,它是设计焚烧炉供料系统的依据。当垃圾量超过最大质量流量时,垃圾不能有效地运送到炉内,并且燃烧后的灰渣也不能顺利排走。垃圾在炉内的停留时间太短,因此不能保证使垃圾燃烬。

直线 2,为最小质量流量,约为最大质量流量的 40%。当质量流量小于该最小质量流量时,不能保证稳定供料,炉内垃圾料层不均匀。另外,由于待燃烧的垃圾料层太薄,一次风分配不均匀,导致炉内温度场不均匀,会造成垃圾难以燃烬和受热面材料的腐蚀。

直线 3,是一定锅炉容量时对应的垃圾最大输入热量。在确定锅炉的容量时,通常选择它在一定的释热量下能处理最大的垃圾量,即选择直线 3 与直线 1 的交点为最佳工况点(P_1),该工况点对应的垃圾低热值为 9 MJ/kg。

直线 4,是代表锅炉输入热量的下限。当输入的能量低于该值时,锅炉产生的蒸汽量不能满足汽轮机所需的最小蒸汽量,使汽轮机不能正常工作,锅炉也因产汽量太小而不能保证锅炉水系统的正常循环而导致焚烧炉不能正常工作。水循环不正常是最常见的导致焚烧炉损坏的原因。此外,输入能量的减少也导致了烟气流量的减少,而烟气流量的减少又会引起烟道积灰

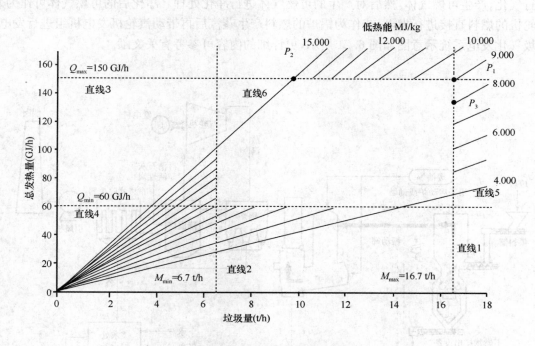

图 6.20　垃圾焚烧炉运行图

的加剧。

　　直线 5,是垃圾的最小低热值线。当垃圾的低热值低于该值时,垃圾需要高热值的助燃油或气才能维持垃圾在焚烧炉内正常燃烧。

　　直线 6,是垃圾的最大低热值线。当垃圾的低热值高于该热值时,会导致炉内温度超温,使灰渣处于熔化状态,遇到冷风后使灰渣堵塞风道。炉内超温还会使炉排因热应力导致受热面材料的高温腐蚀。

　　在垃圾焚烧厂中,当垃圾的低热值发生变化时,焚烧炉的实际运行工况点就会偏离原来的最佳工况点 P_1。当垃圾的低热值增加时,在同样的释热量下所需的垃圾量就变少了,焚烧炉的运行工况点就沿直线 3 由 P_1 向非最佳工况点 P_2 移动;当垃圾的低热值降低时,在相同的垃圾质量流量下所释放的热值就减少了,在垃圾质量流量保持在最大质量流量时,焚烧炉的工况由原来的最佳工况点 P_1 沿直线 1 向非最佳工况点 P_3 移动。

　　垃圾焚烧厂发电系统与一般的火力发电厂相比,主要差别在于:垃圾焚烧发电厂的主要目的是对垃圾进行处理,回收能量处于次要地位,希望在相同的垃圾释热量下处理的垃圾量越多越好。垃圾焚烧发电厂的主要收益来自于每吨垃圾的处理费,该处理费由垃圾的产生者和政府支付,不同国家的支付方式是不同的。对一般的火力发电厂而言,从燃料中最大限度地获取能量是首要的,因此希望在相同的释热量下,所需的燃料量越小越好,以降低发电的成本。

　　为了降低垃圾焚烧厂的烟气对环境所造成的危害,应该对烟气进行净化,净化的原理和所采用的净化工艺与燃煤产生的烟气的净化工艺类似,此处不再详述。

　　(3) 垃圾气化发电技术

　　垃圾的气化发电技术不同于垃圾焚烧发电技术。在垃圾气化发电的过程中,首先将垃圾进行气化,产生可燃气体,然后对产生的可燃气体进行净化处理。净化后的可燃气体可作为燃气轮机的燃料直接进行发电,或作为锅炉的燃料产生蒸汽后再带动汽轮机发电机组进行发电。垃圾气化发电系统示意图如图 6.21 所示,更详细的内容可参考有关文献。

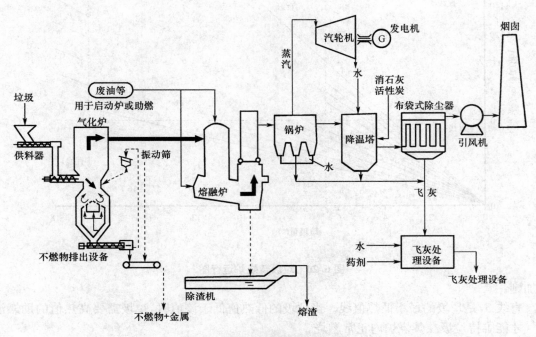

图 6.21　垃圾气化发电系统示意图

（4）城市污泥供热、发电技术

城市污泥是指在城镇污水处理过程中产生的初沉池污泥和二沉池污泥,不包括格栅栅渣、浮渣和沉沙池沉砂。污泥的特点是:含水率高(75～99％);有机物含量高,易腐烂;含有具有潜在利用价值的有机质,氮、磷、钾和各种微量元素;寄生虫卵、病原微生物等致病物质;铜、锌、铬等重金属;多氯联苯、二恶英等难降解有毒有害物质,易造成二次污染。2011 年,我国城市污泥的产量超过 2 800 万吨,成为主要的固体废物来源之一。目前我国城市污泥的处理方法主要有填埋、堆肥农用、园林绿化和焚烧,其中以农田和园林绿化的消纳为主。随着我国城市污泥产量的逐年增加,污泥的焚烧处理将逐渐提到议事日程,像发达国家城市污泥焚烧的技术一样,焚烧后的污泥可以供热、发电和热电联产。污泥焚烧之前,要先进行干燥预处理,其流程图如图 6.22 所示;污泥的干燥和焚烧的流程如图 6.23 所示;污泥焚烧发电的流程图如图 6.24 所示。

城市污泥除了采用焚烧的方式进行供热和发电以外,近年来发达国家多采用制沼气的方法处理城市污泥,城市污泥制备的沼气可以作为燃料进行供热和发电,也可以经过纯化处理后,使沼气中的甲烷的体积浓度超过 95％,达到城市供气管网对气体燃料的质量要求,将其送入城市供气管网,作为民用和工业用燃料。城市污泥制备沼气后的残余物,可以再进一步进行能源化或资源化利用。

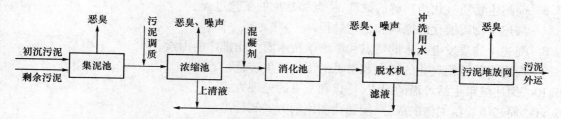

图 6.22 城市污泥预处理流程图

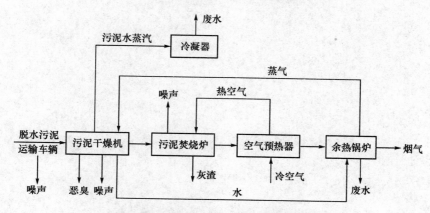

图 6.23 城市污泥的干燥和焚烧流程图

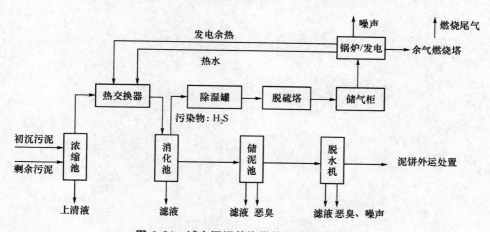

图 6.24 城市污泥焚烧供热和发电流程图

思 考 题

6.1 简述生物质能的来源、种类、资源状况和特点。

6.2 生物质能转换利用的途径是怎样的？

6.3 生物质能的利用方式有哪些？简述生物质能在利用过程中的污染物排放状况。

6.4 简述生物质燃烧的基本原理和生物质燃烧方式及特点。

6.5 简述除尘的原理和各种除尘器的特点。

6.6　简述生物质气化与热解的原理、特点和常见的工艺过程。

6.7　简述生物质液化的原理和工艺过程。

6.8　简述生物质发电技术的特点和影响该技术商业化推广的因素。

6.9　简述生物质沼气化的特点和常见的沼气发生装置。

6.10　简述城市生活垃圾的组成、特点和常见的处理方式。

6.11　简述填埋场气体的成分、能源化利用的方式和特点。

6.12　简述生物质能利用的现状和发展趋势。

7 氢能技术

7.1 氢气的性质

　　1766 年,英国的卡文迪什(Cavendish)实验室在金属与酸的反应产生的气体中发现了氢,以希腊语命名为"水的形成者"。1818 年,英国利用电流分解水制取了氢。1839 年,英国的威廉·格罗夫(William Grove)首次提出用氢气为燃料的燃料电池。20 世纪 20 年代,英国和德国开始了对氢燃料的研究。1923 年剑桥大学的 J. B. S. 霍尔丹(J. B. S. Haldane)提出用风力作为电解水的能源,而这个设想直到半个世纪以后才得以实现。1928 年鲁道夫·杰仁(Ruldolph Jeren)获得了第一个氢气发动机的专利。20 世纪 50 年代意大利的西塞·马凯蒂(Cesare Marchetti)首次倡导将氢气作为能量的载体,提出原子核反应器的能量输出既可以电能的形式传递,也可以氢为燃料的形式传递,认为氢气形式的能量比电能更易稳定存储。20 世纪 60 年代,液氢首次用作航天动力燃料。20 世纪 80 年代,德国与沙特阿拉伯合作开发太阳能制氢的研究,示范项目的功率为 350 kW。1994 年第一辆以氢气为燃料的燃料电池汽车问世。

　　氢气与电力、水蒸气一样,都是二次能源载体,它们的异同见表 7.1。

表 7.1　电、蒸汽和氢气作为能源载体的比较

项 目	电 能	水 蒸 气	氢 气
来 源	一次能源+发电机	一次能源+锅炉	一次能源+反应器
载能种类	电能	热能	化学能
输出的能量	电能	热能	电能和热能
输送方式	电缆	保温管道	管道、容器(气、液、固相)
输送距离	不限	短距离	不限
输送能耗	不太大	大	小
存 储	小量存储(电容器)	很难存储(蓄热器)	大规模存储(存储方式多样化)
能量密度	取决于电压	取决于蒸汽温度	取决于气压
使用终端	电动机(电能)、电阻(热能)	热机(机械能)、发电机(电能)、换热器(热能)	热机(机械能)、燃料电池(电能、热能)
再生性	可以	可以	可以
最终生产物	—	水	水
发现年代	19 世纪	18 世纪	18 世纪
工业应用年代	19 世纪	18 世纪	19 世纪

　　从表 7.1 中可以看出,如果生产电能、蒸汽和氢气的一次能源是清洁能源,则电能、蒸汽和氢气对环境都是友好的。它们之间最大的差别在于氢气可以大规模存储,而且存储方式多种多样,这就决定了氢能是比电能和蒸汽更方便应用的二次能源载体。氢能作为 21 世纪的理想能源有如下优点:

　　(1) 氢的资源丰富。在地球上的氢主要以混合物的形式存在,如水、甲烷、氨、烃类等。而水是地球的主要资源,地球表面 70% 以上被水覆盖;即使在陆地,也有丰富的地表水和地下水。

　　(2) 氢的来源多样性。可以由各种一次能源(如天然气、煤和煤层气等化石燃料)制备;也可以由可再生能源,如太阳能、风能、生物质能、海洋能、地热能或二次能源(如电力)等获得。地球各处都有可再生能源,而不像化石燃料有很强的地域性。

　　(3) 氢能是最环保的能源。利用低温燃料电池,由化学反应将氢气转化为电能和水,不排放 CO_2 和 NO_x。使用氢气为燃料的内燃机,也可以显著减少污染排放。

　　(4) 氢气具有可存储性。与电能和蒸汽相比,氢气可以大规模存储。可再生能源具有时空不稳定性,可以将再生能源制成氢气存储起来。

　　(5) 氢的可再生性。氢气进行化学反应产生电能(或热能)并生成水,而水又可以进行电解转化成氢气和氧气,实现再生。

　　(6) 氢气是和平能源。氢气既可再生又来源广泛,每个国家都有丰富的资源,不像化石燃料那样分布不均,不会因资源分布不均而引起能源的争夺或引发战争。

　　(7) 氢气是安全的能源。氢气不会产生温室气体,也不具有放射性和放射毒性。氢气在空气中的扩散能力很强,在燃烧或泄漏时就可以很快地垂直上升到空气中并扩散,不会引起长期的后继伤害。

　　氢气的上述优点,使氢气可以同时满足资源、环境和可持续发展的要求,成为人类理想的能源。

　　目前用管道、油船、火车、卡车运输气态或液态氢,用高压瓶或高压容器以氢化金属或液氢的形式储氢。

　　氢气可以以气、液、固三种状态存在。它的物理特性是:无毒、无刺激性、无气味、无腐蚀性、无辐射性、不致癌、易挥发、易燃易爆、会引起一些金属发生氢脆。

　　其化学特性如下:

符号	H_2
相对原子质量	1.008
沸点温度(在 101.3 kPa 时)	−253℃
融化温度	−259℃
临界点温度	−240℃
临界压力	13 kPa
汽化潜热	454 kJ/kg
密度(在 101.3 kPa 时)	0.089 kg/m³
液氢密度	708 kg/m³
每立方米含能量	0.267(kW · h)/m³
每千克含能量	33.3(kW · h)/kg
体积膨胀系数	3.668×10^{-3} K⁻¹

比定压热容 $c_p = 14.32 \text{ kJ/(kg} \cdot \text{K)}$

比定容热容 $c_V = 10.17 \text{ kJ/(kg} \cdot \text{K)}$

导热率 $0.184 \text{ W/(m} \cdot \text{K)}$

声速(20℃)   1 286 m/s

光谱线波长   656.272 5 nm

氢气的着火温度   530~590℃

氢气的着火体积浓度   5%~96%(与氧气混合,氧气的浓度为 4%~95%)

5%~73.5%(与空气混合,空气的浓度为 26.6%~95%)

氢气的爆炸体积浓度极限(常压,20℃)   4.0%~75.9%

由于 H—H 键的键能大,在常温下,氢气比较稳定。除氢气与氯气在光照条件下化合,以及氢与氟在冷暗处化合之外,其余反应均在较高温度下才能进行。虽然氢气的标准电极电势比铜、银等金属低,但当氢气直接通入这些金属的盐溶液后,一般不会置换出这些金属。在较高的温度下,特别是存在催化剂时,氢气很活泼,能燃烧,并能与许多金属、非金属发生反应,其化合价为 1。氢的化学性质表现为:

(1) 氢气与金属的反应

氢原子核外只有一个电子,它与活泼金属如钠、锂、钙、镁、钡作用而生成氢化物,可获得一个电子,呈−1 价。它与金属钠、钙的反应为

$$H_2 + 2Na \rightarrow 2NaH \tag{7.1}$$

$$H_2 + Ca \rightarrow CaH_2 \tag{7.2}$$

在高温下,氢可将许多金属氧化物置换出来,使金属还原,如氢气与氧化铜、氧化铁的反应式为

$$H_2 + CuO \rightarrow Cu + H_2O \tag{7.3}$$

$$4H_2 + Fe_3O_4 \rightarrow 3Fe + 4H_2O \tag{7.4}$$

(2) 氢气与非金属的反应

氢气可与很多非金属如氧、氯、硫等反应,均失去一个电子,呈+1 价,反应式为

$$H_2 + F_2 \rightarrow 2HF \quad \text{(爆炸性化合)} \tag{7.5}$$

$$H_2 + Cl_2 \rightarrow 2HCl \quad \text{(爆炸性化合)} \tag{7.6}$$

$$H_2 + I_2 \rightarrow 2HI \quad \text{(可逆反应)} \tag{7.7}$$

$$H_2 + S \rightarrow H_2S \tag{7.8}$$

$$2H_2 + O_2 \rightarrow 2H_2O \tag{7.9}$$

在高温时,氢可将氯化物中的氯置换出来,使金属和非金属还原,其反应式为

$$SiCl_4 + 2H_2 \rightarrow Si + 4HCl \tag{7.10}$$

$$SiHCl_3 + H_2 \rightarrow Si + 3HCl \tag{7.11}$$

$$TiCl_4 + 2H_2 \rightarrow Ti + 4HCl \tag{7.12}$$

(3) 氢气的加成反应

在高温和催化剂存在的条件下,氢气可对碳碳重键和碳氧重键起加成反应,可将不饱和有

机物(结构含有>C=<或—C≡C—等)变为饱和化合物,将醛、酮(结构中含有>C=O基)还原为醇。如一氧化碳与氢气在高压、高温和催化剂存在的条件下可生成甲醇,其反应式为

$$2H_2 + CO \rightarrow CH_3OH \tag{7.13}$$

(4) 氢原子与某些物质的反应

在加热时,通过电弧和低压放电,可使部分氢气分子离解为氢原子。氢原子非常活泼,但存在时间仅为 0.5 s,氢原子重新结合为氢分子时要释放出大量能量,使反应系统达到非常高的温度。工业上常利用原子氢结合所产生的高温,在还原气氛中焊接高熔点金属,其温度可高达3 500℃。锗、锑、锡不能与氢气化合,但它们可以与原子氢反应生成氢化物,如原子氢与砷的化学反应式为

$$3H + As \rightarrow AsH_3 \tag{7.14}$$

原子氢可将某些金属氧化物、氯化物还原成金属,原子氢也可还原含氧酸盐,其反应式为

$$2H + CuCl_2 \rightarrow Cu + 2HCl \tag{7.15}$$

$$8H + BaSO_4 \rightarrow BaS + 4H_2O \tag{7.16}$$

(5) 毒性及腐蚀性

氢无毒、无腐蚀性,但对氯丁橡胶、氟橡胶、聚四氟乙烯、聚氯乙烯等具有较强的渗透性。

氢气和氧气或空气中的氧气在一定的条件下,可以发生剧烈的氧化反应(即燃烧),并释放出大量的热量,其化学反应式为

$$H_2 + \frac{1}{2}O_2 = H_2O + Q \tag{7.17}$$

式中,Q 表示氢气的反应热,$Q = 12\ 753$ kJ/m³。

氢气在自然界中的含量丰富,但很少以纯净的状态存在于自然界,通常以化合物的形式存在于自然界中。纯氢气在自然环境状态下以气态存在,只有经过液化过程处理才以液态形式存在。氢原子与其他物质结合在一起形成化合物的种类很多,能作为能源载体的含氢化合物的种类并不多。常见的含氢化合物的含能量如表 7.2 所示,这些化合物都和氢气一样,可以作为能量载体在能量的释放、转换、储存和利用过程中发挥重要的作用。

表 7.2　含氢化合物的储能特性

储能特性	物　质　名　称							
	氢气 (20 MPa)	液氢	MgH	FeTiH	甲烷(液)	甲醇	汽油	煤油
含能量 [(kW·h)/L]	0.49	2.36	3.36	3.18	5.8	4.42	8.97	9.5
含能量 [(kW·h)/kg]	33.3	33.3	2.33	0.58	13.8	5.6	12.0	11.9

7.2 氢气作为能源的特点

与常见的化石燃料煤、石油和天然气相比,氢气不仅像上述化石燃料一样可以作为燃料,而且可以作为能源的载体,在能量的转换、储存、运输和利用过程中发挥作用。氢气作为能源的优点:一是环境友好性;二是可作为能源的载体;三是可实现能源的可持续发展。与上述优点相比,氢气作为能源也有不足之处:一是成本高;二是易燃易爆。

氢气的燃点温度为 574℃,但不能就此认为氢气不易着火和燃烧。实际上,氢气在空气中和在氧气中,都是很容易点燃的,这是因为氢气的最小着火能量很低。氢气在空气中的最小着火能量为 9×10^{-5} J,在氧气中为 7×10^{-6} J。如果用静电计测量化纤衣服摩擦产生的放电能量,则该能量比氢气在空气中的最小着火能量要大好几倍,这可从另一方面说明氢气的易燃性。氢气在空气中的着火能量随氢气的体积浓度变化而变化,氢气在空气中的体积浓度为 28%时,其着火能量最小。随着氢气体积浓度的下降,着火能量上升很快。当氢气体积浓度减少到 10%以下时,其着火能量增加一个数量级;当氢气的体积浓度增加时,其着火能量也随之增加;当氢气的体积浓度增加到 58%时,其着火能量也增加一个数量级。氢气在空气中最容易着火的浓度为 25%～32%。在常压下,氢气与空气混合后的燃烧浓度范围很宽,体积浓度为 4%～75%,只有乙炔和氨的可燃浓度范围比氢气宽。氢气和氧气混合后,其燃烧体积浓度范围更宽,达到 4%～94%。氢气与空气混合物的爆炸体积浓度极限也很宽,氢气在空气中发生爆炸的体积浓度为 18%～59%。

7.3 氢气的制备与储运

7.3.1 氢气的制备

在一次矿物能源中,氢的含量如表 7.3 所示。

表 7.3 一次矿物能源中的含氢量

含氢量	天然气	液化气	汽 油	重 油	褐 煤	烟 煤	无烟煤
X＝H/C	4.0	2.6	2.2	1.4	0.9	0.7	0.4
含氢质量(%)	25.0	18.0	15.5	10.5	7.0	5.5	3.2

氢气的制备方法主要有以下几种:

1) 用水制氢

(1) 水电解制氢

水电解制备氢气是一种成熟的制氢技术,到目前为止已有近 100 年的生产历史。水电解制氢是氢与氧燃烧生成水的逆过程,因此只要提供一定形式的能量,就可使水分解。水电解制氢的原理图见图 7.1。

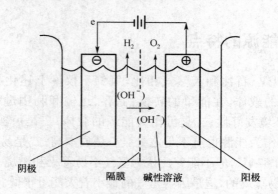

图 7.1　电解水制氢的过程示意图

阳极反应：　　　　　　　　　　$4e + 2H_2O \rightarrow 2H_2 + 4OH^-$ 　　　　　　　　　　(7.18)

阴极反应：　　　　　　　　　　$4OH^- \rightarrow O_2 + 2H_2O + 4e$ 　　　　　　　　　　(7.19)

　　水电解制氢的工艺简单，无污染，其转化率一般为 75%～85%，但消耗电量大，每立方米氢气的电耗为 4.5～5.5 kW·h，电费占整个水电解制氢生产费用的 80% 左右，使其与其他制氢技术相比不具有商业竞争力，电解水制氢仅占总制氢量的 4% 左右。目前仅用于高纯度、产量小的制氢场合。

　　（2）高温热解水制氢

　　水的热解反应为

$$H_2O(g) \rightarrow H_2(g) + \frac{1}{2}O_2(g) \qquad\qquad (7.20)$$

　　这是一个吸热反应，常温下平衡转化率极小，一般在 2 500℃时才有少量水分解，只有将水加热到 3 000℃以上时，反应才加速到有实际应用的可能。高温热解水制氢的难点是高温下的热源问题、材料耐温问题等，突出的技术难题是高温和高压。

　　（3）热化学制氢

　　水的热化学制氢是指在水系统中，在不同的温度下，经历一系列不同但又相互关联的化学反应，最终分解为氢气和氧气的过程。在这个过程中，仅消耗水和一定的热量，参与制氢过程的添加元素或化合物均不消耗，整个反应过程构成一个封闭的循环系统。与水的直接高温热解制氢相比较，热化学制氢的每一步反应温度均在 800～1 000℃，相对于 3 000℃而言，为较低的温度下进行，能源匹配、设备装置的耐温要求和投资成本等问题也相对容易解决。热化学制氢的其他优点还有能耗低（相对于水电解和直接高温热解水成本低）、可大规模工业生产（相对于再生能源）、可实现工业化（反应温和）、效率高等。

　　热化学循环制氢过程按反应涉及的物料可分为氧化物体系、卤化物体系、含硫体系和杂化体系等。

　　氧化物体系最简单的过程是用金属氧化物（MeO）进行两步反应。

氢气生成：　　　　　　　　　　$3MeO + H_2O \rightarrow Me_3O_4 + H_2$ 　　　　　　　　(7.21)

氧气生成：　　　　　　　　　　$Me_3O_4 \rightarrow 3MeO + \frac{1}{2}O_2$ 　　　　　　　　　　(7.22)

其中金属（Me）可分别为 Mn，Fe，Co。

在卤化物体系中,如金属—卤化物体系,反应为

氢气生成：
$$3MeX_2 + 4H_2O \rightarrow Me_3O_4 + 6HX + H_2 \tag{7.23}$$

其中,金属 Me 可以为 Mn 和 Fe,卤化物 X 可以为 Cl、Br 和 I。

卤素生成：
$$Me_3O_4 + 8HX \rightarrow 3MeX_2 + 4H_2O + X_2 \tag{7.24}$$

氧气生成：
$$MeO + X_2 \rightarrow MeX_2 + \frac{1}{2}O_2 \tag{7.25}$$

水解：
$$MeX_2 + H_2O \rightarrow MeO + 2HX \tag{7.26}$$

本反应体系中最著名的循环反应是东京大学-3 循环(University of Tokyo - 3),其中金属为 Ca,卤素用 Br,循环反应由如下四步组成：

① 水分解成 HBr：气—固反应,反应温度 730℃,吸热
$$CaBr_2 + H_2O \rightarrow CaO + 2HBr \tag{7.27}$$

② O_2生成：气—固反应,反应温度 550℃
$$CaO + Br_2 \rightarrow CaBr_2 + \frac{1}{2}O_2 \tag{7.28}$$

③ Br_2生成：
$$Fe_2O_3 + 8HBr \rightarrow 3FeBr_2 + 4H_2O + Br_2 \tag{7.29}$$

④ H_2生成：
$$3FeBr_2 + 4H_2O \rightarrow Fe_3O_4 + 6HBr + H_2 \tag{7.30}$$

此循环反应的预期效率为 35%～40%,如果同时发电,总效率可提高 10%。循环中两步关键反应均为气—固反应,简化了产物与反应物的分离。整个过程所采用的材料都廉价易得,无需采用贵金属。

含硫体系中最著名的循环反应是由美国 GA 公司在 20 世纪 70 年代发明的碘—硫循环(Iodine-Sulfur Cycle, IS),其反应为

本生(Bunsen)反应：
$$SO_2 + I_2 + 2H_2O \rightarrow 2HI + H_2SO_4 \tag{7.31}$$

硫酸分解反应：
$$H_2SO_4 \rightarrow H_2O + SO_2 + \frac{1}{2}O_2 \tag{7.32}$$

氢碘酸分解反应：
$$2HI \rightarrow I_2 + H_2 \tag{7.33}$$

该循环的优点是闭路循环,只需要加入水,其他物料循环使用;循环中的反应可以实现连续运行;预期效率可达 52%,制氢和发电的总效率可达 60%。

在杂化体系中,它是水裂解的热化学过程与电解反应的联合过程,为低温电解反应提供了可能性。杂化体系包括硫酸—溴杂化过程、硫酸杂化过程、烃杂化过程和金属—卤化物杂化过程等。以甲烷—甲醇制氢为例说明烃杂化过程,其反应为

$$CH_4(g) + H_2O(g) \rightarrow CO(g) + 3H_2(g) \tag{7.34}$$

$$CO(g) + 2H_2(g) \rightarrow CH_3OH(g) \tag{7.35}$$

$$CH_3OH(g) \rightarrow CH_4(g) + \frac{1}{2}O_2(g) \tag{7.36}$$

该循环在压力为 4～5 MPa 的高温下进行,反应步骤不多,原料便宜,效率可达 33%～40%,所采用的化工工艺也都比较成熟,具有实用价值。

总体来说,热化学制氢目前还不够成熟,还需进一步完善,才能达到商业化实用的技术水平。

2）化石燃料制氢

目前全世界制氢的年产量约为 $5 \times 10^{11} m^3$，并以每年 6%～7% 的速度增加，其中煤、石油和天然气等的制氢约占 96%。

（1）煤制氢

煤制氢技术主要以煤气化制氢为主，此项技术已经有近 200 年的历史，在我国也有近百年的历史，可分为直接制氢和间接制氢。煤的直接制氢包括：煤的干馏，在隔绝空气条件下，在 900～1 000℃ 制取焦炭，副产品焦炉煤气中含氢气 55%～60%、甲烷 23%～27%、一氧化碳 6%～8%，以及少量其他气体；煤的气化，煤在高温、常压或加压下，与气化剂反应，转化成气体产物，气化剂为水蒸气或氧气（空气），气体产物中含有氢气等组分，其含量随不同气化方法而异。煤的间接制氢过程，是指将煤首先转化为甲醇，再由甲醇重整制氢。

煤气化制氢主要包括造气反应、水煤气变换反应、氢的提纯与压缩三个过程。煤气化反应如下：

$$C(s) + H_2O(g) \rightarrow CO(g) + H_2(g) \tag{7.37}$$

$$CO(g) + H_2O(g) \rightarrow CO_2(g) + H_2(g) \tag{7.38}$$

煤气化是一个吸热反应，反应所需的热量由氧气与碳的氧化反应（燃烧）提供。煤气化工艺有很多种，如 Koppers-Totzek 法、Texco 法、Lurqi 法、气流床法、流化床法等。近年来还研发了多种煤气化的新工艺、煤气化与高温电解结合的制氢工艺、煤热解制氢工艺等。

（2）气体燃料制氢

天然气和煤层气是化石燃料主要的气体形态。气体燃料制氢主要是指天然气制氢。天然气的主要成分是甲烷。天然气制氢的主要方法有天然气水蒸气重整制氢、天然气部分氧化重整制氢、天然气催化裂解制氢等。

在天然气水蒸气重整制氢中，所发生的基本反应如下：

转化反应　　　　　　　$CH_4 + H_2O \rightarrow CO + 3H_2$ 　　　　　　(7.39)

变换反应　　　　　　　$CO + H_2O \rightarrow CO_2 + H_2$ 　　　　　　(7.40)

总反应式　　　　　　　$CH_4 + 2H_2O \rightarrow CO_2 + 4H_2$ 　　　　　　(7.41)

转化反应和变换反应均在转化炉中完成，反应温度为 650～850℃，反应的出口温度为 820℃ 左右。若原料按下式比例进行混合，则可以得到 CO：H_2=1：2 的合成气：

$$3CH_4 + CO_2 + 2H_2O \rightarrow 4CO + 8H_2 \tag{7.42}$$

天然气水蒸气重整制氢反应是强吸热反应，因此该过程具有能耗高的缺点，燃料成本占生产成本的 52%～68%。另外，该过程反应速度慢，而且需要耐高温不锈钢管材制作反应器，因此该法具有初投资高的缺点。

在天然气部分氧化重整制氢中，氧化反应需要在高温下进行，有一定的爆炸危险，不适合在低温燃料电池中使用。天然气部分氧化制氢的主要反应为

$$CH_4 + \frac{1}{2} H_2 \rightarrow CO + 2H_2 \tag{7.43}$$

在天然气部分氧化过程中，为了防止析碳，常在反应体系中加入一定量的水蒸气，这是因为反应除上述主反应外，还有以下反应：

$$CH_4 + H_2O \rightarrow CO + 3H_2 \tag{7.44}$$

$$CH_4 + CO_2 \rightarrow 2CO + 2H_2 \tag{7.45}$$

$$CO + H_2O \rightarrow CO_2 + H_2 \tag{7.46}$$

天然气部分氧化重整是合成气制氢的重要方法之一,与水蒸气重整制氢方法相比,变强吸热为温和放热,具有低能耗的优点,可显著降低初投资。但该工艺具有反应条件苛刻和不易控制的缺点,另外需要大量纯氧,需要增加昂贵的空分装置,增加了制氢的运行成本。天然气水蒸气重整与部分氧化重整联合制氢,比起部分氧化重整具有氢浓度高、反应温度低等优点。

在天然气催化热裂解制氢中,首先将天然气和空气按理论完全燃烧比例混合,同时进入炉内燃烧,使温度逐渐上升到 1 300℃时停止供给空气,只供给天然气,使之在高温下进行热解,生成氢气和炭黑。其反应式为

$$CH_4 \rightarrow 2H_2 + C \tag{7.47}$$

天然气裂解吸收热量使炉温降至 1 000~1 200℃时,再通入空气使原料气体完全燃烧升高温度后,再次停止供给空气进行热解,生成氢气和炭黑,如此往复间歇进行。

(3) 液体化石燃料制氢

液体化石燃料如甲醇、轻质油和重油也是制氢的重要原料,常用的工艺有甲醇裂解—变压吸附制氢、甲醇重整制氢、轻质油水蒸气转化制氢、重油部分氧化制氢等。

① 甲醇裂解—变压吸附制氢

甲醇与水蒸气在一定的温度、压力和催化剂存在的条件下,同时发生催化裂解反应与一氧化碳变换反应,生成氢气、二氧化碳及少量的一氧化碳,同时由于副反应的作用会产生少量的甲烷、二甲醚等副产物。甲醇加水裂解反应是一个多组分、多个反应的气固催化复杂反应系统。主要反应为

$$CH_3OH + H_2O \rightarrow CO_2 + 3H_2 \tag{7.48}$$

$$CH_3OH \rightarrow CO + 2H_2 \tag{7.49}$$

$$CO + H_2O \rightarrow CO_2 + H_2 \tag{7.50}$$

总反应为

$$CH_3OH + H_2O \rightarrow CO_2 + 3H_2 \tag{7.51}$$

反应后的气体产物经过换热、冷凝、吸附分离后,冷凝吸收液可循环使用,未冷凝的裂解气体再经过进一步处理,脱去残余甲醇与杂质后,送到氢气提纯工序。甲醇裂解气体主要成分是 H_2 和 CO_2,其他杂质成分是 CH_4、CO 和微量的 CH_3OH,利用变压吸附技术分离除去甲醇裂解气体中的杂质组分,可获得纯氢气。

甲醇裂解—变压吸附制氢技术具有工艺简单、技术成熟、初投资小、建设周期短、制氢成本低等优点,是制氢厂家欢迎的制氢工艺。

② 甲醇重整制氢

甲醇在空气、水和催化剂存在的条件下,温度处于 250~330℃时进行自热重整,甲醇水蒸气重整理论上能够获得的氢气浓度为 75%。甲醇重整的典型催化剂是 $Cu\text{-}ZnO\text{-}Al_2O_3$,这类

催化剂也在不断更新使其活性更高。这类催化剂的缺点是其活性对氧化环境比较敏感,在实际运行中很难保证催化剂的活性,使该工艺的商业化推广应用受到一定限制。

③ 轻质油水蒸气转化制氢

轻质油水蒸气转化制氢是在催化剂存在的情况下,温度达到 800～820℃时进行如下主要反应:

$$C_nH_{2n+2}+nH_2O \rightarrow nCO+(2n+1)H_2 \tag{7.52}$$

$$CO+H_2O \rightarrow CO_2+H_2 \tag{7.53}$$

用该工艺制氢的氢气体积浓度可达 74%。生产成本主要取决于轻质油的价格。我国轻质油价格偏高,该工艺的应用在我国受到制氢成本高的限制。

④ 重油部分氧化制氢

重油包括常压渣油、减压渣油及石油深度加工后剩余的燃料油。部分重油燃烧提供氧化反应所需的热量并保持反应系统维持在一定的温度,重油部分氧化制氢在一定的压力下进行,可以采用催化剂,也可以不采用催化剂,这取决于所选原料与工艺。催化部分氧化通常是以甲烷和石油脑为主的低碳烃为原料,而非催化部分氧化则以重油为原料,反应温度在 1 150～1 315℃。重油部分氧化包括碳氢化合物与氧气、水蒸气反应生成氢气和碳氧化物,典型的部分氧化反应如下:

$$C_nH_m+\frac{1}{2}nO_2 \rightarrow nCO+\frac{1}{2}mH_2 \tag{7.54}$$

$$C_nH_m+nH_2O \rightarrow nCO+\frac{1}{2}(n+m)H_2 \tag{7.55}$$

$$H_2O+CO \rightarrow CO_2+H_2 \tag{7.56}$$

重油的碳氢比很高,因此重油部分氧化制氢获得的氢气主要来自水蒸气和一氧化碳,其中蒸汽制取的氢气占 69%。与天然气蒸汽转化制氢相比,重油部分氧化制氢需要配备空分设备来制备纯氧,这不仅使重油部分氧化制氢的系统复杂化,而且还增加了制氢的成本。

3) 生物质制氢

生物质能的利用主要有微生物转化和热化学转化两类。微生物转化主要是产生液体燃料,如甲醇、乙醇制氢气;热化学转化是在高温下通过化学方法将生物质转化为气体或液体,主要是生物质裂解液化和生物质气化,产生含氢气的气体燃料或液体燃料。生物质制氢技术具有清洁、节能和不消耗矿物质资源等突出优点。作为一种可再生资源,生物体又能进行再生,可以通过光合作用进行物质和能量的转换,这种转换系统可在常温、常压下通过酶的催化作用而获得氢气。从能源的长远战略角度看,利用太阳光的能量制取氢气是获取一次能源的最理想的方法之一。许多国家正投入大量财力和人力对生物质制氢技术进行研发和进一步完善,以期早日实现生物制氢技术向商业化生产的转变,也将带来显著的经济效益、环境效益和社会效益。

4) 其他制氢方法

随着氢气作为 21 世纪的理想清洁能源受到世界各国的普遍重视,许多国家重视制备氢气的方法和工艺的研究,使新的制氢工艺和方法不断涌现出来。除上述介绍的多种制氢方法和工艺以外,近年来还出现了氨裂解制氢、新型氧化材料制氢、硫化氢分解制氢、太阳能直接光电制氢、放射性催化剂制氢、电子共振裂解水制氢、陶瓷与水反应制氢等制氢技术。但这些技术都还处于研究和试验阶段,距商业化应用还有一定的距离。

目前,全世界各种工艺的氢气主要以化学法制氢为主,其制备量每年达到 5×10^{11} m³,所分布的行业如表 7.4 所示。

表 7.4 全世界化学法氢气制备量($\times 10^9$ m³)

制备方法	天然气和石油脑蒸汽裂解	重油部分氧化	汽油裂解	乙烯生产	其他化学工业	氯碱电解	煤气化
数　量	190	120	90	33	7	10	50

7.3.2　氢气的纯化

不论哪种制氢方法,所获得的氢气中都含有杂质,很难满足高纯度氢气应用的要求,需要对制氢过程中获得的氢气进一步进行纯化处理。氢气的工业纯化方法主要有低温吸附法、低温分离法、变压吸附法和无机膜分离法等。

在低温吸附法中,是使待纯化的氢气冷却到液氮温度以下,利用吸附剂对氢气进行选择性吸附,以制备含氢量超过 99.999 9%的超纯氢气。为了实现连续生产,一般使用两台吸附装置,其中一台运行,另一台处于再生阶段。吸附剂通常选用活性炭、分子筛、硅胶等,选择哪种吸附剂,要视氢气中的杂质组分和含量而定。

在低温分离法中,可在较大氢气体积浓度 30%～80%范围内操作,与低温吸附法相比,具有氢气产量大、纯度低和纯化成本低的特点。

在变压吸附法中,利用固体吸附剂的吸附选择性和气体在吸附剂上的吸附量随压力变化的特点,在一定的压力下吸附,再降低被吸附气体分压使被吸附气体解吸,达到吸附氢气中的杂质气体而使氢气纯化的目的。变压吸附法要求待纯化的氢气中的氢含量要在 25%以上。

在无机膜分离法中,无机膜在高温下分离气体非常有效。与高分子有机膜相比,无机膜对气体的选择性及在高温下的热膨胀性、抗弯强度、破裂拉伸强度等方面都有明显的优势。同时,无机膜也具有很高的选择渗透性。采用无机膜分离技术中的钯合金膜扩散法,可以获得体积浓度超过 99.999 9%的超高纯度的氢气。钯合金无机膜存在渗透率不高、机械性能差、价格昂贵、使用寿命短等缺点,许多国家正开发具有高氢选择性、高氢渗透性、高稳定性的廉价复合无机膜。

7.3.3　氢气的运输和存储

按照运输时氢气所处的状态不同,可以分为气态氢(GH_2)输送、液态氢(LH_2)输送和固态氢(SH_2)输送,目前大规模使用的是气态氢输送和液态氢输送。根据氢气的输送距离、用氢要求和用户的分布情况,气氢可以用管网输送,也可以用储氢容器装在车、船等运输工具上进行输送。管网输送一般适用于用量大的场合,而车、船运输则适合于用户数量比较分散的场合。液态氢一般利用储氢容器用车、船进行输送。

氢能工业对储氢的要求总体来说是储氢系统要安全、容量大、成本低和使用方便。具体到氢能的终端用户不同又有很大的差别。氢能终端用户可分为两类:一类是民用和工业用气源,需要几十万立方米的存储容量;另一类是交通工具的气源,要求较大的储氢密度,达到储氢密度 62 kg(H_2)/m³。目前的储氢技术主要有加压气态储存、液化储存、金属氢化物储存、非金属氢化物储存等。氢气加压储存方法适合于大规模存储气体时使用。由于氢气的密度太低，所以实际应用很少。氢气液化储存时，因氢气的沸点为 20.38 K，汽化潜热为 455 kJ/kg，由于液氢与环境之间存在很大的传热温差，很容易导致液氢气化，即使储存液氢的容器采用真空绝热措施，仍使液氢难以长时间储存。金属氢化物储氢和非金属氢化物储氢主要用于交通工具的气源，其储氢性能还无法完全满足交通工具对气源的要求，新型储氢合金等储氢材料正在进行研究，有望在近期达到大规模商业化应用水平。

7.4　氢气的利用技术

7.4.1　氢气的用途

氢气除作为化工原料以外，还用作燃料，主要使用方式是直接燃烧和电化学转换。氢能在发动机、内燃机内进行燃烧转换成动力，成为交通车辆、航空的动力源或者固定式电站的一次能源；应用燃料电池将氢的化学能量通过化学反应转换成电能。燃料电池可用作电力工业的分布式电源、交通部门的电动汽车电源和小型便携式移动电源等。目前专门以氢气为燃料的燃气轮机正在研发之中，氢内燃机驱动的车辆也在示范阶段，氢和天然气、汽油的混合燃烧技术已有示范工程。不同种类的燃料电池处于不同的发展阶段，质子交换膜燃料电池已有商业示范，应用于固定电站、电动汽车和便携式电源。磷酸燃料电池是发展较早的一种燃料电池，全世界已建立几百个固定的分散式电站，为电网提供电力，或作为可靠的后备电源，也有的为大型公共汽车提供了动力。目前，2 000 kW 级的熔融碳酸盐燃料电池电站和 500 kW 级的固体氧化物燃料电池均有示范装置在运行。碱性燃料电池是最早研发的一种燃料电池，现在处于逐渐退出的状态。受篇幅所限，本书仅就燃料电池进行简单介绍，氢内燃机的内容可参考有关文献。

7.4.2　燃料电池的原理

燃料电池是一种能量转换装置，它是按照原电池如锌锰干电池的工作原理，等温地把燃料的化学能直接转化为电能。

对于一个氧化还原反应，如：

$$[O]+[R]\rightarrow P \tag{7.57}$$

式中，[O]代表氧化剂；[R]代表还原剂；P 代表反应的生成物。

上述反应可分为两个反应，一个为氧化剂[O]的还原反应，一个为还原剂[R]的氧化反应。用 e^- 代表电子，则有

$$[R]\rightarrow [R]^+ +e^- \tag{7.58}$$

$$[R]^+ +[O]+ e^-\rightarrow P \tag{7.59}$$

上两式合并为

$$[R]+[O]\rightarrow P \tag{7.60}$$

以氢氧反应为例，上述反应相应表示为

$$H_2 \rightarrow 2H^+ + 2e^- \qquad (7.61)$$

$$\frac{1}{2}O_2 + 2H^+ + 2e^- \rightarrow H_2O \qquad (7.62)$$

上两式合并为

$$H_2 + \frac{1}{2}O_2 \rightarrow H_2O \qquad (7.63)$$

一节燃料电池由阳极、阴极和电解质隔膜组成,燃料在阳极氧化,氧化剂在阴极还原,从而完成还原反应和氧化反应,构成一节燃料电池。燃料电池输出的电压等于阴极与阳极之间的电位差。在电池输出电流的开路状态下,电池的电压为开路电压 V_0。当电池对外输出电流做功时,输出的电压由 V_0 降到 V,这种电压降低的现象称为极化。电池输出电流时阳极电位电能损失称为阳极极化,阴极电位电能损失称为阴极极化。一个电池总的损失是阳极极化、阴极极化和欧姆电位降三者的总和。从极化的原因来分析,极化由活化极化(由化学反应速度限制引起的电位损失)、浓差极化(由反应物传质限制引起的电位损失)和欧姆极化(由电池组件,主要是电解质隔膜的电阻引起的欧姆电位损失)所组成。电池中的各种极化见图7.2所示。

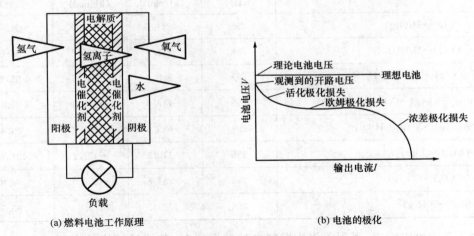

(a) 燃料电池工作原理　　　　　　　　　　(b) 电池的极化

图7.2 电池中的极化

燃料电池与常规电池不同,它的燃料和氧化剂不是存储在电池内,而是储存在电池外的容器内。当燃料电池工作时,燃料和氧化剂不断输给燃料电池,并由燃料电池排出反应产物。燃料电池使用的燃料和氧化剂为液体或气体,最常用的燃料是纯氢、各种富含氢气的气体和某些如甲醇水溶液的液体。常用的氧化剂为纯氧、净化空气或某些如过氧化氢和硝酸水溶液的液体。按照电化学热力学计算的几种燃料和氧化剂所构成的燃料电池的理论电位见表7.5。

表7.5 几种燃料电池的理论电位

燃料/氧化剂	H_2/O_2	NH_3/O_2	N_2H_4/O_2	CH_3OH/O_2
理论电位 V_0	1.229	1.170	1.560	1.222

燃料电池效率是指燃料电池中转换为电能的那部分能量占燃料中所含化学能量的比值,是衡量燃料电池性能的重要指标。不同种类的燃料电池的效率是不一样的。氢氧燃料电池的

理论能量转换效率可由氢气、氧气和水的热力学数据得出,其有关热力学数据见表7.6。

表 7.6　氢气、氧气和水的热力学数据($p=101\,325\text{Pa}$,$t=25℃$)

项　　目	ΔH^o(kJ/mol)	ΔG^o(kJ/mol)	S^o(kJ/mol)
H_2(g)	0	0	130.59
O_2(g)	0	0	205.30
H_2O(l)	-285.84	-237.19	69.94

由表7.6中的数据可以计算出氢氧燃料电池的能量转换效率 η 为

$$\eta=\Delta G^o/\Delta H^o=(-237.19)/(-285.84)\times100\%=83\%$$

即氢氧燃料电池的最大效率为83%。实际上由于电池内阻的存在和电极工作时极化现象的产生,燃料电池的实际效率为50%～70%,比内燃机的实际效率35%要高出很多。

当燃料电池的反应物和生产物不同时,其最大效率也不同,见表7.7。

表 7.7　一些简单反应的效率

反　　应	T(K)	ΔH^o(kJ/mol)	ΔG^o(kJ/mol)	效　率(%)
$H_2(g)+\frac{1}{2}O_2(g)\rightarrow H_2O(g)$	298	-241.7	-228.5	94.5
$H_2(g)+\frac{1}{2}O_2(g)\rightarrow H_2O(l)$	298	-258.5	-237.2	83.0
$CH_4(g)+2O_2(g)\rightarrow CO_2(g)+H_2O(g)$	298	-889.9	-817.6	91.9
$CH_3OH(g)+\frac{3}{2}O_2(g)\rightarrow CO_2(g)+H_2O(g)$	298	-718.9	-698.2	97.1
$N_2H_4(g)+O_2(g)\rightarrow N_2(g)+H_2O(g)$	298	-605.6	-601.8	99.4
$C(s)+\frac{1}{2}O_2(g)\rightarrow CO(g)$	298	-110.5	-137.2	124.7
$CO(g)+\frac{1}{2}O_2(g)\rightarrow CO_2(g)$	298	-282.8	-257.0	90.9
$C(s)+CO_2(g)\rightarrow 2CO(g)$	298	172.1	119.6	69.5

从表7.7中可以看出,当用碳作为燃料电池的燃料时,其能量转换效率超过100%,这是由于化学反应从反应体系外部获得能量所致。

7.4.3　燃料电池的特点和种类

1)燃料电池的特点

燃料电池具有高效、环境友好、低噪音和可靠性高的特点。燃料电池是按照化学原理直接将燃料的化学能转变为电能,它不受卡诺循环热效率的限制,其理论上的能量转化率可达85%～90%。实际上,燃料电池工作时由于各种极化的限制,使燃料电池目前实际的能量转化率在40%～60%,如果实现热电联产,燃料化学能的总利用率可以超过80%。当燃料电池以富氢气体为燃料时,在富氢气体的制备过程中,其二氧化碳的排放量比热机的能量转化过程减少40%以上,可显著减少温室气体的排放。另外,燃料电池的燃料气体在进入燃料电池之前要进行脱硫处理,而且燃料电池是按照电化学原理工作,不需经过燃烧过程,所以它几乎不排放氮氧化物和硫氧化物,减轻了对大气的污染。当燃料电池以纯氢气为燃料时,它的化学反应产物仅为水,实现了氮氧化物、硫氧化物和二氧化碳的零排放。所以,燃料电池对环境十分友好。由于燃料电池按照电化学原理工作,其运动部件很少,因此工作时噪音很低。燃料电池的实际运行表明它具有高可靠性。

2) 燃料电池的关键材料和部件

构成燃料电池的关键材料和部件包括电极(阴极和阳极)、隔膜和集流板。燃料氧化反应和氧化剂的还原反应是在电极上发生的。电极厚度一般为 0.2～0.5 mm。电极通常分为两层,一层为扩散层,另一层为催化剂层。扩散层由导电多孔材料制成,起到支撑催化剂层、收集电流与传递气体和反应产物的作用。催化剂层由催化剂和防水剂(如聚四氟乙烯)制成,其厚度仅为几微米至几十微米。影响电极性能好坏的关键因素是催化剂的性能、电极材料和电极的制造技术。隔膜的功能是分隔氧化剂与还原剂,并起到离子传导的作用。为了减少欧姆电阻,隔膜的厚度一般为零点几毫米。燃料电池中采用的隔膜分为两类:一类为绝缘材料制备的多孔膜,如石棉膜、碳化膜和偏铝酸锂膜等;另一类为离子交换膜,如质子交换膜电池中采用全氟酸树脂膜,在固体氧化物燃料电池中采用氧化锆膜。决定隔膜性能的主要因素是隔膜材料和隔膜制造技术。集流板也称双极板,它起着收集电流、分隔氧化剂与还原剂的作用,并将反应物均匀分配到电极各处,再传送到电极催化层进行电化学反应。集流板的关键技术是材料的选择、流体流场的设计和集流板的加工。

3) 电池组

燃料电池通常将多节电池按叠压方式组合起来组成一个电池组。电池组的设计首先要按照用户的要求和燃料电池的性能来决定单电池的工作面积和电池节数。以质子膜燃料电池为例,设某用户需要 28 V、1 000 W 的一台燃料电池,按照这类电池目前的技术水平,其工作电流密度为 300～700 mA/cm^2,单节电池的工作电压为 0.6～0.8 V,选取工作电流密度 500 mA/cm^2,单节电池电压 0.7 V,则电池组应由 40 节电池组成。当工作电压为 28 V 时,电池输出电流应为 40 A,则电极的有效工作面积应为 80 cm^2。据此设计的电池组的工作电压为 28 V±4 V,输出功率 700～1 000 W,可满足用户的要求。在完成了电池组的设计加工后,还要依据严格的组装工艺完成电池组的组装。在组装过程中应注意:确保电池组的密封;确保组装工艺不会造成各节电池双极板的流动阻力和共用管道阻力的大幅度变化,以免影响反应物在各节电池中的均匀分配。

4) 电池系统

燃料电池在正常工作时,要连续供给燃料电池反应物,同时要将燃料电池反应产生的产物及时排出,以保证燃料电池的连续运行。燃料电池工作时还排出热量,应将此热量及时排出或加以利用。燃料电池的内阻较大,千瓦级质子膜燃料电池组的内阻在 1 000 Ω 左右。高内阻的优点是它的抗短路性能好,但当负载变化幅度较大时,输出电压的变化幅度也较大。因此,对负载变化要求电压稳定的用户,燃料电池需要配备稳压系统。燃料电池与各种化学电池一样,输出的电压为直流。对于交流用户或需要和电网并网的燃料电池发电系统,需要经过电压逆变系统将燃料电池输出的直流电转换成交流电。燃料电池是一个需要自动运行的发电装置,电池的供气、水热管理、电输出、电流调控均需要自动控制系统来控制燃料电池的自动运行。燃料电池发电系统的示意图如图 7.3 所示。

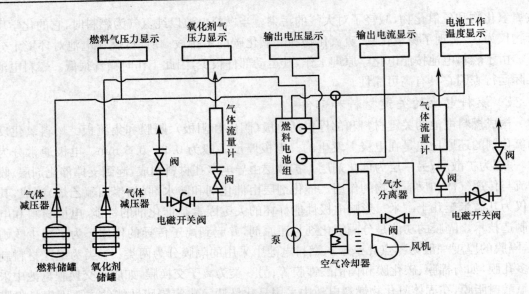

图 7.3　燃料电池发电系统示意图

5）燃料电池的分类

　　燃料电池最常用的分类方法是按照所用的电解质进行分类,可分为:碱性燃料电池,一般以氢氧化钾为电解质;磷酸型燃料电池,以浓磷酸为电解质;质子交换膜燃料电池,以全氟或部分氟化的磺酸型质子交换膜为电解质;熔融碳酸盐型燃料电池,以熔融的锂—钾碳酸盐(或锂—钠碳酸盐)为电解质;固体氧化物燃料电池,以固体氧化物为氧离子导体,以氧化锆膜为电解质。燃料电池有时也按其工作温度的高低进行分类,可分为低温燃料电池,其工作温度低于150℃,包括碱性燃料电池和质子交换膜燃料电池;中温燃料电池,其工作温度为100～300℃,如磷酸型燃料电池;高温燃料电池,其工作温度为600～1 000℃,包括熔融碳酸盐燃料电池和固体氧化物燃料电池。各种燃料电池的分类和技术性能见表7.8。

表 7.8　燃料电池的分类和技术性能

种　类	电解质	导电离子	工作温度 (℃)	燃料	氧化剂	技术状态	电功率 (kW)	主要研制国家
碱性燃料电池(AFC)	KOH NaOH	OH^-	室温～200	H_2	O_2	已在航天中使用	1～100	美国、日本、德国、加拿大、中国
质子交换膜燃料电池(PEMFC)	全氟磺酸膜	H^+	室温～120	H_2	O_2 或空气	已用于电动汽车	1～1 000	美国、加拿大、意大利、日本、德国、中国
直接甲醇燃料电池(DMFC)	全氟磺酸膜	H^+	室温～200	CH_3OH	空气	已进入应用	1～1 000	美国、日本、德国、加拿大、中国
磷酸燃料电池(PAFC)	H_3PO_4	H^+	100～250	重整气体	空气	已应用	1～12 000	美国、日本、德国、加拿大、中国
熔融碳酸盐燃料电池(MCFC)	$(Li-K)CO_3$	CO_3^{2-}	650～700	净化煤气体重整气体天然气体	空气	已应用,成本待降低	250～2 000	美国、日本、德国、加拿大、中国
固体氧化物燃料电池(SOFC)	氧化钇/氧化锆	O^{2-}	800～1 000	净化煤气或天然气	空气	已应用,成本待降低	100～500	美国、日本、德国、加拿大、中国

7.4.4 燃料电池的应用

燃料电池是电池的一种，它具有常规电池如锌锰干电池的"积木"特性，可以由多台燃料电池进行串联或并联的组合方式对外供电。因此，燃料电池既可以用于集中发电，也可以用作分散电源和移动电源进行应急供电和不间断供电。

1）碱性燃料电池（AFC）

在 20 世纪 50 年代至 70 年代，碱性燃料电池在世界范围内受到重视，进行了广泛的研发，并成功地应用于载人航天器。碱性燃料电池不仅具有很高的能量转化率（≥60%），而且还具有高比功率的优点。碱性燃料电池原理示意图见图 7.4。

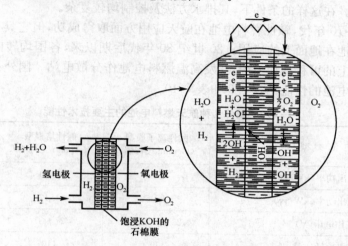

图 7.4 碱性燃料电池原理示意图

碱性燃料电池以氢氧化钾或氢氧化钠为电解质，导电离子为 OH^-。燃料（如氢）在阳极发生氧化反应：

$$H_2+2OH^- \rightarrow 2H_2O+2e^- \qquad 标准电极电位：-0.828\ V \qquad (7.64)$$

氧化剂（如氧）在阴极发生还原反应：

$$\frac{1}{2}O_2+H_2O+2e^- \rightarrow 2OH^- \qquad 标准电极电位：0.401\ V \qquad (7.65)$$

总反应为

$$\frac{1}{2}O_2+H_2 \rightarrow H_2O \qquad (7.66)$$

电池理论标准电动势为

$$E=0.401-(-0.828)=1.229\ V$$

碱性电池的优点是：

（1）一般碱性燃料电池的输出电压选定在 0.8～0.9 V 时，其能量转化效率可高达 60%～70%，这是因为在碱性介质中氧的还原反应在相同电催化剂（如铂、铂/碳）上的反应速度比在其他类型电池中高所致。

（2）碱性燃料电池可用非铂材料如硼化镍作为电催化剂，这不仅降低了电催化剂的成本，而且不受贵金属铂资源缺乏的制约。

（3）碱性电池是镍在碱性介质和电池的工作温度范围内化学性能稳定，可采用镍板或镀镍金属板作为双极板。

碱性燃料电池有如下缺点：

（1）采用氢气作氧化剂，必须对其净化，除去空气中百万分之几的二氧化碳。

（2）必须用铂、金、银等贵金属作电催化剂，造价高，不适用地面或民用发电。

（3）碱性电池均采用氢氧化钾作电解质。电池进行电化学反应所生成的水需及时排出，以维持其水平衡。在这样的条件下，其排水方法及控制均较复杂。

20 世纪 60～70 年代，碱性燃料电池在航天应用方面取得成功，但它具有的缺点严重地限制了碱性燃料电池在地面上的应用。20 世纪 80 年代后期以来，各国均转向发展质子交换膜燃料电池作地面上的可移动动力源，开发高温燃料电池作分散电站。国外和我国生产的几种用于航天的燃料电池的性能见表 7.9 和表 7.10。

表 7.9　国外几种航天燃料电池的主要技术性能

电 池 类 型	酸性离子膜型（Gemini 飞行器）	碱性培根型（Apollo 飞行器）	碱性石棉膜型（Shuttle 飞行器）
正常输出功率(kW/台)	0.26	0.60	7.0
峰值输出功率(kW/台)	1.05	1.42	12.0
工作电压(V)	23.3～26.5	27～31	27.5～32.5
整机质量(kg)	30	110	91
尺寸(cm)	D30.48/L60.96	D57/L112	101×35×38
寿命(h)	400	1 000	2 000
工作温度(℃)	38～82	200	85～105
氢氧工作压力(MPa)	—	0.35	0.418
正常输出功率时的电流密度(mA/cm²)	50～100	—	66.7～450
氢氧化钾含量(%)		80～85	30～50
排水方式	静态	动态	静态

表 7.10　我国航天用碱性燃料电池性能

电 池 类 型	碱性石棉膜 A 型	碱性石棉膜 B 型	碱性石棉膜 C 型
正常输出功率(kW/台)	0.50	0.30	0.3～0.5
峰值输出功率(kW/台)	1.0	0.6	0.7
工作电压(V)	28±2	28±2	28±2
整机质量(kg)	40	60	50
尺寸(cm)	22×22×90	39×29×57	50 000

续表 7.10

电 池 类 型	碱性石棉膜 A 型	碱性石棉膜 B 型	碱性石棉膜 C 型
寿命(h)	>450	>1 000	>500
工作温度(℃)	92±2	91±1	87±1
氢氧工作压力(MPa)	0.15±0.02	0.13～0.18(区间)	0.2±0.015
氢气纯度(%)	>99.5	≥65(肼分解气)	99.95
正常输出功率时的电流密度(mA/cm²)	100	75	125
氢氧化钾含量(%)	40	40	—
排水方式	静态	静态	动态
启动次数	>10	>10	>10

表 7.10 中,碱性石棉膜 A 型和 B 型燃料电池由大连物理化学研究所研制,碱性石棉膜 C型燃料电池由天津能源研究所研制。

2) 磷酸型燃料电池(PAFC)

20 世纪 70 年代,许多国家开始研发酸为导电解质的酸性燃料电池,以磷酸为电解质的磷酸型氢氧燃料电池首先取得突破。到目前为止,其技术获得了高度发展,已进行了规模为 $1.1×10^4$ kW 的电站试验,200 kW 以上的定型产品已有数百台在世界各地运行。磷酸型燃料电池的原理图如图 7.5 所示。

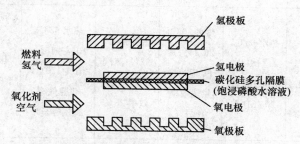

图 7.5 磷酸型燃料电池的原理示意图

当以氢气为燃料、以空气为氧化剂时,在燃料电池中发生的电极反应和总反应为

阳极反应 $$H_2 \rightarrow 2H^+ + 2e^-$$ (7.67)

阴极反应 $$\frac{1}{2}O_2 + H^+ + 2e^- \rightarrow H_2O$$ (7.68)

总反应 $$\frac{1}{2}O_2 + H_2 \rightarrow H_2O$$ (7.69)

磷酸型燃料电池从电极膜三合一结构上看,与碱性石棉膜型燃料电池是一样的。它采用由碳化硅和聚四氟乙烯制备的电绝缘的微孔结构隔膜,饱浸磷酸电解质,可以使磷酸型燃料电池长期稳定地运行。磷酸型燃料电池由多节电池按叠压方式组装以构成电池组。磷酸型燃料电池的工作温度一般为 200℃ 左右,能量转化效率为 40% 左右。为了保证磷酸型燃料电池工作的稳定性,还必须连续排出电池本身所产生的热量,一般在每 2～5 节电池间加入一散热板,散热板内通水、空气或绝缘油以完成对电池的冷却,最常用的是采用水冷却。与碱性燃料电池相同,磷酸型燃料电池也是输出直流电,对交流电用户也需要经逆变

器将直流电转换成交流电后再供给用户使用。磷酸型燃料电池的内阻比常规化学电池如铅酸蓄电池大,故当输出电流变化时,燃料电池的电压变化幅度较大。为了解决这一问题,常在燃料电池的输出和逆变器之间加一个振荡变流器,它的功能是升压或降压,以确保供给用户的电压恒定不变。现已有磷酸燃料电池运行多年,磷酸型燃料电池电站的制造技术有了很大的进步,电池组及辅助系统的可靠性也得到逐步提高,也进行大规模商业化推广应用。各种磷酸型燃料电池电站的技术参数如表7.11所示。其中,200 kW 磷酸燃料电池水冷却电站的流程图见图 7.6。

表 7.11　磷酸燃料电池商品电站的技术参数

单机容量(kW)	50	100	200	500	1 000	5 000	11 000
电站名	FP-50	FP-100	NEDO-PLAZA	OSAKA GAS	NEDO/ONSITE	NEDO/CENTER	Tepco/GOI
生产厂商	富士	富士	三菱	富士	东芝	富士	东芝
类　型	大气压	大气压	大气压	大气压	大气压	大气压	大气压
电效率(%)	35(高热值)	38(高热值)	36(高热值)	40(低热值)	36(高热值)	41.2(高热值)	41.1(高热值)
总效率(%)	72(高热值)	85(低热值)	80(高热值)	85(低热值)	71(低热值)	71.4(高热值)	72.7(高热值)
热利用	热水 65℃,189 MJ/h	热水 50℃,243 MJ/h;蒸汽 165℃,205 MJ/h	热水 70℃,26.1%;蒸汽 170℃,供热效率18.1%	热水 70℃,22%;蒸汽 160℃,供热效率23%	热水 65℃,10%~15%;沼气 170℃,供热效率20%~25%	热水 92℃,1 496 MJ/h,热水48℃,5 988 MJ/h;蒸汽324℃,3 268 MJ/h	热水 70℃,26.1%;蒸汽 170℃,供热效率18.1%
燃　料	城市煤气	城市煤气	城市煤气	城市煤气	城市煤气	城市煤气	天然气
NO_x 排放	2×10^{-6}	—	1×10^{-6}	$<1\times10^{-5}$	$<1\times10^{-5}$	$<1\times10^{-5}$	$<3\times10^{-6}$
SO_x 排放	—	—	—	—	$<1\times10^{-7}$	$<1\times10^{-7}$	0
噪声(dB)	—	—	—	—	<60	<55	<55
长(m)×宽(m)×高(m)	3.1×1.75×2.3	3.6×2.39×3.18	10×3.1×3.2	5.3×3.2×3.2	<0.1m²/kW	45×20×20	<0.28m²/kW
质量(kg)	6.5×10^3	—	—	5×10^4	—	—	—

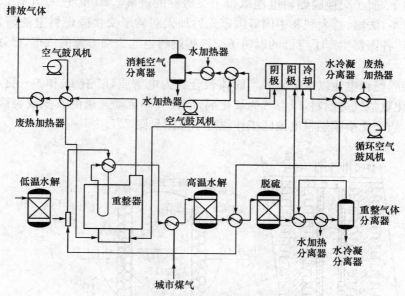

（a）200 kW 空冷磷酸燃料电池电站流程图

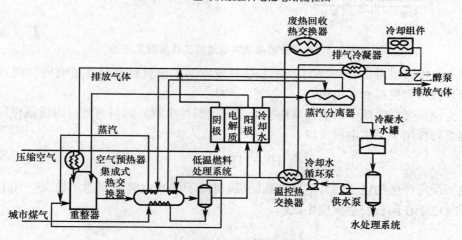

（b）200 kW 磷酸燃料电池水冷却电站流程图

图 7.6　200 kW 磷酸燃料电池电站流程图

如上所述，磷酸燃料电池经过三十多年的研发，已经在技术上取得突破性的进展，已处于商业化推广应用阶段，还需要技术的完善和大批量生产来提高电站的可靠性、寿命和降低造价。但由于磷酸燃料电池启动时间需要几个小时，作为备用应急电源或交通工具如电车的动力源，则不如随时可以启动的质子交换膜燃料电池更为便利。又因为它的工作温度仅为200℃，用于固定电站时余热的利用价值偏低，在能量综合利用方面不如熔融碳酸盐燃料电池和固体氧化物燃料电池，所以磷酸燃料电池近年的研究投入显著减少，技术进展明显放缓。

3）质子交换膜燃料电池（PEMFC）

20 世纪 60 年代，美国首先将质子交换膜燃料电池用于双子星座航天飞行。1983 年，加拿大国防部资助巴拉德动力公司进行质子交换膜燃料电池的研究。在加拿大、美国等国科技人员的共同努力下,质子交换膜燃料电池取得了突破性的进展。20世纪90年代以来,美国、加拿大、德国、日本、法国、意大利和中国等国家先后加大对质子交换膜燃料电池研发的投入,到目前为止,上述各国都生产了自己的以质子交换膜燃料电池为动力源的汽车,已逐步进入商业化应用阶段。

质子交换膜燃料电池以全氟磺酸型固体聚合物为电解质,以铂/碳和铂—钌/碳为电催化剂,氢气或净化重整气为燃料,以空气为氧化剂,带有气体流动通道的石墨或表面改性的金属板为双极板。质子交换膜燃料电池的工作原理示意图见图7.7。

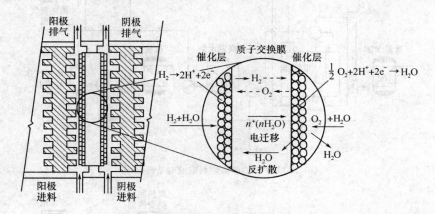

图7.7 质子交换膜燃料电池的工作原理示意图

从图7.7中可以看出,构成质子交换膜燃料电池的关键材料和部件是电催化剂、电极(阳极和阴极)、质子交换膜和双极板。

质子交换膜燃料电池中的电极反应类同于其他酸性电解质燃料电池。阳极催化层中的氢气在催化剂的作用下发生电极反应,

$$H_2 \rightarrow 2H^+ + 2e^- \tag{7.70}$$

该电极反应产生的电子经外电路到达阴极,氢离子则经电解质到达阴极。空气中的氧气与氢离子及电子在阴极发生反应生成水,

$$\frac{1}{2}O_2 + 2H^+ + 2e^- \rightarrow H_2O \tag{7.71}$$

生成的水不稀释电解质,而是通过电极随反应尾气排出燃料电池。

质子交换膜燃料电池除具有燃料电池的一般特点外,且不受卡诺循环热效率的限制、能量转化效率高等,同时还具有可在室温下启动、无电解液流失、水易排出、寿命长、比功率与比能量高等突出特点。因此,它不仅可用作分散电站,也特别适合用作可移动动力源,是电动车的理想动力源,是军民通用的一种新型可移动动力源,在未来以氢作为主要能量载体的氢能时代,它是最理想的家庭动力源。以质子交换膜燃料电池为动力源的一些典型电动车的性能见表7.12。

表 7.12 燃料电池电动车发展现状

生产厂商	车名称	时 间	燃料储存	燃料供应	混合动力类型
戴姆勒-克莱斯勒	Necar(Van)	1994 年	压缩氢气	直 接	
	Necar2(V-class)	1996 年	压缩氢气	直 接	
	Necar3(A-class)	1997 年	甲 醇	直 接	
	Necar4(A-class)	1999 年	液 氢	直 接	
	Concept	2000 年	汽 油	重 整	蓄电池
雷 诺	Laguna	1997 年	液 氢	直 接	
大 众	Concept	2001 年	甲 醇	重 整	蓄电池(系列)
福 特	P2000	1999 年	压缩氢气	直 接	
通 用	Concept	2001 年	汽 油	重 整	蓄电池
尼 桑	Concept	2001 年	甲 醇	重 整	蓄电池
马自达	Demio	1997 年	金属氢化物	释 放	超大电容
丰 田	RAV4	1996 年	金属氢化物	释 放	蓄电池
	RAV4	1997 年	甲 醇	重 整	蓄电池

250 kW 质子交换膜燃料电池发电系统如图 7.8 所示。

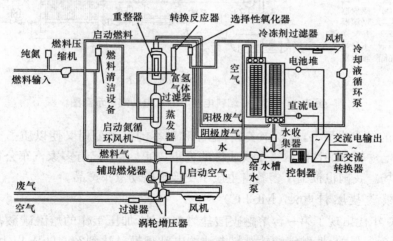

图 7.8　250 kW PEMFC 发电系统流程图

现以福特公司推出的 P2000 燃料电池电动车为例说明燃料电池电动车的性能,其系统示意图如图 7.9 所示。P2000 型燃料电池电动轿车车后部行李箱底层安装三台 25 kW 质子交换膜燃料电池组。燃料为具有压力为 24.8 MPa 的纯氢,储存在两个 41 L 由碳纤维增强的储氢罐内。储氢罐安装在车后部行李箱上层,携带的氢气可保证车的行驶里程 100 km。若需增加里程,则要增大储氢罐的体积。质子交换膜燃料电池系统的总质量为 295 kg。轿车采用前轮驱动,电机为 56 kW 三相异步电动机,最高转速为每分钟 1 500 转,最大扭矩为 190 N·m。整个驱动部分由电机、逆变器、场矢量控制组成,还配有 DC-DC 变换器,可将质子交换膜燃料电池所提供的高直流电压转变为直流 12 V,还可为车上 12 V 的蓄电池充电。这些部件均置于轿车前部,总质量为 114 kg。轿车的最高时速大于 80 km/h,从静止状态加速到 30 km/h 和

60 km/h 的时间分别为 4.2 s 和 12.3 s,其性能基本可以与内燃机轿车媲美,并具有高能量利用率和环境友好性。

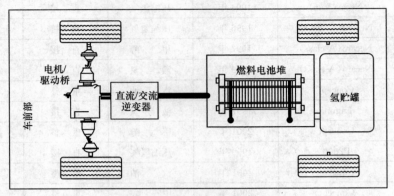

(a) P2000 电动汽车动力系统布置示意图

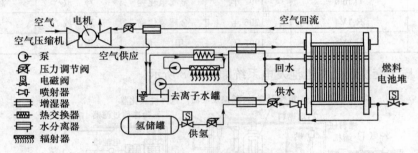

(b) P2000 电动汽车动力系统流程示意图

图 7.9　PEMFC 燃料电池 P2000 电动汽车示意图

在 P2000 的技术水平上,近年来美国、德国和日本的汽车公司又使以质子交换膜燃料电池为动力源的电动轿车的性能取得了实质性的进步,2004 年就已有多家汽车公司将自己的商业产品推向市场。我国也推出了多款自主质子交换膜电动汽车产品。

4) 熔融碳酸盐燃料电池(MCFC)

20 世纪 50 年代出现了第一台熔融碳酸盐燃料电池,加压工作的熔融碳酸盐燃料电池于 80 年代开始运行。目前,熔融碳酸盐燃料电池的电站规模已达到 2 000 kW 以上,工作温度为 700℃左右,余热利用价值高。该电池所用的催化剂以镍为主,不使用贵金属。此外,熔融碳酸盐燃料电池可用脱硫煤气或天然气作为燃料,它的电池隔膜与电极均采用带铸的方法进行制造,这种铸造工艺十分成熟,便于批量生产。现已使其运行寿命由现在的 1~2 万 h 延长到 4 万 h,熔融碳酸盐燃料电池作为电站的商业化应用已逐渐扩大。

熔融碳酸盐燃料电池的工作原理及电池结构示意图如图 7.10、图 7.11 所示。由图可见,构成熔融碳酸盐燃料电池的关键材料与部件为阳极、阴极、隔膜和集流板等。

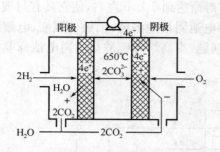

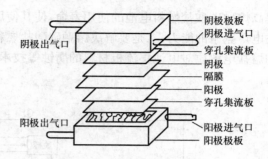

图 7.10 熔融碳酸盐燃料电池的工作原理　　图 7.11 熔融碳酸盐燃料电池的结构

熔融碳酸盐燃料电池的电极反应为

阴极反应 $\qquad O_2+2CO_2+4e^-\rightarrow 2CO_3^{2-}$ (7.72)

阳极反应 $\qquad 2H_2+2CO_3^{2-}\rightarrow 2CO_2+2H_2O+4e^-$ (7.73)

总反应 $\qquad O_2+2H_2\rightarrow 2H_2O$ (7.74)

由上述电极反应可知,熔融碳酸盐燃料电池的导电离子为 CO_3^{2-}。与其他类型的燃料电池相比,其区别在于:CO_2 在熔融碳酸盐燃料电池的阴极为反应物,而它在燃料电池的阳极为产物,CO_2 在电池的工作过程中构成了一个循环。为了保证熔融碳酸盐燃料电池稳定地连续工作,要把在阳极产生的 CO_2 送回到阴极,常用的方法是将阳极室所排出的尾气经燃烧消除其中的 CO 和 H_2 并进行分离除水后,再将 CO_2 送回到阴极。熔融碳酸盐燃料电池组按照叠压方式进行组装,在隔膜两侧分置阴极和阳极,再置双极板。氧化气体(如空气)和燃料气体(如煤气)进入各级电池的孔道,将气体进行均匀分布。氧化与还原气体在电池内的相互流动方式分为顺流、逆流和错流三种方式,大部分熔融碳酸盐燃料电池采用错流流动方式,以强化内部供热。

以天然气、煤气和各种碳氢化合物(如柴油)为燃料的熔融碳酸盐燃料电池在建立高效、环境友好的 $50\sim2~000~kW$ 的分散电站方面具有显著的优势。它不但可以减少 40% 以上的 CO_2 排放,而且还可以实现热电联产或联合循环发电,将能源有效利用率提高到 70%~80%。对于发电功率在 50 kW 左右的小型熔融碳酸盐燃料电站,则可以用于地面通信、气象台站等。发电功率为 $200\sim500~kW$ 的熔融碳酸盐燃料电池,可用于舰船、机车、医院、海岛和边防的热电联供;发电功率大于 1 000 kW 的熔融碳酸盐燃料电池电站,可与热机构成联合循环发电,作为区域性供电电站并供给电网。1996 年,美国建成了当时世界上最大的熔融碳酸盐燃料电池电站,设计功率为 2 000 kW。该电站每台电池组的功率为 125 kW,由 258 节单电池组成,每四台电池组构成一个 500 kW 的电池堆,每两个电池堆构成一个 1 000 kW 的电池单元,整个电站包括两个电池单元。该电站以管道天然气为燃料,实际最大输出功率为 1 930 kW,总共运行了 5 290 h,输出电能 $2.5\times10^6~kW\cdot h$。电站正常运行期间没有排放出可以检测到的 SO_x 和 NO_x,距电站 30.5 m 处的噪声为 60 dB,达到了城市市区对噪声的要求。在电站的启动过程中,从燃烧器的排气中可以检测到体积浓度为 2×10^{-6} 的 NO_x,这说明了熔融碳酸盐燃料电池电站达到了市内分散电站的要求。到目前为止,熔融碳酸盐燃料电池的制造技术已经高度发展,试验电站的运行积累了丰富的经验,熔融碳酸盐燃料电池发电已进入商业化应用阶段。图 7.12 给出了 2.6 MW 发电系统改进前后的系统流程示意图;图 7.13 给出了整体气化的发电系统流程示意图和能量平衡图。但在其商业化进程中,还存在如下需要解决的问题:一是要提高熔融碳酸盐燃料电池的使用寿命,使其使用寿命达到 5 万 h 左右,使它具有与现有的火力发电厂竞争的能力;二是要解决熔融碳酸盐燃料电池阴极的溶解、阳极的蠕变、电解质的流失和熔盐电解质对电池集流板材料的腐蚀等技术问题,提高熔融碳酸盐燃料电池商业化竞争能力。

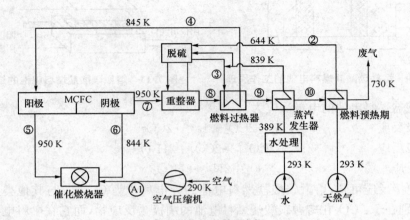

①~⑩—燃料、气体等的流向
(a) 2.6MW MCFC 系统流程图

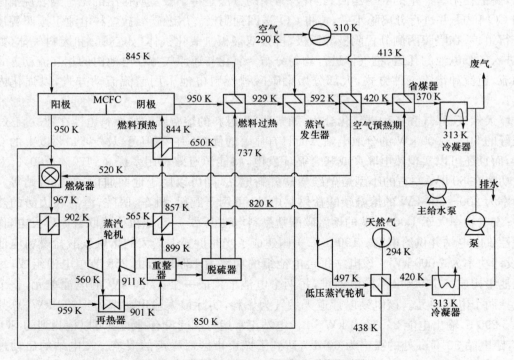

(b) 改进后的 2.6 MW MCFC 发电系统流程图

图 7.12　2.6 MW MCFC 发电系统改进后的流程示意图

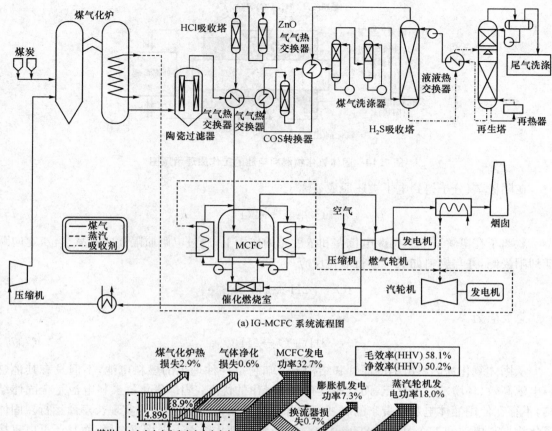

(a) IG-MCFC 系统流程图

(b) IG-MCFC 系统的能量平衡图

图 7.13 整体气化(IG)MCFC 发电系统流程图和能平衡图

5) 固体氧化物燃料电池(SOFC)

固体氧化物燃料电池是 20 世纪 90 年代开始研发的一种新型燃料电池,它采用固体氧化物为电解质,这种氧化物在高温下具有传递 O^{2-} 的能力,在电池中起着传导 O^{2-} 以及分隔氧化剂(如氧气)和燃料(如氢气)的作用。平板式固体氧化物燃料电池的结构如图 7.14 所示。由图可见,构成固体氧化物燃料电池的关键部件为阴极、阳极、固体氧化物电解质隔膜和集流板或联结材料等。

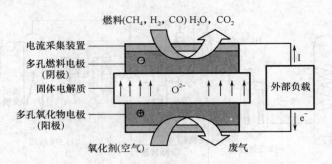

图 7.14　固体氧化物燃料电池的工作原理示意图

在阴极,氧分子得到电子被还原成氧离子

$$O_2 + 4e^- \rightarrow 2O^{2-} \tag{7.75}$$

氧离子在电解质隔膜两侧电位差和浓度差的作用下,通过电解质隔膜中的氧空位,定向跃迁到阳极侧,并与燃料如氢气进行氧化反应

$$2O^{2-} + 2H_2 \rightarrow 2H_2O + 4e^- \tag{7.76}$$

总反应为

$$2H_2 + O_2 \rightarrow 2H_2O \tag{7.77}$$

从固体氧化物燃料电池的原理和结构上可知它是一种理想的燃料电池,不但具有其他燃料电池高效、环境友好的优点,而且还具有以下突出的优点:固体氧化物燃料电池是全固体结构,不存在使用液体电解质带来的腐蚀问题和电解质流失的问题,可望实现长寿命运行。固体氧化物燃料电池的工作温度为 $800 \sim 1\,000\,℃$,不但电催化剂不需采用贵金属,而且还可以直接采用天然气、煤气和碳氢化合物作为燃料,简化了燃料电池系统。固体氧化物燃料电池排出高温余热可以与燃气轮机或蒸汽轮机组成联合循环,大幅度提高总发电效率。

固体氧化物燃料电池技术的难点在于它是在高温下连续工作。电池的关键部件阳极、隔膜、阴极联结材料等在电池的工作条件下必须具备化学与热的相容性,即在电池工作条件下,电池构成材料间不但不发生化学反应,而且热膨胀系数也应相互匹配。

固体氧化物电解质按其结构可分为两类:一类为萤石结构的固体氧化物电解质,如三氧化二钇(Y_2O_3)和氧化钙(CaO)等掺杂的氧化锆(ZrO_2)、氧化钍(ThO_2)、氧化铈(CeO_2)、三氧化二铋(Bi_2O_3)等;另一类是钙钛矿结构的固体氧化物电解质,如掺杂的镓酸镧($LaGaO_3$)。目前绝大多数固体氧化物燃料电池以 $6\% \sim 10\%$ 三氧化二钇掺杂的氧化锆为固体电解质,其阴极催化剂原则上可采用铂类贵金属。但由于铂类贵金属价格昂贵,而且在高温下易挥发,所以实际上很少采用。对于固体氧化物燃料电池的电催化剂,除具有良好的电催化活性和一定的电子导电性外,还必须具有与固体氧化物电解质的化学及热的相容性,即在电池工作温度下不能与电解质发生化学反应,而且其热膨胀系数也应相近。目前固体氧化物燃料电池广泛采用的阴极电催化剂为锰酸镧($La_{1-x}Sr_xMnO_3$),一般 x 取值在 $0.1 \sim 0.3$ 之间。固体氧化物燃料电池的阳极电催化剂主要集中在镍、钴、铂、钌等过渡金属和贵金属。由于镍价格低廉,而且也具有良好的电催化活性,因此镍为固体氧化物燃料电池广泛采用的阳极电催化剂。双极连接板在固体氧化物燃料电池中起连接相邻单电池阴极和阳极的作用。双极连接板在 $900 \sim$

1 000℃的高温、氧化和还原气氛下工作,必须具有良好的机械与化学稳定性、高的导电率及其与电解质隔膜有相近的热膨胀系数。目前主要有两类材料能满足平板式固体氧化物燃料电池连接材料的要求:一类是钙或锶掺杂的铬酸镧钙钛矿($La_{1-x}Ca_xCrO_3$);另一类是耐高温的铬—镍合金材料。固体氧化物燃料电池必须进行良好的密封,确保燃料电池长期正常地工作,高温密封材料主要采用玻璃材料或玻璃—陶瓷复合材料等。由于固体氧化物燃料电池是全固体的结构,因此具有不同的电池结构以满足不同的要求,常见的固体氧化物燃料电池的结构有管式、平板式、套管式(Bell-Spigot)、瓦楞式(Mono-Block Layer Built,MOLB)及热交换一体化结构(Heat Exchange Integrated Stack,HEXIS)等。

图7.15给出了200 kW SOFC热电联产示意图。电池的实际输出功率达231 kW,电效率为43%,以热水方式回收高温余热,回收效率为24%,总能量效率为67%。图7.16给出了整体气化SOFC发电系统流程图。固体氧化物燃料电池的制造成本、运行成本目前还都无法与现有的火力发电厂竞争,要使它能与现有的火力发电厂发电成本相当,还需要解决许多技术难题,特别是材料方面的问题。

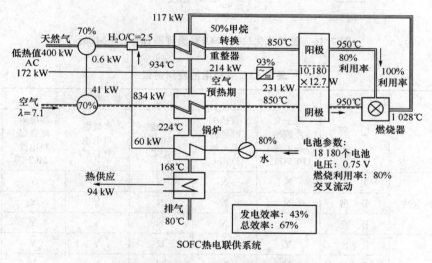

图 7.15 SOFC 热电联供系统示意图

7.4.5 燃料电池的发展趋势

燃料电池成为21世纪的洁净能源系统,已被世界各国所公认。燃料电池不仅可以作为分散的供能系统,而且还可以与现有的化石燃料发电系统组成联合供能系统。根据不同燃料电池种类的特点和功率大小,燃料电池的应用前景如表7.13所示。随着技术的进步和市场的变化,燃料电池在将来的应用可能与表7.13的预测结果有所不同。

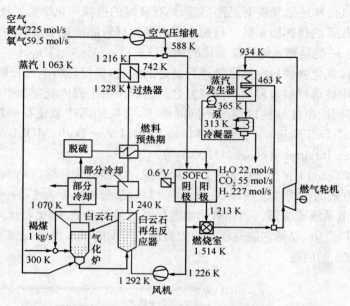

图 7.16　整体气化(IG)‒SOFC流程图(ρ＝1.0 MPa)

表 7.13　燃料电池应用前景

用途	形　式	场　所	电　池　类　型					
			质子交换膜燃料电池(PEMFC)	直接甲醇燃料电池(DMFC)	碱性燃料电池(AFC)	磷酸燃料电池(PAFC)	熔融碳酸盐燃料电池(MCFC)	固体氧化物燃料电池(SOFC)
固定式电站	电网电站	集　中	N	N	N	N	Y	Y
		分　散	N	N	N	Y	Y	Y
		补　充	N	N	N	Y	Y	Y
	用户热电联产	住宅区	Y	N	U	Y	Y	Y
		商业区	Y	N	U	Y	Y	Y
		轻工业	U	N	U	Y	Y	Y
		重工业	N	N	N	Y	Y	Y
交通运输	发动机	重　型	Y	N	N	Y	Y	Y
		轻　型	Y	N	N	N	N	N
	辅助动力(千瓦级)	轻型和重型	Y	Y	N	N	N	Y
便携电源	小型(百瓦级)	娱乐、自行车	Y	Y	N	N	N	U
	微型(瓦级)	电子、电器	Y	Y	N	N	N	N

注：Y 表示有可能；N 表示不可能；U 表示待定。

　　在过去的十几年里,燃料电池的技术取得了惊人的快速发展,使上述几种燃料电池已经进入商业化应用阶段。由于燃料电池发电的成本还高于化石燃料电厂的发电成本,它们尚需加快商业化进程,降低发电成本和延长使用寿命尽快实现商业化应用。

7.5　氢气利用的发展前景

氢能所具有的清洁、无污染、高效率、储存及输送性能好等诸多优点,赢得了全世界各国的广泛关注。氢能作为能源使用时,除了需要制氢的生产装置,还必须向氢能消费地区和氢能使用装置转移、储存,形成了一个氢能生产、运输、储存、转化直到终端使用的氢能体系。因此,在规划和实施氢能发展战略时,要具有综合供能大系统的理念。要根据氢能终端用户的特点和要求,选择合适的氢能生产、储运和转化的技术路线,降低氢能系统的供能成本。

氢能在 21 世纪有望成为起主导地位的新能源,即它将在 21 世纪起到战略能源的作用。掌握了氢能的应用技术,就占领了新能源的战略制高点,就会对经济可持续发展提供可持续的能源供应。鉴于此,世界各国都把氢能的开发和利用作为新世纪的战略能源技术投入大量的人力和物力,这也加快了氢能的商业化应用进程,使氢能作为战略能源早日占据 21 世纪能源的主导地位,促进可持续生态经济在全球早日实现。

思　考　题

7.1　简述氢气的性质、特点和氢气常见的化学反应。

7.2　简述氢能的资源状况。与其他能源相比,氢气作为能源具有哪些优点?

7.3　简述氢气的常见制备方法。如何进行氢气的存储和运输?

7.4　简述不同种类燃料电池的基本原理、特点和用途。

7.5　常见的燃料电池系统由哪些部分组成?

7.6　举例说明燃料电池发电系统的工作过程。

7.7　质子交换膜燃料电池装置作为汽车动力装置有哪些优点和缺点?

7.8　燃料电池的技术现状和发展趋势如何?影响燃料电池商业化应用的主要因素有哪些?

7.9　简述氢能的利用技术现状和发展趋势。影响氢能商业化进程的因素有哪些?

8 天然气水合物

8.1 概述

天然气水合物(Natural Gas Hydrate,简称 Gas Hydrate),又称笼形包合物(Clathrate),它是在一定条件(合适的温度、压力、气体饱和度、水的盐度、pH 等)下由水和天然气组成的类冰的、非化学计量的笼形结晶化合物,它遇火就可燃烧。组成天然气的成分有烃类(CH_4、C_2H_6、C_3H_8、C_4H_{10} 等同系物)及非烃类气体(CO_2、N_2、H_2S 等),这些气体赋存于水分子笼形格架内。由于形成天然气水合物的气体主要是甲烷,因此通常将甲烷分子质量分数超过 99% 的天然气水合物称为甲烷水合物(Methane Hydrate)。

天然气水合物在自然界广泛分布于大陆、岛屿的斜坡地带,活动大陆边缘的隆起处,极地大陆架以及海洋和一些内陆湖的深水环境。在标准状况下,1 m³ 的气水合物分解最多可产生 164 m³ 的甲烷气体。天然气水合物具有能量密度高、分布广、规模大、埋藏浅、成藏物化条件优越等特点,被公认为 21 世纪新型洁净高效能源。其总能量约为煤、油、气总和的 2～3 倍。20 世纪 60 年代以来,人们陆续在冻土带和海洋深处发现天然气水合物,日益引起科学家和世界各国政府的关注。

虽然天然气水合物有巨大的能源前景,然而是否能对其进行安全开发和能源化利用,使之不会导致甲烷气体的泄露、产生温室效应、引起全球变暖、诱发海底地质灾害,也是天然气水合物开发和利用时应注意的重要问题。

8.2 天然气水合物的物理化学性质

在自然界发现的天然气水合物多呈白色、淡黄色、琥珀色、暗褐色等轴状、层状、小针状结晶体或分散状,它可存在于温度为摄氏零度以下,也可存在于温度摄氏零度以上的环境。从所取得的岩心样品来看,气水合物可以以多种方式存在:占据大的岩石粒间孔隙;以球粒状散布于细粒岩石中;以固体形式填充在裂缝中,或者为大块固态水合物伴随少量沉积物。

天然气水合物与冰、含气水合物层及冰层之间有明显的相似性:

(1) 相同的组合状态的变化-流体转化为固体。

(2) 均属放热过程,并产生很大的热效应。0～20℃分解天然气水合物时每千克水需要 500～600 kJ 的热量。

(3) 结冰或形成水合物时水体积均增大,前者增大 9%,后者增大 26%～32%。

(4) 水中溶有盐时,两者相平衡温度降低,只有淡水才能转化为冰或水合物。

(5) 冰与气水合物的密度都小于水,含水合物层和冻结层密度都小于同类的水层。

(6) 含冰层与含水合物层的电导率都小于含水层。

(7) 含冰层与含水合物层弹性波的传播速度均大于含水层。

  天然气水合物的笼形包合物结构,是 1936 年由前苏联科学家尼基丁(Nikitin)首次提出的,并沿用至今,见图 8.1。天然气水合物中,水分子(主体分子)形成一种空间点阵结构,气体分子(客体分子)则充填于点阵间的空穴中,气体和水之间没有精确的化学计量关系。形成点阵的水分子之间靠较强的氢键结合,而气体分子和水分子之间的作用力为范德瓦尔斯(Van der Waals)力。

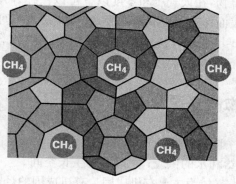

图 8.1 天然气水合物结晶构造

  到目前为止,已经发现的天然气水合物结构有三种,即结构 I 型、结构 II 型和结构 H 型。结构 I 型气水合物为立方晶体结构,在自然界分布最为广泛,仅能容纳甲烷、乙烷这两种小分子的烃以及 CO_2、N_2、H_2S 等非烃分子,这种水合物中甲烷普遍存在的形式是构成 $CH_4 \cdot 5.75H_2O$ 的几何构架;结构 II 型气水合物为菱形晶体结构,见图 8.2,除包容 C_1、C_2 等小分子外,较大的水合物晶体中水分子间的空穴还可容纳丙烷(C_3H_8)及异丁烷(C_4H_{10})等烃类;结构 H 型气水合物为六方晶体结构,其大的水合物晶体中水分子间的空穴甚至可以容纳直径超过异丁烷($i\text{-}C_4H_{10}$)的分子,如 $i\text{-}C_5H_{12}$ 和其他直径在 $7.5 \sim 8.6$ Å 之间的分子。1993 年在墨西哥湾大陆斜坡发现结构 H 型气水合物。II 型和 H 型水合物比 I 型水合物更稳定。还发现了 I、II、H 型三种气水合物共存的现象,上述 3 种水合物的结构示意图如图 8.3 所示。

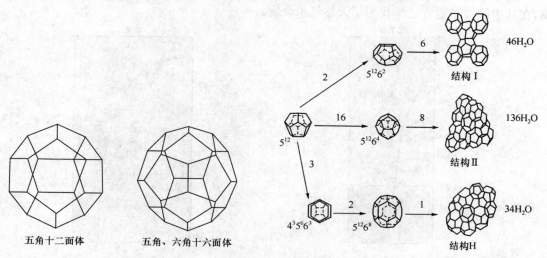

五角十二面体   五角、六角十六面体

图 8.2 水合物菱形结构   图 8.3 常见的 3 中天然气水合物结构示意图

  在一定的温压条件下,即在气水合物稳定带内,气水合物可以稳定存在,如果脱离气水合物稳定带,水合物就会分解。气水合物一般随沉积作用的发生而生成,随着沉积的进一步进行,稳定带基底处的水合物由于等温线的持续变化而分解。孔隙中的水达到饱和后会产生游离气体,其向上运移到天然气水合物稳定带并重新生成天然气水合物。但是在离开稳定带后,人们发现天然气水合物仍具有相对的稳定性。Ershov 和 Yakushev 在实验过程中发现,在一定晶体中生长的天然气水合物,在大气压和零度以下可以保存好几天。可认为水合物的初始分解导致在水合物样品的表面形成一层脱离的膜,它可减缓或很可能阻止天然气水合物的进一步分解。Ershov 和 Yakushev(1992)将这一现象称为天然气水合物的自保性。这种天然气水合物如薄冰层,可在大气压和冻结温度条件以下稳定存在 4 h。

8.3　天然气水合物的资源分布

　　天然气水合物的形成一般需要具备三个条件: ① 低温(0～100℃)和高压(＞10 MPa); ② 充足的烃类气体连续补给和水的供应;③ 足够的生长空间。

　　天然气水合物中的烃类气体为主要有机成因。有机成因的烃类气体又可分为生物气和热解气。前者是指沉积物在堆积成岩早期,有机质在细菌的生物化学作用下转化形成的气体;后者是指沉积物在埋深加大、温度进一步升高的条件下,有机质受热演化作用形成的热解气。

　　天然气水合物的形成严格受温度、压力、水、气组分相互关系的制约。一般来说,天然气水合物形成的最佳温度是 0～10℃,压力则应大于 10.1 MPa。但具体到高纬度地区和海洋中的情况是不同的。在极地,因其温度低于 0℃,天然气水合物形成的压力无需太高,如美国阿拉斯加、加拿大和俄罗斯北部陆地的永久冻土带与陆架海区均可出现天然气水合物,在永久冻土带天然气水合物的成藏深度可达 150 m;在海洋中,因为水层的存在使压力相应增加,导致天然气水合物可形成于稍高的温度条件下,通常是在水深 500～4 000 m 处(约 5～40 MPa),相应温度 15～25℃,天然气水合物仍然可以形成并稳定存在,成藏上限为海底面,下限为海底面以下 650 m,甚至深达 1 000 m。如图 8.4 所示。世界上许多大陆坡及海底高原就具有这类环境,在其中的许多地方已经找到了天然气水合物。

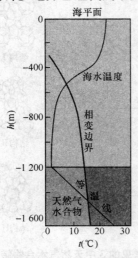

(a) 海底赋存天然气水合物示意图

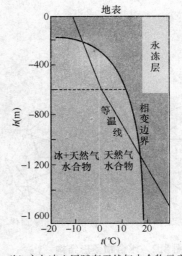

(b) 永久冻土层赋存天然气水合物示意图

图 8.4　海底和永久冻土层赋存天然气水合物示意图

天然气水合物在地球上广泛存在,大约有 27% 的陆地是可以形成天然气水合物的潜在地区,而在世界大洋水域中约有 90% 的面积也属这样的潜在区域。海底天然气水合物主要产于新生代地层中,天然气水合物矿层厚度达数十厘米至上百米,分布面积数千至数万平方千米;天然气水合物储集层为粉砂质泥岩、泥质粉砂岩、粉砂岩、砂岩及沙砾岩,储集层中的水合物含量最高可达 95%;天然气水合物广泛分布于内陆海和边缘海的大陆架(限于高纬度海域)、大陆坡、岛坡、水下高原,尤其是那些与泥火山、盐(泥)底壁及大型构造断裂有关的海盆中。此外,大陆上的大型湖泊,如贝加尔湖,由于水深且有气体来源,温压条件适合,同样可以生成天然气水合物。到 2000 年,全球在海底共已发现 82 处天然气水合物矿藏点。

储存在天然气水合物中的碳至少有 1×10^{13} t,约是当前已探明的所有化石燃料(包括煤、石油和天然气)中碳含量总和的两倍。

中国海域适宜天然气水合物形成的地区主要包括南海西沙海槽、东沙群岛南坡、台西南盆地、笔架南盆地、南沙海域以及东海冲绳海槽南部。上述地区水深大(最小水深在 300 m 以上)、沉积厚度大(新生代地层厚度一般在 3 000~6 000 m)、沉积速率高,具有天然气水合物存在的地球物理和化学标志。我国制订了详细的勘探计划,并于 2012 年 5 月启动了南海勘探天然气水合物的工作,勘探工作进展顺利。在陆地,我国在青藏高原永久冻土带已发现蕴藏着天然气水合物。现有的调查结果表明,我国天然气水合物主要分布在南海海域、东海海域、青藏高原及东北冻土带,上述各地区的资源量为:南海海域约为 64.97×10^{12} m^3,东海海域约为 3.38×10^{12} m^3,青藏高原约为 12.50×10^{12} m^3,东北冻土带约为 2.80×10^{12} m^3。

8.4　天然气水合物的环境效应

天然气水合物的气体主要成分为甲烷。甲烷作为一种一次能源,资源相对于其他矿物燃料,具有清洁、优质、高效的特点。然而,天然气水合物埋藏在海洋地层及大陆冻土带中,同自然环境条件处于十分敏感的平衡之中,在一定压力和温度下是稳定的。当赋存条件因种种原因如气候变化、构造活动、地震、火山甚至人为开采等发生变化时,往往能够导致天然气水合物的失稳和释放,有可能造成海洋地质灾害或影响全球气候变化,引发强烈的环境效应。

大气中的甲烷浓度仅是 CO_2 的 0.5%,但对温室效应的影响却占 15%,从而可知甲烷的温室效应是 CO_2 的 20 倍以上,因此,甲烷是一种重要的温室气体。若天然气水合物得不到合理的开采,造成天然气水合物分解,使大量甲烷释放,进入大气,将会引起严重的温室效应,并可能加剧全球变暖,引起海平面上升。因而在进行天然气水合物勘探开发的同时,一定要注意其造成的环境效应,防患于未然。

若天然气水合物稳定存在所需的温度和压力平衡条件遭到破坏,就会使天然气水合物自然分解,诱发海底地质灾害。这些海底地质灾害可能是由海平面升降、海啸和地震导致天然气水合物分解而引起的,而天然气水合物分解产生的滑塌、滑坡则可能进一步引发新的地震和海啸。这些海底地质灾害会对海底电缆、通信光缆、钻井平台、采油设备等海底工程装置造成威胁或破坏,甚至可波及沿岸的建筑等,影响航行安全和人民的生命财产安全。

8.5　天然气水合物的勘探技术

发展天然气水合物勘探技术,准确确定天然气水合物的分布与蕴藏量,对天然气水合物产业的建立有至关重要的作用。目前天然气水合物勘探主要利用地球物理方法,如地震反射法中的水平地震剖面技术(Bottom Simulating Reflector,BSR)、测井技术、钻孔取样技术等等。地球化学方法也是重要的天然气水合物勘探方法。

8.5.1　天然气水合物地球物理勘探技术

目前,各国采用的地球物理勘探方法主要有地震、测井、热流测量、钻井取芯、海洋电磁法探测技术等。

1）地震勘探法

地震勘探是目前进行天然气水合物勘探最常用的普查方法,其原理是利用不同地层中地震反射波速率的差异进行目的层探测。由于声波在天然气水合物中传播速率比较高,是一般海底沉积物的两倍(大约为 33 km/s),故能够利用地震波反射资料检测到大面积分布的天然气水合物。

（1）水平地震剖面(BSR)技术

由于天然气水合物胶结沉积物层造成的速度异常,会在地震反射剖面上显示出一个独特的反射界面-拟海底反射层。现已证实拟海底反射层代表的是天然气水合物稳定带的底板(顶板可由海底反射确定),其上为固态的天然气水合物层,声波速率高,其下为游离气或仅为孔隙水充填的沉积层,声波速率低,因而在地震剖面上形成强的负阻抗反射界面。因此拟海底反射层在地震剖面上具有比较明显的特征而易于识别,是目前识别气体天然气水合物的最好方法。

但拟海底反射层与天然气水合物稳定带基底并不存在一一对应的关系。出现拟海底反射层不一定有天然气水合物存在,例如成岩变化也能产生类似拟海底反射层的现象。

由于地震波在永冻层的传播速度与天然气水合物层的传播速度相当,所以在永冻土地区,天然气水合物层在地震剖面上就不会有明显的异常出现。因而,水平地震剖面技术不能用于永冻土地区天然气水合物勘探,而测井技术可用于永冻土地区天然气水合物勘探。

（2）垂直地震剖面技术

利用垂直地震剖面资料可以判别地层是否存在天然气水合物及提供天然气水合物储量参数。

（3）速度和振幅结构技术

速度和振幅结构的变化表明存在天然气水合物和下浮的游离气。在不变形背景中,一般平缓起伏的沉积物的地震剖面上,速度和振幅结构都可以识别,以确定是否存在天然气水合物。在有广阔、平缓起伏沉积物的大洋盆地中,如有天然气水合物则最有可能出现速度和振幅结构变化。速度和振幅结构变化被认为是由直接在深气源之上形成的天然气水合物引起的。

2）测井技术

由于天然气水合物对沉积物的胶结作用使得沉积物比较致密,孔隙度减小,渗透和扩散强度降低,不仅在地震剖面上有明显的特征显示,而且在测井曲线上也有异常显示。因而地球物理测井技术成为天然气水合物勘探中一种有效的手段。

测井技术主要用于:确定天然气水合物、含天然气水合物沉积物在深度上的分布;估算孔隙度与甲烷饱和度;利用井孔信息对地震与其他地球物理资料进行校正。同时,测井资料也是研究井点附近天然气水合物的主地层沉积环境及演化的有效手段。可见,测井在天然气水合物探测与储量评价领域发挥着重要的作用,并且随着以勘探天然气水合物为目的的钻井的增多,将日益受到重视。

3) 地质取样与钻探技术

地质取样技术是发现天然气水合物的直接手段,也是验证其他方法所得到的调查成果的必要手段。地质取样技术,包括抓斗取样、重力取样(柱样)、大型重力活塞密封取样等海底浅地层取样技术(深度达 10～12 m)和钻探取芯技术。

钻探取芯是识别天然气水合物最直接的方法,目前已在世界许多地方获得了天然气水合物的岩芯,例如北大西洋布莱克海岭、中美洲海沟、秘鲁大陆边缘、里海等地。但是,要获得保持原位压力和温度的高保真岩芯样品,必须研究和采用高保真取芯器、原状天然气水合物岩芯室内实验分析装置等。目前这些装置的功能还需不断完善和加强。

4) 地热学技术

温度、压力是天然气水合物形成、稳定与分解的重要因素,因此地热学方法也成为研究天然气水合物的重要手段。利用拟海底反射层资料估算地温梯度,进而求出热流值并与实测热流值对比分析,是天然气水合物地热研究的主要技术之一。

8.5.2 地球化学方法

由于天然气水合物极易随温度和压力的变化而分解,海底浅部沉积物中常常形成天然气地球化学异常。这些异常不仅可指示天然气水合物可能存在的位置,而且可利用其烃类组分比值(如 C_1、C_2 及碳同位素成分判断其天然气的成因)。因而地球化学成为识别海底天然气水合物赋存的有效方法,这种方法已成为天然气水合物研究的重要手段。与地球化学相关的学科有:

1) 有机化学

主要用于分析天然气水合物中烃类气体含量和物质组成。

2) 流体地球化学方法

主要用于研究海底底层水和沉积物孔隙水中的甲烷浓度和盐度(即氯离子浓度)异常情况。因为天然气水合物的笼状结构不允许离子进入,它的形成将使周围的海水盐度增高,反之其分解将会使周围的孔隙水变淡,氯度(盐度)降低,这两种情况都可形成水化学异常,可以通过其异常值的变化,来判定天然气水合物存在与否。

3) 稳定同位素化学

稳定同位素化学是研究天然气水合物成矿气体来源的最有效手段。通常是运用天然气水合物中地球化学标志来判定天然气水合物的存在与否。如甲烷气体的 ^{13}C 和硫化氢的 ^{34}S 值,水中氘的富集,天然气中 He 的增高等。这些都在天然气水合物的地球化学勘察应用中,具有良好的发展前景。

4）酸解烃方法

通过分析海底浅层沉积物中的酸解烃,来勘察海底天然气水合物的赋存情况。

8.5.3　地质勘探方法

在油气埋藏很深的盆地中,天然气水合物矿藏最有利的成矿部位是盆地边缘及构造破坏且冻土层发育的部位,可能出现天然气水合物的地表标志有泥火山、形状类似环形山的洼地、特殊形状的植物枯死斑块等。大洋底浅表层沉积物中天然气水合物的产出主要与下列地质或构造作用相关:泥火山作用;底部构造;断裂构造发育的埋藏背斜区;发育有海底流体喷出排放现象。出现在海底或浅表层沉积物中的天然气水合物,是由微生物成因的甲烷沿断层、节理或底部构造向上运移形成的。它们的形成,造成了底层海水的烃类气体含量以及浅表层沉积物和孔隙水的一系列地质、地球化学特征异常。

8.5.4　其他方法

随着卫星遥感技术的发展,利用卫星遥感数据能提供固态天然气水合物的特殊标志信息,如在遥感图像上就可观测到固态天然气水合物渗漏,分析某个地区长期的卫星热红外图像资料发现温度异常情况。使用现代卫星遥感技术为天然气水合物的研究与开发提供了新的技术方法。

8.6　天然气水合物的开发技术

与煤炭、石油等传统型能源开发不同,天然气水合物在开发过程中发生相变。天然气水合物在陆地永久冻土层和洋底埋藏是固体,在开采过程中分子构造发生变化,从固体变成气体。并且,天然气水合物如果开发不当,将会对环境造成灾难性影响。因此,天然气水合物的合理与有效开发目前仍是个巨大难题。

目前天然气水合物分解开采技术和工艺还只停留在工业化试验阶段,主要有热激发法、化学试剂法和减压法,上述三种开采方法的示意图如图8.5所示。

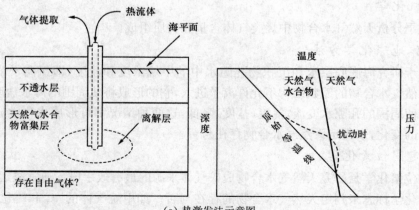

(a) 热激发法示意图

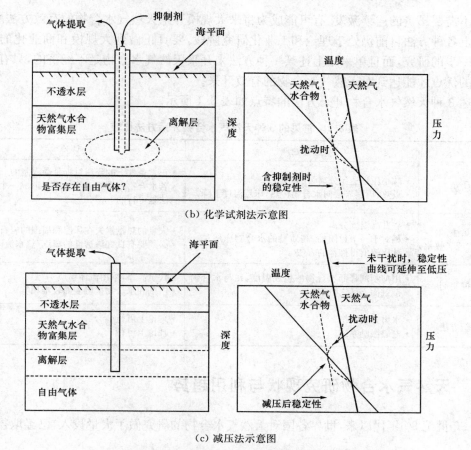

（b）化学试剂法示意图

（c）减压法示意图

图 8.5　常见的天然气水合物开采法示意图

1）热激发法（热解法）

热激发法是对含天然气水合物的地层加热，以提高局部温度使天然气水合物溶解。该方法主要是将蒸汽、热水、热盐水或其他热流体从地面泵入天然气水合物地层，也可采用开采重油时使用的火驱法或利用钻井加热器。总之，只要能促使温度上升达到天然气水合物分解的方法都可称为热激发法。热开采技术主要的不足之处，是热流体注入过程中会造成大量的热损失，特别是在永久冻土区，即使利用绝热管道，永冻层也会降低传递给天然气水合物储集层的有效热量。

2）化学试剂法（抑制剂法）

某些化学试剂，诸如盐水、甲醇、乙醇、乙二醇、丙三醇等可以改变天然气水合物形成的相平衡条件，降低天然气水合物的稳定温度。当将上述化学试剂从井孔泵入后，就会引起天然气水合物的分解。化学试剂法比热激发法作用缓慢，但确有降低能源消耗的优点。它最大的缺点是费用昂贵，而且会带来很多环境问题。大洋中天然气水合物所处的压力较高，不宜采用此方法。

3）减压法

通过降低压力能达到分解的目的。由热激发或化学试剂作用人为形成一个天然气囊来降低天然气水合物的压力，使天然气水合物变得不稳定并且分解为天然气和水。减压法最大的特点是不需要昂贵的连续激发,有可能成为将来大规模开采天然气水合物的有效方法之一。

以上各种方法目前仍处于理论和工业化研究阶段,要真正做到大规模和商业化的生产还需要进一步的研究,而且单采用上述某一种方法来开采天然气水合物是不经济的,只有结合不同方法的优点才能达到对天然气水合物的有效开采。

上述 3 种天然气水合物开采方法的特点如表 8.1 所示。

表 8.1　常见的 3 种天然气水合物开采方法比较

开采方法	过程处理	评价
减压法	• 减小压强达到分离目的 • 吸热,周围岩层向水合物传热,床层温度下降	• 正常条件下的降压过程是受限制的 • 若水合物在常规天然气田上形成一个盖,此方法是可行的
加热法 (注入蒸汽或者热水)	• 靠升高温度分离 • 相对于一个封闭的、高质量的水合物床层是一种比较值得推荐的方法	• 大量的热量损失在床层和周围的岩石 • 必须要有良好渗透性的蒸汽/热水流动通道
添加抑制剂	• 用抑制剂降低水合物的生成温度,在与水合物接触面上使之分解	• 代价高昂,采用流体物质 • 溶剂和水合物接触表面较难相容
其他新方法	• 水力开采系统 • 电磁激励系统	• 理论上可行 • 理论上可行

8.7　天然气水合物研究现状与利用趋势

自 20 世纪 90 年代以来,世界各国对天然气水合物的研究做了大量投入,已经取得了重大进展。

1971 年,前苏联对在麦索雅哈气的天然气水合物矿藏,进行了世界上首次天然气水合物的工业性开发,开采天然气水合物长达 14 年,总计采气 5.17×10^9 m³(约占气田总产气量的 36%)。令人遗憾的是,这次开采未能持久地延续下去,也未能全面带动全世界的天然气水合物的大规模商业化开采。但这次天然气水合物的工业化开采,为人类商业化开采天然气水合物积累了丰富的技术经验,为将来商业化开采天然气水合物奠定了技术基础。

美国在 1995 年首次获得了天然气水合物样品,于 1999 年制定了《国家甲烷水合物多年研究和开发项目计划》,2015 年投入试生产,2030 年投入商业生产。美国天然气水合物研究关注的重点科学问题主要集中在四个方面:① 天然气水合物的物理与化学特性研究;② 天然气水合物开采技术研究;③ 天然气水合物灾害-安全性与海底稳定性研究;④ 天然气水合物在全球碳循环中的作用研究。在研究方法上主要采取天然气水合物区的现场地质化学观测、实验室合成和测定及计算模拟,特别关注与天然气水合物和油气相关的过程以及与天然气水合物相互作用的研究。

1995 年日本专门成立了甲烷水合物开发促进委员会,对勘察天然气水合物的相关技术进行深入研究。1999 年获得了天然气水合物样品,圈定了 12 块远景矿区,总面积达 44 000 km²。2010 年对其海域实施商业性开发。

加拿大探明加拿大近海区的天然气水合物储量约为 1.8×10^{11} t 石油当量,并进行了工业性开发试验。

印度也已分别在其东、西部近海海域发现可能储存天然气水合物的区域。

韩国已在郁龙盆地东南部的大陆架区和西南部的斜坡区发现了可能储存天然气水合物的区域。

我国也已探明在我国近海区域存储有大量的天然气水合物,并已获得了天然气水合物的样品。国内多家研究机构正在进行天然气水合物勘探和开发的研究。

天然气水合物的研究充分体现了国际合作关系,许多国家进行国际间的合作,为推进天然气水合物的研究作出了巨大贡献。

国内外学者对天然气水合物形成与分解的物理化学条件、产出条件、分布规律、形成机理、勘察技术方法、取样设备、开发工艺、经济评价、环境效应及环境保护等方面进行了深入的研究。在开采技术方面,提出了热激化法、化学试剂法和降压法等技术。美国、日本、加拿大、德国、中国、韩国和印度等国家在天然气水合物调查、勘探、开发、实验和研究等领域保持领先地位。

天然气水合物作为潜力巨大的新型能源,各国近些年虽然投入颇大,但由于研究涉及多学科知识,就地测量其特性费时又昂贵,并且对天然气水合物的深入研究,总体说来时间不长,因此在天然气水合物成藏动力学、成藏机理和资源综合评价等方面还有待于进一步研究,调查勘探技术与综合评价技术尚不成熟,目前还没有十分有效的找矿标志和客观的评价预测模型,也尚未研制出可商业化应用的经济、高效的开发技术。

天然气水合物的基础物理化学性质、传递过程性质、热力学相平衡性质、生成/分解动力学问题等一直是国际上的研究重点,今后也将是研究的热点。在实验室利用多种仪器设备合成天然气水合物,进而研究其物化性质,用实测数据模拟其地质背景也是一种切实可行的途径。

因此,天然气水合物研究将需要进一步加大资金投入以及国际间合作,突出创新性,综合多学科知识,以期在不远的将来取得突破性进展。

目前,许多国家制定了获取浅层天然气水合物的钻井目标。可以预见,随着科学技术的飞速发展和能源需求的快速增长,天然气水合物这一巨大的非常规天然气资源将会发挥出其应有的经济效益。

天然气水合物的主要用途可分为化工原料和能源用途两大类。只要能够对天然气水合物进行有效的开采、运输、储存和分解,就可以对其主要成分甲烷进行有效地利用。天然气水合物的利用目前尚处于基础研究和工业试验阶段,只有在能够进行大规模商业开采以后,才有望实现天然气水合物的规模化、商业化应用。

思 考 题

8.1　简述天然气水合物的特点、分布和资源状况。

8.2　简述常见的天然气水合物的结构种类和物理化学性质。

8.3　天然气水合物作为能源有哪些优点？在利用过程中可能存在哪些困难?

8.4　简述天然气水合物的环境效应。

8.5　简述天然气水合物勘探方法的种类和特点。

8.6　简述天然气水合物的开发技术。

8.7　简述天然气水合物的研究现状和发展趋势。

9 洁净煤技术

9.1 概述

能源对经济的发展和人民生活水平的提高具有极其重要的作用。在世界范围内,煤炭资源比其他化石能源要丰富得多。这种能源结构在中国表现得尤为突出。我国目前是世界上最大的煤炭生产国和消费国。煤炭在我国一次能源消费的结构中约占70%,这个比例在未来的几十年中不会有根本性的变化。因此,洁净煤技术虽然在国外发达国家不算是新能源技术,但对我国十分重要,可以看做是新能源技术。

我国能源消费结构中对煤炭的过分依赖导致了环境污染的加剧。煤的生产和利用是引起大气污染、酸雨等区域性环境问题以及气候变化等全球环境问题的主要影响因素。我国煤炭资源的特点是高硫煤、高灰煤比重大,大部分原煤的灰分含量在25%左右,约13%的原煤含硫量高于2%,而且高硫煤产量在逐年增加。环境问题已经成为影响我国经济和社会发展的主要制约因素之一。

如前所述,煤炭在今后相当长的时间内都将是我国能源的主体,其在一次能源结构中的主导地位不会有太大的改变。煤炭的开发和加工利用已成为我国环境污染物排放的主要来源。为了促进能源与环境协调发展,开发推广洁净煤技术是减少污染物排放的最有效的途径之一。

洁净煤技术是指从煤炭开发到利用的全过程中,旨在减少污染排放与提高利用效率的加工、燃烧、转化及污染控制等新技术的总称。它将经济效益、社会效益与环保效益结为一体,成为能源工业中高新技术的一个主要领域。洁净煤技术按其生产和利用的过程可分为三类:第一类是在燃烧前的煤炭加工和转化技术,包括煤炭的洗选和加工转化技术,如型煤、水煤浆、煤炭液化、煤炭气化等;第二类是煤炭燃烧技术,主要是洁净煤发电技术,如循环流化床燃烧、增压流化床燃烧、整体煤气化联合循环、超临界机组加脱硫脱硝装置;第三类是燃烧后的烟气脱硫技术,主要有湿式石灰石/石膏法、炉内喷钙法、喷雾干燥法、电子束法、氨法、尾部烟气、海水脱硫等多种。本章内容主要包括煤炭加工(选煤、型煤、水煤浆等)、煤炭转化(气化、液化、燃料电池等)、煤炭燃烧(流化床锅炉、高效低污染粉煤燃烧、燃煤联合循环发电等)、污染排放控制与废弃物管理(烟气净化、粉煤灰综合利用等)。

从20世纪80年代开始,世界上许多国家从能源发展的长远利益考虑,相继开展洁净煤技术的研究工作。发达国家投入大量的人力和物力,在洁净煤技术的一些主要领域已取得重大进展,并已经进入商业化推广阶段。

9.2 燃煤产生的大气污染状况

9.2.1 概况

空气是地球表面一切有生命的物质赖以生存的基本物质条件。清洁的空气被污染以后,危害人体健康,影响动植物生长,以致影响全球气候变化,使臭氧层受到破坏,威胁人类及动植物的生存。

在能源的利用过程中,化石燃料的燃烧会排放出各种污染物。我国一次能源以煤为主,燃煤产生的大气污染物占污染物排放总量的比例最大。例如,二氧化硫占 87%,氮氧化物占 67%,一氧化碳占 71%,烟尘占 60%,燃煤是我国大气污染物的主要来源。

9.2.2　大气污染类型

大气污染是指大气中一些物质的含量远远超过正常水平,能对人体、动物、植物和生态环境等产生不良影响的大气状况。排放到大气中的污染物质,在与正常的空气成分相混合过程中会发生物理、化学变化。按其形成过程的不同,可分为一次污染物和二次污染物。

一次污染物是指直接从多种污染源进入大气中的各种气体、蒸汽和颗粒物。最主要的一次污染物是二氧化硫、一氧化碳、氮氧化物、颗粒物、碳氢化合物等。又可以将其分为反应物质和非反应物质,反应物质不稳定,在大气中常与其他污染物产生化学反应,或者作为催化剂促进其他污染物之间的反应;非反应物质不发生反应或者反应速度迟缓,是化学稳定的物质。

二次污染物是指进入大气的一次污染物在大气中互相作用,或与大气中正常组分发生反应,以及在太阳辐射的参与下引起光化学反应而产生的与一次污染物的物理、化学性质完全不同的新的大气污染物。这类物质的颗粒小,一般为 $0.01\sim0.1~\mu m$,其毒性比一次污染物还强。常见的二次污染物有硫酸、硫酸盐气溶胶、硝酸及硝酸盐气溶胶、臭氧、过氧乙酰、硝酸酯等。

根据污染物的化学性质及它们存在的大气环境状况,大气污染类型可分为还原型(煤烟型)及氧化型(汽车尾气型)两种。

还原型大气污染:常发生在以使用煤炭为主,同时也使用石油的地区,主要污染物是二氧化硫(SO_2)、一氧化碳(CO)、烟尘、二氧化碳(CO_2)。

氧化型大气污染:污染物主要来源于汽车尾气、燃油锅炉以及石油化工企业。主要的一次污染物是一氧化碳、氟氧化物和碳氢化合物;主要的二次污染物是臭氧、醛类等。见表9.1。

表 9.1　大气污染的类型

项　　目	还原型(煤炭型)	氧化型(汽车尾气型)
主要污染源	工厂、家庭生活、取暖燃烧的煤炭,排放主要有 SO_2、NO_x、HC_x	汽车尾气、石油燃料排放污染物主要有 NO_x、HC_x
污染物质	一次、二次污染物混合气体、SO_2、CO_2、CO、颗粒物及硫酸雾、硫酸盐气溶胶	以二次污染物为主、臭氧、过氧乙酰、硝酸酯、$RCHO$(甲醛、乙醛、丙醛、硝酸雾等)
污染事件发生地区	温度较大的温带、亚热带地区	光照强烈的热带、亚热带地区
主要燃料	以煤为主,辅以石油燃料	以石油为主要燃料
反应类型	热反应	光化学反应及热反应
化学作用	催化作用	光化学氧化作用

9.2.3　大气污染的影响

1) 大气污染对人体健康及其对森林、农作物的影响

(1) 大气污染对人体健康的影响

大气污染物通过以下三个途径侵入人体：由呼吸而直接进入人体；附着在食物或溶解于水，随着水和食物而侵入人体；通过接触，由皮肤进入到人体。大气污染物对人体的危害可以分为急性中毒、慢性中毒和致癌作用。

燃煤排放的煤烟成分复杂多样，而且与其他污染物并存。煤烟对人体健康危害的表现形式是多种多样的。煤烟既可以直接作用于呼吸系统，诱发和加重慢性阻塞性肺炎等，也可间接作用于其他系统，引起死亡率的增加。其危害效应可从轻微的生理变化，直至引起死亡。其典型疾病有慢性阻塞性肺疾病、肺癌、煤烟污染造成的氟病等。

(2) 大气污染对森林和农作物的影响

大气污染对农业和林业的损害是相当严重的，可以引起农作物和林木枯黄，农作物产量下降，林木生长缓慢，农林产品品质变劣。

大气污染物通常是经过植物的叶背面的气孔进入植物体，然后逐渐扩散到海绵组织、栅栏组织，破坏叶绿素，使组织脱水坏死；干扰酶的作用，阻碍各种代谢机能抑制植物生长。颗粒状污染物则能擦伤叶面，阻碍阳光，妨碍光合作用，影响植物的正常生长。污染物对植物的危害可分为急性、慢性和不可见性三种。对植物生长危害较大的大气污染物主要是二氧化硫、氟化物和光化学烟雾。

2) 大气污染对全球气候变化的影响及对臭氧层的破坏

(1) 温室效应

温室气体是指大气中的 CO_2、H_2O、CH_4、N_2O、CFC-11 等。它们共同的特点是能让太阳射入的短波辐射透过它们，但却能够吸收、捕集或阻挡由地球表面向外层空间反射出的长波。温室气体很快将所吸收的热能再辐射出去，大约有 50% 是由温室气体再辐射出去的能量，重新返回地球表面，从而增加了地球表面所吸收的热量。如果温室气体的数量不发生变化，则在达到热平衡时，地球表面将会形成一种稳定的气候和不变的平均温度。如果温室气体的数量不断增加，就会使地球逐渐变暖，使平均气温不断增加。表 9.2 为各种温室气体在大气存留的时间。

表 9.2　各种温室气体在大气存留的时间(估计寿命)

名　称	分子式	来　源	降解时间(年)
水蒸气	H_2O	自然蒸发	0.001
二氧化碳	CO_2	化石燃料燃烧和砍伐森林	50~200
各种氮化物	N_2O NH_3 NO、NO_2	燃烧和肥料 农业化学品 燃烧	150 4 d 约 8 h
硫化物	CSO CS_2、未知 SO_2 H_2S	未知 未知 燃烧和工业 燃烧和工业	未知 未知 约 8 h 约 8 h

续表 9.2

名　称	分子式	来　源	降解时间（年）
氟化物	CF_i	铝厂	>500
	C_2F_i	铝厂	>500
	SF_6	未知	>500
氯氟烃	$CClF_1$，（F13）	空调设备，制冷剂	400
	CCl_2F_2，（F12）	烟雾剂	111
	$CHClF_2$，（F22）	烟雾剂	<20
	CCl_3F，（F11）	烟雾剂	75
	CF_3CF_2Cl，（F115）	烟雾剂	<380
	$CClF_2CClF_2$，（F114）	烟雾剂	<100
	CCl_2FCCF_2，（F113）	烟雾剂	90
氯烃	CH_2Cl	海洋天然形成	1.5
	CH_2Cl_2	工业溶剂	约 200 d
	$CHCl_3$	含氟烃的生产	约 200 d
	CCl_4	化学工业	25~50
	CH_2ClCH_2Cl	去油剂	约 140 d
	CH_2CCl_3	去油剂	8
	C_2HCl_3	去油剂	约 7 d
	C_2Cl_4	去油剂	约 180 d
溴化物和碘化物	CH_3Br	天然生成	1.3
	$CBrF_2$	灭火剂	110
	CH_2BrCH_2Br	灭火剂	约 140 d
	CH_2I	海洋中天然生成	约 7 d
碳氢化物	CH_4	工业生产	11
	C_2H_4，C_2H_2	工业生产	约 100 d
臭氧等	CO	来源广泛	约 100 d
	O_3	天然生成	约 36~100 d
	H_2	来源广泛	2
醛类	$HCHO$、CH_2CHO	工业生产	约 8 h

（2）大气污染对臭氧层的破坏

在平流层中，大气中 90％的臭氧集中在距地表 15~35 km 的范围内，浓度最高的是赤道上空 25 km 与极地上空 15 km 处，形成了大约 15 km 厚的臭氧层。臭氧层对人类和生物起着保护屏障的作用，它阻挡了大部分紫外线辐射（波长为 40~320 mm），使之不能射到地球表面，并有控制大气温度的作用。

氯氟烃和氧化亚氮等对臭氧层有较大的破坏。平流层中的臭氧对氯和氮特别敏感。氯氟烃能破坏臭氧层，并不是因为它含氟，而是在平流层紫外线的光解作用下氯氟烃放出原子氯，1个原子氯可以破坏 10 万个臭氧分子。

（3）大气污染管理

保护环境是各国的基本国策之一，我国颁布了一系列法律法规，规定了保护大气环境、防治大气污染的基本要求和制度。

我国《大气污染物综合排放标准》(GB16297 - 1996),规定了 33 种大气污染物的排放限值,如表 9.3 所示,设置三项指标体系:

① 通过排气筒排放的废气,规定了最高允许排放浓度。

② 通过排气筒排放的废气,除规定了排气筒高度外,还规定了最高允许排放速率。

任何一个排气筒必须同时遵守上述两项指标,超过其中任何一项均为超标排放。

③ 以无组织方式排放的废气,规定了排放的监控点及相应的监控浓度限值。

表 9.3　现有污染源大气污染物排放限值

序号	污染物	最高允许排放浓度 (mg/m³)	排气筒 (m)	最高允许排放速率(kg/h)			无组织排放监控浓度限值	
				一级	二级	三级	监控点	浓度(mg/m³)
1	二氧化硫	1 200 (硫、二氧化硫、硫酸和其他含硫化合物生产)	15	1.6	3.0	4.1	无组织排放源上风向设参照点,下风向设监控点	0.50(监控点与参照点浓度差值)
			20	2.6	5.1	7.7		
			30	8.8	17	26		
			40	15	30	45		
		700 (硫、二氧化硫、硫酸和其他含硫化合物使用)	50	23	45	69		
			60	33	64	98		
			70	47	91	140		
			80	63	120	190		
			90	82	160	240		
			100	100	200	310		
2	氮氧化物	1 700 (硝酸、氮肥和火药、炸药生产)	15	0.47	0.91	1.4	无组织排放源上风向设参照点,下风向设监控点	0.15(监控点与参照点浓度差值)
			20	0.77	1.5	2.3		
			30	2.6	5.1	7.7		
			40	4.6	8.9	14		
		420 (硝酸和其他)	50	7.0	14	21		
			60	9.9	19	29		
			70	14	27	41		
			80	19	37	56		
			90	24	47	72		
			100	31	61	92		
3	颗粒物	22 (炭黑尘、染料尘)	15	禁排	0.60	0.87	周界外浓度最高点	肉眼不可见
			20		1.0	1.5		
			30		4.0	5.9		
			40		6.8	10		
		80 (玻璃棉尘、石英粉尘、矿渣棉尘)	15	禁排	2.2	3.1	无组织排放源上风向设参照点,下风向设监控点	2.0(监控点与参照点浓度差值)
			20		3.7	5.3		
			30		14	21		
			40		25	37		
		150 (其他)	15	2.1	4.1	5.9	无组织排放源上风向设参照点,下风向设监控点	5.0(监控点与参照点浓度差值)
			20	3.5	6.9	10		
			30	14	27	40		
			40	24	46	69		
			50	36	70	110		
			60	51	100	150		

我国 2012 年颁布了《环境空气质量标准》(GB3095 - 2012),该标准限定了环境空气污染物的有关浓度限值,如表 9.4 和表 9.5 所示。

表 9.4　环境空气污染物基本项目浓度限值

项　目	平均时间	浓度限值		单　位
		一级	二级	
SO₂	年平均	20	60	μg/m³
	24 h 平均	50	150	
	1 h 平均	150	500	
NO₂	年平均	40	40	
	24 h 平均	80	80	
	1 h 平均	200	200	
CO	24 h 平均	4	4	mg/m³
	1 h 平均	10	10	
O₃	日最大 8 h 平均	100	160	
	1 h 平均	160	200	
颗粒物(直径＜10 μm)	年平均	40	70	μg/m³
	24 h 平均	50	150	
颗粒物(直径＜2.5 μm)	年平均	15	35	
	24 h 平均	35	75	

表 9.5　环境空气污染物其他项目浓度限值

项　目	平均时间	浓度限值		单　位
		一级	二级	
总悬浮物颗粒(TSP)	年平均	80	200	
	24 h 平均	120	300	
氮氧化物(NOₓ)	年平均	50	50	
	24 h 平均	100	100	
	1 h 平均	250	250	μg/m³
铅(Pb)	年平均	0.5	0.5	
	季平均	1	1	
苯并[a]芘(BaP)	年平均	0.001	0.001	
	24 h 平均	0.002 5	0.002 5	

9.3　煤的洁净加工技术

煤炭洁净加工技术是指在原煤使用之前，采用一定的方法对其进行清洁加工，这是合理用煤的前提和减少燃煤污染的最经济的途径。主要包括煤炭洗选、型煤、水煤浆制备技术等。

9.3.1　煤炭洗选加工

煤炭洗选是指在燃烧前对煤进行净化，脱去灰分、水分、硫分等有害杂质，从根本上缓解和避免煤燃烧引起的积灰、磨损、腐蚀的问题，并使大气污染和粉尘排放大幅度减少。煤炭洗选是洁净煤技术中的源头技术，它是使电站和工业燃烧大大减少烟尘和 SO_2 排放量的最经济有效的途径，是煤炭后续深加工的必要前提，是国际公认的开展洁净煤技术研究的重点，它直接关系到煤炭的合理利用及深加工、环境保护、节能、节运以及产煤和用煤企业的经济效益、社会效益和环境效益。煤炭洗选是从根本上实现煤炭资源的高效低污染利用的一个最为有效的途径。

传统的选煤方法主要有跳汰、重介和浮选，经过 20 世纪的研究和改进，在理论和工艺方面日趋完善，选煤设备向着大型化和多层次化方向发展。先进的洗选方法主要包括物理洗选、化学洗选、生物洗选和超纯煤的制备。

1）物理洗选

物理洗选是根据煤中杂质物理特性的不同把杂质分离出来，这是目前应用最广泛和常用的煤洗选技术，可以除去 90% 以上的硫化物和其他杂质。

2）化学方法精选

煤炭物理洗选只能从煤炭中分离出物理性质不同的物体，如小块矸石、异物或硫化铁，不能分离以化学状态存在煤中的硫。化学分选适用于物理分选排除大部分矿物质后的精选。常用的方法有热解法脱硫、碱法脱硫、气体脱硫、氧化脱硫。可使精煤灰分降低到 0.2%～0.6%，脱去差不多所有的黄铁矿硫和绝大部分的有机硫。化学洗选工艺过程大多是在高温高压下进行的，使煤产生热解，其有机结构受到影响。化学洗选工艺成本较高。

3）煤的生物脱硫

煤的生物脱硫是用生物细菌的方法脱除煤炭中硫分的技术。其优点是能脱除煤中的有机硫和用传统方法不能脱除的部分黄铁矿硫。用细菌法脱除黄铁矿硫的技术已经成熟。

4）超纯煤的制备

超纯煤是一种以煤代油的新型固体燃料。超纯煤具有低灰、低硫、优质、高热值的特点，在某些领域如内燃机、燃气轮机等方面有着广泛的用途，在国际市场上也具有很强的竞争力。从减少煤炭运输、替代液体燃料、提高煤利用效率和降低污染排放观点来看，超纯煤技术的研究和开发有着重要的现实意义和实用价值，是发展洁净煤技术的主要方面之一。中国自 20 世纪 80 年代中期开始这方面的研究，已研制出灰分低达 0.26%～0.8% 和含硫量低达 0.14%～0.51% 的超纯煤。由于超纯煤成本较高，目前尚未能大规模商业化应用。

9.3.2 型煤技术

型煤生产是洁净煤生产技术中成本低廉、最现实有效的技术。大量工业化应用的结果表明,燃用型煤时,排烟林格曼黑度达到国家排放标准 1 级以下,减少烟尘 74%～99%;一氧化碳排放量减少 70%～80%;加入固硫剂可减少二氧化硫排放量 50%～85% 等。同时,型煤具有节能的经济实用价值。燃用型煤与散煤相比,其热效率可提高 10%～30%,可节煤 10%～30%。

型煤是用机械方法,将粉煤制成具有一定强度和形状的煤制品。型煤技术是煤炭利用的发展方向,一是可以节约能源,提高煤炭燃烧效率;二是可以有效地减少环境污染。型煤的分类如表 9.6 所示。

表 9.6　型煤分类

工业型煤	民用型煤	
	蜂窝煤	煤球
工业锅炉用型煤	上点火蜂窝煤	炊事、取暖煤球
蒸汽机车用型煤	普通蜂窝煤	火锅煤球
煤气发生炉用型煤	航空蜂窝煤	手炉、被炉取暖煤球
工业窑炉用型煤	烧烤方型炭	烧烤煤球
炼焦用型煤		
炼焦配用型煤		

型煤的生产方法可分为粘结剂成型和无粘结剂成型两大类。粘结剂成型是研究时间最长、应用最广的成型方法。这种方法主要用于无烟煤、烟煤和年老褐煤的成型。世界上绝大多数型煤厂目前都采用粘结剂成型的方法生产型煤。

型煤的无粘结剂成型是指在不加粘结剂的前提下用高压直接成型。即原料煤经过筛分后,送入干燥机进行干燥,干燥后的粉煤冷却到 40～45℃后,再由成型机压制成型。这种成型方法广泛用于褐煤的加工,尽管没有外来的粘结剂,但它仍利用了煤炭本身含有的粘结性成分。另外,也有的型煤厂采用热压成型,用加热的方法使中年褐煤产生一定的塑性,然后加压成型。

型煤生产涉及筛分、干燥、搅拌、成型、后处理、包装和粘结剂生产等众多的设备,其中最受人们关注的是成型设备。成型设备是型煤生产中的关键设备,它的选择应以原煤的特性、型煤的用途及成型时的压力等因素为基础。目前工业上应用得最广的是对辊式成型机,另外,还有冲压式成型机、环式成型机和螺旋式成型机等。

工业型煤技术发展趋势为:

(1) 大规模推广和实现工业型煤产品的商业化、环保化、实用化。主要包括高固硫率型煤,煤泥型煤,生物质型煤,免烘干、高强度、防水型煤。

(2) 加强型煤加工和利用的基础理论的研究,使型煤技术提高到一个新的水平。原料煤、粘合剂和添加剂的性质是影响型煤质量的内在因素,成型工艺和型煤机械是影响型煤质量的外部条件,而型煤的燃烧或气化性能是型煤质量指标的具体体现,它们之间相互联系,密不可分。

（3）型煤机械设备要向大型化、高可靠性、智能化方向发展。

（4）型煤质量要向标准化、规范化方向发展。

9.3.3　水煤浆技术

水煤浆是在原煤洗选加工技术的基础上发展起来的一种新型的清洁燃料。水煤浆不但是一种代油燃料,而且也会产生显著的节能和环境效益,在我国发展水煤浆燃料有着重要的意义。水煤浆是洁净煤技术的重要分支,水煤浆的生产、储运过程都是封闭式的,既减少了煤炭的损失又不污染环境,与原煤相比,燃烧效率高。

制备常规水煤浆的原料煤,一般是经过选煤厂的洗精煤。经过湿法磨制成颗粒直径为 $50\sim200\ \mu m$ 的煤粉浆,这些煤粉浆经过浮选净化处理,除去其中大部分的灰分和硫分,再经过滤和脱水,然后加入化学添加剂调制成合格的水煤浆成品燃料。

水煤浆燃料有以下特点:

（1）水煤浆为多孔隙的煤粉和水的混合物

由于在制备水煤浆时加入了总量不超过 2% 的化学添加剂,以降低水煤浆的粘度和提高其稳定性,因此使水煤浆具有类似燃料油的流动特性。

（2）水煤浆较为清洁

由于水煤浆在制备过程中进行了煤的浮选净化处理,因此处理后可除去原料煤中灰分的 $50\%\sim75\%$,黄铁矿的 $40\%\sim90\%$,并可回收原煤热值的 $90\%\sim98\%$,是一种清洁燃料。

（3）水煤浆在燃烧时要损失部分热值

水煤浆的燃烧过程,首先是通过雾化喷嘴将其雾化成小液滴,小液滴在高温炉膛中迅速蒸发掉水分,然后就像煤粉燃烧那样。先析出挥发分,再着火及焦炭的燃烧和燃尽。由于水煤浆的水分含量为 $25\%\sim30\%$,在燃烧时为蒸发这部分水分要损失 4% 左右的燃料热值。

在常规水煤浆发展的基础上,许多国家从不同的角度开展了对超纯水煤浆的研究工作。制造超纯水煤浆的关键技术是用化学洗煤或物理洗煤的方法对原煤进行超净化处理,而其制浆技术则类似于制造常规水煤浆。

超纯水煤浆的质量:平均粒径为 $5\sim10\ \mu m$,最大粒径不超过 $20\ \mu m$ 。其中的干基灰分小于 1.0% ,干基硫分也小于 0.1% 。制成超纯水煤浆以后,煤的质量浓度为 50% 。由于水煤浆中煤粉极细,故其流动性很好,加上灰分很低,因而可以代替柴油用于燃气轮机和低速柴油机。所以开发超纯水煤浆,实际上也是开发燃煤燃气轮机、燃煤柴油机、燃煤高级窑炉（玻璃、陶瓷）、民用无污染锅炉等的燃料热机,它是石油资源枯竭时用超纯煤燃料取代石油燃料的技术储备。

9.4　煤的高效洁净转化技术

9.4.1　煤炭气化

　　煤炭气化是煤与气化剂(空气或氧气与水蒸气)的混合物中一部分煤燃烧自供热或由外部供给热量,在达到气化温度和压力的条件下,以一定流动方式把煤转化成可燃气体,煤中的灰分以废渣的形式排出。煤炭气化能明显提高煤炭的利用效率,而且可在使用前将煤气中的气态硫化物和氮化物以及颗粒物高效脱除,克服由于煤的直接燃烧产生的燃烧效率低、燃烧稳定性差及其所造成的环境污染。因此煤炭气化是合理利用煤炭资源的有效途径之一,也是洁净煤技术的重要组成部分。

　　1) 煤炭气化方法的分类

　　(1) 根据选取的分类准则,可以划分不同种类的气化方法

　　按照煤在气化剂中的流体力学条件,可把气化方法分为以下几种:

　　① 固定床气化。它是生产空气煤气和水煤气的传统方法。其典型的装置是煤气发生炉,即没有燃料加料器的圆筒形反应器,固定床气化以块煤为原料,燃料由顶部加入,由底部排出,气化物由下而上逆流穿过下落的燃料。

　　② 流化床气化。流化床以煤颗粒的剧烈运动为特征,床层中几乎没有温度梯度和浓度梯度。流化床法气化时,以小颗粒煤为气化原料,燃料颗粒的直径为 1~8 mm。流化床形成一股由床中心升起再折回沿炉壁下降的气流,小颗粒煤悬浮分散在垂直上升的气体中,不断涌现类似于沸腾的液体产生的气泡,可使气团充分接触完成质量交换并充分换热。

　　③ 气流床气化。气流床气化的煤颗粒比流化床方法时还小(约 0.1 mm),气流速度更高。气体(氧与蒸汽)将煤粉(70%以上)带入高温气化炉,或将煤粉制成水煤浆,用泵送入气化炉,在 1 500~1 900℃高温下将煤一步转化成 CO、H_2、CO_2 等气体,残渣以熔渣形式排出气化炉。

　　④ 熔融床气化。熔融床气化的特点是温度高,一般为 1 600~1 700℃。粉煤和气化剂以切线方向高速喷入浴池内,池内熔融物保持高速旋转。此时气、液、固三相密切接触,在高温条件下完成气化反应,生成以 H_2 和 CO 为主要成分的煤气。

　　(2) 按气化剂的种类划分

　　① 空气-蒸汽气化。以空气(或富氧空气)或蒸汽作为气化剂。

　　② 氧气-蒸汽气化。以氧气—蒸汽作为气化剂。

　　③ 氢气气化。气化剂中含有高浓度的氢。

　　(3) 按气化炉操作压力高低划分

　　① 常压气化法,运行压力为常压或略高于大气压力。

　　② 中压气化法,运行压力可达 3 MPa。

　　③ 高压气化法,运行压力为 7~10 MPa。

　　(4) 气化方法按残渣的排出方法划分

　　① 固态排渣。气化残渣(灰渣)以固体的形式排出气化炉。

　　② 液态排渣。气化残渣(灰渣)以液体的形式经急冷后变成固态熔渣排出气化炉。

2）煤炭气化的应用及其发展

煤炭气化是将煤与气化剂起反应，使之转化为煤气的技术，随着工艺操作条件的改善和加入气化剂（主要是空气、氧气、水蒸气），可以得到不同种类的煤气产品：

（1）民用燃料煤气。提供大、中、小城市的民用供气，并进行余热利用和化工原料的回收。

（2）化工合成原料气。利用煤气中的主要成分 H_2 和 CO 作为合成氨、合成甲醇等的原料气。

（3）工业燃料气。将煤气化供给铁矿石直接还原生产铁所需要的还原气及其他工业工艺燃料用气；煤气化联合循环发电用燃料气。

3）煤炭气化技术的发展

煤炭气化技术的发展已经有 160 多年的历史，根据其先进性和成熟程度可分为第一代、第二代、第三代和第四代气化技术。

第一代气化技术，以固态排渣加压固定床、常压气流床、两段炉及常压流化床等方法为代表。第一代气化技术在工业生产上已应用很久，方法本身已经相当成熟。

第二代气化技术为了弥补天然气和石油的不足，大力研究能够生产中、高热值煤气的气化方法。发展较成熟的有液态排渣气化方法、Hygas 气化方法等。特点是高压操作及甲烷合成技术与煤的气化技术相结合。

第三代气化技术，以催化气化法、闪燃氢化热解法和核能余热气化法为代表，它与第一、二代气化技术相比，具有气化效率高、工艺简单和煤种适应性广等优点。

随着石油、天然气资源的短缺，许多国家都在加快新的气化技术的研究。液态排渣加压气化、催化气化、加氢气化等，都是生产中热值煤气或高热值煤气的新方法。针对煤气化和动力用煤的特点，更多的因素是从环保的角度考虑，目前技术开发的热点是开发煤气化联合循环发电技术。第四代气化技术是煤整体气化联合发电技术与化工原料相结合的气化技术。

4）煤的地下气化方法

地下煤气化是集煤的开采和转化的一体化技术。前苏联、美国、英国等都进行了广泛的研究，中国已进行了工业化试验研究和商业化应用。地下气化的投资与地面气化相比要廉价得多。地下气化煤层的选择应是厚煤层，最好大于 3 m，最小也应有 1.5 m，煤无膨胀性、高活性和高渗透性，例如褐煤，煤层上最好有一层不透气的泥土，且煤层无严重断裂。

煤的地下气化根据不同的地质条件，可以采用垂直钻孔、倾斜钻孔和定向钻孔等方法。钻成孔以后再形成气化通道，气化通道的形成可采用渗透法、电力贯通法、定向钻孔贯通法等方法进行贯穿。

气化煤层的地质因素和燃烧过程中发生的可变因素的复杂性，使得煤地下气化工艺遇到很多难题，诸如控制地下煤层的燃烧过程，调节供气的质和量，顶板的垮落、漏气、漏水和夹石层气流不通等问题。

我国提出了长通道、大断面、两阶段地下煤气化新工艺，进行了多次急倾斜煤层地下气化模型试验和一系列的基础理论研究与测控技术开发。新汶孙村煤矿是长通道、大断面、两阶段气化技术在我国缓倾斜、2 m 以下较薄煤层中首次试验成功的范例。该项目 1999 年 9 月启动，2000 年 3 月点火，4 月生产空气煤气，6 月生产水煤气，7 月开始连续稳定地向 1 万户居民和蒸汽锅炉供燃气，2001 年初发电试验成功。其气化区煤储量约 1.72×10^5 t，两个气化炉的服务年限约为 3 年。这是我国地下煤气化工程中建设速度快、测控全面、净化系统齐备、储运系统完善和应用广泛的产业化示范项目。我国现有数十台煤地下气化炉在运行,产生的煤气用于民用燃料或按进行热电联产。

9.4.2　煤的液化

煤炭液化获得的洁净液体燃料,可以满足很多需要液体燃料的工业设备的需求,用于燃烧则可以达到减少污染环境的目的。因此,以煤炭制取可替代石油的液体燃料,有广阔的发展前景,而且煤炭液化技术已进入工业化生产阶段。

1)煤炭液化的分类、环境特性和发展

(1)煤炭的直接液化和间接液化

由煤制取液体产品的方法可分为加氢法、抽提法和合成法。前两种方法是煤的直接液化,即加氢制取液态人造石油;而合成法属于煤的间接液化。煤的直接液化是把煤进行高温热解,使之产生一部分液体燃料,或在一定压力下使煤在溶剂中,加氢生成液体燃料或转化为低硫、低灰、强粘结性的优质固体燃料。间接液化工艺则是把煤先经过气化,制成含一氧化碳和氢为主的煤气,再将煤气合成为液体燃料。

研究表明,煤的碳、氢质量比越小就越容易液化。褐煤、高硫的年轻烟煤及次烟煤易于加工液化。如丝炭较多,须经洗选脱除丝炭后再使用。碳氢比较低的低灰分泥炭也可进行液化。液化用煤较理想的是煤的碳氢比低于 15;可燃基挥发分大于 4%、灰分小于 10%;丝炭组分小于 10%。在煤的液化过程中,煤中含有的氧、硫及氮等都要参与反应,生成水分、硫化氢和氨析出,因此要尽量采用年轻煤,如采用年轻煤中含氧较低的气煤进行液化,则氢的耗量较小,但反应速度要比含氧量高的褐煤稍慢。

对煤的直接液化工艺和间接液化工艺的选择和评判要根据具体情况来定,直接液化热效率比间接液化热效率要高,但对原料煤的要求相对苛刻,适合于生产汽油和芳烃;间接液化允许采用高灰分的劣质煤,较适合于生产柴油、含氧的有机化工原料和烯烃等。

(2)煤炭液化产品的环境特性

煤炭液化产品具有良好的环境特性是不言而喻的。

煤直接液化时,煤经过加氢反应,所有异质原子基本被脱除,也无颗粒物,回收的硫可变成元素硫,氮经过水处理可变成氨。煤间接液化时,液体产物是由气化阶段的气体产物转变而来,催化合成过程中排放物不多。未反应的气体(主要是 CO)可以在燃烧器中燃烧,排出的废气中 NO_x 和硫很少,没有颗粒物生成。因此煤的液化产物燃烧对环境造成的影响非常轻微,无论是煤的直接液化还是间接液化都是一种很好的洁净煤利用途径。

(3)煤炭液化工艺的发展状况

目前各国开发的加氢液化方法,大多采用煤浆加氢的直接液化方法。有的使用了催化剂,有的则没有使用催化剂,或者使用煤中的矿物质取代。液化反应器的结构型式也各不相同,溶剂精炼煤法采用的是固定床,氢煤法采用的是流化床。

德国是世界上煤直接液化工艺经验最为丰富的国家,在 20 世纪 40 年代就开发了煤整体液化工艺的研究。20 世纪 60 年代,美国、法国、前苏联等国都开展了煤加氢液化工作的研究,特别是在 1973 年世界石油价格暴涨之后,美国、前西德、英国、日本和前苏联等国加强了煤液化的研究开发工作,取得了重要的研究成果。

① 煤炭直接液化工艺

煤炭直接液化即煤炭的加氢液化开发较早,技术成熟,其流程图如图 9.1 所示。

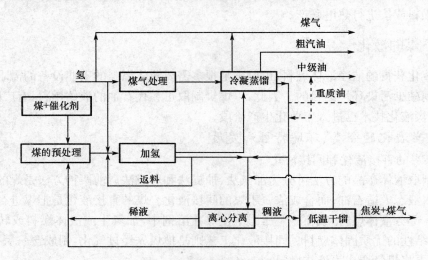

图 9.1　煤炭直接液化流程图

该液化方法的运行温度为 470~490℃,运行压力因催化剂的不同而不同。如果使用高活性的催化如氯化氨和草酸等,运行压力为 30 MPa;如果使用铁催化剂,活性相对较低,则运行压力应为 70 MPa。第一段煤在氢和催化剂的作用下溶解,催化剂呈悬浮状,煤浆液相加氢,在高压下生成液态中间产物(中级油和粗汽油等)。第二段以第一段加氢产物为原料,进行中间产物的催化气相加氢制得汽油产品。油分以馏分的形式回收,在不同的反应条件下得到数量不同的轻质油、中级油和重质油,馏分产生的固体物质用离心法分离,所得的稀液相作为掺混油使用,离心的稠液浆通过低温干馏回收油类,得到的煤气和焦炭用于内部供热。液相加氢的产品主要是 25% 左右的粗汽油和 75% 左右的中级油,还有少量的重油、煤气和残煤等。产品受氢的加入量的影响。在烟煤加氢时,主要得到芳烃和环烷烃产品;褐煤加氢时,主要得到烷烃和环烷烃产品。

② 供氢溶剂法

供氢溶剂法是利用供氢溶剂进行萃取的煤炭液化方法,其工艺流程如图 9.2 所示。将原料煤破碎、脱水,与供氢溶剂混合,制成煤浆。煤浆与氢气混合后预热到 430℃后送入液化反应器内,让其由下向上活塞式流动,在温度 430~480℃、压力为 10~14 MPa 下进行加氢液化反应。在液化反应器中停留时间为 0.5~0.75 h。供氢溶剂的作用是使煤分散在煤浆中并把煤流态化输送通过反应系统,供氢给煤进行加氢反应。液化反应器出来的产物送入气液分离器,在此处烃类和氢气由液相分出,气体送到分离系统,氢循环利用。液相产物进入常压蒸馏塔,蒸出轻油。塔底产物进入减压蒸馏塔分离出气体、轻质燃料油、重质燃料油和石油脑产品。部分轻质燃料油用催化剂加氢后制成再生供氢溶剂供循环使用,减压蒸馏器的残渣、浆液送入焦化器内。将残渣和浆液中的有机物转化为液体产品和低热值煤气,提高了碳的转化率。

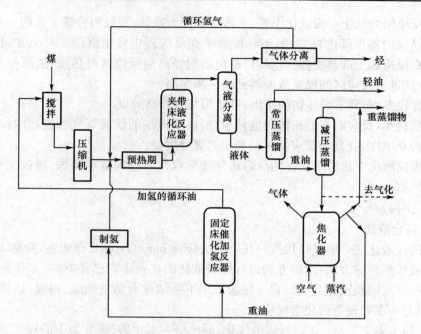

图 9.2 供氢溶剂法流程图

供氢溶剂法的特点是循环溶剂的一部分在一个单独的固定床反应器中。用高活性的 Ni-Mo 催化剂预先加氢或供氢溶剂，液化煤种主要是烟煤。该法液化烟煤时，气体烃产率为 22％，馏分中石油脑占 37％，中质油占 37％。

③ 两段催化液化法

德国煤炭液化公司开发了一种两段催化液化工艺。在该工艺中，煤浆从反应器顶部送入，而氢气从反应器底部送入，二者形成逆流接触。第一段煤氢化所得渣油再送入第二段进行延迟焦化，进一步热解，得到更高的油回收率。它具有油回收率高、氢耗低、反应压力低和能耗低的特点。

该工艺的流程图如图 9.3 所示。它是在第一段采用煤浆和氢气分别在上方与下方进料，然后在第二段对一段氢化所获得的油进行延迟焦化。第一段反应条件一般压力为 20 MPa，温度 440℃左右。该工艺的特点是：

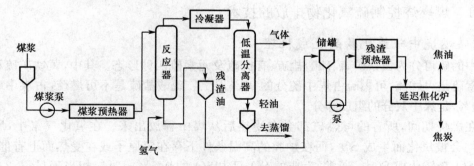

图 9.3 两段催化液化工艺流程图

　　a. 由于反应压力低于一段液化工艺,气体产率大大降低,一般为传统工艺的一半。

　　b. 采用从反应器顶部进料方式,不易使煤浆在反应器中发生沉淀。另一方面,可使溶剂中轻质部分在反应器上部蒸发掉。这样可避免溶剂经高温反应区时热解,从而使气体产率大幅度降低,也使进入反应区的煤浆浓度得到进一步提高。

　　c. 产沥青较多,有利于固体物的排出,可使用灰分较高的煤。

　　d. 由于氢耗少,反应时释放出的热能较少,所以需添加的低温氢气量也相应减少,这就改善了反应器的充填度,提高了反应器单位容积的煤处理量。

　　e. 两段集成液化方法采用改良的延迟焦化法来取代一段闪蒸蒸馏法,通过焦化热解以获取更高的油回收率。

　　2)煤炭间接液化

　　(1)费-托合成法

　　煤炭的间接液化法一般是指用费—托合成法(Fiseher－Tropsh 合成法,简称 F－T 法)把煤炭转化成液体燃料的方法,用该方法进行煤炭液化的工业生产已经有 70 多年的生产经验,是一种成熟的煤炭间接液化方法。费—托法采用不粘结或弱粘结烟煤、褐煤(块煤)为液化的原料,其反应是一系列复杂的化学反应。

　　费-托法的主要工艺是:先通过煤的气化,制出以一氧化碳、氨气为主的煤气;再经过变换和净化,送入反应器;在催化剂作用下,生产出汽油及烃类产物。

　　费-托工艺现用的气化炉效率低,严重影响了整个工艺的效率,而且只限于使用年轻烟煤和褐煤;另外,现用的催化剂的选择性还有待提高。

　　(2)甲醇转化法

　　煤的甲醇转化法工艺与费—托法类似,先把煤制成煤气,然后再用 CO 和 H_2 合成甲醇。

　　实质上,甲醇转化法与费—托法不同,它不合成烃类产品,而是先合成甲醇,再将甲醇加工转化成汽油,它并不是严格意义上的煤炭间接液化方法。

9.5　煤的高效洁净燃烧技术与发电技术

　　煤燃烧产生的有害气体主要是硫氧化物、氮氧化物和二氧化碳。硫氧化物和氮氧化物控制技术已经成熟,并广泛应用于生产实际。而对二氧化碳的控制目前也已进入商业化推广应用。

9.5.1　煤燃烧控制硫氧化物排放的技术

1)煤燃烧中硫氧化物的生成机理

　　煤中的硫可分为黄铁矿硫、硫酸盐硫、有机硫及元素硫四种形态。其中,黄铁矿硫和有机硫及元素硫是可燃硫,可燃硫占煤中硫分的 90％以上。硫酸盐硫是不可燃硫,占煤中硫分的5％～10％,是煤中灰分的组成部分。

　　煤在燃烧期间,所有的可燃硫都会在受热后从煤中释放出来。在氧化气氛中,所有的可燃硫均会被氧化而生成 SO_2,而在炉膛的高温条件下存在氧原子或在受热面上有催化剂,一部分 SO_2 会转化成 SO_3。通常,生成的 SO_3 只占 SO_2 的 0.5％～2％,相当于1％～2％的煤中硫分以 SO_3 的形式排放出来。此外,烟气中的水分会和 SO_3 反应生成硫酸(H_2SO_4)气体。硫酸气体在温度降低时会变成硫酸雾,而硫酸雾凝结在金属表面上会产生强烈的腐蚀作用。排入大气中的 SO_2，由于大气中金属飘尘的触媒作用而被氧化生成 SO_3，大气中的 SO_3 遇水就会形成硫酸雾，烟气中的粉尘会吸收硫酸而变成酸性尘。硫酸雾或酸性尘被雨水淋落就变成了酸雨。煤燃烧过程中可能产生的硫氧化物，如 SO_2、SO_3、硫酸雾、酸性尘和酸雨等，不仅造成大气污染，而且会引起燃煤设备的腐蚀。燃烧过程中生成的硫氧化物还会影响氮氧化物的形成。

2）煤燃烧脱硫技术概述

在锅炉燃烧条件下，可燃硫与氧发生反应生成 SO_2，主要反应为：

$$S+O_2 \rightarrow SO_2$$

$$C_xH_yS_z+nO_2 \rightarrow zSO_2+xCO_2+yH_2O$$

$$4FeS_2+11O_2 \rightarrow 8SO_2+2Fe_2O_3$$

煤在燃烧产生的 SO_2 会进一步氧化成 SO_3，SO_3 遇 H_2O 后会形成硫酸。如果是在锅炉的尾部受热面形成硫酸，当受热面的温度低于硫酸的酸露点温度时，气态硫酸会凝结成液体硫酸，使尾部受热面受到腐蚀。当 SO_3 在大气中遇到 H_2O，形成的硫酸会造成酸雨。目前，我国三分之一以上的国土面积遭受酸雨的侵害。为了减少煤燃烧过程中产生的 SO_2，一般在煤的燃烧过程中脱硫，对燃烧产生的烟气进行脱硫。

不论是炉内脱硫，还是烟气脱硫，均用脱硫效率衡量脱硫效果的优劣。脱硫效率定义为

$$脱硫效率=\frac{进口烟气量\times进口\ SO_2\ 浓度-出口烟气量\times出口\ SO_2\ 浓度}{进口烟气量\times进口\ SO_2\ 浓度}\times100\% \qquad (9.1)$$

钙硫比（Ca/S）也是脱硫技术中常用的一个概念，是用来表征在达到一定脱硫效率时所需要的钙基吸收剂的过量程度。定义为脱除单位质量的硫需要的钙的数量。理论上，无论是干法/半干法脱硫，还是湿法脱硫，一个钙基吸收剂分子能吸收一个 SO_2 分子，由于传热和传质的影响，钙基吸收剂的分子数要大于 SO_2 的分子数。

在煤燃烧过程中脱硫，采用的脱硫剂一般用石灰石，燃烧中脱硫的化学反应为

$$CaCO_3 \rightarrow CaO+CO_2$$

$$CaO+\frac{1}{2}O_2+SO_2 \rightarrow CaSO_4$$

上述反应在 $800\sim850℃$ 时，可得到最高的脱硫效率，温度高于或低于这个范围时，脱硫效率都会下降。当温度超过 $1\ 200℃$ 时，已生成的 $CaSO_4$ 会分解成 SO_2。

对煤燃烧产生的烟气进行脱硫，称为烟气脱硫（Flue-gas desulfurization，FGD），是煤燃烧脱硫的主流技术。对单机容量 $300\ MW$ 及以上的燃煤发电机组，主要采用烟气脱硫技术进行脱硫。

烟气脱硫根据脱硫剂进入脱硫系统的水溶状态进行分类，可分为干态（干法）、少量水溶状态（半干法）、大量水溶状态（湿法）三种：

（1）干法脱硫：无论加入锅炉尾部烟道中的脱硫剂是干态的还是湿态的，脱硫剂最终反应产物都是干态的。干法烟气脱硫分为喷雾干燥法和循环流化床干法烟气脱硫。

喷雾干燥法是将 $Ca(OH)_2$ 经过熟化后喷入喷雾吸收器，与含有 SO_2 的烟气进行混合，经过化学反应将 SO_2 脱除。其工艺流程示意图如图 9.4 所示。当 Ca/S=1.4 时，烟气脱硫效率

可达 80%。一般为 75~85%。

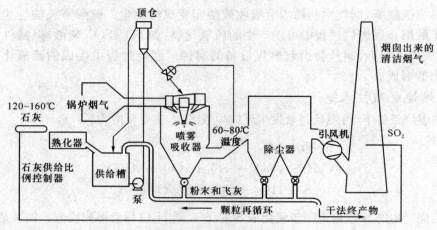

图 9.4　喷雾干燥法脱硫工艺流程示意图

炉内喷钙脱硫是用气力将石灰石粉喷入炉膛燃烧区出口处,该区温度为 900~1 250℃,石灰石粉(CaCO₃)受热后立即分解为

$$CaCO_3 \rightarrow CaO + CO_2$$

在炉内,烟气中的部分 SO₂ 和全部的 SO₃ 与 CaO 反应生成 CaSO₃ 和 CaSO₄,即一部分为

$$CaO + SO_2 \rightarrow CaSO_3$$

另一部分为

$$CaSO_3 + \frac{1}{2}O_2 \rightarrow CaSO_4$$

$$CaO + SO_3 \rightarrow CaSO_4$$

循环流化床干法烟气脱硫是将 Ca(OH)₂ 或石灰石送入循环流化床进行化学反应,达到脱硫的目的。循环流化床干法烟气脱硫流程示意图如图 9.5 所示。

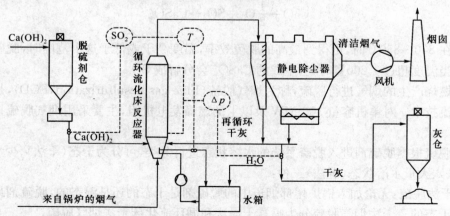

图 9.5　循环流化床干法烟气脱硫流程示意图

当 Ca/S＝1.5 时,循环流化床干法烟气脱硫的脱硫效率最高可达 97%。

（2）半干法脱硫。常见的半干法脱硫有炉内喷钙尾部活化增湿法和循环流化床法。炉内喷钙尾部增湿法脱硫工艺流程示意图如图 9.6 所示。

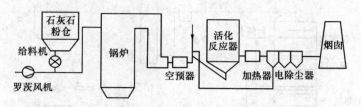

图 9.6　炉内喷钙尾部增湿法脱硫工艺流程示意图

循环流化床半干法烟气脱硫流程示意图如图 9.7 所示。

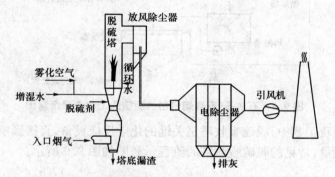

图 9.7　循环流化床半干法烟气脱硫流程示意图

半干法脱硫的反应:

$$SO_2 + Ca(OH)_2 + H_2O \rightarrow CaSO_3 + 2H_2O$$

$$CaSO_3 + \frac{1}{2}O_2 \rightarrow CaSO_4$$

炉内喷钙尾部增湿活化法,Ca/S＝1.5~2.0,脱硫效率 70~85%。循环流化床法,Ca/S＝1.1~1.2,脱硫效率大于 85%。

干法/半干法脱硫的特点:系统简单,初投资低;脱硫效率低,钙硫比大,设备磨损严重;一般用在单机容量 200 MW 及其以下的燃煤机组。

（3）湿法烟气脱硫:整个脱硫系统位于烟道的末端、除尘器之后,其脱硫剂、脱硫反应、反应副产品、脱硫剂的再生和处理等均在湿态下进行。其脱硫反应温度均低于露点,故脱硫后的烟气需再加热后才能从烟囱排出。

①石灰石-石膏法

典型的石灰石-石膏法烟气湿法脱硫的工艺流程示意图如图 9.8 所示。

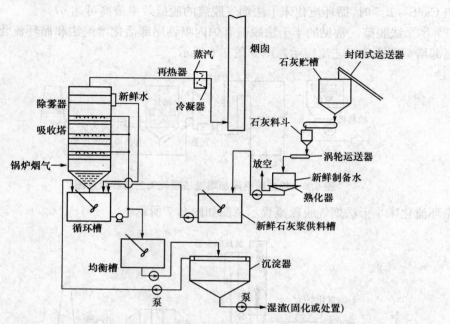

图 9.8　石灰石-石膏烟气湿法脱硫的工艺流程示意图

在烟气湿法脱硫工艺中,脱硫吸收塔是关键的化学反应设备,直接影响湿法脱硫的脱硫效率和脱硫剂的消耗量,常见的脱硫吸收塔的流程示意图如图 9.9 所示。

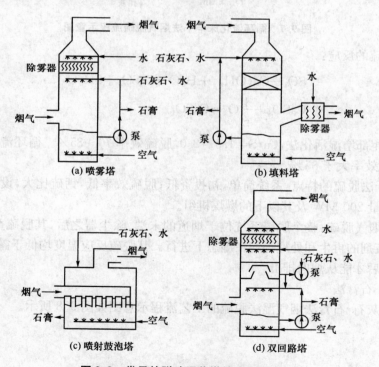

图 9.9　常见的脱硫吸收塔的流程示意图

石灰石-石膏法烟气脱硫的总化学反应式为

$$SO_2 + \frac{1}{2}O_2 + CaCO_3 \rightarrow CaSO_4 \cdot 2H_2O + CO_2$$

湿法烟气脱硫过程是气液相化学反应,其脱硫反应速度快、脱硫效率高,钙利用率高,在 Ca/S=1 时,脱硫效率可达 90%。石灰石/石膏法,Ca/S 小于 1.05,脱硫效率大于 90%。

在湿法烟气脱硫中,为了确保在有限的塔内停留时间内,将溶于浆液中全部的 SO_2 与钙反应生成硫酸钙,钙应比硫的摩尔总数多一些,多余的钙也称过剩率。

碳酸钙在全钙中所占的百分比为过剩率 K,即

$$K = \frac{CaCO_3}{CaSO_4 \cdot 2H_2O + CaSO_4 \cdot \frac{1}{2}H_2O + CaCO_3} \times 100\%$$

入口烟气中 SO_2 量的计算公式为

$$A = G \times \frac{(100-W)}{100} \times \frac{S}{10^6} \times \frac{1}{22.4} = \frac{G \times S \times (100-W)}{22.4 \times 10^8} \tag{9.2}$$

式中:A 为入口烟气中 SO_2 流量(kmol/h);G 为标准状态下入口湿烟气量(m^3/h);S 为入口烟气 SO_2 浓度($\times 10^{-6}$);W 为入口烟气中 H_2O 体积浓度(%)。

$CaCO_3$ 消耗量的计算公式

$$B = A \times \eta \times \frac{1}{1-K} \tag{9.3}$$

式中,B 为 $CaCO_3$ 的消耗量(kmol/h);A 为入口烟气中 SO_2 流量(kmol/h);η 为脱硫效率(%);K 为钙的过剩率(%)。

钙硫比的计算公式:

$$Ca/S = \frac{B}{A}(mol/mol) \tag{9.4}$$

例:某燃煤机组石灰石-石膏湿法烟气脱硫装置,在标准状态下进入脱硫装置的烟气量为 255 000 m^3/h(湿),SO_2 浓度为 $2\,000 \times 10^{-6}$(干),H_2O 的体积浓度为 6%,SO_2 的脱除率为 95%,吸收塔排出的浆液中 $CaCO_3$ 的过剩率为 10%,该脱硫装置的钙硫比是多少?

解:脱硫装置中 SO_2 的量为

$$A = 225\,000 \times \frac{(100-6)}{100} \times \frac{2\,000}{10^6} \times \frac{1}{22.4}$$

$$= 225\,000 \times 0.94 \times 0,0,0 \times \frac{1}{22.4} = 21.402(kmol/h)$$

$CaCO_3$ 的消耗量为

$$B = 21.402 \times 0.95 \times \frac{1}{1-0.1} = 22.568(kmol/h)$$

钙硫比为

$$Ca/S = \frac{B}{A} = \frac{22.568}{21.402} = 1.0545 (mol/mol)$$

② 石灰石/石灰洗涤法

石灰石/石灰湿法洗涤脱硫技术的主要原理是,以石灰石或石灰的水浆液作为脱硫剂,在吸收塔(洗涤塔)内对含有 SO_2 的烟气进行喷淋洗涤,使 SO_2 与浆液中碱性物质发生化学反应,生成亚硫酸钙和硫酸钙而将 SO_2 除掉。浆液中的固体物质(包括煤的飞灰)连续地从浆液中分离出来并排往沉淀池,同时不断地加入新鲜石灰石或石灰后循环至吸收塔(洗涤塔)。图 9.10 为石灰石洗涤法脱硫系统示意图。

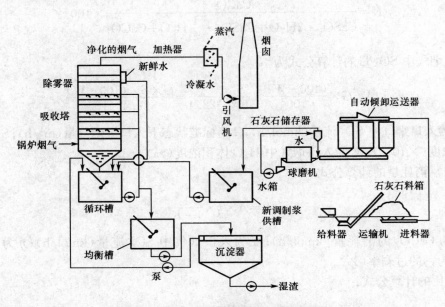

图 9.10　石灰石洗涤法的脱硫系统示意图

③ 双碱法

双碱法烟气脱硫工艺,实际上是为了克服石灰石/石灰法容易结垢的缺点并进一步提高脱硫效率而发展起来的。它的特点是,先用碱金属盐类例如钠盐的水溶液吸收 SO_2,然后在石灰反应器中用石灰或石灰石将吸收了 SO_2 的吸收液再生,再生后的吸收液返回吸收塔再利用,而 SO_2 则以石膏的形式沉淀析出,得到亚硫酸钙和石膏。因为其固体生成物石膏的反应不在吸收塔内进行,从而避免了石灰石/石灰法的结垢问题。双碱法的工艺流程如图 9.11 所示。

④ 韦尔曼—洛德法

韦尔曼—洛德法是利用亚硫酸钠溶液的吸收和再生循环过程将烟气中的 SO_2 脱除,故又称之为亚钠循环法。它由以下步骤组成:烟气预洗涤、在吸收塔中 SO_2 被高浓度的亚硫酸钠溶液吸收而生成亚硫酸氢钠、除去 Na_2SO_4、亚硫酸钠脱硫剂的再生、SO_2 富气处理、废水处理。

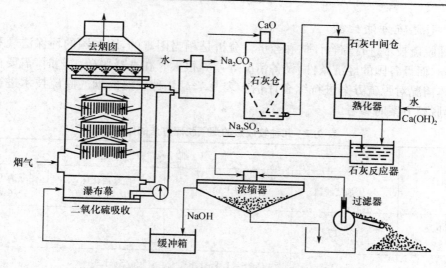

图 9.11　双碱法烟气脱硫的工艺流程图

韦尔曼—洛德法的实际使用效果为：用于煤中含硫量为 1‰～3.5‰时，可达到 97％以上的脱硫效率。整个系统的烟气阻力损失为 40～70 kPa，系统可靠，可用率达 95％以上。该法适用于高硫煤，以尽可能地回收硫的副产品。

⑤ 氨法

用氨作为脱硫剂和碱类脱硫剂相比，优点是价格便宜，脱硫以后氨保留在反应产物中可制成化肥，达到一举两得的目的。氨肥法一般由 SO_2 的吸收和吸收后溶液的处理两部分组成。基本原理是用氨水（NH_4OH）吸收烟气中的 SO_2，洗涤液通过氧化过程可以得到浓度为 30％的硫酸铵溶液。该硫酸铵溶液可以直接作为液体氮肥使用，或将其加工成颗粒状、晶体或块状，或与其他化肥混合。

⑥ 氧化镁法

一些金属氧化物如 MgO、MnO_2 和 ZnO 等都具有吸收 SO_2 的能力，因此可利用其水溶液或浆液作为脱硫剂对烟气进行洗涤脱硫。吸收了韦尔曼—洛德法以后的亚硫酸盐和亚硫酸氢盐在一定温度下会分解而产生 SO_2，气体 H_2SO_4 可作为制造硫酸的原料。同时，作为脱硫剂的金属氧化物得到再生，可循环重复使用。

⑦ 海水烟气脱硫

海水因具有一定的天然碱度和特定的水化学特性，可用于烟气脱硫。海水烟气脱硫工艺适用于燃煤含硫量不高并以海水为循环冷却水的海滨燃煤电厂。

3）电子束烟气脱硫

用电子束对烟气进行照射可以同时脱硫脱硝，其脱硫脱硝原理是：烟气在进入反应器之前要先加入氨气，然后在反应器中用电子束对烟气进行照射。电子束发生装置由电压为800 kV 的直流高压电发生装置和电子加速器组成。电子加速器产生的电子束通过照射孔对反应器内的烟气进行照射时，电子束的高能电子可将烟气中的氧和水蒸气等的分子激发，使之转化成氧化能力很强的 OH、O 等游离基，这些游离基使烟气中的硫氧化物 SO_x 和氮氧化物 NO_x 很快氧化，产生了中间产物硫酸和硝酸，它们再和预先加入反应器中的氨反应产生硫酸铵和硝酸铵化肥。

4) 烟气脱硫方法比较

对各种脱硫技术进行综合评估和经济性分析是相当困难的,因各国的环保法规和排放标准各不相同,而且各国的经济条件、设备情况等差异很大。在选择脱硫工艺时,需要根据本国本地的具体情况对脱硫方案进行综合评估。表 9.7 对几种成熟的烟气脱硫技术进行粗略比较,供选择脱硫方案时参考。

表 9.7　几种较成熟的烟气脱硫方法的比较

比较项目	烟 气 脱 硫 方 法			
	湿法烟气脱硫	喷雾干燥法	循环流化床干法烟气脱硫	炉内喷钙尾部增湿
脱硫装置占电站总投资(%)	12~15	15	12	6~8
脱硫效率(%)	Ca/S=1.5 90~98	Ca/S=1.5~1.8 80~90	Ca/S=1.1~1.5 90~97	Ca/S=2 50~80
运行费用	较　高	中　等	较　低	较　低
适用范围	①中、高硫煤;②用于已建电厂的改造困难较大③大型燃煤机组	①中、低硫煤;②条件适合时可用于现有电厂改造	①中、高、硫煤;②条件适合时可用于现有电厂改造	①中、低硫煤;②适用于 300 MW 以下的机组及现有电厂改造
脱硫后烟气	脱硫后烟气经洗涤温度低于露点,需再热	可控制喷雾塔后烟气温度高于露点,不需再热	可控制循环床中增温后的烟气温度高于露点,不需再热	可控制活化反应器中增湿后的烟气温度高于露点,不需再热
目前国际上的应用情况	已有近 40 年的应用历史,全世界 90% 的大型燃煤电厂烟气脱硫应用此法	全世界有 40 000 MW 的发电厂安装有该方法的设备;已有近 30 年的应用历史	从 1980 年起投入使用,最大的为 250 MW 机组	从 1986 年起投入使用,最大容量为 3 00 MW

9.5.2　煤燃烧控制氮氧化物排放的技术

煤燃烧过程中产生的氮氧化物主要是 NO 和 NO_2,二者统称为 NO_x,还有少量的 N_2O 产生。与 SO_2 的生成机理不同,在煤燃烧过程中氮氧化物的生成量和排放量与煤燃烧方式,特别是燃烧温度和过量空气系数等燃烧条件关系密切。

在煤燃烧过程中,生成 NO_x 的途径有三个:一是热力型 NO_x,它是空气中的氮气在高温下氧化而生成的 NO_x;二是燃料型 NO_x,它是由燃料中含有的氮化合物在燃烧过程中热分解而又接着氧化生成的 NO_x;三是快速型 NO_x,它是燃烧时空气中的氮和燃料中的碳氢离子团反应生成的 NO_x。

N_2O 和燃料型 NO 一样,也是从燃料的氮化合物转化生成的,它的生成过程和燃料型 NO_x 的生成和破坏密切相关。

1) 煤燃烧方式对 NO_x 排放的影响

在煤燃烧过程中影响 NO_x 生成和分解的主要因素是:煤种特性,如煤的含氮量、挥发分含量等;燃烧温度;炉膛内反应区中烟气的气氛;燃料及燃烧产物在火焰区和炉膛内的停留时间等。

对不同的燃煤设备,由于其燃烧条件不同,其 NO_x 的排放值也不相同。如图9.12所示,图中不同燃煤设备所生成的 NO_x 原始排放值为横坐标,达到环境保护标准所需的 NO_x 降低率为纵坐标。

由图9.12可见,由于液态排渣煤粉炉的燃烧温度最高,因此除燃料型 NO_x 外,它还生成大量热力型 NO_x,使得液态排渣煤粉炉的 NO_x 原始排放值在所有燃煤设备中达到最高;固态排渣煤粉炉由于燃烧温度较低,燃烧过程中生成的主要是燃料型 NO_x,因此其 NO_x 的原始排放值要比液态排渣煤粉炉低得多。即使同样是固态排渣煤粉炉,当燃烧器在炉膛上位置不同、形成不同的燃烧条件时,由于具体的燃烧条件不同,其 NO_x 的排放值也很不相同。

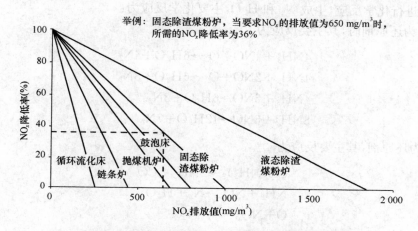

图9.12 不同燃煤设备所生成的 NO_x 的原始排放值

图9.12说明燃烧方式对 NO_x 的生成和排放值影响很大。适当改变燃煤设备的运行条件,就有可能减少 NO_x 的排放。由于影响 NO_x 生成和分解的最主要的燃烧条件是燃烧温度、烟气中氧的浓度以及 NH_3、HCl、CO、C 和 H_2 的浓度。因此,凡通过改变燃烧条件来控制上述关键参数,均可以抑制 NO_x 的生成,或分解已生成的 NO_x,达到减少 NO_x 排放的技术措施,都称为低 NO_x 燃烧技术。但各种低 NO_x 燃烧技术对于减少 NO_x 的排放都是有一定限度的,显而易见,降低燃烧温度、减少烟气中氧的浓度等都不利于煤燃烧过程顺利完成。因此,各种低 NO_x 燃烧技术都必须以不会影响燃烧的稳定性、不会导致还原性气氛对受热面的腐蚀,以及不会增加飞灰含碳量而降低锅炉效率为前提。

如果低 NO_x 燃烧技术仍不能满足当地环境保护标准对 NO_x 排放的要求,则必须在燃烧后进行烟气处理以进一步减少 NO_x 的排放。

我国2011年总发电量为 $47\,000.7 \times 10^8$ kW·h,其中火电量为 $38\,253.2 \times 10^8$ kW·h,占全国发电总量的81.38%。因此,提高我国燃煤电厂脱硝技术的水平,减少 NO_x 的排放量,对我国的环境保护具有重要的意义。

烟气脱除 NO_x 也称烟气脱硝,与烟气脱硫技术类似,烟气脱硝技术也分为干法和湿法两种。

（1）干法烟气脱硝

干法烟气脱硝是吸收剂和烟气中的 NO_x 进行化学反应，生成无污染的干态产物。干法脱硝是目前商业化应用的主流技术。干法脱硝分为选择性催化还原技术（Selective catalytic reduction，SCR）、选择性非催化还原技术（Selective non-catalytic reduction，SNCR）和 SNCR-SCR 等三种。SNCR 和 SCR 都是利用氨为还原剂将 NO_x 转化为 N_2 和 H_2O，只是 SNCR 不需要催化剂，吸收反应的温度在 980℃ 左右，而 SCR 需要催化剂，反应温度在 300～400℃ 之间，甚至更低。

① SNCR 工艺

SNCR 是一种在 850～1 100℃ 范围内不用催化剂还原 NO_x 的脱硝工艺。常用的还原剂为氨气、尿素稀溶液等喷入温度为 850～1 100℃ 的炉内区域，还原剂迅速分解出 NH_3 并与烟气中的 NO_x 进行化学反应，生成 N_2 和 H_2O，主要化学反应为：

以 NH_3 为还原剂时，其主要反应为

$$4NH_3 + 4NO + O_2 \rightarrow 6H_2O + 4N_2$$
$$4NH_3 + 2NO + O_2 \rightarrow 6H_2O + 3N_2$$
$$4NH_3 + 6NO \rightarrow 6H_2O + 3N_2$$
$$8NH_3 + 6NO \rightarrow 12H_2O + 7N_2$$

以尿素为还原剂，其主要反应为

$$CO(NH_2)_2 \rightarrow 2NH_2 + CO$$
$$NH_2 + NO_x \rightarrow N_2 + H_2O$$
$$O + NO_x \rightarrow N_2 + CO_2$$

当温度过高时，超过化学反应温度窗口时，氨就会氧化成 NO_x

$$NH_3 + O_2 \rightarrow NO_x + H_2O$$

还原剂一般在锅炉水平烟道喷入，该处烟气温度为 900～1 200℃，当 NH_3/NO_x 摩尔比为 2.0～2.3 时，脱硝效率为 30%～50%。当反应温度在 950℃ 左右时，其化学反应为

$$4NH_3 + 4NO + O_2 \rightarrow 4N_2 + 6H_2O$$

当温度过高时，会发生副反应，重新生成 NO，其化学反应为

$$4NH_3 + 5O_2 \rightarrow 4NO + 6H_2O$$

当反应区域的温度过低时，化学反应速度减慢，温度是 SNCR 脱硝工艺中影响脱硝效率的重要因素。SNCR 工艺不需要催化剂，但脱硝效率低，高温喷射对锅炉受热面的安全性也有一定的影响。

SNCR 脱硝的工艺流程示意图如图 9.13 所示。

② SCR 工艺

SCR 工艺是指在锅炉尾部烟道的低温区（300～420℃），在催化剂存在的条件下 NO_x 与 NH_3 进行选择性催化还原反应。常用的催化剂有钛氧化物、铁氧化物、氧化钒等。

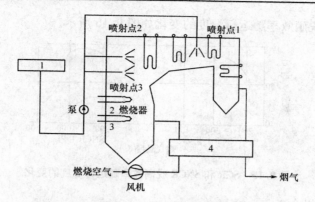

图 9.13 SNCR 脱硝工艺流程示意图
1—氨或尿素储槽,2—燃烧器,3—锅炉炉膛,4—空气预热器

在催化剂存在的情况下,多种还原剂(氨、H_2、CO 等)可以将 NO_x 还原成 N_2。其反应温度区间一般在 $300\sim400℃$ 范围内。

若以氨为还原剂,使用钛氧化物和铁氧化物作为催化剂,在 $NH_3/NO_x=1$ 条件下,其主反应为:

$$4NH_3+4NO+O_2\rightarrow4N_2+6H_2O$$

若以氨为还原剂,采用 V_2O_5 为催化剂,在缺氧的条件下,其反应为

$$4NH_3+6NO\rightarrow5N_2+6H_2O$$

在有氧条件下,其反应变为

$$4NH_3+2NO_2+O_2\rightarrow3N_2+6H_2O$$

SCR 的优点是 NO_x 的脱除率高,可达到 $80\%\sim90\%$。其缺点是催化剂成本高,且许多催化剂有毒性。工业催化剂一般使用 TiO_2 为载体的 V_2O_5/WO_3 及 MoO_3 等金属氧化物,也可以用 TiO_2、活性炭、沸石改性飞灰为载体。此外,SCR 工艺的运行成本也较高。

影响 SCR 脱硝的因素主要包括:脱硝反应器、催化剂种类和浓度、反应温度、NH_3/NO_x 比、停留时间、烟气中 SO_2 的浓度等。

SCR 工艺的核心装置是脱硝反应器。在燃煤锅炉中,由于烟气中的烟尘含量很高,因而一般采用垂直气流布置装置。在 SCR 系统设计中,最主要的运行参数是烟气的运行温度、烟气流速、氧气浓度、SO_3 浓度、水蒸气浓度、催化剂活性和氨逃逸率等。SCR 脱硝工艺位置选择示意图如图 9.14 所示。

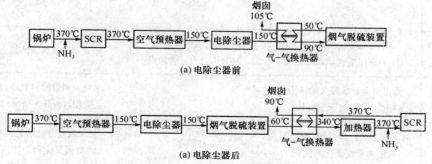

图 9.14 SCR 脱硝工艺位置选择示意图

SCR 和 SNCR 脱硝效率随运行温度的变化如图 9.15 所示。

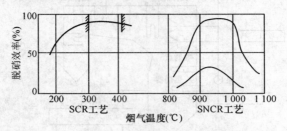

图 9.15　SCR 和 SNCR 脱硝效率随运行温度的变化

③ SNCR-SCR 组合工艺

SNCR-SCR 组合工艺结合了 SCR 技术高效和 SNCR 技术低成本的特点,其通过布置在锅炉路墙上的喷射系统先将还原剂喷入炉膛,还原剂在高温下与烟气中的 NO_x 发生非催化还原反应,实现初步脱硝。然后未反应完的还原剂进入反应器进一步脱硝。SNCR-SCR 混合法,可以利用前部逃逸的还原剂作为后部的 SCR 的还原剂,从而达到提高脱硝效率的目的。SNCR-SCR 联合脱硝的效率可达 80% 以上。

SNCR、SCR 和 SNCR-SCR 三种脱硝工艺的特点比较如表 9.8 所示。

表 9.8　SNCR、SCR 和 SNCR-SCR 三种脱硝工艺的特点比较

主要工艺特性	工艺方法		
	SCR 法	工艺方法 SNCR 法	SNCR - SCR 混合法
还原剂	NH_3 或尿素	尿素或 NH_3	尿素或 NH_3
反应温度(℃)	320～400	850～1 250	前段:850～1 250,后段:320～400
催化剂及其成分	主要为 TiO_2、V_2O_5/WO_3	不使用催化剂	后段加装少量催化剂,主要为 TiO_2、V_2O_5/WO_3
脱硝效率(%)	70～90	大型机组 25～40,小型机组可达 80	40～90
SO_2/SO_3 氧化	催化剂中的 V、Mn、Fe 等多种金属会对 SO_2 的氧化起催化作用 SO_2/SO_3 氧化率较高	不导致 SO_2/SO_3 氧化	SO_2/SO_3 氧化较 SCR 低
NH_3 逃逸（μL/L）	3～5	5～10	3～5
对空气预热器影响	NH_3 与 SO_3 易形成 NH_4HSO_4 造成堵塞或腐蚀	造成堵塞或腐蚀的机会为三者最低	造成堵塞或腐蚀的机会较 SCR 低
系统压力损失	催化剂会造成较大的压力损失,一般大于 980 Pa	无	催化剂用量较 SCR 小,产生的压力损失相对较低,一般为 392～583 Pa
燃料的影响	高灰分会磨耗催化剂,碱金属氧化物会使催化剂钝化	无影响	高灰分会磨耗催化剂,碱金属氧化物会使催化剂钝化

主要工艺特性	工艺方法		
	SCR 法	工艺方法 SNCR 法	SNCR - SCR 混合法
锅炉的影响	受省煤器出口烟气温度的影响	受炉膛内烟气流速、温度分布及 NO_x 分布的影响	受炉膛内烟气流速、温度分布及 NO_x 分布的影响
占地空间	较大,需增加大型催化剂反应器和供氨或尿素系统	小,无需增加催化剂反应器	较小,需增加一小型催化剂反应器,无需增设供氨或尿素系统
使用业绩	多数大型机组成功运行	多数大型机组成功运行	多数大型机组成功运行

(2) 湿法脱硝

湿法烟气脱硝工艺是烟气与含有吸收剂的溶液接触,将 NO_x 吸收脱除,其脱硝生成物的生成和处理均在湿态下进行。

湿法脱硝按照吸收剂的不同,可分为:水吸收法、酸吸收法、碱吸收法、氧化吸收法、吸收还原法和液相络合法。湿法脱硝技术的脱硝效率都不太高。常用的湿法脱硝技术,是同时脱硫和脱硝技术和单纯的湿法烟气脱硝技术。单纯湿法烟气脱硝技术需要寻找效率更高的添加剂以促进 NO_x 在溶液中的吸收。湿法脱硝目前尚处于研究阶段,还不具备与干法烟气脱硝进行商业化竞争。

随着燃煤机组单机容量的不断增大,系统也变得越来越复杂,自动化程度也不断提高。近年来,许多火电厂采用一套烟气净化装置达到同时脱硫和脱硝的技术目的。图 9.16 为某超临界燃煤发电机组同时脱硫脱硝装置的系统示意图。

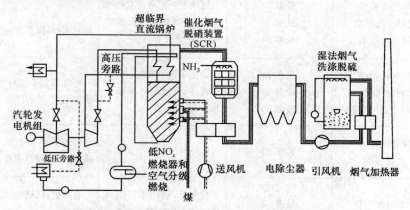

图 9.16 烟气脱硫脱硝超临界燃煤凝汽式发电机组系统示意图

2) 降低 NO_x 排放的主要技术措施

降低 NO_x 排放的主要技术措施是改变燃烧条件: ① 低过量空气燃烧; ② 空气分级燃烧; ③ 燃料分级燃烧; ④ 烟气再循环。

各种低 NO_x 燃烧技术,是降低燃煤锅炉 NO_x 排放值最主要也是比较经济的技术措施。但一般情况下,低 NO_x 燃烧技术最多只能降低 NO_x 排放值的 50%。不同低 NO_x 燃烧技术的比较如表 9.9 所示。

表 9.9　不同煤燃烧设备的低 NO_x 燃烧技术比较

低 NO_x 燃烧技术		降低 NO_x 排放（%）	优　点	缺　点
煤粉炉	低过量空气系数	根据原来的运行条件，最多降低 20	投资最少，有运行经验	导致飞灰含碳量增加
	降低投入运行的燃烧器数目	15～30	投资低，易于锅炉改装，有运行经验	有引起炉内腐蚀和结渣的可能，并导致飞灰含碳量增加
	空气分级燃烧（OFA）	最多 30	投资低，有运行经验	并非对所有锅炉都适用，有可能引起炉膛腐蚀和结渣，并降低燃烧效率
	低 NO_x 燃烧器	与空气分级燃烧合用时可达 60	适用于新的和改装的锅炉，中等投资，有运行经验	结构比常规燃烧器复杂，有可能引起炉膛腐蚀和结渣，并降低燃烧效率
	烟气再循环（FGR）	最多 20	能改善燃烧，中等投资	增加再循环风机，使用不广泛
	燃料分级燃烧（再燃）	最多 50	适用于新的和现有的锅炉改造，可减少已形成的 NO_x，中等投资	可能需要第二种燃料，运行控制要求高，没有工业运行经验
链条炉	烟气再循环 燃料分级燃烧 低过量空气系数	最多 20 最多 50 最多 20	适用于新的和现有的锅炉改造，可减少已形成的 NO_x，中等投资	可能需要第二种燃料，运行控制要求高，没有工业运行经验
流化床锅炉	烟气再循环 燃料分级燃烧 低过量空气系数	最多 20 最多 50 最多 20	适用于新的和现有的锅炉改造，可减少已形成的 NO_x，中等投资	可能需要第二种燃料，运行控制要求高，没有工业运行经验
	降低流化床燃烧温度	最多 20	可以减少 NO_x 的生成率	可能影响用石灰石在床内脱硫，运行控制要求高，使用不广泛
	空气分级燃烧	最多 50	投资低，适用于新的和现有的流化床锅炉改造	有可能降低燃烧效率和引起炉膛腐蚀

9.5.3　煤燃烧降低 CO_2 排放的技术

　　燃烧产生大量的 CO_2 排入大气带来了严重的温室效应，使全球变暖，因此控制 CO_2 排放总量是国内外近年来洁净煤研究的重要领域之一。

　　国际能源机构（IEA）公布了 2011 年全球二氧化碳排放量结果，比 2010 年增长 3.2%，达到 316×10^8 t，创历史新高。其中，中国、印度等新兴国家的排放量增长迅速。IEA 统计的排放量是根据石油和燃气消费等数据计算出的，约占温室气体总量的 90%。全球二氧化碳排放量 2006 年至 2010 年的平均增量为 6×10^8 t,2011 年排放增长迅速,增量达 10×10^8 t。煤炭的使用仍是最大的碳排放量源头,占总量的 45%,石油的碳排放量占 35%,天然气占 20%。中国和印度等发展中国家,由于经济发展和提高人民生活水平的需要,在碳排量增长速度上超过发达国家。中国 2011 年排放量增加 7×10^8 t 以上,增幅达 9.3%。印度排放量超过俄罗斯,排在中国、美国、欧盟之后位于第四。相反,先进国家排量普遍减少,美国和欧盟分别减少 1.7% 和 1.9%,只有日本因增加火力发电排放量增长 2.4%,达 11.8×10^8 t。2010 年按照年排放量的多少排序的前十名为:中国 60×10^8 t,人均 4.58 t;美国 59×10^8 t,人均 19.58 t;俄罗斯 17×10^8 t,人均 11.95 t;印度 12.9×10^8 t,人均 1.2 t;日本 12.47×10^8 t,人均 9.79 t;德国 8.6×10^8 t,人均 10.44 t;加拿大 6.1×10^8 t,人均 18.81 t;英国 5.86×10^8 t,人均 9.73 t;韩国 5.14×10^8 t,人均 10.63 t;伊朗 4.71×10^8 t,人均 7.72 t。

为了减少二氧化碳的排放,国际上近年来广泛开展二氧化碳的捕集和储存的研究,并积累了实际工程应用的经验。在二氧化碳捕集和储存研究领域,主要的研究热点如图 9.17 所示。

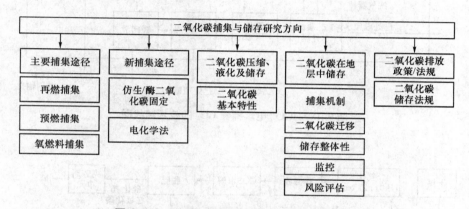

图 9.17 二氧化碳捕集与储存的主要研究方向

一般而言,有三种基本的二氧化碳捕集路线,即燃烧前脱碳、富氧燃烧技术和燃烧后脱碳。

1) 燃烧前脱碳

燃烧前脱碳主要应用在以气化炉为基础(如联合循环发电技术)的发电厂。首先,化石燃料与氧气或空气进行反应,产生一氧化碳和氢气组成的混合气体。混合气体冷却后,在催化转化器中与蒸汽发生反应,使混合气体中的 CO 转化为 CO_2,产生更多的 H_2。IGCC 技术也属于燃烧前脱碳,其最大特点是:在碳基燃料燃烧前,将其化学能从碳转移到其他物质中(主要为 H_2),然后再将其分离,可以大大提高 CO_2 的捕集程度,其技术路线图如图 9.18 所示,流程示意图如图 9.19 所示。

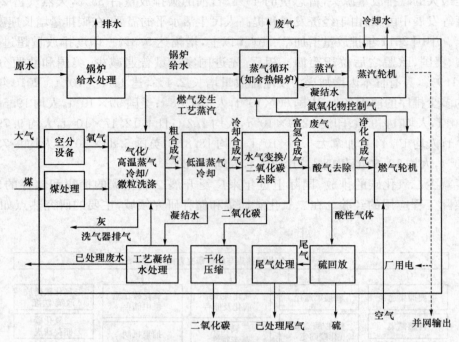

图 9.18　IGCC 电厂捕集 CO₂ 的技术路线图

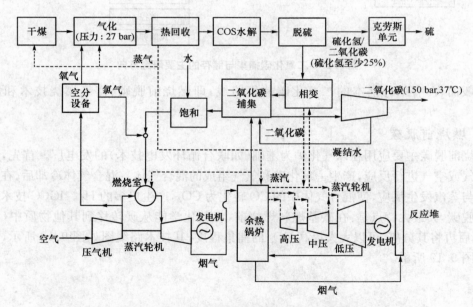

图 9.19　IGCC 电厂捕集 CO₂ 的流程示意图

2）富氧燃烧技术

富氧燃烧捕集是指燃料在 O_2 和 CO_2 的混合气体中燃烧，燃烧产物主要是 CO_2、H_2O 以及少量其他成分，经过冷却后 CO_2 含量在 $80\%\sim90\%$。在富氧燃烧系统中，由于 CO_2 浓度高，从而降低了 CO_2 的捕集分离成本，是富氧燃烧系统的缺点是供氧成本高。

3）燃烧后脱碳

燃烧后脱碳是从燃料燃烧后的烟气中分离 CO_2。现有的大多数火电厂都采用燃烧后烟气捕集的方法进行 CO_2 的分离。

燃烧后 CO_2 的捕集方法主要有胺吸收法、喷氨吸收法、碱金属吸收法、膜分离、吸附法、深冷分离：

（1）胺吸收法

胺吸收法是利用醇胺类溶液的弱碱性中和 CO_2 的弱酸性的化学反应，其化学反应式为

$$CO_2 + R_1R_2NH \Leftrightarrow R_1R_2NH^+COO^-$$

国外典型的胺吸收法流程示意图如图 9.20 所示；燃煤电厂乙醇胺吸收法流程示意图如图 9.21 所示，相应的热力系统流程示意图如图 9.22 所示。燃气电厂胺吸收法的流程示意图如图 9.23 所示。

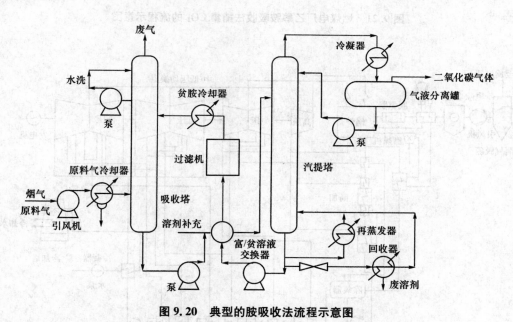

图 9.20　典型的胺吸收法流程示意图

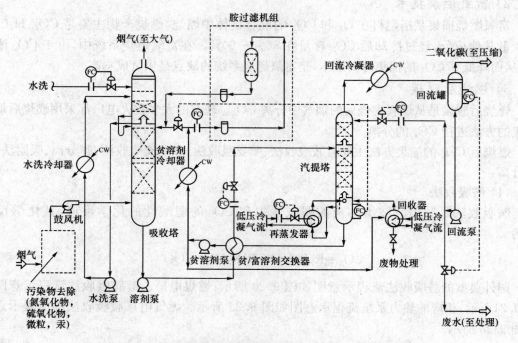

图 9.21　燃煤电厂乙醇胺吸收法捕集 CO_2 的流程示意图

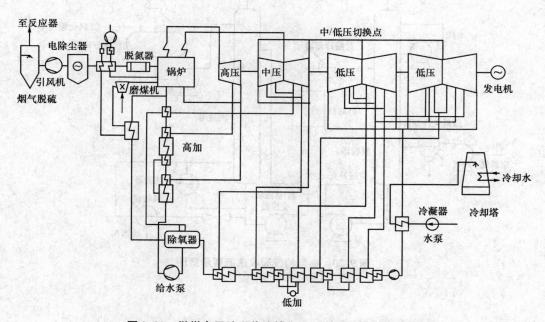

图 9.22　燃煤电厂胺吸收法捕集 CO_2 的热力系统示意图

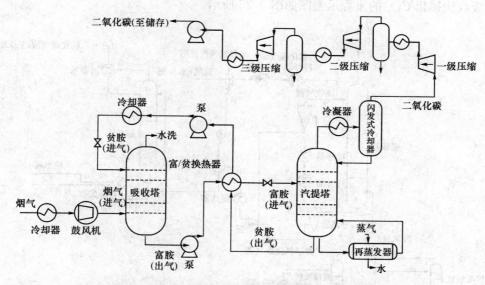

图 9.23　燃气电厂胺吸收法 CO_2 捕集的流程示意图

我国华能北京热电厂的胺吸收法捕集 CO_2 的流程示意图如图 9.24 所示。

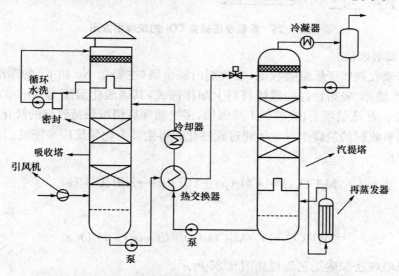

图 9.24　华能北京热电厂的胺吸收法捕集 CO_2 的流程示意图

整套装置 CO_2 捕集率达到 80%~85%，年减少 CO_2 排放量 3 000 t。捕集后 CO_2 浓度达到 99.5%，再经过精制系统提纯后浓度达到 99.9% 食品级 CO_2，可用于饮料和食品行业。

（2）氨吸收法

氨水呈弱酸性，可与 CO_2 在不同温度条件下发生反应，在室温、一个大气压和没有水蒸气参与的条件下，反应为

$$CO_2 + 2NH_3 \rightarrow NH_2COONH_4$$

$$NH_2COONH_4 + H_2O \rightarrow (NH_4)_2CO_3$$

氨吸收法捕集 CO_2 的流程示意图如图 9.25 所示。

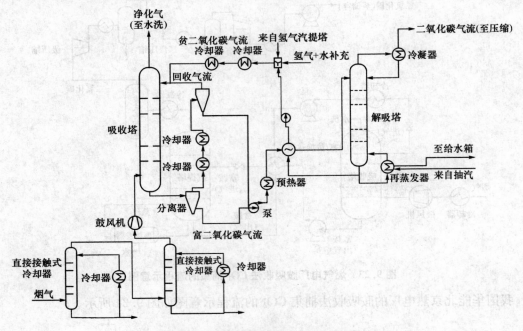

图 9.25　氨吸收法捕集 CO_2 的流程示意图

（3）碱金属吸收法

碱金属基吸收剂属于低温吸收剂，吸收剂由碱金属（主要指 Na 和 K）的碳酸盐附着在高比表面积、高孔隙率、吸附性好的载体材料上制作而成，其碳酸化温度为 $60\sim80℃$，再生温度为 $100\sim200℃$。在该温度下，吸收剂不易失活，多次循环后仍可保持较高的转化率。

碱金属基吸收剂的脱碳工程主要通过碳酸化和再生 2 个化学反应来完成：

碳酸化反应

$$M_2CO_3(s)+CO_2(g)+H_2O(g)\rightarrow 2MHCO_3(s)$$

再生反应

$$2MHCO_3(s)\rightarrow M_2CO_3(s)+CO_2(g)+H_2O(g)$$

碱金属基吸收法脱碳工艺流程如图 9.26 所示。

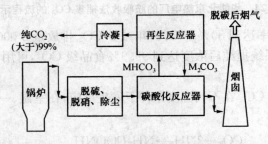

图 9.26　碱金属吸收法捕集 CO_2 的流程示意图

4）膜分离法

膜分离法进行气体分离的原理，是利用膜对不同种类的气体有选择性，使其通过膜的透过率不同，而达到分离气体的目的。膜分离法的能耗高，不宜用于火电厂大流量的 CO_2 的捕集和分离。

对于 CO_2 的捕集和分离，目前在火电厂进行商业化应用的主要是胺吸收法，其他方法尚没有得到广泛应用。

9.5.4 先进洁净煤发电技术

洁净煤发电是一种高效、环境清洁的发电技术。洁净煤发电技术是把供电需求、提高效率、控制环境三者进行综合考虑，可使供电效率提高到 $42\% \sim 45\%$，供电标准煤耗下降到 $293 \sim 246$ g/(kW·h)，SO_x 与 NO_x 的排放量减少 95% 以上，CO_2 降低 20%，基本上没有粉尘排放。

1）具有脱硫脱硝装置的大型超临界直流煤粉炉

现代化的大型电站煤粉炉，只要采用湿法烟气洗涤脱硫装置及低 NO_x 燃烧技术和烟气脱硝装置，以及高效的除尘器，就可以将 SO_2、NO_x 及粉尘的排放值完全控制在环境保护排放标准要求的范围内，实现煤的清洁燃烧和低污染排放。对于具有多年成熟经验的凝汽式电站，只要采用高参数、大容量，就可以不断提高其热效率，减少煤耗。图 9.27 为大型超临界直流锅炉加上脱硫、低 NO_x 燃烧技术和脱硝装置的电站系统示意图。

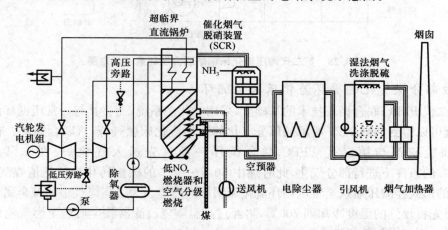

图 9.27 烟气脱硫脱硝装置超临界直流煤粉炉凝汽式电站系统示意图

2）大型循环流化床锅炉（CFBC）

循环流化床锅炉在燃煤发电领域的应用，是目前洁净煤技术应用中较为成熟的一项技术。由于循环流化床可以实现低温高效率地燃烧各种燃料，特别是高硫煤，并可在燃烧过程中控制 SO_2 及 NO_x 的排放，因此是一种新型清洁煤燃烧技术。现在循环流化床锅炉的容量已发展到了大型电站锅炉的等级，不仅其热效率已和同容量的煤粉炉相当，而且和采用烟气脱硫、脱硝的煤粉炉相比，相同容量的循环流化床锅炉在达到相同排放指标时，其初投资和运行费用已可与煤粉炉竞争。发展大容量、高参数的循环流化床电站锅炉，是今后发展高效低污染的燃煤发电技术的又一个重要方向。

3）增压流化床燃气-蒸汽联合循环（PFBC - CC）

增压流化床燃气—蒸汽联合循环（PFBC - CC）发电技术由两大部分组成，即增压流化床燃烧部分和燃气蒸汽联合循环发电部分。工作原理是煤和脱硫剂送入气化炉气化，产生的煤气经净化处理后作为燃气轮机的燃料，剩余的焦碳送到加压的流化床中，由燃气轮机的压气机所供给的压缩空气（一般为 1.0～1.6 MPa），在增压流化床炉膛内燃烧产生高温高压烟气，经过净化后送入燃气轮机的顶置燃烧室，与煤气燃烧的产物混合，直接驱动燃气轮机做功、发电，增压流化床锅炉中产生的过热蒸汽则送到蒸汽轮机做功发电，燃气轮机的排气热量送到余热锅炉用于加热给水。图 9.28 是第二代 PFBC - CC 联合循环电厂的系统示意图。

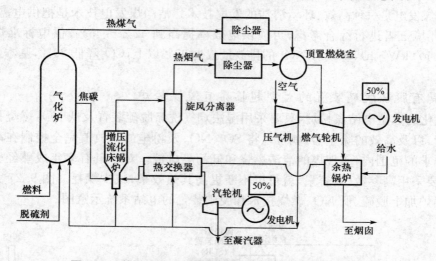

图 9.28　第二代增压流化床锅炉联合循环系统示意图

4）带部分煤气化的循环流化床联合循环

在第二代 PFBC 联合循环技术的基础上，采用气化炉系统，而将其与一常压循环流化床锅炉耦合，就可以得到如图 9.29 所示的部分气化的循环流化床燃气-蒸汽联合循环。在这一系统中，煤和脱硫剂与第二代 PFBC 联合循环一样首先送入气化炉，在 1.4 MPa 和 900～925℃的条件下进行部分气化，此时煤中 50%～60%的碳被转化为低热值煤气，其余的则以半焦的形式经减压后送至常压循环流化床锅炉内燃烧。为了将煤气中的碱金属蒸汽凝结下来，需要先将煤气的温度冷却到 700℃，再经过高温陶瓷过滤器除尘后送至燃气轮机的燃烧室进行燃烧，驱动燃气轮机发电。

该系统中的常压循环流化床锅炉只用来产生蒸汽供给蒸汽轮机，此时循环流化床锅炉排出的烟气不需送往燃气轮机的燃烧室，因而循环流化床锅炉和燃气轮机之间就没有直接联系的必要，也不需要配备高温除尘器，只需在烟气排出烟囱之前经过常规电除尘器或布袋除尘器除尘即可。当采用燃气轮机的排气在余热锅炉中预热循环流化床锅炉的给水时，整个系统的供电效率可达 43%。

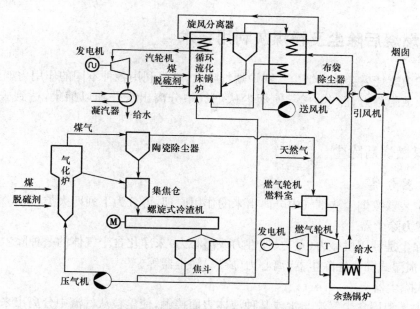

图 9.29 带部分气化的混合式循环流化床联合循环电厂系统示意图

5）整体煤气化燃气-蒸汽联合循环（IGCC）

整体煤气化燃气-蒸汽联合循环发电技术由煤的气化和净化、燃气-蒸汽联合循环发电两部分组成。煤经过气化和净化后，除去煤气中 99% 以上的硫化氢和全部的灰尘，将固体燃料转化成燃气轮机可以燃用的清洁气体燃料。燃气-蒸汽联合循环发电结合了热源温度很高的燃气动力循环和冷源温度较低的蒸汽动力循环，较大幅度地提高了发电效率。IGCC 是目前所有的燃煤联合循环方案中最受重视的新技术。

IGCC 整个系统可以分为煤的制备、煤的气化、热量的回收、煤气的净化、燃气轮机和蒸汽轮机发电等不同部分。常采用的煤的气化炉有喷流床、固定床和流化床。在整个 IGCC 的设备系统中，燃气轮机、蒸汽轮机和余热锅炉的设备和系统均已商业化多年且十分成熟，因此 IGCC 发电系统能商业化的关键是煤的气化炉及煤气的净化系统。

整体煤气化燃气-蒸汽联合循环的系统示意图如图 9.30 所示。

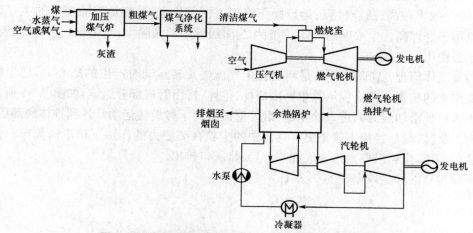

图 9.30 整体煤气化燃气—蒸汽联合循环系统示意图

9.6 煤燃烧后除尘及粉煤灰利用技术

煤在锅炉内燃烧后会排出烟尘。锅炉烟气除尘,就是利用各种不同的作用力如重力、惯性力、离心力、扩散附着力、静电力等,使烟尘从烟气中分离出来并加以捕集,达到去除烟尘的要求。

9.6.1 煤燃烧后除尘

1) 除尘器分类

各种除尘装置按烟尘从烟气中分离出来的作用原理,可分为下列四大类:

(1) 机械力除尘器

机械力除尘是利用机械力(重力、惯性力或离心力)来净化含尘气体的一种除尘设备,包括重力沉降室、惯湿式除尘性除尘器、离心力(旋风)除尘器等。

(2) 湿式除尘器

湿式除尘是利用含尘气流与水或某种液体表面接触,使尘粒从气流中分离出来的装置,包括水膜式、文丘里式、泡沫式等除尘器。

(3) 过滤式除尘器

过滤式除尘是使含尘气体通过过滤介质将尘粒分离出来并捕集的装置,包括低速布袋除尘器、脉冲布袋除尘器、颗粒层过滤除尘器等。

(4) 电除尘器

静电除尘是利用高压电磁场产生的静电力使尘粒荷电并从气流中分离出来的装置,包括干式静电除尘器和湿式静电除尘器。

2) 除尘器工作原理及性能

在锅炉烟气除尘中比较常用的除尘器主要是离心力(旋风)除尘器、水膜式除尘器、布袋式除尘器及电除尘器。

(1) 离心力(旋风)除尘器

离心力除尘器也称为旋风除尘器,广泛应用于工业锅炉的烟气除尘中,它具有结构简单、投资省、除尘效率较高、适应性强、运行操作管理方便等优点,是锅炉消除烟尘的主要设备之一。可以用于处理高含尘浓度的气体,一般作为多级除尘的预除尘;当尘粒较粗,浓度较低时,也可以单独使用。

结构及工作原理:旋风除尘器是利用含尘气流做旋转运动时产生的离心力,把尘粒从气体中分离出来的装置。普通旋风除尘器由筒体、锥体、排出管三部分组成,如图9.31所示。含尘气流由入口处沿切线方向进入除尘器,沿外壁由上而下做旋转运动。达到锥体底部后,转而沿轴心向上旋转,最后经排出管排出。气流中的尘粒在离心力的作用下被甩向筒壁。由于重力和气流的作用,尘粒沿壁面落入底部灰斗,经排灰口排出。

旋风除尘器的除尘效率在80%左右。

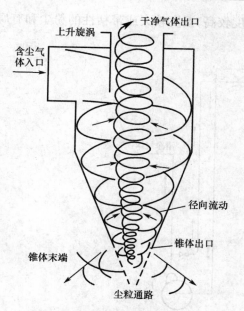

图 9.31 旋风除尘器工作原理图

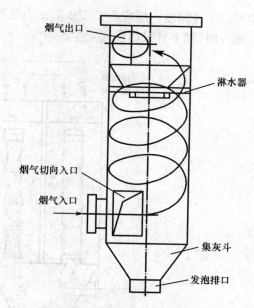

图 9.32 水膜式除尘器结构简图

（2）水膜式除尘器

目前经常使用的水膜式除尘器有管式水膜除尘器和旋转水膜除尘器。因其结构简单、效率较高,故使用较广泛,如图 9.32 所示。旋转水膜除尘器也称为麻石水膜除尘器,可分为立式和卧式两种。为解决除尘器的防腐蚀问题,除尘器筒体一般用花岗岩砌筑,故称为麻石水膜除尘器。麻石水膜除尘器由圆柱形筒体、溢流水槽、环形喷嘴、水封、沉淀池等组成。

工作原理：含尘烟气在下部以较高的流速切向进入筒体,形成急剧旋转的上升气流,烟尘在离心力的作用下甩向壁面,由负压吸入并在筒壁面上形成的自上而下的水膜所湿润和粘附,然后随水流流入锥形灰斗,经水封和排水沟冲至沉淀池,净化后的烟气从上部出口排出。

旋转水膜除尘器的除尘效率较高,阻力较小,约 600~800 Pa。常与文丘里洗涤器配套使用,可使除尘效率达到 90% 以上。

（3）布袋式除尘器

布袋式除尘器是利用棉、毛、人造玻璃纤维和合成纤维等编织物制成的布袋的过滤作用进行除尘的。它的除尘过程和布袋的编织方法、纤维的密度及粉尘的扩散、惯性、碰撞、遮挡（筛分）、重力和静电作用等因素和清灰方法有关。

工作原理：图 9.33 为一种空气逆吹式（逆气流型）布袋式除尘器。含尘气体由下部进入滤袋,当气体穿过滤袋时,粉尘即被过滤在滤料上,从滤袋内穿出的气体被净化后从滤袋外排出。当被过滤在滤袋内的粉尘层达到一定厚度时,由于此时过滤的阻力过大,因此必须进行清灰。图 9.33 所示的工况是采用逆吹空气清灰时的情况,即在需要清灰时,打开逆吹阀,逆吹空气自上而下地与含尘气流相反的方向由滤袋外进入袋内将覆盖在滤袋内壁上的粉尘清入下面的灰斗。在清灰时吸气阀关闭,因此运行时其过滤和清灰是交替进行的。实际上,布袋式除尘器可以有不同的设计,含尘气体既可以设计成吹入布袋内,也可以设计成被吸入布袋内;含尘气体既可以从滤袋外进入将粉尘过滤在袋外,也可以从滤袋内出来将粉尘过滤在袋内。

袋式除尘器除尘效率高,一般在 99% 以上,处理气体量大,但对滤袋材质的要求较高。布袋除尘器的工作温度一般应小于 280 ℃。当处理温度较高、湿度较大或带粘性的粉尘和有腐蚀性的烟气时，则不宜采用袋式除尘器。

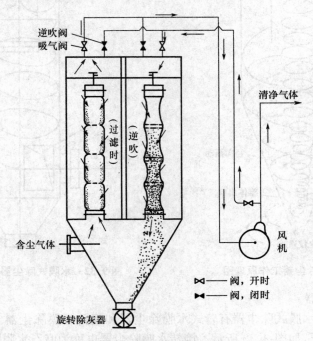

图 9.33　空气逆吹式袋式除尘器

（4）电除尘器

如前所述，电除尘器是利用强电场电晕放电使气体电离、粉尘荷电，在电场力作用下使粉尘从气体中分离出来的装置。

电除尘器本体结构的主要部件有电极系统、清灰系统、烟道气流分布系统、除尘系统、供电系统等。图 9.34 为电除尘器的结构示意图。

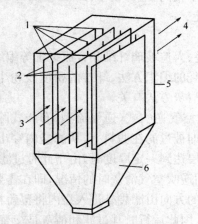

图 9.34　电除尘器结构示意图

1—电晕极；2—集尘极；3—含尘气体；4—清洁气体；5—外壳；6—灰斗

工作原理：在金属集尘极和电晕极上通以高压直流电，维持一个足以使电极之间产生电晕放电的电场，气体电离所生成的电子、阴离子和阳离子，吸附在通过电场的粉尘上而使粉尘荷电。荷电粉尘在电极库仑力作用下，向电极性相反的电极运动而沉积在电极上，以达到粉尘和气体分离的目的。当沉积在电极上的粉尘达到一定厚度时，借助于振打机使粉尘脱离电极落入灰斗。

电除尘器除尘效率高，一般在 98% 以上。

9.6.2 粉煤灰利用技术

1) 粉煤灰的成分及颗粒组成

粉煤灰中的主要化学成分是 SiO_2、Al_2O_3 和 Fe_2O_3，其总量一般超过 70%。当 CaO 的含量小于等于 10% 时，我国称为低钙灰或普通粉煤灰，我国大多数的粉煤灰均属于此种灰。

粉煤灰是一种燃煤的副产品，所以不仅其化学成分有较大的变化，而且是由各种颗粒粒径混合而成的一个连续粒径分布的群体。

按粉煤灰的颗粒大小、形貌等特性又可将其分成下列几类：

（1）实心微珠。这是粉煤灰中占玻珠最多的微珠。

（2）高铁玻珠。其成分主要是氧化铁，所以比重较大，有磁性，成均匀球状体。

（3）多孔玻璃体。也是主要成分之一。其形貌类似海绵，粒径的差异较大。因其为空心海绵体，所以比重很小，而比表面则很大。

（4）漂珠。系球状壁薄的空心微珠，实质即薄壁珠球。其比重小于 1，因可浮于水而称漂珠。这是粉煤灰利用中经济价值最高的一种颗粒体，可做高性能的轻质保温绝热材料，但其在粉煤灰中的含量仅为 0.5%～1.5%。

（5）沉珠。是一种厚壁空心球珠。因其比重大于 1 而沉于水中。在粉煤灰中含量最高，可达 70%。

（6）碳粒。碳粒实际上是含有机质较高的粉煤灰。由碳成分本身未燃尽而形成，有机物已随燃烧而溢出，故所剩碳粒气化发泡，形成连通孔。粉煤灰中部分主要颗粒的特征如表 9.10 所示。

表 9.10　粉煤灰中部分主要颗粒的特征

颗粒名称	粒 径 （μm）	密度 （kg/m^3）	比表面积 （m^2/g）	化学组成特点	粉煤灰中含量 （%）
漂 珠	20～200 壁厚 3～10	250～400	—	硅、铝较高	约 0.5～1.5
实心微珠	大部分<45，以 1～30 居多	~1 500	~1.70	低铁、高钙	最多可达 85
高铁玻珠	约几十微米	~2 000	0.25	高铁，氧化铁，可高达 60%	最高可达 15
多孔玻璃体	30～200	600～700	10～13	高硅、铝	不包括复珠和碎屑粘连体，含量可达 40～50
碳 粒	45～120	300～450	12～38	高碳，可达 70%～80%	最高可达 30 左右

2）粉煤灰的利用

粉煤灰的用途主要为：

（1）用粉煤灰制造建筑材料，粉煤灰可以用来制砖、生产加气混凝土和水泥等。

（2）粉煤灰可用作井下回填和充填矿井塌陷区。

（3）可以从粉煤灰中提取多种化学、化工原料，也可以从粉煤灰中提取氢氧化铝、回收铁或磁珠等。

（4）用粉煤灰生产磁性复合化肥，该复合化肥对水稻、茶叶、烤烟和橘子等农、果作物都有明显的增产作用。

粉煤灰的利用技术发展很快，新的技术和用途不断出现，详细内容可参考有关文献。

思 考 题

9.1　什么是洁净煤技术？简述煤炭在我国一次能源中的地位。

9.2　简述煤炭在生产、运输和利用过程中对环境造成的污染。

9.3　简述煤炭的洁净加工技术。

9.4　简述煤炭的高效洁净转化技术。

9.5　简述煤炭的高效洁净燃烧技术。

9.6　说明煤炭洁净发电技术在我国能源利用领域中的重要作用。

9.7　简述不同脱硫技术的工艺流程和优缺点。

9.8　简述煤炭在燃烧过程中如何控制和减少氮氧化物的排放。

9.9　简述煤炭燃烧后固体废弃物的综合利用技术。

10 核能

10.1 概述

10.1.1 核能的发展过程

核能（nuclear energy）或称原子能，是通过转化其质量从原子核释放的能量。

核能是人类历史上的一项伟大发明，科学家的探索发现，为核能的应用奠定了基础。

1895 年德国物理学家伦琴（Wilhelm Konrad Roentgen，1845～1923）发现了 X 射线。

1896 年法国物理学家贝克勒尔（Antoine Henri Becquerel，1852～1908）发现了物质的放射性。

1898 年居里夫人（Marie Curie，1867～1934 ）与她丈夫发现了放射性元素钋。

1902 年居里夫人又发现了放射性元素镭。

1905 年爱因斯坦（Albert Einstein，1879～1955）在狭义相对论中，提出了著名的质能公式：

$$E = mc^2 \tag{10.1}$$

式中：E 为能量（J）；m 为质量（kg）；c 为光速（近似值为 3×10^8 m/s）。

公式（10.1）说明，能量可以用减少质量的方法产生。这为开创原子能时代提供了理论基础，该式是一个具有划时代意义的原子能理论公式。

1914 年英国物理学家卢瑟福（Ernest Rutherford，1871～1937）通过实验，确定氢原子核是一个正电荷单元，称为质子。

1934 年，意大利物理学家费米（Enrico Fermi，1901～1954 ）用中子轰击原子核，发现通过石蜡减速之后的慢中子，裂核能力更强。费米提出了链式反应概念。

1935 年英国物理学家查得威克（James Chadwick，1891～1974 ）发现了中子。

1938 年德国科学家哈恩（Otto Hahn，1879～1968）用中子轰击铀原子核，发现了核裂变现象。

1942 年美国芝加哥大学成功启动了世界上第一座核反应堆。

1941 年至 1942 年，费米在芝加哥大学研制原子反应堆，并进行铀 235、钚 239 的提纯。

1943 年 1 月至 1945 年 7 月，奥本海默（J. Robert Oppenheimer，1904～1967）在新墨西哥州的洛斯阿拉莫斯（Los Alamos）主持原子弹研制。1945 年 8 月 6 日和 9 日，美国将两颗原子弹先后投在了日本的广岛和长崎。

1954 年，前苏联在莫斯科近郊的奥布灵斯克建成了世界上第一座核电站，功率为 50MW。

在 1945 年之前，人类在能源利用领域只涉及物理变化和化学变化。二战结束前，诞生了原子弹。人类开始将核能运用于军事、能源、工业、航天、科学研究等领域。美国、俄罗斯、英国、法国、中国、日本、以色列等国家相继展开核能的军事和和平利用的研究。

10.1.2　常见的核能反应

核能可通过核裂变、核聚变和核衰变三种核反应之一进行释放：（1）核裂变（nuclear fission）是打开原子核的结合力，将一个质量大的原子，变成 2 个质量轻的原子核，并释放出大量的能量；（2）核聚变（nuclear fusion reaction）是两个质量轻的原子，在高温下聚合成一个质量相对较大的原子，并释放大量的能量；（3）核衰变（nuclear decay）是自然进行的速度很慢的裂变形式。由此可见，核裂变靠原子核分裂而释出能量；核聚变则由较轻的原子核聚合成较重的原子核而释出能量。

1）核裂变

图 10.1 是核裂变链式反应示意图。从图中可以看出，当中子轰击铀原子核时，1 个铀原子吸收 1 个中子而分裂成 2 个质量较轻的原子。

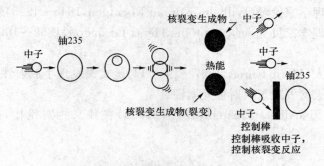

图 10.1　核裂变链式反应示意图

典型的核裂变反应是铀-235 的裂变反应，如下式所示，

$$^{235}_{92}\mathrm{U}+^{1}_{0}\mathrm{n}\rightarrow^{90}_{38}\mathrm{Sr}+^{136}_{54}\mathrm{Xe}+10^{1}_{0}\mathrm{n}+1.76\times10^{7}\,\mathrm{eV}$$

铀-235 发生裂变反应，释放大量的核能，并产生质量较轻的 Sr 元素和 Xe 元素。

普通的核武器和核电站都依赖于裂变过程产生的能量。核燃料进行链式反应需要有一定数量的质量，才能维持链反应的正常进行。核燃料能维持链式反应正常进行的最小质量叫临界质量（critical mass）。铀-235 的临界质量约为 1 kg。

1 kg 核燃料铀发生核裂变所释放的能量相当于 2 500 t 标准煤燃烧所释放的热量。

【例】　1 g 铀发生核裂变放出全部能量，如果核电厂的发电效率为 33%，每千瓦时的电价为 0.45 元，试计算 1 g 铀核裂变发电能产生的经济效益。

解：根据公式（10.1）知，

$$E=mc^2=1\times10^{-3}\times(3\times10^8)^2=9\times10^{13}\,(\mathrm{J})$$

上述能量能产生的电能为：$\dfrac{33\%\times E}{1\,000\times3\,600}=\dfrac{33\%\times9\times10^{13}}{1\,000\times3\,600}=8.25\times10^6\,(\mathrm{kW\cdot h})$

产生的经济效益为：$8.25\times10^6\times0.45=37\,125\,000\,(元)=371.25\,万元$

2）核聚变

核聚变不属于化学变化。核聚变反应的示意图如图 10.2 所示。

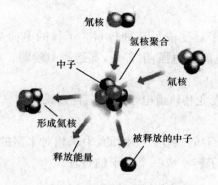

图 10.2　核聚变反应示意图

自然界中,最容易实现的聚变反应是氢的同位素—氘与氚的聚变,这种反应在太阳上已持续进行了 50 亿年。由氢的同位素氘(重氢)和氚(超重氢)的聚变反应有如下几种形式:

$$4_1^1H \rightarrow {}_2^4He + 20n + 1e + 2.67 \times 10^7 eV$$

$$_1^2H + {}_1^2H \rightarrow {}_2^3He + {}_0^1n + 3.26 \times 10^6 eV$$

$$_1^2H + {}_1^2H \rightarrow {}_2^3He + {}_1^1n + 4.00 \times 10^6 eV$$

$$_1^3H + {}_1^2H \rightarrow {}_2^4He + {}_0^1n + 1.76 \times 10^7 eV$$

核聚变与核裂变相比,有两个突出的优点:一是地球上蕴藏的核聚变能远比核裂变能丰富得多。据测算,每升海水中含有 0.03 g 氘。1 L 海水中所含的氘,经过核聚变可提供相当于 300 L 汽油燃烧后释放出的能量。地球上仅在海水中就有 45 万×10^8 t 氘。地球上蕴藏的核聚变能约为蕴藏的可进行核裂变元素所能释出的全部核裂变能的 1 000 万倍。至于氚,虽然自然界中不存在,但靠中子同锂原子作用,就可以产生氚,而海水中也含有大量锂。二是既干净又安全。因为核聚变不会产生污染环境的放射性物质,所以是干净的。同时受控核聚变反应可在稀薄的气体中持续地稳定进行,所以是安全的。

原子是由质子、中子和电子组成的,中子、质子、电子的质量很小,通常以原子质量单位 u 表示:1 u=1.66×10^{-27} kg。

1 个电子的质量为:

1 me = 9.109×10^{-31} kg = 0.000 55 u;

1 个质子的质量为:

1 mp = $1.672\ 62 \times 10^{-27}$ kg = 1.007 30 u;

1 个中子的质量为:

1 mn = $1.674\ 93 \times 10^{-27}$ kg = 1.008 69 u。

3) 核衰变

典型的核衰变反应是钍-232 吸收中子后经过两次 β 衰变生成铀-233,

$$_{90}^{232}Th + {}_0^1n \longrightarrow {}_{90}^{233}Th \xrightarrow{\beta} {}_{91}^{233}Pa \xrightarrow{\beta} {}_{92}^{233}U$$

放射性核衰变的常见类型如下:

（1）α衰变

放射性核素放射出α粒子后变成另一种核素。子核的电荷数比母核减少 2，质量数比母核减少 4。α粒子的特点是电离能力强，射程短，穿透能力较弱。

（2）β衰变

β衰变又分 β^- 衰变、β^+ 衰变和轨道电子俘获三种方式。

① β^- 衰变

放射出 β^- 粒子（高速电子）的衰变。一般的，中子相对丰富的放射性核素常发生 β^- 衰变。这可看成是母核中的一个中子转变成一个质子的过程。

② β^+ 衰变

放射出 β^+ 粒子（正电子）的衰变。中子相对缺乏的放射性核素常发生 β^+ 衰变。这可看成是母核中的一个质子转变成一个中子的过程。

③ 轨道电子俘获

原子核俘获一个 K 层或 L 层电子而衰变成核电荷数减少 1、质量数不变的另一种原子核。由于 K 层最靠近核，所以 K 俘获最易发生。在 K 俘获发生时，一定有外层电子去填补内层上的空位，并放射出 X 射线。该能量也可能传递给更外层电子，使它成为自由电子发射出去。

10.1.3　核能发电的历史与现状

核能发电利用铀燃料进行核分裂链式反应所产生的热量，将水加热成高温高压的水蒸气，水蒸气推动汽轮机，汽轮机带动发电机发电。核电厂中能量的转换过程为：

核能→水和水蒸气的热能（内能）→汽轮机转子的机械能→发电机转子的机械能→发电机转子切割定子中的磁力线转换成电能。

核能发电的能量，来自核反应堆中核燃料进行裂变反应所释放的符合公式（10.1）的裂变能。裂变反应指铀 - 235、钚 - 239、铀 - 233 等重元素在中子作用下，分裂为两个质量轻的原子，同时放出中子和大量能量的过程。反应中，可裂变的核燃料的原子核吸收一个中子后发生裂变，并放出两三个中子。若这些中子除去消耗，至少有一个中子能引起另一个原子核裂变，使裂变持续进行下去，则这种反应是链式裂变反应。实现链式反应是核能发电的前提。

利用核反应堆中核裂变所释放出的热能进行发电，与火力发电十分相似。只是以核反应堆蒸汽发生器来代替火力发电的锅炉，以核裂变能代替化石燃料的化学能。相同质量的核燃料与化石燃料相比，放出的热量是燃烧化石燃料放出热量的百万倍，所以核电站需要的燃料体积比同容量的化石燃料电厂少得多。

核能发电的历史与核动力堆的发展历史密切相关。自 1954 年前苏联建成世界上第一座核电站后，英、美等国也相继建成各种类型的核电站。到 1960 年，有 5 个国家建成了 20 座核电站，总装机的电功率为 1 279 MW。由于核浓缩技术的发展，到 1966 年，核能发电的成本已低于火力发电的成本。核能发电真正迈入商业化实用阶段。1978 年，全世界 22 个国家运行的 30 MW 以上电功率的核电厂反应堆已达 200 多座，总装机的电功率容量已达 107 776 MW。20 世纪 80 年代发生的能源危机，使核能发电得到快速发展。到 1991 年，全世界近 30 个国家和地区建成的核电机组为 423 套,总容量为 3.275 亿千瓦,其发电量占全世界总发电量的约 16%。我国的核电起步较晚,20 世纪 80 年代才开始兴建核电站。中国自行设计建造的 300 MW 秦山核电厂在 1991 年底投入运行。大亚湾核电站的全部机组于 1994 年并网发电。

原子能发电与化石燃料发电相比具有如下优点:(1) 核能发电不像化石燃料发电那样排放大量的污染物质到环境中。因此,核能发电不会造成空气污染。(2) 核能发电不会产生加剧地球温室效应的二氧化碳的排放。(3) 核能发电所使用的铀燃料,除了发电外,目前尚无其他用途。(4) 核燃料能量密度比化石燃料高几百万倍,故核电厂所使用的燃料体积小,运输与储存都很方便。(5) 核能发电的成本中,燃料费用所占的比例较低,核能发电的成本不易受到国际经济情势影响,发电成本相对稳定。

原子能发电与化石燃料发电相比,也具有如下缺点:(1) 核能电厂会产生高低阶放射性废料或使用过的核废料。虽然所占体积不大,但因具有放射线,必须慎重处理。(2) 核电厂发电机组的热效率相对较低,比一般化石燃料电厂排放到环境里的余热更多,热污染较严重。(3) 核电厂的初投资高,财务投资风险相对较高。(4) 核能电厂适宜作基本负荷机组,不宜作为调峰机组。(5) 兴建核电厂易引发执政党与在野党的政治分歧。(6) 核电厂的反应器内有大量的放射性物质。如果在事故中释放到外界环境,会对生态及民众造成伤害。

根据核电站中核反应堆的特点不同,一般将核电站分为四代,它们分别是:

第一代核电站。核电站的开发与建设开始于 20 世纪 50 年代。1954 年苏联建成发电功率为 5 兆瓦的实验性核电站;1957 年,美国建成发电功率为 90 MW 的 Ship Ping Port 核电站。这些核电站证明了利用核能发电的技术可行性。国际上把上述实验性的原型核电机组称为第一代核电机组。

第二代核电站。20 世纪 60 年代后期,在实验性和原型核电机组基础上,陆续建成发电功率为 300 MW 的压水堆、沸水堆、重水堆、石墨水冷堆等核电机组。在进一步证明核能发电技术可行性的同时,使核电的经济性进一步提高。目前,世界上商业运行的 400 多台核电机组,绝大部分是在这一时期建成的,习惯上称为第二代核电机组。

第三代核电站。20 世纪 90 年代,为了消除美国三里岛和前苏联切尔诺贝利核电站事故的负面影响,世界核电业界集中力量对严重事故的预防和缓解进行了攻关研究,美国和欧洲先后出台了《先进轻水堆用户要求文件》(URD 文件)、《欧洲用户对轻水堆核电站的要求》(EUR 文件),进一步明确了预防与缓解严重事故,提高安全可靠性等方面的具体要求。国际上通常把满足 URD 文件或 EUR 文件的核电机组称为第三代核电机组。第三代核电机组已在 2010 年前进行商业化建设。

第四代核电站。2000 年 1 月,在美国能源部的倡议下,美国、英国、瑞士、南非、日本、法国、加拿大、巴西、韩国和阿根廷共 10 个有意发展核能的国家,联合组成了“第四代国际核能论坛”,于 2001 年 7 月签署了合约,约定共同合作研究开发第四代核能技术。

到 2002 年年底,全世界共有 33 个国家(地区)建有核电站,其中建成并运行的反应堆有 442 座,总装机容量(净电功率)已达 3.5×10^5 MW,占世界电力总装机容量的 17%,还有 33 座在建反应堆,其装机容量为 2.743×10^5 MW,如表 10.1 所示。

表 10.1　世界核电现状

国家或地区	正在运行反应堆		正在建造反应堆		总计堆数	总计总净装机容量（MW）
	堆数	总净装机容量（MW）	堆数	总净装机容量（MW）		
阿根廷	2	935	1	692	3	1 627
亚美尼亚	1	376	—	—	1	376
比利时	7	5 712	—	—	7	5 712
巴西	2	1 901	—	—	2	1 901
保加利亚	6	3 538	—	—	6	3 538
加拿大	14	10 018	—	—	14	10 018
中国	5	3 715	6	4 878	11	8 593
中国台湾省	6	5 144	2	2 700	8	7 844
捷克共和国	5	2 560	1	912	6	3 472
芬兰	4	2 656	—	—	4	2 656
法国	59	63 073	—	—	59	63 073
德国	19	21 283	—	—	19	21 283
匈牙利	4	1 755	—	—	4	1 755
印度	14	2 503	8	2 693	22	5 196
伊朗	—	—	2	2 111	2	2 111
日本	54	44 289	3	3 696	57	47 985
朝鲜	0	0	1	1 040	1	1 040
韩国	18	14 890	2	1 920	20	16 810
立陶宛	2	2 370	—	—	2	2 370
墨西哥	2	1 360	—	—	2	1 360
荷兰	1	450	—	—	1	450
巴基斯坦	2	425	—	—	2	425
罗马尼亚	1	655	1	650	2	1 305
俄罗斯	30	20 793	2	1 875	32	22 668
南非	2	1 800	—	—	2	1 800
斯洛伐克	6	2 408	2	776	8	3 184
斯洛文尼亚	1	676	—	—	1	676
西班牙	9	7 524			9	7 524
瑞典	11	9 432	—	—	11	9 432
瑞士	5	3 200	—	—	5	3 200
英国	33	12 498	—	—	33	12 498
乌克兰	13	11 207	4	3 800	17	15 007
美国	104	97 860			104	97 860
总计	442	357 006	35	27 743	475	382 049

　　尽管目前核电站主要分布在发达国家,但发展中国家的核电站近年来也逐渐增加。核电站在不同国家所占的发电总量的比例是不同的,2002 年立陶宛核能发电占总发电量的比例达77.6%,达到创纪录的最高比例。在发达国家中,法国核电占国家总发电量的 77.1%,日本为34.3%,德国为 30.5%,美国为 20.4%。世界上主要核电国家核电占总发电量的比例如图 10.3 所示。

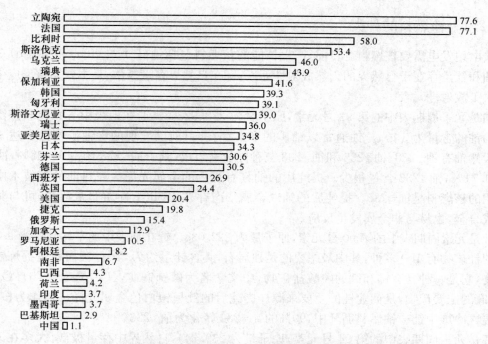

图 10.3　世界主要核电国家核电占总发电量的比例(%)

　　根据国际原子能机构 2011 年 1 月公布的最新数据,目前全球正在运行的核电机组共 442个,核电发电量约占全球发电总量的 16%;正在建设的核电机组 65 个。拥有核电机组最多的国家依次为:美国 104 台、法国 58 台、日本 54 台、俄罗斯 32 台、韩国 21 台、印度 20 台、英国 19台、加拿大 18 台、德国 17 台、乌克兰 15 台、中国 13 台。目前,中国已建成的核电装机容量在1 000×10⁴ kW,在建的超过 3 000×10⁴ kW。

　　纵观人类和平利用核能的历程,全球核电发展可分为四个阶段:(1) 实验示范阶段:20 世纪 50 年代中期至 60 年代初,世界共有 38 个机组投入运行,属于早期原型反应堆。(2) 高速发展阶段:20 世纪 60 年代中期至 80 年代初,世界共有 242 台核电机组投入运行。由于受石油危机的影响,以及被看好的核电经济性,核电经历了一个大规模高速发展阶段。美国成批建造了 500~1 100 MW 的压水堆、沸水堆,并出口其他国家;苏联建造了 1 000 MW 石墨堆和440 MW、1 000 MW VVER 型压水堆;日本、法国引进、消化了美国的压水堆、沸水堆技术,其核电发电量均增加了 20 多倍。(3) 减缓发展阶段:20 世纪 80 年代初至本世纪初,由于 1979年的美国三里岛核电站事故以及 1986 年的苏联切尔诺贝利核泄漏,全球核电发展迅速降温。据国际能源机构统计,在 1990 年至 2004 年间,全球核电总装机容量年增长率由此前的 17%降至 2%。(4) 开始复苏阶段:21 世纪以来,能源危机越来越严重,核能作为清洁能源的优势重新受到青睐。经过多年的技术发展,核电的安全可靠性进一步提高,世界核电的发展开始进入复苏期,世界各国制定了积极的核电发展规划。美国、欧洲、日本开发的先进的轻水堆核电站,"第三代"核电站取得了重大进展。世界多个国家现正着手研发第四代核电站。

10.2　核燃料

10.2.1　核燃料的种类

核电站发电需要核燃料。目前,产生核能的核燃料包括铀(U)、钍(Th)和钚(Pu)三种元素。铀和钍是存在于自然界的天然放射性元素,钚在自然界存量极微,是主要靠核反应生产出来的人工放射性元素。

铀是元素周期表中的第 92 号元素,原子量为 238.028 9。铀在地表中分布比较广泛。地壳中的铀的含量为 3 g/t。铀通常以铀矿的形式存在,目前已发现的含铀矿物已多达 150 余种。天然铀有铀-238、铀-235 和铀-233 三种同位素组成,其中铀-238 约占 99.28%,铀-235 约占 0.71%,铀-233 含量很少。提纯后的铀具有灰色的金属光泽。在目前的核技术中可直接利用的核燃料是铀-235。提纯后的铀以金属形态存在,其化学性质非常活泼,可与其他金属形成合金,也易与非金属发生反应。

钍是元素周期表中的第 90 号元素,原子量为 232.038。钍在地表中的平均含量为 9.6 g/t。已知的钍矿物有 100 多种,其中最主要的是独居石,其含钍量约为 5%。独居石是提炼钍的主要矿物,它是一种含有铈和镧的磷酸盐矿物,中文学名为磷铈镧矿,(Ce,Y,La,Th)PO₄ 是提炼铈、镧的主要矿物,是商业钍的主要来源。提纯后的钍呈银白色金属光泽。钍作为核燃料,在高温气冷堆中钍—铀燃料循环中,90% 的钍-232 转化为铀-233。

钚是元素周期表中的第 94 号元素,原子量为 239.244,自然界中存量极微,大多在天然铀矿中伴生。提纯后的钚是白色金属,其化学性质极其活泼。由于钚-239 裂变反应截面大于铀-235 的反应截面,故钚-239 裂变反应释放的能量大于铀-235。

目前核科学界正在研究将天然铀中的铀-238 转化为钚-239,这一技术将极大地提高天然铀的资源利用率,为核燃料提供更广泛的来源。

10.2.2　核燃料的制取与燃料元件

自然界中铀矿物的种类很多,按其化学性质一般分为氧化物、盐类和其伴生的碳氢化合物等。含铀矿物的加工一般分为三个过程。首先要进行铀矿石的预处理,对铀矿物进行破碎和研磨,将铀矿物加工成所需的粒度(200 目占 30%~65%)。有的铀矿物还在破碎与研磨之间增加焙烧,以提高有效成分的溶解度。其次,对铀矿石进行浸出,利用浸出液具有选择性溶解的特性,将铀矿石析出并转入浸出液中。最后对浸出液进行浓缩和提纯,制取较纯的铀化物。

通过上述加工过程得到的铀化学浓缩物,在纯度和化学形态上仍不能达到使用要求,需要进一步精制和转化,以制取铀化合物,如 UO₂、U₃O₈ 和 UO₃。若进行同位素分离,还需将铀化物转化成 UF₄、UF₆ 等铀氟化物。

钍的制取也要经过预处理和浓缩两个主要过程。预处理的任务是分离掉其他矿物,提高矿石钍的品位,并使矿石粒度符合分解工序的要求。矿石经过破碎、磨细、选矿(重力选矿或磁力选矿)等工序,预处理后的独居石含量可达 95%~99%。浓缩过程的目的是初步分离掉大量的稀土、铀和其他杂质,制备有一定纯度的钍浓缩物,主要分为三步:(1) 矿石分解,通过酸法浸取、碱法分解、氯化焙烧和硫酸盐化焙烧等方法,将钍、稀土、铀和其他杂质分离。(2) 钍浓缩物制备,将钍与铀、稀土和其他杂质分离的过程,采用的方法有溶剂萃取、离子交换、沉淀法等。(3) 核纯钍化合物制备,钍化合物的核纯标准为:铀、钐、钆、铕、镉均小于 0.05 ppm,含水量小于 0.1%;化合物形态能满足制备金属钍的需要,主要形态有:二氧化钍、氯化物及氟化物。

钚的提取是由铀核燃料元件,在反应堆进行燃烧和辐照后,生成钚-239。把它分离出来需送到专用的后处理厂进行分离加工,把残余的铀分离出来,还要把钚-239 同其他裂变产物分离。后处理方法分为湿法和干法两种,目前主要用湿法。湿法又分为沉淀法、溶剂萃取法,离子交换法三种。目前主要用溶剂萃取法。其基本原理是利用铀、钚及裂变产物的不同价态,在有机溶剂中有不同的分离系数,将它们逐一分开。钚-239 分离出来后,还需要纯化,去除微量杂质,才能作为核燃料。

核反应堆是提取核能的关键设备。核燃料是核反应堆的基本元件。对于不同类型的核反应堆,核燃料元件的结构、形状和组分是不同的。轻水堆的核燃料元件一般是棒状的陶瓷二氧化铀,燃料元件的包壳为锆合金。重水堆核燃料元件采用天然二氧化铀,燃料元件由短棒束组成,包壳为锆合金。快中子增殖堆燃料元件采用二氧化铀、二氧化钚混合制成,燃料元件结构与轻水堆类似。高温气冷堆燃料元件为二氧化铀与二氧化钍的混合物,形状为柱形或球形。

10.3　核反应堆

10.3.1　核反应堆及其用途

核反应堆是实现大规模可控核反应的装置,是提供核能的关键设备。

核反应堆的用途很多,主要包括:①产生动力,利用核反应堆释放的能量,进行发电、供热或推动舰船。这一用途是核反应堆的主要用途。②生产新的核燃料,利用核反应堆形成的高温环境,生成新的核燃料,如由铀-238 生产钚-239;由钍-232 生成铀-233;由中子轰击锂-6 生产核聚变材料氚。利用核反应堆可以使生产出来的核燃料比消耗的核燃料多,这对于核燃料的充分利用,实现核能的可持续发展具有重要意义。③生产放射性同位素。如利用钴-59 生产钴-60,钴-60 在辐射加工生产和医疗中用途很广。④进行中子活化分析。中子活化分析是微量物质的定量快速分析。将被分析的样品放入核反应堆中,用反应堆中产生的中子照射样品,使样品中待分析成分元素的原子核吸收中子后变成放射性同位素,通过灵敏的核仪器检测其微量放射性,即可确定其成分和含量。用这种方法可以分析数量极少($10^{-6} \sim 10^{-15}$ g)的样品和含量极低(10^{-9})的成分。主要用来检测材料成分、检测环境污染排放、分析痕迹罪证材料等。⑤进行中子照相。中子照相是一种无损检测,它与 X 射线照相类似,但 X 射线可以穿透轻物质,而被重物质挡住,中子照相则可以穿透重物质,而被轻物质挡住,因而二者是互补的。

此外,利用核反应堆进行中子嬗变掺杂,生产高质量的单晶硅、进行科学基础和应用研究等。

10.3.2　核反应堆的分类

核反应堆有多种分类方法。根据核反应堆的用途、所采用的材料、冷却剂与慢化剂及中子能量的大小等进行分类。现介绍常见的 6 种分类方法。

1）按反应堆的用途分类

（1）生产堆。用于生产易裂变或易聚变的物质,当前主要用于生产核材料钚和氚。

（2）动力堆。用作核电站或舰船的动力源。

（3）实验堆。主要用于进行核物理、辐射化学、生物、医学等领域里的基础实验研究,也可以用于反应堆材料、释热元件、结构材料及反应堆自身的静态与动态特性研究。

（4）供热堆。用作供热的热源。

2）按核反应堆采用的燃料分类

（1）天然铀堆。以天然铀作为核燃料。

（2）浓缩铀堆。以浓缩铀为核燃料。

（3）钍堆。以钍作为核燃料。

3）按核反应堆采用的冷却剂分类

（1）水冷堆。采用水作为核反应堆的冷却剂。

（2）气冷堆。采用氦气作为核反应堆的冷却剂。

（3）有机介质堆。采用有机介质作为核反应堆的冷却剂。

（4）液态金属冷却堆。采用液态金属作为核反应堆的冷却剂。

4）按核反应堆采用的慢化剂分类

（1）石墨堆。以石墨作为核反应堆的慢化剂。

（2）轻水堆。以普通水作为核反应堆的慢化剂。

（3）重水堆。以重水（D_2O）作为核反应堆的慢化剂。

5）按核燃料的分布分类

（1）均匀堆。核燃料均匀分布。

（2）非均匀堆。核燃料及核燃料元件的分布不均匀。

6）按中子的能量分类

（1）热中子堆。核反应堆的反应由热中子引起。

（2）快中子堆。核反应堆内的核反应由快中子引起。

由于热中子更容易引起铀-235 的裂变,因此热中子堆比较容易控制。核电站中大量运行的核反应堆,就是热中子堆。这种核反应堆需要慢化剂,慢化剂的原子核与快中子进行弹性碰撞,使快中子慢化成热中子。

10.3.3　核反应堆的组成

核反应堆虽然有许多种不同的形式,但系统组成大体都相同。对于热中子堆,都是由核燃料元件、慢化层、反射层、控制棒、冷却剂和屏蔽层等六个基本部分组成,其系统示意图如图 10.4 所示。

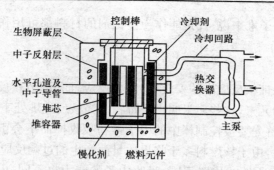

图 10.4　热中子堆系统示意图

快中子堆主要是利用快中子引起核反应堆中核燃料的裂变,不需要慢化剂。快中子堆与热中子堆相比,除没有慢化剂外,系统的组成与图 10.4 相同。

1）核燃料元件

铀-233、铀-235 和钚-239 都可以作为核反应堆的核燃料。核电站的核燃料一般是低富集的天然铀作为核燃料。由于高富集铀价格昂贵,只有作为特殊研究用的高通量堆和舰船用动力堆,才使用高富集铀作为核燃料。

核反应堆的燃料元件部分叫做堆芯。铀在核反应堆中有两种布置方式,一种是将铀盐溶解在水或有机液体中,使核燃料与慢化剂均匀混合,组成均匀堆芯。但这种形式已很少应用。另一种是目前普遍采用的方式,就是将固体核燃料制成燃料元件,按照一定的栅格进行排列,插在慢化剂中,组成非均匀堆芯。对于固体核燃料,要求具有良好的辐照稳定性、化学稳定性、稳定的热物理性能和力学性能,制造成本和后处理成本都要低。

核燃料元件主要由核燃料芯块和包壳组成,通常做成圆棒、薄片、圆管或六角套管等形式。芯块有三种类型:金属型、弥散型和陶瓷型。陶瓷型芯块是用难熔的铀的氧化物、碳化物或硅化物制成所需的形状,然后经过高温烧结而成。这种芯块有很好的辐照稳定性和化学稳定性,可在高温下运行。核燃料元件包壳是核燃料芯块的密封外壳。对包壳材料,要求具有良好的辐照性能和力学性能、化学稳定性好、导热率高、易于加工。常用的包壳材料有纯铝、铝合金、不锈钢、纯锆、锆合金、镁合金和石墨等。一般是把许多核燃料元件组合在一起,成为核燃料组件。

水堆(轻水堆和重水堆)的核燃料元件是燃料棒,其外壳为薄壁的锆合金管或不锈钢管,管内装有烧结的 UO_2 燃料芯块。快中子堆核燃料元件也是燃料棒,但其核燃料芯块是烧结的 UO_2 和 PuO_2 的混合物。高温气冷堆采用全陶瓷型的球形核燃料元件或棱柱形核燃料元件。

2）慢化剂

核裂变产生的中子是能量很高的快中子,而热中子堆是利用热中子引起核裂变反应,因此需要采用慢化剂将中子慢化成能量为 0.025 eV 的热中子。慢化剂应具备特点为:既能很快地使中子的速度减慢,又不要吸收太多的中子。慢化剂还应具有良好的热稳定性、辐照稳定性和良好的传热性能。慢化剂主要有水、重水、石墨和铍等。

3）反射层

反射层又称为中子反射层。核裂变反应产生的中子总会有一部分逃逸到堆芯外面。为了减少逃逸中子的数量,在堆芯外面设置一层反射层。反射层的作用是将那些从堆芯逃逸的中子再反射回去。对热中子堆来说，凡是能作为慢化剂的材料都可用作反射层。快中子堆一般用金属铀-238或钢铁作为反射层。

4）控制棒

控制棒的作用是保证核反应堆的安全，启停核反应堆和调节核反应堆的功率。控制棒内装有能强烈吸收中子的元素，这些元素叫中子毒物。当核反应堆处于停运状态时，控制棒与燃料元件放在一起，中子首先要被控制棒中的中子毒物吸收掉而不会引起核燃料的链式裂变反应。当核反应堆运行时，由于核燃料多于临界质量而产生的过剩反应，也是由控制棒中的中子毒物来平衡掉。控制棒所处的位置不同，吸收中子的能力也不同，由此来调节核反应堆的功率。停堆时，将控制棒插入堆芯，中子由中子毒物吸收，链式裂变反应终止。因此，控制棒根据其作用不同，可分为安全棒、补偿棒和调节棒三种。安全棒起到对核反应堆的保护作用，核反应堆运行时全部抽出，发生事故时迅速降落，紧急停堆。补偿棒用来平衡核反应堆堆芯的过剩反应。调节棒用来调节核反应堆的功率。

控制棒中的中子毒物材料不仅要有很高的吸收中子的能力，还要具有较高的机械强度、良好的导热性和耐腐蚀性，并易于加工制造。常用的中子毒物材料有硼、碳化硼、镉、镉铟银合金、钐等。控制棒可以做成棒状、板状或圆筒状。核电站的反应堆常常把许多根控制棒组成棒束。控制棒的升降是由驱动装置完成。

5）冷却剂

核反应堆中的核裂变释放的能量会使燃料元件的温度升高，要及时把热量带出堆芯，才能避免堆芯熔化事故的发生。即便在核反应堆停运时，反应堆的热功率仍为反应堆正常运行功率的1%～3%，也会导致堆芯温度升高，长时间也会导致堆芯熔化的事故。冷却剂的任务就是及时把反应堆中释放的热量带出堆芯。冷却剂应具有吸收中子少、传热性能好、耐腐蚀性好等特性。热中子堆常用的冷却剂有气体（如CO_2、氦气等）或液体（如水、重水、有机液体等），快中子堆常用熔融金属（如钠、钠钾合金等）作冷却剂。

为了使冷却剂不断循环使用，反应堆设有冷却回路。冷却回路分为自然循环和强制循环两种。在强制循环中，由泵（或风机）提供冷却剂循环流动所需要的压头。

6）屏蔽层

屏蔽层又叫生物屏蔽层。核反应堆运行时，有大量的中子和γ射线向四周辐射；核反应堆停运时，裂变产物也向四周辐射γ射线。为了防止周围工作人员受到辐射危害，并避免临近的结构材料受到辐射损伤，在反应堆四周设置屏蔽层。屏蔽层一般为钢筋比例很高的厚混凝土，也可以选用钢铁、铅及水、石墨等。

核反应堆除了上述六种基本部分外，还包括核反应堆容器及反应堆的内构件，测量中子通量、功率、温度、压力、流量、辐射强度和其他参数的仪器，以及反应堆的控制系统与安全保护系统等。反应堆的内构件分为金属内构件和非金属内构件两种。金属内构件主要用于装放堆芯、控制棒和仪器仪表等。非金属内构件一般指作为慢化剂和结构材料的石墨构件。反应堆容器用来装放内构件、堆芯、控制棒、冷却剂、慢化剂、反射层、仪器仪表等。对于压水堆和沸水堆等承压的核反应堆，反应堆容器为压力容器。压力容器应具备良好的力学性能、加工性能，特别是焊接性能，其辐照脆化应在容许限度以内。一般采用高强度低合金钢作为反应堆压力容器的材料，用得最多的是锰-钼-镍钢。

10.3.4　核电站的核反应堆

如前所述,核反应堆按照其产生的时间和技术特点分为四代。第一代反应堆是指美国、前苏联、法国和英国在 20 世纪 50 年代到 70 年代建造的首批原型堆,核反应堆以天然铀为燃料,以石墨或重水为慢化剂。第二代核反应堆是指 20 世纪 70 年代到 2000 年建造的核反应堆,主要包括美国、欧洲和日本设计的压水堆(Pressurized Water Reactor,PWR)和沸水堆(Boiling Water Reactor,BWR);俄罗斯设计的轻水堆(VVER);东欧国家设计的管式沸水堆(RBMK);加拿大研发的卧式压力管式重水堆(坎杜堆,Canada Denterium Uranium,CANDU)。占目前核电站运行反应堆数的 85%,废物排放大大低于允许限值,核电的价格与化石燃料电厂的电价相比,具有竞争优势。第三代核反应堆是指在第二代核反应堆基础上增强安全要求改进的核反应堆,其原理与第二代相同,使核反应堆在安全运行方面得到了本质性的提升。第三代核反应堆正在逐步取代第二代核反应堆;第四代核反应堆是目前正在研发的新型核反应堆。第四代反应堆概念与前几代完全不同,以大量的高新技术作为技术支撑,使核反应堆发生根本性的改变。

目前,核电站广泛应用的核反应堆主要有轻水堆、重水堆、石墨气冷堆和快中子增殖堆。

1) 轻水堆

轻水堆是动力堆中最主要的堆型。在全世界的核电站中,轻水堆约占 85.9%。普通水(轻水)在反应堆中既做冷却剂,又做慢化剂。轻水堆可分为沸水堆和压水堆两种堆型。沸水堆的最大特点是作为冷却剂的水会在堆中沸腾而产生蒸汽,压水堆中水的压力较高,水的出口温度低于饱和温度。目前,压水堆是核电站应用最多的核反应堆,在核电站的各种反应堆中约占 61.3%。图 10.5 是压水堆的结构示意图。由核燃料组件组成的堆芯放在一个能承受高压的压力壳内。冷却剂(水)从压力壳右侧的进口流入压力壳,通过堆芯筒体与压力壳之间形成的环形通道向下流动,然后再通过流量分配器从堆芯下部进入堆芯,吸收堆芯的热量后,从压力壳的左侧的出口流出。能吸收中子的控制棒在其驱动装置的控制下,可在堆芯上下移动,以控制堆芯的链式反应按照需要持续进行。

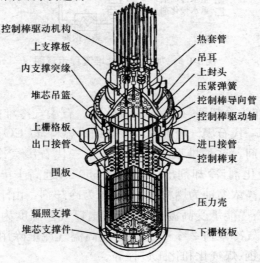

控制棒驱动机构　　　　热套管
上支撑板　　　　　　吊耳
内支撑突缘　　　　　上封头
堆芯吊篮　　　　　　压紧弹簧
　　　　　　　　　控制棒导向管
上栅格板　　　　　　控制棒驱动轴
出口接管　　　　　　进口接管
围板　　　　　　　　控制棒束
辐照支撑　　　　　　压力壳
堆芯支撑件　　　　　下栅格板

图 10.5　压水堆结构示意图

2）重水堆

重水堆是以重水（D_2O）作为冷却剂和慢化剂。氘（D）的热中子吸收面积比氢（H）的热中子吸收面积小得多，吸收中子的几率小。因此，重水堆可以采用天然铀作为燃料。这对天然铀资源丰富而又缺乏浓缩铀技术的国家来说，是非常有用的堆型。重水堆中子的慢化作用比轻水（普通水）小，所以重水堆的堆芯体积和压力器的容积要比轻水堆大得多。重水堆可以用天然铀、富集铀、钚-239、铀-233的任一种，以及它们的混合物作为燃料。

从结构上，重水堆可分为压力容器式压水堆和压力管式重水堆。压力容器式压水堆只能用重水做冷却剂，压力管式重水堆可以用重水、轻水、气体或有机液体作为冷却剂。压力管式重水堆可以不停堆更换燃料，核燃料装料少。在核电站中，重水堆约占4.5%。加拿大研发的卧式压力管式重水堆（坎杜堆），以天然铀为燃料，以重水为冷却剂，是用于核电站的成功堆型。图10.6是加拿大坎杜堆流程示意图。

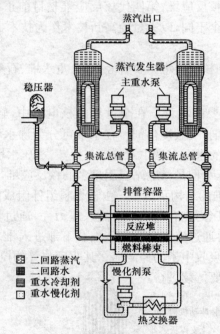

图10.6　加拿大坎杜堆流程示意图

3）石墨气冷堆

石墨气冷堆用气体作为冷却剂，石墨作为慢化剂。石墨气冷堆的示意图如图10.7所示。石墨气冷堆分为三代：第一代石墨气冷堆是以天然铀为燃料，以 CO_2 为冷却剂，冷却剂出口温度为400℃；石墨为慢化剂。这种堆型早已停建。第二代石墨气冷堆，以浓缩铀为燃料，以 CO_2 为冷却剂，石墨为慢化剂，冷却剂出口温度为650℃，远高于第一代的冷却剂出口温度。第三代为高温气冷堆，以高浓缩铀为燃料，以氦气作为冷却剂。由于氦气冷却效果好，燃料为弥散型，无包壳，且堆芯石墨能承受高温，所以堆芯出口气体温度为800℃，故称高温气冷堆。在核电站的各种堆型中，气冷堆占2%～3%。石墨高温气冷堆除用作核电站外，还可直接用于需要高温的场合，如炼钢、煤气化和化工过程等。

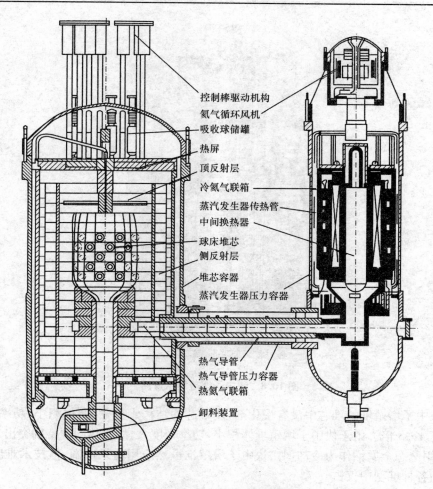

控制棒驱动机构
氦气循环风机
吸收球储罐
热屏
顶反射层
冷氦气联箱
蒸汽发生器传热管
中间换热器
球床堆芯
侧反射层
堆芯容器
蒸汽发生器压力容器

热气导管
热气导管压力容器
热氦气联箱
卸料装置

图 10.7　石墨气冷堆示意图

4）快中子增殖堆

在轻水堆、重水堆和石墨气冷堆中,核燃料的裂变主要是依靠能量较小的热中子,故都是热中子堆。在这几种反应堆中,为了慢化中子,反应堆内需要装有大量的慢化剂。快中子反应堆不用慢化剂,裂变依靠能量较大的快中子。如果快中子堆采用钚-239 作燃料,则消耗一个钚-239 核所产生的平均中子数为 2.6 个,除维持链式反应用去 1 个中子外,因不存在慢化剂的吸收,还有剩余的中子用于再生材料的转换,这正是使用快中子增殖堆的主要原因。核燃料在快中子作用下,除了维持裂变反应外,还有剩余的中子使可裂变核铀-238 或钍-232 发生反应,转化成易裂变核 Pu-239 或铀-233。增殖反应的方程式为

$$^{235}_{92}U + ^{1}_{0}n \rightarrow ^{239}_{92}U \rightarrow ^{239}_{93}Np \rightarrow ^{239}_{94}Pu$$
$$^{232}_{90}Th + ^{1}_{0}n \rightarrow ^{233}_{90}Th \rightarrow ^{233}_{91}Pa \rightarrow ^{233}_{92}U$$

例如,可以把堆内天然铀中的铀-238 转换成钚-239,其结果是新生成的钚-239 核与消耗的钚-239 核之比(增殖比)可达 1.2 左右,从而实现了核裂变燃料的增殖。快中子增殖堆能够利用的铀资源中的潜在的能量,要比热中子堆大几十倍,这正是快中子增殖堆的突出优点。快中子增殖堆的示意图如图 10.8 所示。

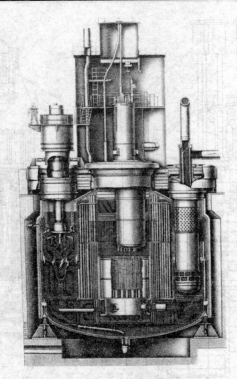

图 10.8　快中子增殖堆示意图

　　由于快中子增殖堆的堆芯中没有慢化剂,使堆芯的结构十分紧凑、体积小,功率密度比一般轻水堆高 4~8 倍。由于快中子增殖堆体积小,功率密度大,故传热问题特别突出,为了强化传热,都采用液态金属钠作为冷却剂。快中子增殖堆虽然应用前景广阔,但技术难度大,目前在核电站的各种堆型中仅占 0.7%。

10.4　核电站

10.4.1　核电站的组成

　　核电站(又称核电厂)和火电厂(化石燃料电厂)的主要区别是热源不同,而将热能转换为机械能,再将机械能转换为电能的设备都是汽轮机和发电机,它们在核电站和火电厂中是相同的。

　　核电站的系统与设备通常由两大部分组成:核能系统与设备,包括反应堆和蒸汽发生器所在的部分,称为核岛;常规的系统和设备,汽轮机和发电机所在的部分,又称常规岛。一座核反应堆及相应的设施、汽轮机和发电机组成一台核电机组。核电站的系统组成示意图如图 10.9所示。

　　从理论上说,各种类型的核反应堆均可作为核电机组的热源,综合其工程技术和经济性,某些类型的核反应堆更适合作为核电机组的热源。2000 年各种运行和在建的核电站所采用的核反应堆的比例如表 10.2 所示。

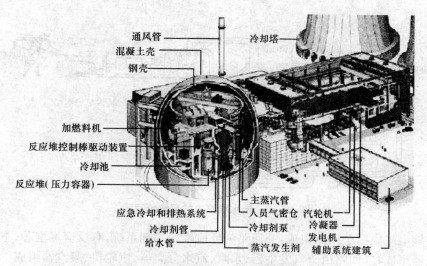

通风管　冷却塔
混凝土壳
钢壳
加燃料机
反应堆控制棒驱动装置
冷却池
反应堆(压力容器)
应急冷却和排热系统　主蒸汽管　汽轮机
人员气密仓　冷凝器
冷却剂管　冷却剂泵　发电机
给水管　辅助系统建筑
蒸汽发生剂

图 10.9　核电站系统组成示意图

表 10.2　世界上运行与在建的核电站反应堆

堆　型	运行中反应堆			建设中反应堆			到 2000 年的运行经验堆年数	年度负荷因子（%）	累计负荷因子（%）
	堆数	容量(GW)	份额	堆数	容量(GW)	份额			
压水堆	258	230.9	64.6	27	23.7	58.9	5 043.1	79.85	70.31
其中 PWR 型	208	199.1	55.7	10	8.7	21.6	4 099.7	81.57	90.91
其中 VVER 型	50	31.8	8.9	17	15.0	37.3	943.4	72.59	67.76
沸水堆	91	79.1	22.1	6	7.2	17.9	2 208.8	83.04	68.03
重水堆	41	21.6	6.0	9	5.4	13.4	674.6	61.35	67.55
石墨气冷堆	32	11.3	3.2	—	—	—	1 426.7	60.70	59.73
石墨沸水堆	17	13.0	3.6	1	0.9	2.2	672.7	59.66	64.59
快中子堆	4	1.1	0.3	4	3.0	7.5	213.0	50.80	34.54
其他堆型	1	0.15	—	—	—	—	22.4	43.79	62.69
总计	444	357.3	100	47	40.2	100	10 410.6	—	—

10.4.2　轻水堆核电站

目前,核电站普遍使用的核反应堆是轻水堆和重水堆,其中比例最高、最具竞争力的是轻水堆,包括压水堆和沸水堆。

1) 压水堆核电站

图 10.10 是压水堆核电站系统示意图。

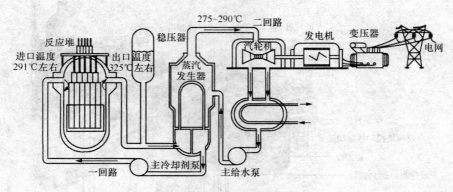

图 10.10　压水堆核电站系统示意图

　　压水堆核电站由两个回路组成:一回路为反应堆冷却剂系统,有反应堆堆芯、主泵、稳压器和蒸汽发生器组成;二回路由蒸汽发生器、水泵、汽水分离器、汽轮机、凝汽器组成。一回路、二回路经过蒸汽发生器进行热量交换,一回路的水将核裂变产生的热量带到蒸汽发生器,将二回路的水加热成饱和蒸汽,产生的蒸汽经汽水分离器分离后送入汽轮机做功,把蒸汽的热能转变成汽轮机转子的机械能,汽轮机再带动汽轮机发电。汽轮机分为高压缸和低压缸,蒸汽先在高压缸做功,然后从高压缸排出,经再热器加热提高温度后,再进入汽轮机的低压缸继续做功。低压缸排出的低压蒸汽在凝汽器中冷却成凝结水,经水泵送回蒸汽发生器再加热成蒸汽,进行下一个循环。一回路系统和二回路系统是相互隔绝的,万一燃料元件的包壳破损,只使一回路的水的放射性增加,不会影响二回路中水的品质,从而提高了核电站的安全性。

　　压水堆的堆芯放在压力壳内,由一系列正方形的燃料组件组成,燃料组件为 $14 \times 14 \sim$ 18×18 根燃料棒束,燃料组件大致排成一个圆柱体堆芯。燃料一般采用富集度为 $2\% \sim 4.4\%$ 的烧结二氧化铀芯块,燃料棒全长为 $2.5 \sim 3.8$ m。压力容器(压力壳)为含锰—钼—镍的低合金钢的圆筒形壳体,内壁堆焊奥氏体不锈钢,分为壳筒体和顶盖两部分。其内径为 $2.8 \sim$ 4.5 m,高为 10 m 左右,壁厚为 $15 \sim 20$ cm。蒸汽发生器内部装有几千根薄壁传热管,分为 U 形管束和直管束两种,管材为奥氏体不锈钢或因科镍合金(以镍为基加入其他元素组成的合金)。主泵采用分立式单级轴封式离心泵,壳体和叶轮均为不锈钢铸件。稳压器为较小的立式筒形压力容器,通常采用低合金钢锻造,内壁堆焊不锈钢。稳压器的作用是维持一回路水的压力恒定。它是一个底部带有电加热器,顶部有喷水装置的压力容器,其上部充满蒸汽,下部充满水。如果一回路的压力低于额定压力,则接通电加热器,增加稳压器内的蒸汽,使系统的压力提高。反之,如果系统的压力高于额定压力,则喷水装置喷冷却水,使蒸汽冷凝,从而降低系统压力。通常一个压水堆有 $2 \sim 4$ 个并联的一回路系统(又称环路),但只有一个稳压器。每个环路都有 1 台蒸发器和 2 台冷却水泵。压水堆本体结构的纵剖面如图 10.11 所示。

　　压水堆核电站一回路的压力约为 15.5 MPa,压力壳冷却剂出口温度约为 325℃,进口温度约为 290℃。二回路蒸汽压力为 $6 \sim 7$ MPa,蒸汽温度为 $275 \sim 290$℃,压水堆的发电效率为 $33\% \sim 34\%$。

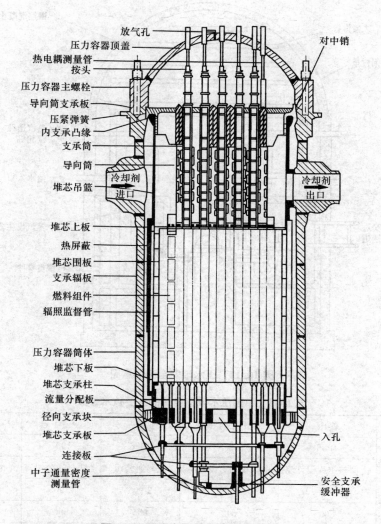

放气孔
压力容器顶盖
热电耦测量管
按头
压力容器主螺栓
导向筒支承板
压紧弹簧
内支承凸缘
支承筒
导向筒
冷却剂进口
堆芯吊篮
堆芯上板
热屏蔽
堆芯围板
支承辐板
燃料组件
辐照监督管
压力容器筒体
堆芯下板
堆芯支承柱
流量分配板
径向支承块
堆芯支承板
连接板
中子通量密度测量管

对中销
冷却剂出口
入孔
安全支承缓冲器

图 10.11　压水堆本体结构纵剖面

　　压水堆设有与建筑物连为一体的安全壳,以防止放射性物质进入环境。安全壳是一个空间很大的一回路包容体,用约 1 m 厚的钢筋混凝土制成,内表面覆盖一层 6 mm 厚的钢衬里。一般的压水堆核电站安全壳是直径 40 m、高约 60 m 的圆筒体,上面为半球形穹顶。安全壳应具有良好的密封性,其设计压力为 0.4～0.5 MPa。安全壳顶部设有喷淋系统,一旦发生事故,用喷淋水把一回路失水汽化的蒸汽冷凝下来,并冲洗掉进安全壳的放射性物质。喷淋水汇集到安全壳的地坑中。图 10.12 为压水堆安全壳示意图。

　　压水堆核电站以普通水为冷却剂和中子慢化剂,反应堆体积小,建设周期短,造价较低。压水堆的一回路系统与二回路系统是分开的,运行维护方便,需要处理的放射性废气、废液、固废都较少,故广泛应用于核电站。中国压水堆核电站的主要技术参数如表 10.3 所示。

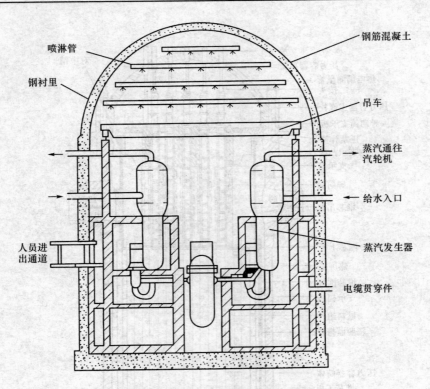

喷淋管

钢衬里

人员进
出通道

钢筋混凝土

吊车

蒸汽通往
汽轮机

给水入口

蒸汽发生器

电缆贯穿件

图 10.12　压水堆安全壳示意图

表 10.3　中国压水堆核电站的主要技术参数

堆　名	秦山	秦山二期一号	大亚湾一号	岭澳 1 号	田湾一号
设计年份	1985	1996	1986	1997	1996
核岛设计者	上海核工程设计院	中国核动力设计院	法马通公司	法马通公司	俄罗斯核设计院
热功率(MW)	966	1 930	2 905	2 905	3 000
毛电功率(MW)	800	642	985	990	1 060
净电功率(MW)	280	610	930	935	1 000
热效率(%)	31	33.3	33.9	34.1	35.38
燃料铀装载量(U)	40.76	55.8	72.4	72.46	74.2
平均比功率 (kW/kg)	23.7	34.6	40.1	40.0	40.5
平均功率密度 (kW/L)	68.6	92.8	109	107.2	109
平均线功率 (W/cm)	135	161	186	186	166.7
最大线功率 (W/cm)	407	362	418.5	418.5	430.8

堆　名	秦山	秦山二期一号	大亚湾一号	岭澳 1 号	田湾一号
燃料组件	16×16	17×17	17×17	17×17	六边形
平均燃料铀-235 富集度(%)	3.0	3.25	3.2	3.2	3.9
平均燃料燃耗 [MW/(d·U)]	24 000	35 000	33 000	33 000	43 000
压力容器内径(m)	3.73	3.85	3.93	3.99	4.13
安全壳设计压力 (MPa)	—	0.52	0.52	0.52	0.5
一回路设计压力 (MPa)	16.6	15.5	15.5	15.5	15.5
堆芯进口温度(℃)	288.8	292.4	292.4	292.4	291
堆芯出口温度(℃)	315.8	327.2	329.8	329.8	321
环路数目	2	2	3	8	4
主泵数目	2	2	3	8	4
蒸汽发生器数目	2 个立式	2 个立式	3 个立式	3 个立式	4 个立式
蒸汽发生器管材	因科镍-800	因科镍-690	因科镍-690	因科镍-690	不锈钢
运行周期(月)	12	12	12	12	12

德国某压水堆核电站的主要技术参数如表 10.4 所示。

表 10.4　德国某压水堆核电站的主要技术参数

项目	参数	机组 A	机组 B
全厂	上网电功率(MW)	1 146	1 240
	发电机连续运行功率(MW)	1 225	1 330
	蒸汽发生器最大热功率(MW)	3 540	3 752
	发电净效率(%)	32.7	33.2
蒸汽发生系统	冷却剂流量(t/h)	72 000	72 000
	冷却剂平均温度(℃)	298	303.5
	冷却剂压力(MPa)	15.5	15.5
	主蒸汽流量(t/h)	6 680	7 160
	主蒸汽压力(MPa)	5.1	5.4

续表 10. 4

项目	参数	机组 A	机组 B
堆芯	平均热流密度(MW/m²)	0.57	0.61
	平均 U235 初始质量浓度(%)	2.56	2.48
	平均 U235 初始质量浓度上限(%)	4	4
	燃料铀重量(t)	102.7	102.7
	燃料组数(个)	193	193
	控制棒个数(个)	69	61
反应堆压力容器	直径(mm)	5 000	5 000
	壁厚＋金属板护层(mm)	235＋7	243＋7
	总高度(mm)	13 250	13 250
	总重(t)	500	500
蒸汽发生器	换热面积(m²)	4×4 510	4×4 335
	管径(mm)×壁厚(mm)	22×1.2	22×1.2
	外径(mm)	3 600×4 750	3 400×4 955
	总高度(mm)	18 750	19 750
	总重(t)	298	280
冷却剂泵	流量(t/h)	4×18 000	4×18 000
	压头(MPa)	0.65	0.67
	电机功率(kW)	8 550	8 550
钢壳	圆直径(m)	56	56
	设计压力(MPa)	0.48	0.48
	壁厚(mm)	30	30
蒸汽动力车间	汽机房	1 个双流高压缸;2 个双流低压缸	1 个双流高压缸;2 个双流低压缸
	转速(r/min)	1 500	1 500
	主蒸汽压力(MPa)	5.07	5.28
	低压缸进汽温度(℃)	220	226
	排汽压力(kPa)	4	4
	末级叶片直径(m)	5.6	5.6
	末级叶片长度(mm)	1 364	1 364
	发电机功率(MV·A)	1 500	1 530
	发电机出口电压(kV)	27	27
	汽轮发电机组总长度(m)	65	65
	变压器功率(MV·A)	2×725	1×725;1×1 000
	变压比	27/420 kV＋11%	27/420 kV＋11%
冷却塔	强制空冷塔(座)	2	2
	高度(m)	80	80
	底部直径(m)	68	68
	每座塔风扇数(台)	24	24

2）沸水堆核电站

图 10.13 为沸水堆核电站系统示意图。沸水堆核电站与压水堆核电站相比,主要区别在于沸水堆只有一个回路。冷却剂从堆芯下部进入,再进入堆芯上部的过程中,获取沸水堆核燃料裂变产生的热量,再使堆芯中的冷却剂汽化变成汽水混合物。蒸汽经汽水分离后,干蒸汽进入汽轮机做功,汽轮机再带动发电机发电。做功后的蒸汽排入凝汽器进行冷却后变成凝结水,重新送入回路再进行循环。沸水堆核电站的工作压力约为 7 MPa,蒸汽温度为 285℃。与压水堆相比,沸水堆取消了蒸汽发生器,也没有一回路和二回路之分,系统相对简单。但沸水堆的水蒸汽带有放射性,因此将汽轮机归为放射性控制区,并需要加以屏蔽,从而增加了发电系统检修的复杂性。

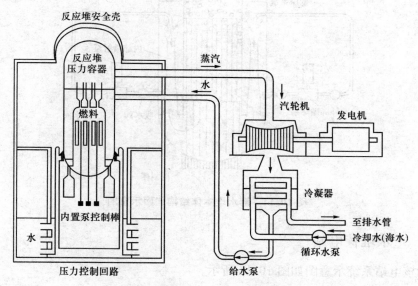

图 10.13　沸水堆核电站系统示意图

　　沸水堆的压力容器壁厚比压水堆薄,但其尺寸(直径和高度)要比功率相同的压水堆大得多。沸水堆的燃料直径和燃料芯块均比压水堆大,芯块也是烧结的二氧化铀,包壳材料为锆-4 合金,由 8×8～9×9 根燃料棒束组成燃料组件,放在锆-4 合金制成的方形组件盒中。控制棒从压力容器底部插入堆芯,其驱动装置在压力容器底部,图 10.14 为沸水堆本体结构剖面示意图。

　　在沸水堆核电站中,反应堆的功率主要由堆芯的含汽量来控制。因此,在沸水堆中配备有一组喷射泵,通过改变堆芯水的再循环率控制反应堆的功率。另外,万一发生事故,如冷却泵突然断电时,堆芯的水还可以通过喷射泵的扩压段对堆芯进行自然循环冷却,保证堆芯的安全。

　　由于沸水堆中作为冷却剂的水会发生沸腾,故在设计沸水堆时,一定要保证堆芯运行时的最大热流密度低于沸腾的临界热流密度,防止堆芯沸腾传热的恶化,导致堆芯干涸超温,致使堆芯烧毁。

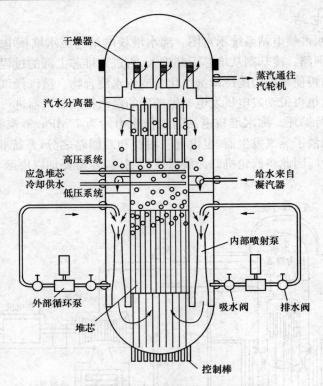

图 10.14　沸水堆本体结构剖面示意图

10.4.3　重水堆核电站

重水堆核电站系统示意图如图 10.15 所示。

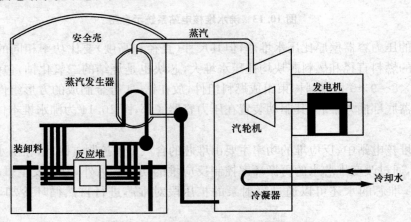

图 10.15　重水堆核电站系统示意图

重水堆以重水(D_2O)作为慢化剂,以天然铀为燃料。与轻水堆相比,重水堆核电站的优点是燃料的适应性强。缺点是重水堆体积大,造价高,加上重水造价高,使重水堆核电站的运行经济性低于轻水堆核电站。因此,重水堆核电站的实际数量比轻水堆核电站少得多。

10.4.4　石墨气冷堆核电站

石墨气冷堆本体结构示意图如图 10.16 所示。

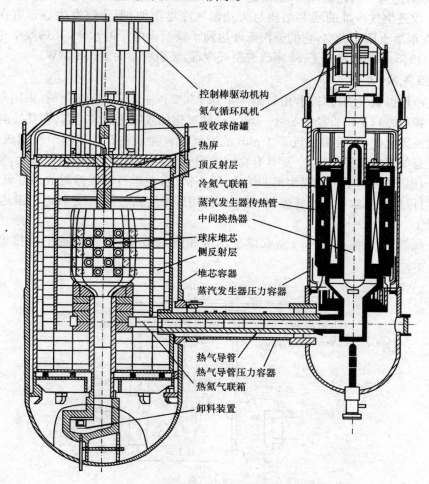

控制棒驱动机构
氦气循环风机
吸收球储罐
热屏
顶反射层
冷氦气联箱
蒸汽发生器传热管
中间换热器
球床堆芯
侧反射层
堆芯容器
蒸汽发生器压力容器
热气导管
热气导管压力容器
热氦气联箱
卸料装置

图 10.16　石墨气冷堆本体结构示意图

石墨气冷堆以二氧化碳或氦气作为冷却剂。石墨气冷堆的发展经历了三个阶段，相应产生了天然铀石墨气冷堆、改进型气冷堆和高温气冷堆等三种堆型。

1）天然铀石墨气冷堆核电站

天然铀石墨气冷堆核电站以天然铀为燃料，石墨为慢化剂，二氧化碳为冷却剂。这种反应堆是英国、法国两国为商用核能发电建造的堆型之一，是在军用钚生产堆基础上发展起来的。这种反应堆的堆芯大致为圆柱形，是由很多正六角形棱柱的石墨块堆砌而成，在石墨砌体中有许多装有燃料元件的孔道，以便冷却剂把热量带出堆芯。从堆芯流出的热气体，在蒸汽发生器中将热量传给二回路的水，从而产生蒸汽，蒸汽送入汽轮机做功，带动发电机发电。冷却剂气体放热后温度下降，借助循环回路再回到堆芯吸热，进行下一个循环。

这种石墨气冷堆的主要优点是以天然铀为燃料，其缺点是功率密度小、反应堆体积大、装料量大、造价高，天然铀消耗量很大。英国和法国现均已停建这种堆型的核电站。

2）改进型气冷堆核电站

这种反应堆是在原有的石墨气冷堆的基础上，改进蒸汽条件，提高气体冷却剂的最大允许温度，其冷却剂仍为二氧化碳，出口温度达 670℃，慢化剂为石墨，而燃料改用浓度为 2%～3% 的铀-235。改进型气冷堆的堆芯结构与天然铀气冷堆类似，但蒸汽发生器布置在反应堆四周，并包容在混凝土压力壳内，它的蒸汽条件达到了新型火电厂的水平，其热效率也可与之相比。英国自 1965 年起已建立了 14 座改进型气冷堆，装机容量为 8 568 MW。

3）高温气冷堆

高温气冷堆以氦气为冷却剂，出口温度可达 750℃ 以上，石墨为慢化剂，采用陶瓷型涂敷颗粒燃料。颗粒燃料是以直径为 200～400 μm 的氧化铀或碳化铀为堆芯，在其外面涂敷 2～3 层的热解碳或碳化硅，然后将接近于 1 mm 的燃料颗粒弥散在石墨基体中压制成燃料元件。高温气冷堆有如下突出的优点：一是具有良好的安全性：因为这种堆芯热容量大，发生事故时会自动停堆，温升缓慢，不可能发生堆芯熔化，氦不活化，在运行和维修时放射性低；二是燃料循环灵活，可以使用高浓度铀＋钍燃料，也可以使用低浓度铀燃料；三是核电机组热效率高，可达 40% 以上。

我国在高温气冷堆方面的研究取得了国际领先的成果，其氦气透平直接循环方案如图 10.17 所示。

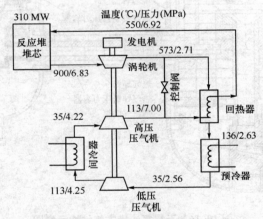

流量：170 kg/s；压缩比：2.74；循环效率：47.9%

图 10.17　高温气冷堆氦气透平直接循环方案

我国建造的热功率为 10 MW 的高温气冷堆 HTR 的主要设计参数如表 10.5 所示。

表 10.5　高温气冷堆 HTR-10 主要设计参数

项　目	数　值
反应堆热功率（MW）	10
一回路氦气压力（MPa）	3
堆芯氦气出口温度（℃）	750
堆芯氦气入口温度（℃）	250
一回路氦气质量流量（kg/s）	43

续表 10.5

项　目	数　值
燃料	UO_2
^{238}U 加入浓度（%）	17
平均燃料消耗（MW/t）	80 000
蒸汽发生器出口蒸汽压力（MPa）	4
蒸汽发生器出口蒸汽温度（℃）	440
蒸汽发生器给水温度（℃）	104
蒸汽流量（t/h）	12

10.4.5　第四代核电站

2005 年，第四代核反应堆国际论坛在巴黎选择了超临界水冷堆（Supercritical water-cooled reactor，SCWR）、超高温气冷堆（Very-high-temperature gas-cooled reactor，VHTR）、熔盐反应堆（Molten salt reactor，MSR）、钠冷快堆（Sodium-cooled reactor，SFR）、铅冷快堆（Lead-cooled fast reactor，LFR）、气冷快堆（Gas-cooled fast reactor，GFR）和等六种最有希望的第四代核反应堆进行研发，其中，超临界水冷堆、超高温气冷堆和熔盐堆为热中子堆；钠快冷堆、铅快堆冷堆和气快冷堆为快中子堆。希望上述六种核反应堆到 2030 年达到技术成熟，2035 年开始能进行大规模商业化应用，可与其他廉价的能源系统进行商业化竞争。上述六种第四代反应堆的特征如表 10.6 所示，技术参数如表 10.7 所示。

表 10.6　六种第四代核反应堆的核燃料和冷却剂特征

核反应堆	英文缩写	中子谱	冷却剂	温度（℃）	压力	燃料	燃料循环	电功率（MW）	用途
超临界水冷堆	SCWR	热或快	水	510~550	非常高	UO_2	开式（热）；闭式（快）	1500	发电
超高温气冷堆	VHTR	热	氦气	1 000	高	棱柱或卵石 UO_2	开式	250	制氢、发电
熔盐堆	MSR	超热的	氟化盐	700~800	低	UF 熔盐	闭式	1 000	发电、制氢
气冷快堆	GFR	快	氦气	850	高	U-238	就地闭式	288	发电、制氢
钠冷快堆	SFR	快	钠	550	低	U-238&MOX	闭式	150~500，500~1 500	发电
铅冷快堆	LFR	快	Pb-Bi	550~800	低	U-238	区域闭式	50~150，300~400，1 200	发电、制氢

表 10.7 六种第四代核反应堆的主要技术参数

项目	SCWR	VRTH	MSR	GFR	SFR	LFR	
热功率(MW)		600		600	1 000～5 000	1 000	3 600
电功率(MW)	1 700		1 000	288		300～400	
冷却剂						铅/铋	
冷却剂压力(MPa)	25			9			
反应堆压力(MPa)					0.1	0.1	0.1
反应堆出口温度(℃)					530～550		
堆芯入口压力/ 出口压力(MPa)		取决于工艺					
燃料盐入口温度 /出口温度(℃)			565/700				
氢气温度(℃)			850				
冷却剂入口温度/ 出口温度(℃)	280/510	640/1 000		490/850		—/550	—/550
热效率(%)	44～45		44～50				
净效率(%)	44	＞50					
热功率密度 (MW/m³)	100	6～10	22	100	350		
蒸汽压力(Pa)			＜689.5				
慢化剂			石墨				
燃料和包壳	燃料:氧化铀芯块;包壳:镍合金或不锈钢	在块状燃料、粒状燃料或球状燃料中的碳化锆包覆颗粒		Pu含量大约为30%的UPuC/SiC(70%/30%)	燃料:氧化物或金属合金;包壳:铁酸盐或ODS铁酸盐	燃料:金属合金;包壳:铁酸盐	燃料:氧化物;包壳:铁酸盐
氦气质量流量(kg/s)		320					
热力循环			多次再热的回热式氦气布雷顿循环				
堆芯体积比(燃料/气体/碳化硅)				50/40/10			
转化比				自足	0.50～1.30	1.0	1.0～1.02
栅格						开式	混合
主回路流体循环方式						强制循环	强制循环
每千瓦造价(美元)	900						
每千瓦时电价(美分)	2.9						

1) 超临界水冷堆(SCWR)核电站

超临界水冷堆的包壳采用耐高温的高强度镍合金钢或不锈钢。堆芯有两种设计方案:热中子谱方案和快中子谱方案,即(1) 在热中子谱反应堆上一次通过的开式循环;(2) 在快中子谱反应堆上的闭式循环,即设置以先进湿法处理为基础,对锕系元素实施完全再循环的方案。与目前的轻水堆(压水堆、沸水堆)比较,超临界压水堆有如下优异的特性:(1) 效率高,热效率可达 44%~45%;(2) 焓升高,流量小,减少了一次回路管道的尺寸和泵的功耗;(3) 由于直接热力循环,没有蒸汽发生器,使冷却剂的储存量减小,减小了安全壳的尺寸;(4) 反应堆的冷却剂就是汽轮机的工作介质,不存在相变过程,故不会发生燃料元件表面膜态沸腾而引起燃料元件包壳过热破损;(5) 与常规压水堆相比,可以省去蒸汽发生器;与沸水堆相比,可以省去汽水分离器、再循环泵等设备,系统大为简化。并可以大量利用压水堆和沸水堆已积累的技术储备,并可利用超临界火电机组技术。

超临界水冷堆核电站系统示意图如图 10.18 所示。

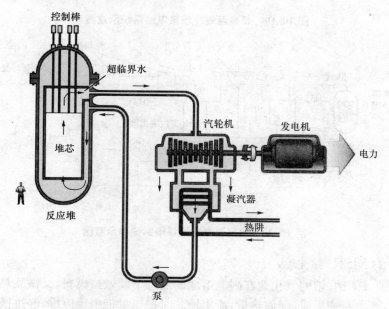

图 10.18 超临界水冷堆核电站系统示意图

2) 超高温气冷堆(VHTR)核电站

超高温气冷堆是在高温气冷堆的基础上发展起来的。超高温气冷堆用氦气作为冷却剂,堆芯出口温度可达 950℃~1 000℃。利用氦气载出的核能高温热量,通过水的碘-硫热化学流程制氢,或高温电解制氢,是超高温气冷堆的主要用途。当氦气出口温度达到 1 000℃时,其发电效率可达 50%。

超高温气冷堆以氦气作为载热剂,石墨作为慢化剂的热中子反应堆,采用包覆颗粒燃料,全陶瓷材料的反应堆芯。超高温气冷堆的堆芯有两种主要的类型,一种是采用球形石墨燃料元件堆积成球床堆芯,另一种采用石墨柱形燃料元件,构成石墨柱形堆芯。

超高温气冷堆核电站系统示意图如图 10.19 所示。某超高温气冷堆核电站的流程示意图如图 10.20 所示。

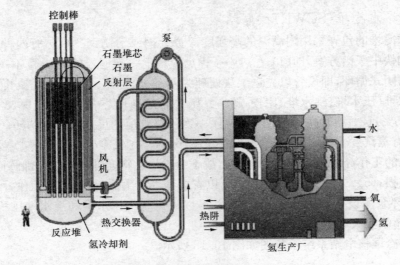

图 10.19　超高温气冷堆核电站系统示意图

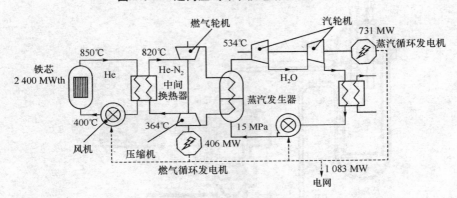

图 10.20　超高温气冷堆核电站流程示意图

3）熔盐堆（MSR）核电站

熔盐堆用铀、钍、钠、锆的氧化盐在高温熔融的液态下既做核燃料，又做载热剂。当熔盐燃料流入堆芯时，产生裂变反应，释放热量，流出堆芯时把热量带出反应堆，经过换热器把热量传给工质，故不需要专门制作燃料组件。熔盐反应堆系统有如下突出的优点：（1）燃料和冷却剂是合二为一的，而且在高温下熔盐的化学性能是稳定的，简化了热交换系统，且具有相当高的热效率；（2）熔盐堆具有很好的中子特性，通过化工后处理可以去除裂变产物，加入新燃料，能获得很高的转化比，也可以用于锕系元素的焚烧；（3）采用了高温耐熔盐腐蚀的结构材料，熔盐出口温度可以提高到 850 ℃，可采用热化学方法制氢；（4）氟化物熔盐具有非常低的蒸汽压，降低了一回路压力壳和管道的工作压力；（5）在堆芯的底部设置有一个事故泄放罐，以一段用水冷却的冷冻熔盐管段与堆芯相连接。一旦发生事故，自动切除冷却水源，冷冻熔盐解冻后，堆芯的熔盐即靠自重排泄到泄放罐中，并采用非能动的衰变热载出。由于熔盐中气态裂变的存量较小，衰变热也较小。因此，熔盐堆具有很好的安全性；（6）熔盐中允许加入不同组成的锕系元素的氟化物，形成为均一相的熔盐体系，用于焚烧长寿命的锕系元素。

熔盐堆核电站系统示意图如图 10.21 所示。

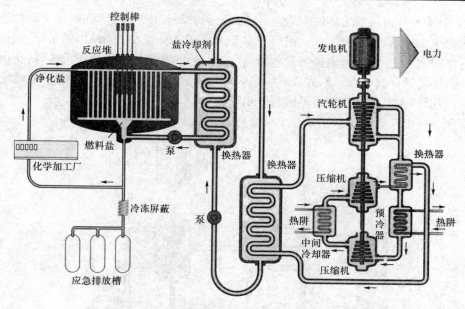

图 10.21 熔盐堆核电站系统示意图

4）气冷快堆（GFR）核电站

气冷快中子堆是以氦气作为冷却剂，具有快中子谱的反应堆。氦气作为冷却剂替代液态钠作冷却剂，可以消除钠的可燃性带来的安全性问题和钠系统的复杂性。

燃料元件需要在很高的运行温度下保证对裂变产物具有很好的滞留能力，有几种燃料可以考虑选用，包括：复合陶瓷燃料、改进的颗粒燃料、锕系元素的陶瓷包覆燃料等。其燃料元素的形式可以是：棒束燃料组件、板状燃料组件、柱形块状燃料元件等。

由于采用快中子谱，中子的经济性好，具有良好的核材料的增殖能力，能实现裂变材料的自持利用，并且对长寿命锕系核素，通过嬗变，变成稳定的核素。气冷快中子堆系统采用闭式燃料循环，甚至有望发展成为具有就地燃料循环设施的全闭式燃料循环系统，避免核材料运输带来的核扩散风险性，提高铀燃料的利用率，可极大地减少核废物量。

气冷快中子堆主要用于发电，以及长寿命锕系核素的嬗变，其 850℃ 高温的氦工艺热量，也可以用于制氢。气冷快中子堆系统在可持续性方面有突出的优势，在安全性、经济性、防核扩散和实体保护等方面，均满足第四代核电技术的发展目标。

气冷快堆核电站系统示意图如图 10.22 所示。

5）钠冷快堆（SFR）核电站

钠冷快堆即钠冷快中子堆，它具有快中子谱，可以实现核燃料的高效利用和锕系元素的嬗变。锕系元素嬗变的燃料循环可以采用两种方案：(1) 中等容量的钠冷快中子堆（电功率为 150～500 MW），采用 U-Pu-Am-Zr 的合金燃料，进行就地的火法后处理和元件制造；(2) 中等容量的钠冷快中子堆（电功率为 500～1 500 MW），采用 U/Pu 氧化物燃料，进行集中后处理，一个后处理厂为几座钠冷快中子堆进行后处理。

一回路钠的出口温度为 530～550℃，有两种堆芯方案：(1) 池式方案，反应堆堆芯和一回路的泵和换热器均设置在钠池壳内；(2) 紧凑的回路布置方案。不论哪种方案，一回路冷却剂的热容量都相当大，距离钠的沸腾有相当大的安全裕量，保证了钠冷快中子堆的安全运行。此外,钠冷快中子堆一回路的工作压力为大气压加上钠的流动压头,近于在常压下运行。为了提高钠冷快中子堆的运行安全性,在一回路和水蒸气回路之间加入中间钠回路系统,避免一回路带有放射性的钠发生泄漏时,直接与发电回路(二回路)的水蒸气发生化学反应,防止由此造成的放射性向环境的释放。在第四代反应堆系统优选的六种方案中,钠冷快中子堆系统是技术上最成熟的,但其发电经济性现尚不能与轻水堆相竞争。

钠冷快堆核电站系统示意图如图 10.23 所示。

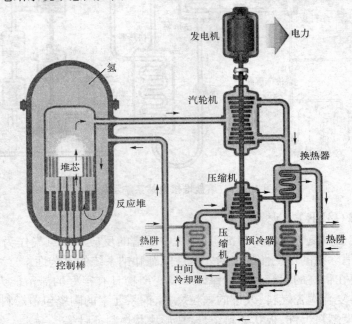

图 10.22　气冷快堆核电站系统示意图

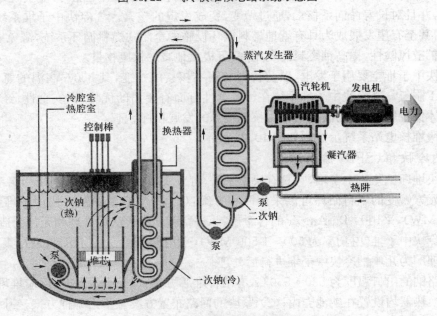

图 10.23　钠冷快堆核电站系统示意图

6) 铅冷快堆(LFR)核电站

铅冷快堆即铅冷快中子堆,它是采用液态金属铅或铅铋合金作为冷却剂的快中子堆。铅冷快中子堆包括以下几种功率方案:(1) 小功率组件式铅冷快中子堆,电功率为 50~150 MW,堆芯设计成成套制造的可更换堆芯,15~20 年更换一次,整体拆除已达到燃耗的堆芯,更换装入新的堆芯。这个设计特别适合于一些不具有核燃料基础设施的发展中国家,功率比较小,也适用于小容量电网或分布式电网;(2) 模块化方案,电功率为 300~400 MW;(3) 电功率为 1 200 MW 的大型核电站。

堆芯燃料采用金属燃料或氮化物燃料,燃料中含增殖材料和超铀元素,增殖的裂变燃料可以支持 15~20 年的换料期。相对目前的钠冷快中子堆,铅冷快中子堆有如下优点:(1) 反应堆是池式一体化的布置,蒸汽发生器和提升泵均布置在反应堆压力壳内。在热功率 120~400 MW 范围内,可实现全功率的自然循环将堆功率带出。液态铅堆芯出口温度为 550℃,二回路采用亚临界汽轮机动力循环。若将堆芯出口温度提高到 750~800℃,二回路可采用超临界汽轮机动力循环,或采用 CO_2 气体透平的 Brayton 循环;也可以用产生的热量制氢或海水淡化。(2) 对于小功率组件式方案,由于铅和铅铋冷却剂优异的中子学特性,可以采用低功率密度的堆芯,实现全功率的自然循环,并实现核燃料的近自持的增殖,使堆芯换料期达到 15~20 年。对于模块化的大功率方案,采用比常规快中子堆更高的堆芯功率密度,采用较短的换料周期。(3) 近中期方案的目标是增强固有安全性,实现闭式的燃料循环。(4) 长期方案的目标是利用铅冷却剂和氮化物燃料耐高温特性,在新的耐高温、耐辐照的结构材料取得进展的条件下,将冷却剂的温度提高到 750~800℃。

铅冷快堆核电站系统示意图如图 10.24 所示。

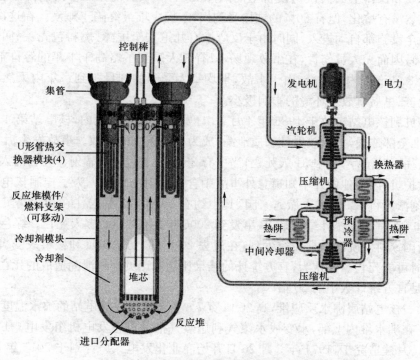

图 10.24　铅冷快堆核电站系统示意图

对于上述六种第四代核电站,国际上正在积极开展研发,许多技术还有待于解决,要真正进入大规模的商业化推广应用,至少需要 15～20 年。有理由相信,随着第四代核电站投入商业化运行,会极大地推动核电站的快速发展。

10.5　核电站的安全问题

在核电站的运行过程中,存在着安全问题。在核电迅速发展的今天,公众十分关心核电的安全问题。

10.5.1　核电站的重大事故

在核电站过去 50 多年中,发生过许多事故,其中影响最大的是 1979 年美国三里岛核电站事故、1986 年苏联切尔诺贝利核电站事故和 2011 年日本福岛核电站事故。

美国三里岛压水堆核电厂二号堆于 1979 年 3 月 28 日发生了堆芯失水而熔化和放射性物质外逸的重大事故。这次事故是由于二回路的水泵发生故障后,二回路的事故冷却系统自动投入,但因前些天工人检修后,未将事故冷却系统的阀门打开,致使这一系统自动投入后,二回路的水仍断流。当堆内温度和压力在此情况下升高后,反应堆就自动停堆,卸压阀也自动打开,放出堆芯内的部分汽水混合物。同时,当反应堆内压力下降至正常时,卸压阀由于故障未能自动回位,使堆芯冷却剂继续外流,压力降至正常值以下,于是应急堆芯冷却系统自动投入,但操作人员未判明卸压阀没有回位,反而关闭了应急堆芯冷却系统,停止了向堆芯内注水。这一系列的管理和操作上的失误与设备上的故障交织在一起,使一次小的故障急剧扩大。100 吨铀燃料虽然没有熔化,但有 60% 的铀棒受到损坏,反应堆最终陷于瘫痪。在这次事故中,主要的工程安全设施都自动投入,同时由于反应堆有几道安全屏障(燃料包壳,一回路压力边界和安全壳等),因而无人员伤亡,在事故现场,只有 3 人受到了略高于半年的容许剂量的照射。核电厂附近 80 km 以内的公众,由于事故,平均每人受到的剂量不到一年内天然本底的百分之一。因此,三里岛事故对环境的影响极小。

切尔诺贝利核电站事故于 1986 年 4 月 26 日发生在乌克兰境内,核电站第 4 发电机组爆炸,核反应堆全部炸毁,大量放射性物质泄漏,成为核电重大的事故。事故发生后,马上有 203 人立即被送往医院治疗,其中 31 人死亡,当中有 28 人死于过量的辐射。死亡的人大部分是消防队员和救护员,因为他们并不知道意外事故中含有辐射的危险。为了控制核电辐射尘的扩散,当局立刻派人将 135 000 人撤离家园,其中约有 50 000 人是居住在切尔诺贝利附近的居民。到 2006 年,官方的统计结果是,从事发到 2006 年共有 4 000 多人死亡。绿色和平组织基于白俄罗斯国家科学院的数据研究发现,在过去 20 年间,切尔诺贝利核事故受害者总计达 9 多万人,随时可能死亡。并认为,官方统计的结果比切尔诺贝利核泄漏造成的死亡人数少了至少 9 万人,是官方统计数字的 20 倍。

福岛第一核电站属沸水反应堆,高 20 m 宽 7 m。福岛第一核电站的沸水温度 300℃,压力为 7 MPa。在沸水堆内上部,水变成水蒸气利用蒸气推动汽轮发电机组发电。1 号机的沸水堆 1967 年 7 月建造完工,1971 年 3 月 26 日开始商业化发电。原计划于 2011 年 3 月 26 日终止运转。但在 2011 年 3 月 12 日本东北地方太平洋近海地震事件中,遭受严重损坏发生核泄漏。造成重大的人员伤亡和生态破坏。

核电站的重大事故不仅给人类和生态环境造成极大的危害,也影响了核电在公众心目中的形象。因此,杜绝核电事故的发生,有利于树立核电在公众中的形象,也有助于核电的健康发展。

10.5.2　核废料的处理与处置

核废料(nuclear waste material),泛指在核燃料生产、加工和核反应堆用过的不再需要的并具有放射性的废料。在核工业生产、核电站运行和核科学研究过程中,会产生一些具有不同程度放射性的固态、液态和气态的废物,简称为“三废”。

核废料的特征是:(1)放射性。核废料的放射性不能用一般的物理、化学和生物方法消除,只能靠放射性核素自身的衰变而减少。(2)射线危害。核废料放出的射线通过物质时,发生电离和激发作用,对生物体会引起辐射损伤。(3)热能释放。核废料中放射性核素通过衰变放出能量,当放射性核素含量较高时,释放的热能会导致核废料的温度不断上升,甚至使溶液自行沸腾,固体自行熔融。

核废料的管理原则是:(1)尽量减少不必要的废料产生并开展回收利用。(2)对已产生的核废料分类收集,分别贮存和处理。(3)尽量减少容积以节约运输、贮存和处理的费用。(4)向环境稀释排放时,必须严格遵守有关法规。(5)以稳定的固化体形式贮存,以减少放射性核素迁移扩散。

核废料可分为低放射性废料与高放射性废料两种。低放射性核废料是指医院、工厂、研究机构以及核电厂等产生的包含放射性物质的废弃物,如衣物、纸类、试验器具等。高放射性核废料则主要来自使用过的核燃料。其中铀-235约占3%,其余97%主要为铀-238以及钚,这些铀-238及钚都是未来可回收利用的资源。

低放射性核废料在处理起来较为简单,主要是经过焚化压缩固化后,装进大型金属罐,以便在浅地层中掩埋。目前,国际上处理高放射性核废料的方式主要有“再处理”和“直接处置”两种方法。“再处理”主要是从核废料中回收可进行再利用的核原料,包括提取可制造核武器的钚等。“直接处置”则是指将高放射性废料进行“地下埋藏”,一般经过冷却、固化储存、最终处置三个阶段。美国政府一直采取地下掩埋的措施来处理核废料。如在美国内华达州北部的丝兰山脉,已有1.1万个30~80 t的处理罐被埋在地下几百米深处的隧道里。为了更安全、更长久的掩埋核废料,世界其他国家都在开发新技术,以减少核废料对环境的危害。

国际原子能机构(IAEA)对于核废料的处理和处置有严格的规定,要求各国遵照执行。核废料处置包括控制处置(稀释处置)和最终处置。核废料的控制处置是指液体和气体核废料在向环境中稀释排放时,必须控制在法规排放标准以下。核废料的最终处置是指不再需要人工管理,不考虑再回取的可能。因此,为防止核废料对环境和人类造成危害,必须将其与生物圈有效地隔离。最终处置的主要对象是高放射性核废料。

在放射性废物中,放射性物质的含量很低,但带来的危害较大。由于放射性不受外界条件(如物理、化学、生物方法)的影响,在放射性废物处理过程中,除了靠放射性物质的衰变使其放射性衰减外,无非是将放射性物质从废物中分离出来,使浓集放射性物质的废物体积尽量减小,并改变其存在的状态,以达安全处置的目的。对“三废”区别不同情况,采取多级净化、去污、压缩减容、焚烧、固化等措施处理与处置。例如,对放射性废液,根据其放射性水平区分为低、中、高放射性废液,可采用净化处理、水泥固化或沥青固化、玻璃固化。固化后存放到专用处置场或放入深地层处置库内处置,使其与生物圈隔离。

在固体核废料的处置过程中,近年来出现向公海倾倒和越境走私的非法行为,引起了国际上的共同谴责。

因此,在核废料的处理和处置过程中,需要展开国际上的积极合作,减少核废料对人类和生态环境造成的短期和长期危害。

10.5.3　核电站的放射性

核电站在正常运行过程中,产生的核辐射对人类和环境都不会造成危害。但在核电站发生核泄漏事故时,核辐射对人类和生态环境都会造成短期和长期的危害。现简单介绍核辐射的基本概念和常识。

1) 放射性活度和电离辐射剂量

(1) 放射性活度

放射性活度是指一定量的放射性核素在单位时间内的衰变数。在 1975 年国际计量大会上,规定了放射性活度的国际单位是秒的倒数(1/s),叫贝可勒尔(Becquerel),符号 Bq,1 Bq 就是放射性物质在 1 s 内有 1 个原子核发生衰变。

单位:1 贝克勒尔(Bq)=1 次衰变/s

历史上曾用居里(Ci)表示放射性活度的大小,

1 居里(Ci)=3.7×10^{10} Bq

放射性活度只取决于放射源的性质。

(2) 电离辐射与辐射剂量

电离辐射:α、β 与 γ 射线可以直接或间接引起物质电离。

(3) 电离辐射的照射剂量单位

电离辐射剂量描述放射性射线与物质的相互作用后使物质发生电离能力的大小。

单位:1 伦琴(R)=2.58×10^{4} 库仑/千克=2.58×10^{4} C/kg

(4) 吸收剂量及单位

吸收剂量:单位质量的被照射物吸收辐照能量的能力。

单位:1 戈瑞(Gray)=1 焦耳/千克=1 J/kg

辐射剂量当量和有效剂量当量:

描述生物组织对辐射吸收剂量所产生的效应。

单位:1 希沃特(Sv)=1 焦耳/千克=1 J/kg

常用单位:毫希(mSv)

　　　　1 Sv=1 000 mSv

常用单位:雷姆(rem)

　　　　1 Sv=100 rem

希沃特是辐射剂量的一种单位,记作 Sv。以前的定义是 1 mg 的镭,包在壁厚 0.5 mm 的铂容器中,对相距 1 cm 处的样品在 1 天内所受的剂量。现在定义为每 kg 吸收 1 J,相当于 100 rem(雷姆)。

吸收剂量(absorbed dose)D＝dε/dm,其中 dε 是致电离辐射给予质量为 dm 的受照物质的平均能量。

吸收剂量 D:单位 Gy(戈瑞)＝1 J/kg ,辅助单位 rad(拉德)＝0.01 Gy,1 Gy＝1 J/kg＝100 rad。

当量剂量(equivalent dose)H＝DQN,其中,D 是吸收剂量;Q 是品质因子;N 是其他修正系数的乘积。目前指定 N 值为 1。

当量剂量 H:单位 Sv(希沃特)＝1 J/kg ,辅助单位 rem(雷姆)＝0.01 Sv,1 Sv＝1 J/kg＝100 rem。

当量剂量只限于防护中应用。

2) 日常生活中接触到的辐射剂量

日常生活中接触到的辐射剂量为:中国规定安全剂量,5 mSv/年;北京地区天然本底值,2 mSv/年;食物摄入量,0.2 mSv/年;砖制房屋,0.4 mSv/年;乘飞机,0.01 mSv/h;胸部透视,大于 0.1 mSv/次;消化道造影,大于 13.7 mSv/次;吸烟 20 支/d,1 mSv/年;门诊透视,大于0.3 mSv/次;泥土、空气,0.5 mSv/年。不同的核辐射剂量对人体造成的危害是不同的,如图10.25 所示。

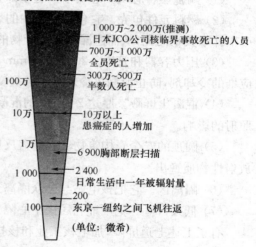

核辐射剂量当量表

剂量(Sv)	部位	症状
10 以上	皮肤	溃疡
8—9	皮肤	溃烂、水肿
7	全身	同上,超过者死亡程度较高
4—6	皮肤、生殖系统	红肿、不孕
2—3	皮肤	脱毛、脱发
0.5—1	全身	呕吐、倦怠、白血球一时性减少
0.25 以下		无临床症状
0.001		对于一般人的剂量当量限度
0.000 05		核电站周围地区的目标安全值

图 10.25 不同核辐射剂量对人体的伤害

人类有史以来一直受着天然电离辐射源的照射,包括宇宙射线、地球放射性核素产生的辐射等。事实上,辐射无处不在,食物、房屋、天空大地、山水草木乃至人们体内,都存在着辐射照射。人类所受到的集体辐射剂量主要来自天然本底辐射(约 76.58%)和医疗(约 20%),核电站产生的辐射剂量非常小(约 0.25%)。在世界范围内,天然本底辐射每年对个人的平均辐射剂量约为 2.4 mSv,有些地区的天然本底辐射水平要比这个平均值高得多。

核电站在运行过程中会产生各种放射性核素。由于煤中含有微量的放射性核素,燃煤电厂运行过程中同样会向环境排放放射性物质。就辐射照射而言,我国煤电燃料链(从采煤到发电)对公众产生的辐射照射,是相同功率的核电燃料链的 50 倍,这确实是许多人都不知晓的事实。

目前,国际上普遍采用的核辐射防护的三个原则是:实践的正当性,防护水平的最优化和个人剂量限值。实践的正当性要求任何伴有核辐射的实践所带来的利益,应当大于其可能产生的危害;防护水平的最优化是指在综合考虑社会和经济等因素之后,将辐射危害保持在合理可行、尽量低的水平上;规定个人剂量限值的目的是为了保证社会的每个成员都不会受到不合理的辐射照射。国际基本安全标准规定公众受照射的个人剂量限值为 1 mSv/年,而受职业照射的个人剂量限值为 20 mSv/年。核电站在正常运行情况下,对周围公众产生的辐射剂量远远低于天然本底的辐射水平。在我国,国家核安全法规要求核电站在正常运行工况下对周围居民产生的年辐射剂量不得超过 0.25 mSv,而核电站实际产生的辐射剂量远远低于这个限值。因此,核电站正常运行产生的核辐射,对人体是不会造成危害的。

10.5.4 核电站的安全措施

1) 核电站在设计上采取的安全措施

为了防止放射性裂变物质的泄漏,核电站设有严格的核安全规程,在核安全规程中,设置了如下七道安全屏障:

(1) 陶瓷燃料芯块。芯块中只有小部分气态和挥发性裂变产物释出。

(2) 燃料元件包壳。它包容燃料中的裂变物质,只有不到 0.5% 的包壳在寿命周期内可能产生针眼大小的孔,从而泄漏出裂变产物的可能。

(3) 压力容器和管道。200～250 mm 厚的钢制压力容器和 75～100 mm 厚的管道包容反应堆的冷却剂,防止泄漏进冷却剂中的裂变产物的放射性。

(4) 混凝土屏蔽。厚达 2～3 m 的混凝土屏障,可以保护运行人员和设备不受堆芯放射性照射的影响。

(5) 圆顶的安全壳构筑物。它遮盖反应堆的整个部分,如果反应堆发生核泄漏,可以防止放射性物质逸出。

(6) 隔离区。它把核电站与公众隔离开。

(7) 低人口区。把厂址和居民中心隔开相当大的一段距离。

有了上述七道屏障,加上核工业和核技术的进步,可以避免发生重大的核泄漏事故。

2) 核电站在管理上采取的安全措施

核电站有着严格的质量保证体系,对选址、设计、制造、建造、调试和运行等各个阶段的每一项具体活动,都有单项的质量保证大纲。实行内部和外部检察制度,监督检查质量保证大纲的实施情况和是否起到了应有的作用。对核电站工作人员的选拔、培训、上岗、考核等,都有严格的规章制度。所有工作人员都要持证上岗,并进行定期考核,考核不合格者,将取消其上岗资格。

3) 核电站发生自然灾害时能安全停闭

在核电站设计中,始终把安全放在第一位。在设计上考虑了核电站当地可能出现的最严重的地震、海啸、热带风暴、洪水等自然灾害,即使发生了最严重的自然灾害,反应堆也能安全停闭,不会对当地居民和生态环境造成危害。在核电站设计中,甚至还考虑了厂区附近的堤坝坍塌、飞机坠毁、交通事故和化工厂事故等对核电站的影响。

4）核电站的纵深防御措施

在核电站的设计、建造和运行过程中,采取了纵深防御的原则,从设备上和措施上提供了多层次的重叠保护,确保放射性物质有效地包容起来,不发生核泄漏。纵深防御包括以下五道防线:

（1）精心设计和施工,确保核电站设备精良。有严格的质量保证体系,建立周密的程序,严格建立规章制度,进行必要的监督,加强对核电站工作人员的安全教育与培训,使人人关心安全,人人注意安全,防止发生故障。

（2）加强运行管理和监督,及时正确处理不正常情况,排出故障。

（3）设计和提供多层次的安全系统和保护系统,防止设备故障和人为差错造成事故。

（4）启用核电站安全系统,加强事故中的核电站管理,防止事故扩大。

（5）厂内、厂外应急响应计划,努力减轻事故对核电站附近居民的影响。

有了上述五道相互依赖、相互支持的防线,可确保核电站安全运行。

5）严格按照国家标准处理和处置核废物

核电站的三废要严格按照国家标准进行处理和处置,确保核废料不会对人类和生态造成有害的影响。

10.6　核电站的发展趋势

2010 年 5 月,国际原子能机构在讨论《不扩散核武器条约》的会议上指出,核能作为一种清洁、稳定且有助减缓气候变化影响的能源正为越来越多的国家所接受。目前全世界共有 60 多个国家考虑发展核能发电,预计到 2030 年将新增 10～25 个国家首建核电站。国际原子能机构预计,到 2015 年,全世界可能平均每 5 天就会开工一个装机容量约 1 000 MW 的核电站。到 2030 年,全球运行核电站将可能在目前的基础上增加约 300 座。中国到 2015 年前后将达到 $4\,000\times10^4$ kW,核电建设领域的固定资产投资每年达 700 多亿元,提前实现原定的 2020 年发展目标,并逐步完成核电技术的引进、消化、吸收,及国产化技术的转化,到 2015 年后将实现国产化技术的批量化建设。中国能源中长期发展战略研究报告显示:2020 年核电可望建成 $7\,000\times10^8$ kW,使核能和可再生能源的总和占到总能源的 15% 以上,核电机组采用第三代核反应堆。2030 年核电将达到 2×10^8 kW,2050 年将达到 4×10^8 kW 以上。

在未来的 40 年内,核电站将以第三代核反应堆为主,并将逐步推广第四代核反应堆,由于第四代核反应堆的寿命为 40～60 年,因此第二代、第三代和第四代核反应堆将在 21 世纪的核电站中共存。随着与核电站相关的新技术的推广和应用,第四代核电站在核电中所占的比例会大幅度提高,使核电站整体的安全性、经济性和可靠性得到本质性的提高,增强核电与其他发电方式的商业化竞争能力。

思 考 题

10.1　什么是核能? 简述核能的来源和发展过程。

10.2　什么是核裂变和核聚变? 它们各有何特点?

10.3　核燃料有哪些? 简述核燃料的制取途径和方法。

10.4　什么是核反应堆? 简述其分类、特点和用途。

10.5　核电站有哪些类型的核反应堆? 简述工作原理和特点。

10.6　简述核电站的系统组成,发展过程与趋势。

10.7　简述核电站的安全与保护措施,核废料的处置。

11 新能源与可持续发展

11.1 可持续发展对能源的需求

1987年,世界环境与发展委员会在题为"我们共同的未来"(Our Common Future)的报告中,第一次阐述了"可持续发展"(Sustainable Development)的概念,它包括了当代和后代的需求、国家主权、国际公平、自然资源、生态承载力、环境与发展等重要内容。可持续发展首先是从环境保护的角度来倡导保持人类社会的进步与发展的,它号召人们在增加生产的同时,必须注意生态环境的保护与改善。可持续发展也是一个涉及经济、社会、文化、技术及自然环境的综合概念,主要包括自然资源与生态环境的可持续发展、经济的可持续发展和社会的可持续发展三个方面。可持续发展一是以自然资源的可持续利用和良好的生态环境为基础;二是以经济可持续发展为前提;三是以谋求社会的全面进步为目标。可持续发展不仅是经济问题,也不仅是社会问题或者生态问题,而且是三者相互影响的综合体。在可持续发展的概念提出来以后,引起了世界各国学者的高度兴趣和重视,使可持续发展的理论在过去的二十多年中得到了快速的发展和完善,形成了完整的可持续发展理论体系。可持续发展的理论使人们逐步认识到过去的发展道路是不可持续的,至少是持续不够的,因而是不可取的,世界各国唯一可选择的发展道路是走可持续发展之路。可持续发展的概念提出来以后,得到了全世界不同经济水平和不同文化背景的各国的普遍认同。可持续发展是发展中国家与发达国家都可以争取实现的目标,广大发展中国家积极投身到可持续发展实践中也正是可持续发展理论风靡全球的重要原因。

在经济快速发展的过程中,消耗的能源也随之大幅度增长,同时也加剧了环境的污染和环境保护的压力。能源是人类赖以生存和发展必不可少的物质基础,它在一定程度上制约了人类社会的发展。如果能源的利用方式不合理,就会破坏环境,甚至威胁到人类自身的生存。可持续发展战略要求建立可持续发展的能源支持系统和不危害环境的能源利用方式。随着世界各国的经济发展和人口增加,人类对能源的需求越来越大。在正常情况下,能源消费量越大,国民生产总值也越高,能源短缺会影响国民经济的发展。如在1974年的世界能源危机中,美国能源短缺 1.16×10^8 t标准煤,国民生产总值减少了930亿美元;日本能源短缺 6×10^7 t标准煤,国民生产总值减少了485亿美元。一般说来,能源短缺所引起的国民经济损失约为能源本身价值的 $20 \sim 60$ 倍。因此,不论哪个国家的哪个时期,如果要加快国民经济的发展,就必须保证能源消费量的相应增长,若要经济持续发展,就必须走可持续的能源生产和消费的道路。

在快速增长的经济环境下,能源工业面临经济增长和环境保护的双重压力。经济增长导致了能源消耗量的增加,而在能源的转换与利用过程中,会造成环境污染。在全世界范围内,目前和21世纪中叶以前,化石燃料仍在一次能源中占有主要的比例。在化石燃料的利用过程中,每年会排放 2×10^{10} t的温室气体,使每年大气中二氧化碳和其他温室气体的浓度持续升高。大量的温室气体导致了全球温度的升高,并引起了一系列的环境问题。目前,发展中国家的能源需求正以每年 7% 以上的速度增长,发达国家每年的能源增长速度约为 3% 以下。由于发展中国家人口是发达国家人口的三倍以上,因此发展中国家对能源的潜在需求是发达国家的数倍。化石燃料是不可再生的能源,为了保证经济可持续发展,在提高化石燃料能源利用率的同时,要大力开发和推广应用新能源和再生能源,以满足人类对能源需求的持续增长。人类只有依靠科技能力、科学精神和理性才能确保全球性、全人类的生存和可持续发展,才能使人口、资源、能源、环境与发展等要素所构成的系统朝着合理的方向变化,从而形成区域的和代际的可持续发展。

11.2　能源与经济发展

一般情况下,能源消耗随着经济的增长而增长,经济增长的同时保证能源需求量下降仅属个别特例。能源消耗增长与经济增长存在一定的比例关系,理想的新能源经济是在保证经济高速增长的同时,能保持较低的能源消耗。能源是经济增长的推动力量,并限制经济增长的规模和速度。能源在经济增长中的作用主要表现为:

(1) 能源推动生产的发展和经济规模的扩大。

(2) 能源推动技术进步,特别是在工业交通领域,几乎每一次的重大技术进步都是在能源进步的推动下实现的,如蒸汽机的普遍利用是在煤炭大量供给的条件下实现的,电动机更是直接依赖电力的利用,交通运输的进步与煤炭、石油、电力的利用直接相关。农业现代化的实现,包括机械化、水利化、电气化等同样依赖于能源的推动。能源的开发利用所产生的技术进步,也对整个社会技术进步起到促进作用。

(3) 能源是提高人们生活水平的主要物质基础之一。生活同样离不开能源,而且生活水平越高,对能源的依赖性就越大。民用能源包括炊事、取暖、卫生等家庭用能,也包括交通、商业、饮食服务等公共事业用能。所以,民用能源的数量和质量是制约人们生活水平的重要因素之一。

能源与经济增长之间的关系通常用能源消费弹性系数表示。能源消费弹性系数表示能源消费量增长率与经济增长之间的比例关系。其数学表达式为

$$e = \frac{\left(\dfrac{\mathrm{d}E}{E}\right)}{\left(\dfrac{\mathrm{d}G}{G}\right)} = \left(\frac{\mathrm{d}E}{\mathrm{d}G}\right) \times \left(\frac{G}{E}\right) \tag{11.1}$$

式中:e 为能源消费弹性系数;E 为前期能源消耗量;$\mathrm{d}E$ 为本期能源消耗增量;G 为前期经济产量;$\mathrm{d}G$ 为本期经济产量的增量。

根据公式(11.1)可以计算不同时期能源消费弹性系数的变化情况。目前,普遍采用的计算方法是平均增长速度方法,具体方法如下:

设 a 和 b 为考察期能源消费平均增长率和经济产量平均增长率,则

$$a = \left(\frac{E_t}{E_0}\right) \exp\left(\frac{1}{t - t_0}\right) - 1 \tag{11.2}$$

$$b = \left(\frac{G_t}{G_0}\right) \exp\left(\frac{1}{t-t_0}\right) - 1 \tag{11.3}$$

式中：t、t_0 分别代表终期年和基期年；E_t、E_0 分别代表终期年和基期年的能源消费量；G_t、G_0 分别代表终期年和基期年的经济产量。

式(11.1)可以转化为

$$e = \frac{a}{b} = \frac{\left[\left(\dfrac{E_t}{E_0}\right) \exp\left(\dfrac{1}{t-t_0}\right) - 1\right]}{\left[\left(\dfrac{G_t}{G_0}\right) \exp\left(\dfrac{1}{t-t_0}\right) - 1\right]} \tag{11.4}$$

式(11.4)是按平均增长速度法计算能源弹性系数的基本表达式。

作为宏观分析方法，能源消费弹性系数可以根据需要选择适当指标，只要分子与分母为统一范围或对称即可。选择的指标不同，表达的含义也就不同。常用的指标有总量或全局性指标、部门或地区指标、人均指标。现分别说明如下：

（1）总量或全局性指标

它是考察能源消费弹性系数最主要的指标，可以完整地表示能源消费增长与经济增长的关系。根据分子的选择不同，又可以分为一次能源消费弹性系数和电力消费弹性系数两种。

一次能源消费弹性系数一般简称为能源消费弹性系数，反映了一次能源增长与经济增长的关系，一次能源的范围仅限于商品能源。目前，发达国家非商品能源在一次能源中所占的比例很小，可以忽略不计，可以用能源总量来表示；在发展中国家，非商品能源所占的比例比较大，故有人不赞成用商品能源作为反映发展中国家能源消费弹性系数的指标。与能源消费总量相对应，分母应该选取反映经济增长的综合指标。

电力消费弹性系数一般采用发电量指标，与其相对应的则可根据研究问题的需要灵活选择。例如，电力与经济增长的关系应选择与能源消费弹性系数相同的指标，电力与工业生产的关系应该选择工业总产值指标等。

（2）部门或地区指标

能源消费弹性系数也适合于分析某一部门或行业或某一地区能源消费与经济增长的关系，这样，只要把系数的分子或分母相应调整为该部门或该地区能源消费增长指标即可。

（3）人均指标

用人均能源消费弹性系数指标来表示一个国家或地区能源消费与经济增长的关系，其优点是考虑了人口增长的因素，便于进行不同国家之间的比较。人均能源消费弹性系数 e_c 是人均能源消费量与人均产值的关系，其数学表达式为

$$e_c = \frac{\left(\dfrac{\mathrm{d}F}{F}\right)}{\left(\dfrac{\mathrm{d}N}{N}\right)} \tag{11.5}$$

式中：F、dF 分别代表前期人均能源消费量和本期增量；N、dN 分别代表前期人均产值和本期增量。

其计算方法与式(11.4)相同。

人们在发展经济的同时，日益注重能源与经济的关系，循环经济正在全球兴起与发展。循环经济的本质是运用生态学规律为指导，通过生态经济综合规划，设计社会经济活动，使不同企业之间形成共享资源和互换副产品的产业共同组合，使上游生产过程中产生的废物成为下游生产过程的原料，实现废物综合利用，达到产业之间资源的最优化配置，使区域的物质和能源在经济循环中得到循环利用，从而实现产品清洁生产和资源可持续利用的环境和谐经济模式。循环经济中是把能源作为资源中的一种来对待的，节约资源和提高资源的利用率，也包括了节约能源和提高能源的利用率。循环经济是系统性的产业变革，是从产品利润最大化的市场需求主宰向遵循生态可持续发展能力有序建设的根本转变。循环经济内涵的三个基本评价原则，简称"3R"原则，即：

（1）减量化（Reduce）原则

针对产业链的输入端—资源，通过产品清洁生产而不是采用末端治理，最大限度地减少对不可再生资源的开采和利用，以替代性的再生资源为经济活动的投入主体，尽可能减少进入生产、消费过程的物质流和能源流，对废弃物的产生与排放实行总量控制。生产者通过减少原料的投入和优化生产工艺来节约资源和减少排放，消费者则通过选购包装简易、循环耐用的产品，以减少废弃物的产生，从而提高资源循环的利用率。

（2）资源化（Reuse）原则

针对产业链的中间环节，消费者最大限度地增加产品的使用方式和次数，有效延长产品和服务的时间；对生产者则采取产业行业间的密切分工和高效协作，实现资源产品的使用效率最大化。

（3）无害化（Recycle）原则

针对产业链输出端产生的废物，提升绿色工业的技术水平，通过对废物的多次回收利用，实现废物多级资源化和资源的闭环良性循环，使废物的排放达到最小。

循环经济以生态经济系统的优化运行为目标，针对产业链的全过程，通过对产业结构的重组与转型，促成生态经济系统的整体合理化，力求生态经济系统在环境与经济综合效益优化的前提下实现可持续发展。

近年来，我国遵循循环经济的上述三个原则，开展了循环经济的示范和推广活动，取得了显著的经济效益和环境效益。2002 年我国颁布了《清洁生产促进法》，目前我国已在全国范围内的二十多个行业的数千家企业开展了清洁生产审计，已有上万家企业通过了 ISO14000 环境管理体系认证，有几百种产品获得了保护。在 2005 年，我国又在数十个城市推广用绿色 GDP 来计算国民经济发展的试点活动，加大了循环经济在我国的推广力度，使我国的经济发展沿着资源节约、生态和谐的方向健康发展。

11.3　能源与环境

18 世纪英国工业革命改变了人们千百年来的生活方式。随着现代科学技术的进步和工业化进程的快速发展，人类对能源的需求量急剧增加，同时加大了人类改变和影响环境的能力。目前,在全球能源的需求结构中,石油所占的比例约为 40%,煤约占 20%,天然气约占 10%。1970 年以来,由于人口的增长和经济的发展,人类对能源的需求量还在不断增加,任何一种能源的开发和利用都会对环境造成一定的影响。如水能的开发和利用可能会造成地面沉降、地震、生态系统变化等;地热能的开发和利用可能导致地下水污染和地面下沉。在不可再生能源和可再生能源中,不可再生能源对环境的影响比可再生能源严重。煤、石油、天然气等不可再生能源的大量利用,加剧了环境的恶化。一座 1 000 MW 的燃煤、燃油、燃气发电厂的排放如表 11.1 所示。燃烧煤炭时,颗粒物的排放最大,分别是燃油和燃气的 6.15 倍和 9.76 倍。

表 11.1　1 000 MW 发电厂使用不同燃料时的排放量

污 染 物	不同燃料年排放量($\times 10^6$ kg)		
	燃 气	燃 油	燃 煤
颗粒物	0.46	0.73	4.49
SO_x	0.012	52.66	39.00
NO_x	12.08	21.70	20.88
CO	忽略不计	0.008	0.21
碳氢化合物	忽略不计	0.67	0.52

能源在利用过程中,会伴随气体、液体和固体废弃物的排放,造成严重的环境污染,导致环境的恶化。表 11.2 给出了全球生态环境恶化的具体表现。

表 11.2　全球生态环境恶化的具体表现

种 类	恶 化 表 现	种 类	恶 化 表 现
土地沙漠化	10 hm^2/min	二氧化碳排放	1.5×10^7 t/d
森林减少	21 hm^2/min	垃圾生产	2.7×10^7 t/d
草地减少	25 hm^2/min	环境污染造成的死亡人数	10 万人/d
耕地减少	40 hm^2/min	污水排放	6×10^{12} t/a
物种灭绝	2 个/h	各种自然灾害造成的损失	1 200 亿美元/a
土壤流失	3×10^6 t/h		

能源利用过程中的污染排放量,可根据一些经验公式和长期统计数据的分析结果建立如下简单的关系式:

$$Q_i = MC_i \tag{11.6}$$

式中:Q_i 为 i 种污染物的排放量(t);M 为消费的能源总量(t);C_i 为 i 种污染物的排放系数,即单位能源消费量排放 i 种污染物的数量(t/t)。

燃煤、燃油、燃气燃烧时的污染排放系数如表 11.3 所示。

表 11.3　化石燃料燃烧时的污染物排放系数

能源种类	污染物	炉　型		
		电站锅炉	工业锅炉	采暖炉及家用炉
燃　煤 ［kg(污染物)/t(煤)］	CO	0.23	1.36	22.7
	C_nH_m	0.091	0.45	4.50
	NO_x	9.08	9.08	3.62
	SO_x	16S	16S	16S
燃　油 ［kg(污染物)/m³(油)］	CO	0.05	0.238	0.238
	C_nH_m	0.381	0.238	0.357
	NO_x	12.47	8.57	8.57
	SO_x	20S	20S	20S
	烟尘	1.20	渣油 2.73 轻油 1.80	0.953
燃　气 ［kg(污染物)/10^6m³(燃气)］	CO	—	6.30	6.30
	C_nH_m	—	—	—
	NO_x	6 200	3 400.46	1 834.24
	SO_x	630	630	630
	烟尘	238.50	286.20	302.00

注:表中"S"表示燃料中含硫量的百分数。

　　我国能源与环境发展的总体格局是:能源工业的发展以煤炭为基础,以电力为中心,大力发展水电,积极开发石油、天然气、核电;因地制宜开发和推广利用新能源和再生能源;依靠科技进步,节约能源和提高能源利用率,合理利用能源资源,开发洁净煤技术以减少环境污染。随着我国经济的发展,我国能源工业也发展较快,已成为第一能源生产和消费大国。我国是世界上以煤炭为主要一次能源的少数国家之一,与当前世界能源消费以油气燃料为主的大部分国家的基本趋势和特征有区别。我国是世界上少数几个污染物排放量大的国家之一,燃烧过程产生的大气污染物占大气污染物总量的 70% 左右,其中燃煤排放量占全部燃烧排放量的 96% 左右。我国大气环境的污染物主要为粉尘和二氧化硫的煤烟型污染,其规律是北方重于南方,产煤区重于非产煤区,冬天重于夏天。全国 100 多个城市的大气分析结果表明,颗粒物全年日平均浓度北方城市为 0.93 mg/m³,多数城市超过国家三级标准(0.50 mg/m³);南方城市为 0.41 mg/m³,一般接近和超过二级标准(0.30 mg/m³)。一年中我国大中城市雾霾天气的天数,有 70% 的大中城市在逐年增加,最多可达 300 天以上。与发达国家相比,污染十分严重,这种情况与我国一次能源以煤炭为主的消费结构和家用汽车快速增加直接相关。

　　与传统的化石燃料相比,新能源与可再生能源对环境的污染要小得多,是对环境友好型的能源。因此,世界各国都加大了新能源与再生能源的研发力度和相应的能源鼓励政策。随着新能源与可再生能源在各国能源中的比例不断增加,能源的利用将减轻对环境造成的污染。

11.4　能源安全

　　在全世界以石油作为主要一次能源的情况下,石油作为重要的战略物资,与国家的繁荣与安全紧密联系在一起。由于世界上的石油资源分布存在着严重的不均衡,而且石油是不可再生的资源,数量有限,获得和控制足够的石油资源成为国家能源安全战略的重要目标之一。随着全球经济的不断发展,世界能源需求不断增加而备用能源资源日益匮乏,能源安全问题也越来越受到世界各国的重视。

石油作为一次能源成为许多地区冲突和战争的焦点。100 多年来,多次地区武装冲突和战争的背后都有石油问题,有的甚至就是因为争夺石油而引发的石油战争。二战以后,美国和前苏联两个超级大国为了争夺战略资源,都有占据丰富石油资源的战略意图。前苏联的目的是为了扩大中东石油的进口,向中东产油国渗透。美国也针锋相对,扶持沙特阿拉伯等国,遏制前苏联的扩张。亚、非、拉等地区的石油争夺,成为美苏抗衡的主要内容。随着科学技术的快速发展,石油的使用大大拓展了战场的攻击和防御纵深。地球上的每个角落都可能遭到战略攻击,战略防御也将发展成为全国乃至全球防御。

美国是世界上第一大石油消费国和原油进口国,石油需求量的一半以上依靠进口,占世界原油贸易量的近 1/3。美国政府为保证国内石油供应,已经制定了新的能源战略。目标是保证石油供应安全,防止全球油气供应出现混乱和石油价格的大幅度波动。根据世界地域政治的变化,营造有利的石油战略环境,加强国家石油战略储备,实现石油来源的多元化,采用先进技术提高石油采收率和石油利用率。出于对全球石油市场和自身能源安全的担忧,美国政府2001 年以来积极主张增加国内能源产量,提高节能效益和燃料热效率,采用新能源和可再生能源,以避免能源结构的单一性,增强能源的安全性。为此,美国政府还要求研究部门集中精力开发高能效的建筑、设备、运输和工业系统,并在可能的情况下用新能源和可再生能源置换传统的能源,以此作为能源保障战略的一个重要方面。

欧盟正在消耗越来越多的能源,欧盟各国对能源的进口依赖程度很高,其能源需求的50% 必须依靠进口。在未来的 30 年中,欧盟能源需求的 70% 需要进口,而石油的进口可能高达 90%。为了居民幸福和经济的正常运行,欧盟的长期能源供应安全战略必须保证从市场上不断地获得石油产品,保证能源系统的战略安全性,在重视环境保护的前提下,保证经济的可持续发展。

欧盟通过一些纲领和大型框架性协议协调欧盟成员国的能源政策,在 2003～2006 年推广了"合理用能的欧洲"(Energy Intelligent Europe,EI - Europe)项目,试图把合理利用能源和知识经济相结合,使欧洲经济在全球最具有竞争力。欧盟成员国在节能方面的潜力很大,未来20 年中节能将替代价值 6 900 亿美元的化石燃料。欧盟成员国平均能耗水平今后 20 年内每年降低 2.5%。2003 年欧盟成员国中可再生能源电力生产法生效,可再生能源在一次能源中的比例到 2010 年已占总的一次能源的 12% 以上。到 2020 年将超过 15%。欧盟认为单靠市场不可能给节能和可再生能源提供激励作用,必须从政策上给予保障。欧盟在能源政策上的做法是由欧盟提出法规性要求,成员国把欧盟法规具体化成自己国家的法规,违规的国家要受到经济惩罚。欧盟在能源问题上的一个重要观点就是把经济增长与能源增长分离,在不增加能源消耗的前提下保持经济的持续增长。出路就是提高能源利用效率和发展可再生能源。

欧盟十分重视能源的安全性战略,认为能源供应安全并非是要寻求能源自足最大化或依赖性最小化,而是旨在减少与这种依赖性相关的风险。欧盟追求的目标就是保持各种供应来源的平衡和多样化,其中包括能源的种类和能源所处的地理区域,以确保欧盟在未来的经济发展中有稳定和安全的能源供应。令人遗憾的是,北约成员国为了自己的能源安全战略,卷入了中东地区的石油争夺战,破坏了该地区的和平。

对于一次能源几乎全部依赖进口的日本,能源的采购和运输是极为重要的。目前日本每天进口的原油约为 450 万桶。为了保证本国的能源供应安全,日本在石油政策方面采取了如

下举措:

(1) 多元化和储备。在能源多元化方面,日本发电使用的石油比重已经从 1973 年的 73% 降到了 1996 年的 21%。日本储存的石油可供全国使用 90 天,储存的天然气可供全国使用 50 天。

(2) 推动石油和天然气的自主开发。所谓自主开发,就是日本的企业在产油国取得长期的采掘权,进行石油、天然气的探矿、开发和生产活动,风险和成本自己负担,生产出来的石油和天然气由该企业按一定的比例与产油国家进行分配。自主开发具有可以提高石油供给的稳定性,尽早把握石油和天然气的供需环境变化,加强与产油国相互依赖性等优点。在过去的两次石油危机中,日本自主开发原油在保证日本石油稳定供应方面起到了一定的作用。因此,日本为保证石油的稳定供给积极采取自主开发是十分重要和有效的。

(3) 加强与产油国的关系。日本为了确保能够长期稳定地获得石油供应,积极强化同产油国的关系显得尤为重要。日本的具体做法就是增加日本企业参与产油国、产气国的重大石油、天然气开发项目的机会。与此同时,主要产油国也在积极摆脱单纯依靠石油收入的经济结构,实现经济多样化。因此,日本根据产油国的需求,实施扶持和合作的政策,与产油国在石油和天然气之外的其他广阔领域进行共同研发、人员交流和直接投资,密切与产油国的关系,保证日本有稳定的石油和天然气供应。

(4) 推进国内石油产业结构的调整。随着国际竞争的激化,日本国内的石油产业面临经济效益恶化和生产设备过剩等问题。日本政府在预算、税收等方面采取了一系列新措施,使日本的石油产业完成了结构调整和优化,使日本的石油产业在国际上具有强劲的竞争能力。

日本在保证石油安全供应战略的同时,也加大了节能的力度,促进新能源和可再生能源在一次能源中所占的比例,使日本的能源战略具有可靠的保证。

我国在过去的 20 多年中,国民经济年平均增长速度为 9.7% 左右。我国经济 20 年来的迅速发展是以能源的大量消耗为代价的。如果按照目前的趋势发展下去,2011 年中国的石油进口量已达到 25 378 万吨,我国的能源供应将面临严重的安全问题。能源安全的最重要标志是能源的供给能够满足国民经济和社会发展的需要。我国能源安全的一个制约因素是人口基数大,导致能源资源相对匮乏。能源问题一直是我国国民经济和社会发展中的热点和难点,我国政府对能源一直给予高度重视。在 2001 年九届人大四次会议上通过的《中华人民共和国国民经济和社会发展第十个五年计划纲要》中,提出了"发挥资源优势,优化能源结构,提高能源利用率,加强环境保护"的能源建设方针。2007 年,我国颁布了《再生能源中长期发展规则》,规划到 2020 年我国可再生能源消费量达到能源消费总量的 15%。根据我国的国情、资源状况、国际能源的供求关系及国际局势,我国的能源安全战略是:立足国内、面向国际、优化结构、节能降耗、确保安全。为了实现我国能源安全的战略,我国已实行开辟海外能源渠道和对内节能并重的方针,积极参与国际能源资源的开发,参加国际能源市场的竞争,在全球能源领域占领战略制高点。要积极开展能源外交,加强能源的国际合作,以期在日趋激烈的能源争夺战中占主动地位。

为了保证我国能源供应的安全性,借鉴国外能源安全战略的经验,我国将采取以下措施:

(1) 大力发展节能产品,降低能耗。能源节约在我国经济发展中将起到举足轻重的作用,我国每万元国内市场总值的能耗,将由 2011 年 0.738 t 标准煤降到 2030 年的 0.54 t 标准煤、2050 年的 0.25 t 标准煤。节约能源可大幅度降低能耗,是我国解决能源安全问题的主要突破口。在未来的中国,以煤炭为主要一次能源的能源结构基本格局不会从根本上发生改变,能源效率的提高和能耗降低的直接效果就是煤耗量的减少和污染排放的降低。因此,节能是我国今后相当长时期内各行各业都必须重视的工作,是我国经济持续、快速、和谐发展的重要保证。

(2) 加快能源储备制度。当前,国际能源命脉仍然掌握在西方发达国家手中,在日趋激烈的国际能源竞争中,我国长期处于劣势。以石油资源为例,目前世界排名前 20 位的大型石油公司垄断了全球已探明优质石油储量的 81%。发达国家利用其对石油资源控制的优势进行战略石油储备,实际上是对世界能源资源的掠夺。发达国家一般有 120～160 天的战略储备。我国以前基本没有战略储备油田和天然气田。我国已有计划地将某些勘探好或开发好的油田和天然气田封存或减量开采,作为战略储备能源和储备库,同时也鼓励企业进行能源商业储备。

(3) 调整能源结构。改善以燃煤为主的能源消费结构,是我国发展经济和保护环境的迫切任务。2012 年英国石油公司统计结果表明,2011 年在中国的一次能源消费结构中,煤炭占 70.39%,原油占 17.67%,天然气占 4.50%,水能占 6.00%,核能占 0.75%,再生能源占 0.67%。长期以来我国形成的能源生产格局是以煤炭为主,未来 50 年内煤炭工业仍将在我国整个能源过程中发挥不可替代的作用。因此,我国应大力提高原煤的入洗比例,减少原煤直接燃烧的数量,增加煤炭用于发电、制气等二次能源生产的数量,加快洁净煤技术的研发和推广应用,以提高煤炭的利用率和减少污染排放。此外,要加强新的洁净能源的开发,加大非矿物燃料的应用,如核能、水能、氢能、太阳能、风能、潮汐能、生物质能、高温地热资源等洁净的能源。实现上述各项举措,一定能够解决我国经济发展过程中面临的能源安全战略问题。

人类已经进入 21 世纪,解决能源的需求问题显得越来越紧迫。开发和利用清洁高效可再生能源,走能源、环境、经济和谐发展的道路,在发展经济的同时,减少能源的消费量,有效地保护生态环境,为自己和子孙后代创造一个能源丰富、环境优美的家园的美好愿望一定能够实现。

11.5 实现可持续发展的能源系统和能源政策

据估计,全球到 2100 年的能源消费量要增加到目前消费量的 2.3～4.9 倍。在大力推广再生能源保护环境的状况下,各种一次能源在 2100 年能源结构中的比例如图 11.1 所示。

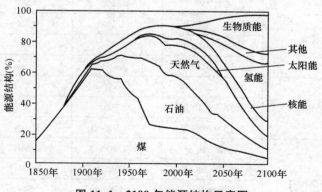

图 11.1 2100 年能源结构示意图

2011 年,我国能源消费总量已经占世界能源消费总量的 21.89% 左右,居世界第一位。但由于我国人口基数巨大,人均商品能源消费仅为世界平均值的 95%。在未来的相当长的时期内,我国经济将保持较高的发展速度,城市化进程也会加快,因此能源消费的继续增长将不可避免。我国国家发改委能源研究所的专家对中国未来 20 年的能源发展状况进行了系统的分析研究,提出了 2020 年中国三个能源需求状况。

状况 1:假设经济发展促进能源效率的提高,但市场竞争压力又在某种程度上限制了企业在提高能源效率方面的投入。清洁燃料受成本、资源等因素限制,推广和应用不够广泛。由于在推动可持续发展方面存在的市场失灵和缺少在资源利用和环境保护方面的市场杠杆,能源结构调整和能效提高不能完全达到预期目标。

状况 2:是一个比较乐观的可持续经济和能源发展的设想状态,这种状态经过努力是可以实现的。状态是以社会发展规划和趋势为依据,对今后中国的宏观经济、社会发展、技术进步和应用等做出合理的判断,这种假设也认为中国的经济一直会朝着可持续的方向发展。

状况 3:是一个非常乐观的、更为理想的状况,设想各种可持续发展的相关政策能得到进一步的加强,如中国可以充分利用国外的优质能源资源,能够从国外引入先进的技术、设备和人才等。这种状况的实现,要求在提高能效、调整经济和能源结构、环保政策和技术措施方面有重大的举措。

上述三个状况的分析结果如表 11.4 所示。

表 11.4　2020 年中国能源需求状况

项　　目		状况 1	状况 2	状况 3
人　口 (亿人)	1998 年	12.48	12.48	12.48
	2010 年	13.85	13.78	13.68
	2020 年	14.85	14.70	14.45
人均 GDP(1998 年价格) (元)	1998 年	6 278	6 278	6 278
	2010 年	13 210	13 277	13 374
	2020 年	23 566	23 806	24 218
一次能源消费总量 [×10⁶ t(标准煤)]	1998 年	1 368	1 368	1 368
	2010 年	2 169	2 034	1 860
	2020 年	3 100	2 762	2 319
一次能源消费增长率 (%)	1998～2020 年	3.79	3.24	2.43
	1998～2010 年	3.92	3.36	2.59
	2010～2020 年	3.64	3.11	2.23
能源消费弹性系数	1998～2020 年	0.541	0.464	0.347
	1998～2010 年	0.535	0.459	0.354
	2010～2020 年	0.543	0.464	0.332
2020 年一次能源消费构成 [×10⁶ t(标准煤)]	煤　炭	2 008	1 648	1 261
	石　油	752	690	573
	天然气	155	225	249
	电　力	185	198	236
	总　计	3 100	2 761	2 319

项　目		状况 1	状况 2	状况 3
2020 年一次能源供应构成 ［×10⁶ t(标准煤)］	煤　炭	1 649	—	—
	石　油	272	—	—
	天然气	172	—	—
	水　电	231	—	—
	核　电	69	—	—
	可再生能源	8	—	—
	总　计	2 401	—	—

由表 11.4 可以看出,2020 年中国的能源需求总量将在 23.2～31.0 亿吨标准煤之间,能源消费弹性系数在 0.35～0.55 之间,能源需求年平均增长 2.4%～3.8%。能否继续以较低的能源消费增长实现经济的长期高速增长,是开创中国特色可持续发展道路的一个重要标志。中国已经实现了连续 20 年平均能源消费弹性系数 0.5 左右,这在经济高速发展的大国中是绝无仅有的。如果中国能够继续实现 20 年能源消费弹性系数保持在 0.5 左右,则是在发展中人口大国实现可持续发展道路进程中的巨大成就,是对人类经济发展和环境保护的重大贡献。值得说明的是,表 11.4 的数据是在 5 年前提出的预测结果,我国 2011 年的一次能源消费总量已达到 34.8 亿吨标煤,比上年增长 7.0%。因此可以认为,2020 年中国一次能源的消费总量会超出表 11.4 给出的数据很多,中国的可持续发展问题是值得重视的。

要想使全球实现经济可持续发展,就必须建立起一个清洁、高效的可持续能源系统。在这个可持续能源系统中,能源资源具有重要的地位。全世界能源资源的开发利用潜力如表 11.5 所示。

表 11.5 全世界能源资源的开发利用潜力

资　源	静态资源量储采比(年)	动态资源量储采比(年)
煤　炭	1 500	1 000
石　油	200	95
天然气	400	230
核　能	300	—
水　电	可再生能源	
新可再生能源	可再生能源	

可再生能源与化石燃料和核燃料相比,其资源分布更加平均,而且其能源总量是目前所用总能量的三个数量级以上。但可再生能源的经济潜力受到许多因素的制约,包括土地使用的竞争、太阳辐射量和光照时间、环境因素以及风力等。

要实现用能的可持续性,要采用以下措施建立起清洁、高效的可持续能源系统:

(1) 提高能源的利用率

目前,由一次能源向终端能量转换的效率全球平均约 1/3,即一次能源中有 2/3 的能量在转换过程中被浪费了,其中主要为低温热源损失。在终端能量提供服务时,还会产生大量的损失。在未来 20 年内,为达到较高的能源服务水平,发达国家可以下降 25%～35% 的能源消耗量,如果采用更有效的政策还会减少更多。这些减少主要在居民、工业、交通、公共部门和商业部门的终端能量到能源服务的转换环节中体现。经济转型国家可以实现40％的节能量。在大多数发展中国家,由于其经济高速发展,而设备和技术水平比较落后,与现有的技术水平所实现的能源效率相比,其潜在的节能潜力为30％～45％。由此看来,通过能源的利用率,可以节约大量的一次能源,提高了能源系统的可持续性。

（2）开发利用可再生能源

可再生能源具有能够在提供能源服务时大气污染和温室气体排放为零或接近为零的特点,因此受到全球的青睐。目前可再生能源占全球一次能源供给总量的17％左右。新能源和可再生能源转换成电能的生产成本与传统的化石能源相比,在目前情况下比较昂贵,难以与传统的化石能源进行商业竞争,其生产成本如表11.6所示。可以预见,在未来的20年中,多种再生能源的生产成本会随着技术的进步和规模的扩大而大幅度下降,形成与传统化石能源进行商业竞争的实力,从而进入大规模的商业应用。仅光伏发电,就会形成300亿美元的市场容量与化石燃料产生的电能进行商业竞争。因此,大规模的可再生能源进入商业化阶段,必将对能源系统的可持续性起到积极的保障作用。

表 11.6　可再生能源技术成本

技 术 种 类	交钥匙投资成本 （美元/kW）	目前能源成本 ［美分/(kW·h)］	估计未来能源成本 ［美分/(kW·h)］
生物质发电	900～3 000	5～12	3～8
生物质供热	250～750	1～5	1～5
乙　醇	—	8～25 美元/(10^9J)	6～10 美元/(10^9J)
风　电	1 100～1 700	3～9	2～8
光伏发电	5 000～10 000	10～30	5～20
太阳能热力发电	3 000～4 000	12～18	4～10
低温太阳热能	500～1 700	3～20	3～10
大型水电	1 000～3 500	2～8	2～6
小型水电	1 200～3 000	4～10	3～9
地热发电	800～3 000	2～10	1～8
地热供热	200～2 000	0.5～5	0.5～5
潮汐能	1 700～2 500	8～10	6～9
波浪能	1 500～3 000	8～15	6～10

（3）采用先进的能源技术

积极研发先进的能源技术,实现化石燃料的利用接近零污染和零温室气体排放目标,同时研发新的能源技术,提高能源的利用率和环境友好性,并着力保持能源的多样性,也会提高能源系统的可持续性。

面对未来中国能源发展的重大挑战,包括一次能源供应、石油和天然气的安全保障、能源消费造成的环境污染、全球气候变化对减排 CO_2 的压力,中国应该积极采用以下措施,以保证能源系统的可持续性:

（1）节能优先

根据分析，我国如果采取强化节能和提高能效的政策，到 2020 年的能源消费总量可以减少 15%～27%。预计在 2000～2020 年期间，我国可累计节能 1.04×10^9 t 标准煤，可减排二氧化硫 1 880 万吨。节能和提高能效有着巨大的潜力和可能，能否以较少的能源投入实现经济增长的目标，在很大程度上取决于节能的潜力能否有效地挖掘出来。节能也对保障能源安全和减少能源利用造成的环境污染产生显著的效益。因此，应该将节能放在能源战略的首要地位。

（2）结构多元化

能源结构的优质化对能源需求总量影响很大。据分析，能源消费结构中煤炭的比例每下降 1%，由于天然气平均利用效率比煤炭高 30%，石油平均利用效率比煤炭高 23%，因此我国能源需求总量可减少 $5\,000\times10^4$ t 标准煤。从我国对能源需求的发展趋势看，由于对石油、天然气等优质能源消费的快速增加，将出现需求推动能源结构发生变化。我国能源调整的原则为：一是立足国内资源，充分利用国际资源，在保证供给和经济可承受的前提下最大限度地优化能源结构；二是使国家能源安全有充分保障；三是使环境质量明显改善，可持续发展能力明显增强。为此，我国能源调整的方向是：逐步降低煤炭消费的比例，加速发展天然气，依靠国外资源满足国内市场对石油的基本需求，积极发展新能源和可再生能源，使我国尽快出现能源结构多元化的局面。

（3）环境友好

在世界各国社会经济发展过程中，环境约束对能源战略和能源供求技术产生十分显著的影响。我国目前在能源生产和利用过程中，已经对环境造成了严重的污染和破坏，所以必须把环境保护作为能源战略决策的主要因素加以考虑，实现环境友好的能源战略。实施环境友好的能源战略需要通过政府推动、公众参与、总量控制、排污交易等四个方面加以落实。具体措施包括：

① 发展环境友好能源，把发展洁净能源和能源洁净利用技术作为可持续发展能源战略的重要目标。

② 按空气质量要求，对主要污染物实行严格的总量控制。

③ 提高排污收费标准，实行排污交易。

④ 实行环保折价，将环境污染的外部成本内部化。

⑤ 尽快控制城市交通造成的环境污染。

⑥ 取消对高能耗产品的生产补贴。

⑦ 应对全球气候变暖的国际行动。

要建立一个清洁、高效的可持续能源系统，还必须有实现可持续发展的能源政策加以规范化和给予政策与法律上的支持。能源战略和政策的目标主要是利用市场机制来实现能源的可持续供给，使市场发挥更好的调节作用，在能源政策的鼓励下，强化能源技术的创新，加强发达国家与发展中国家在能源领域的合作，实施可持续能源计划，使全球在保证经济发展和能源供给的同时，保护环境和生态系统，创造一个和谐的发展模式，实现经济和能源的可持续发展。

目前，全世界约有 20 亿人口尚无法得到现代能源供应，不仅影响了他们的日常生活质量，而且也制约了当地经济的发展和社会的进步，影响到全球能源的可持续发展。为了给没有现代化能源供应地区的人们提供现代能源供应与服务,需要加强能源基础设施的建设,加强新能源与可再生能源的利用、提高能源效率,促进能源资源的可持续利用。

随着我国近年来经济的快速发展,我国一次能源消费总量在逐年增加。在过去的 10 年中,虽然我国的能源自给率保持在 90％以上,但 2011 年我国的原油进口量超过 $2.5×10^8$ t,我国原油对国际的依赖程度越来越高,能源的安全保障影响到我国能源、经济和社会的可持续发展。

我国十分重视经济、能源和社会的可持续发展,充分认识到经济、能源和社会的和谐发展的重要性。近年来,国家发改委每年都发布中国可持续发展战略报告。2012 年 6 月 1 日,国家发改委发布了 2012 年度的《中华人民共和国可持续发展国家报告》,对我国近几年在可持续发展领域取得的成就进行了客观总结,对将来发展方向和目标进行了合理规划。

近年来,我国在节能减排、新能源与可再生能源利用、环境保护等领域取得了显著的成果。与 2005 年相比,2010 年规模化以上企业单位工业增加值能耗累计下降 26％;火电供电煤耗由 370 g(标准煤)/(kW·h)降到 333 g(标准煤)/(kW·h);吨钢综合能耗由 688 Kg 标准煤下降到 605 千克标准煤,下降 12.1％;水泥综合能耗下降 28.6％;乙烯综合能耗下降 11.3％;合成氨综合能耗下降 14.3％。建筑节能面积占既有建筑面积的 23.1％,达到 $48.57×10^8$ m^2。到 2010 年底,全国风电装机容量 $3 107×10^4$ kW,发电量达 $494×10^8$ kW·h时,减少二氧化碳排放 $3 659.5×10^4$ t。光伏发电装机达到 $80×10^4$ kW,太阳能热水器安装面积 $1.68×10^8$ m^2,年节约化石燃料 2 000 t 标准煤。现已投产的核电机组装机容量 $1 082×10^4$ kW,在建核电机组容量 $2 924×10^4$ kW。二氧化硫排放量为 $2 185.1×10^4$ t,比 2005 年下降 14.29％;化学需氧量排放量为 $1 238.1×10^4$ t,比 2005 年下降 12.45％。全国空气环境质量检测的 471 个中,空气质量达到国家二级标准的城市比例达到 82.8％,与发达国家相比还有一定的差距。从 2006 至 2010 年,通过节能和提高能效累计节约 $6.3×10^8$ t 标准煤,相当于减少排放二氧化碳 $14.6×10^8$ t 以上。实际上,中国经济发展与社会进步,持续面临节约资源、环境保护、节能减排等方面的巨大挑战。我国目前环境保护的压力仍不容忽视,需要积极优化产业结构和能源结构、节约能源和提高能效等多种手段,降低温室气体排放强度,进一步改善环境污染状况。

能源利用与环境保护的矛盾日益突出,节约能源、调整能源结构、开发新能源是中国可持续发展的必然选择。近几年,我国在大力支持新能源与可再生能源技术推广应用的同时,加大了该领域的立法力度,陆续颁布了鼓励和促进能源可持续发展的法规,如《节约能源法》、《可再生能源法》、《循环经济促进法》等,这些法规奠定了新能源与可再生能源开发和利用的法律基础,对进一步推动新能源与可再生能源的商业化应用,起到了积极的法律作用。同时,我国也十分重视新能源与可再生能源领域的国际合作,先后与美国、日本、加拿大、德国、英国、法国、新加坡等国家开展了双边和多边的能源合作项目,在节能人才研修、节能环保商务示范项目等方面开展了卓有成效的合作。另外,中国根据《京都议定书》和公约缔约方会议有关约定,积极开展清洁发展机制(CDM)项目合作,颁布实施和修订了《清洁发展机制项目运行管理办法》。到 2010 年底已批准 3 241 个 CDM 项目,其中 1 718 个项目在联合国清洁发展机制执行理事会注册,已注册项目的减排量每年将达到约 $3.5×10^8$ t 二氧化碳当量,占全球总量的63.78％,为全球温室气体减排,作出了巨大贡献。

我国将会一如既往地根据自己的国情和资源赋存状况,合理选择适合我国国情的能源发展路径,积极调整能源结构,因地制宜开发利用风能、太阳能、生物质能、地热能等新能源和可再生能源,实现能源的多元化发展。中国将立足于国内能源资源,加速能源发展,同时注意能源的可持续利用,努力保障基本能源供应,努力实现中国能源的可持续发展,也将为维护世界能源安全和可持续发展作出自己的贡献,促进全球能源保障与安全的可持续发展。

思 考 题

11.1　经济可持续发展对能源有怎样的需求?

11.2　能源对经济发展会产生怎样的影响?

11.3　简述能源消费弹性系数的含义和表达方法。

11.4　什么叫循环经济? 循环经济的原则有哪些?

11.5　简述能源对环境造成的影响。

11.6　什么是能源安全? 我国能源安全存在哪些问题,如何实现能源安全战略?

11.7　如何实现可持续发展的能源系统和能源政策?

11.8　简述新能源与可再生能源在全球能源战略中的地位和作用。

参 考 文 献

[1] 郑宏飞,何开岩. 太阳能海水淡化技术. 北京:北京理工大学出版社,2005
[2] 卢平主编. 能源与环境概论. 北京:中国水利电力出版社,2011
[3] 李瑞生,周逢圈,李燕斌. 地面光伏发电系统及应用. 北京:中国电力出版社,2011
[4] 郭新生. 风能利用技术. 北京:化学工业出版社,2007
[5] 廖明夫,R. Gasch,J. Twele. 风力发电技术. 西安:西北工业大学出版社,2009
[6] 张志英,赵萍,李银凤,刘万琨. 风能与风力发电技术. 北京:化学工业出版社,2010
[7] 刘鉴民. 太阳能利用原理·技术·工程. 北京:电子工业出版社,2010
[8] 李传统,J. D. Herbell. 现代固体废物综合处理技术. 南京:东南大学出版社,2008
[9] 衣宝廉. 燃料电池—高效、环境友好的发电方式. 北京:化学工业出版社,2000
[10] 刘时彬. 地热资源及其开发利用与保护. 北京:化学工业出版社,2005
[11] 蔡义汉. 地热直接利用. 天津:天津大学出版社,2004
[12] 储同金. 海洋能资源开发利用. 北京:化学工业出版社,2005
[13] 李瑛,王林山. 燃料电池. 北京:冶金工业出版社,2000
[14] 朱清时,阎立峰,郭庆祥. 生物质洁净能源. 北京:化学工业出版社,2002
[15] 姚向君,田宜水. 生物质能资源清洁转化利用技术. 北京:化学工业出版社,2005
[16] 毛建雄,毛健全,赵树民. 煤的清洁燃烧. 北京:科学出版社,1998
[17] 姚强等. 洁净煤技术,北京:化学工业出版社. 2005
[18] 谢强. 城市固体废弃物能源化利用技术. 北京:化学工业出版社,2004
[19] 周大地主编. 2020 中国可持续发展前景. 北京:中国海军科学出版社,2003
[20] 张坤民. 可持续发展论. 北京:清华大学出版社,2001
[21] 许世森,程健. 燃料电池发电系统. 北京:中国电力出版社,2006
[22] 钱伯章. 风能技术与应用. 北京:科学出版社,2010
[23] 钱伯章. 太阳能技术与应用. 北京:科学出版社,2010
[24] 王东. 太阳能光伏发电技术与系统集成. 北京:化学工业出版社,2011
[25] 李允武. 海洋能开发. 北京:海洋出版社,2008
[26] 朱家玲等. 地热能开发与应用技术. 北京:化学工业出版社,2006
[27] 田宜水主编. 生物质发电. 北京:化学工业出版社,2010
[28] 俞珠峰. 洁净煤技术发展及应用. 北京:化学工业出版社,2004
[29] 周菊华. 火电厂燃煤机组脱硫脱硝技术. 北京:中国电力出版社,2010
[30] 孙克勤. 电厂烟气脱硫设备及运行. 北京:中国电力出版社,2007
[31] 吴时国,姚伯初. 天然气水合物赋存的地质构造分析与资源评价. 北京:科学出版社,2008
[32] Fachagentur Nachwachsende Rohstoff e. V.. Leitfaden Biogas von der Gewinnung zur Nutzung. 33 Berlin:Bundesministerium für Ernährung, Landswirschaft und Vrebraucherschuty,2011
[33] Danisch Energy Agency. Wind energy in Denmark:Research and technological devel-

opment,1990,Ministry of Energy,1990

[34] A. J. M. Van Wijk. Wind energy and electricity production,Ph. D. Thesis,Utrecht U-niversity,The Netherlands,1990

[35] B. Bilitewski,G. . Härdtle,K. Marek. Abfallwirtschaft,Berilin,1990

[36] Franz J. Schweitzer,Thermoselect-Verfahren zur Entßund Vergasung von Abfällen,Berlin:EF,1994

[37] Karl Strauß. Kraftwerkstechnik. Berlin:Springer,2006

[38] 罗承先. 世界风力发电现状与前景预测. 中外能源,2012. vol. 17. No. 3:24-30

[39] 潘斌. 3.6 MW 风力发电机试验站研究. 电工电气,2012(4):46-49

[40] Adele Brunetti,Giuseppe Barbieri,Enrico Drioli. A PEMFC and H_2 membrane purification integrated plant. Chemical Engineering and Processing:Process Intensification,Volume 47,Issue 7,July 2008,p1081-1089

[41] Ying Yang,Liejin Guo,Hongtan Liu. Influence of fluoride ions on corrosion performance of 316L stainless steel as bipolar plate material in simulated PEMFC anode environments. International Journal of Hydrogen Energy, Volume 37, Issue 2, January 2012,p1875-1883

[42] Ying Yang,Liejin Guo,Hongtan Liu. Influence of fluoride ions on corrosion performance of 316L stainless steel as bipolar plate material in simulated PEMFC anode environments. International Journal of Hydrogen Energy, Volume 37, Issue 2, January 2012,p1875-1883

[43] Rambabu Kandepu, Lars Imsland, Bjarne A. Foss, Christoph Stiller, Bjørn Thorud, Olav Bolland. Modeling and control of a SOFC-GT-based autonomous power system Energy,Volume 32,Issue 4,April 2007,p406-417

[44] M. Calı, M. G. L. Santarelli, P. Leone. Design of experiments for fitting regression models on the tubular SOFC CHP 100kWe:Screening test, response surface analysis and optimization. International Journal of Hydrogen Energy, Volume 32, Issue 3, March 2007,p343-358

[45] Wolfgang Winkler,Hagen Lorenz. Design studies of mobile applications with SOFC-heat engine modules. Journal of Power Sources,Volume 106,Issues 1-2,1 April 2002,p338-343

[46] J. Pirkandi,M. Ghassemi,M. H. Hamedi,R. Mohammadi. Electrochemical and thermodynamic modeling of a CHP system using tubular solid oxide fuel cell (SOFC-CHP). Journal of Cleaner Production,Volumes 29-30,July 2012,p151-162

[47] B. Bozzini,S. Maci,I. Sgura,R. L. Presti,E. Simonetti. Numerical modelling of MCFC-cathode degradation in terms of morphological variations. International Journal of Hydrogen Energy,Volume 36,Issue 16,August 2011,p10403-10413

[48] H. Jeong,S. Cho, D. Kim, H. Pyun, D. Ha, C. Han, M. Kang, M. Jeong, S. Lee. A heuristic method of variable selection based on principal component analysis and factor analysis for monitoring in a 300 kW MCFCpower plant. International Journal of Hy-

drogen Energy, Volume 37, Issue 15, August 2012, p11394-11400

[49]　Ezio Sesto, Claudio Casale. Exploitation of wind as anenergysource to meet the world's electricity demand. Journal of wind Engineering and Industrial Aerodynamics, Volumes 74-76, 1 April 1998, p375-387

[50]　Manuel S. Schaefer, Bob Lloyd, Janet R. Stephenson. The suitability of a feed-in tariff for wind energy in New Zealand—A study based on stakeholders' perspectives. Energy Policy, Volume 43, April 2012, p80-91

[51]　R. H. Crawford Life cycle energy and greenhouse emissions analysis of wind turbines and the effect of size on energy yield. Renewable and Sustainable Energy Reviews, Volume 13, Issue 9, December 2009, p2653-2660

[52]　Yuxiang Chen, A. K. Athienitis, Khaled Galal. Modeling, design and thermal performance of a BIPV/T system thermally coupled with a ventilated concrete slab in a low energy solar house: Part 1, BIPV/T system and house energyconcept. Solar Energy, Volume 84, Issue 11, November 2010, p1892-1907

[53]　Paul J. T. Straatman, Wilfried van Sark. A new hybrid ocean thermal energy conversion-Offshore solar pond (OTEC-OSP) design: A cost optimization approach. Solar Energy, Volume 82, Issue 6, June 2008, p520-527

[54]　César R. Chamorro, María E. Mondéjar, Roberto Ramos, José J. Segovia, María C. Martín, Miguel A. Villamañán. World geothermal power production status: Energy environmental and economic study of high enthalpy technologies. Energy, Volume 42, Issue 1, June 2012, p10-18

[55]　Ceyhun Yilmaz, Mehmet Kanoglu, Ali Bolatturk, Mohamed Gadalla. Economics of hydrogen production and liquefaction by geothermal energy. International Journal of Hydrogen Energy, Volume 37, Issue 2, January 2012, p2058-2069

[56]　Ahmad Etemadi, Arash Emdadi, Orang AsefAfshar, Yunus Emami. Electricity Generation by the Ocean therma Energy. EnergyProcedia, Volume 12, 2011, p936-943

[57]　D. E. Lennard. The viability and best locations for ocean thermal energy conversion systems around the world. Renewable Energy, Volume 6, Issue 3, April 1995, p359-365

[58]　Shujie Wang, Peng Yuan, Dong Li, Yuhe Jiao. An overview of ocean renewable energy in China. Renewable and Sustainable Energy Reviews, Volume 15, Issue 1, January 2011, p91-111

[59]　A Heinz, M Kaltschmitt, R Stülpnagel, K Scheffer. Comparison of moist vs. air-dry biomass provision chains for energy generation from annual crops. Biomass and Bioenergy, Volume 20, Issue 3, March 2001, Pages p197-215

[60]　Francisco X. Aguilar, Nianfu Song, Stephen Shifley. Review of consumption trends and public policies promoting woody biomass as an energy feedstock in the U. S. . Biomass and Bioenergy, Volume 35, Issue 8, August 2011, p3708-3718

[61]　Ulf R. Boman, Jane H. Turnbull. Integrated biomass energy systems and emissions of carbon dioxide. Biomass and Bioenergy, Volume 13, Issue 6, 1997, p333-343